上海城市空间与居民行为

王　德　等著

同济大学出版社
TONGJI UNIVERSITY PRESS
·上海·

图书在版编目(CIP)数据

上海城市空间与居民行为/王德等著. --上海:同济大学出版社,2022.12

ISBN 978-7-5765-0498-9

Ⅰ.①上… Ⅱ.①王… Ⅲ.①城市空间—影响—居民—行为方式—研究—上海 Ⅳ.①TU984.251 ②C912.68

中国版本图书馆 CIP 数据核字(2022)第 239859 号

国家自然科学重点课题《基于大数据的城市中心区空间规划理论与关键技术研究》资助,课题批准号:51838002、同济大学学术专著(自然科学类)出版基金资助

上海城市空间与居民行为

王 德 等著

责任编辑: 孙 彬
责任校对: 徐逢乔
封面设计: 黄海韵 张 微

出版发行 同济大学出版社 www.tongjipress.com.cn
(地址:上海市四平路 1239 号 邮编:200092 电话:021-65985622)
经 销 全国各地新华书店、建筑书店、网络书店
排版制作 南京月叶图文制作有限公司
印 刷 江苏凤凰数码印务有限公司
开 本 787mm×1092mm 1/16
印 张 20.5
字 数 512 000
版 次 2022 年 12 月第 1 版
印 次 2022 年 12 月第 1 次印刷
书 号 ISBN 978-7-5765-0498-9
定 价 128.00 元

序　言

城市空间行为研究的是对城市设施或公共空间产生实质使用的行为，包含目的地空间和路径空间的使用。“区别于基于经济、资本、功能等城市研究的视角，基于行为的城市空间研究范式强调对行为主体（政府机构、企业、家庭或个人）、个体非汇总行为的选择和制约过程的理解，从而揭示个体与个体之间以及个体与城市空间相互作用的格局、过程与机理，从微观到宏观重构一个用行为解读的城市空间。”①城市作为一个复杂多样的空间，处于不断重组、变化的过程中，空间行为研究从主体行为着手，描述空间行为变化的特征、解释行为变化的原因、模拟情境与行为之间的变化关系，以此解释空间变化的原因和提出空间结构改善的可行方案。这种自下而上的解释逻辑反映了城市空间研究由宏观到微观的一种价值转向。

空间行为的研究对象丰富多样，可以依据行为的本体、主体、空间和时间进行体系化的分类。

本体是行为的内容，如购物、通勤或健身。围绕本体行为的目的地选择、发生频率、持续时长、消费内容和费用等有丰富的研究积累，是空间行为研究的基础。

人作为行为主体具备多重的社会经济属性，属性差异常导致行为活动特征的迥异。人群的划分可以依据年龄、性别、受教育程度、户籍地、居住地等方面进行划分，围绕老年人、女性、流动人口、郊区居民等的研究成果较为多见。

空间是行为的载体，不同空间环境承载的行为存在差异。可以聚焦于某类空间中的行为，如大型主题公园、商业步行街、大型商业设施的使用者行为，也可以聚焦特定设施，如南京路步行街、北京颐和园、苏州观前街等空间的行为。特定空间中行为的分析有助于把握活动群体的总体行为特征与需求，为空间设计的优化提升提供参考。

时间也是行为的载体。行为的时间特征包含了发生和结束的时刻或时期、持续时长、频率等，由此分析行为特征，研究特定时段内的人群的行为活动特征，比较不同时段空间行为的共性和差异性。从行为的时长和频率特征可以划分惯常行为和随机行为，探究其对空间的使用和依赖度，推动空间行为的精细化研究。

此外，空间行为研究还关注行为伴生的情绪、生活质量、满意度、幸福感，并延伸出时间利用、生活圈等多个方向，即在单纯行为认知的基础上拓展出行为所反映的多方面意义，衍生出更多的研究方向和热点。

---

① 柴彦威.空间行为与行为空间[M].南京：东南大学出版社，2014.

《上海城市空间与居民行为》是基于以上体系的上海实证研究，是笔者近十年研究成果的集成。笔者留学回国后陆陆续续在上海开展了居民行为调查，试图对快速变化的上海城市中居民行为系统地记录和分析，从居民个体行为视角理解上海大都市复杂的空间结构。最早的调查是在全市商业中心南京东路商圈，并在南京东路开展了第二次（2003 年）和第三次调查（2007 年）。同期在中心城区的其他商业中心，如五角场、新天地、大宁国际广场等，开展了类似调查，后从城市中心区扩展到近郊和远郊的商业区，再拓展到新兴的网络购物和大数据消费行为研究领域。有关消费者行为的调查研究一直持续到现在，是本团队空间行为研究的核心，其中大部分成果，除早期的南京东路外，都收录在本书的第 1 篇。为了与空间规划设计相结合，研究对步行、骑行等慢行行为给予了特别关注，这些成果汇总在第 2 篇中。研究逐步拓展到居住、就业、通勤、休闲等多个方面，成果汇总在本书的第 3 篇和第 4 篇。

编著本书的目的首先在于从多方面记录上海市居民行为特征和变化，虽然在书中有不同分析方法的运用，但都无法替代对行为的直接描述分析。本书的目的还在于通过个体行为的分析，透视上海市城市的空间结构，提供微观视角的空间结构解释。个体行为涉及选择和决策的分析，是理解城市空间结构影响机制的一把钥匙，也有助于了解城市的空间特征是如何影响居民的行为决策。本书在研究方法上较多运用选择模型，目的在于模型方法的规划应用，力求模型结构的简明，确保模型分析可操作和可理解。

在数据获取上，早期方法是传统的问卷和访谈，每一次调查都要花费大量精力来组织和实施，但调查的过程有助于理解居民的行为，激发研究的火花。后来出现问卷星等专业的调查公司和网络问卷调查平台等，这些渠道确实提高了调查的效率，但容易出现调查人群的偏差，需要结合少量传统方法调研校核。移动互联网时代出现的大数据，又为空间行为研究带来新的数据源，使得空间行为研究越来越普及，大数据既有显著的大样本、长时间记录的优点，也有行为目的等核心信息缺失的缺点，所以无法完全替代传统数据。本书中的数据来自不同时期的调查，后期借助网络和大数据的比例增加，但都离不开访谈数据的基本支撑。

本书共由 4 篇 24 章构成。

第 1 篇是消费者行为。消费者行为是城市空间行为研究的经典内容，因为它可以反映城市多中心复杂结构的系统影响，以及城市不同区位、不同群体、不同业态的消费者行为偏好，故总能吸引研究者的关注，近年网络购物的快速发展对消费者行为产生的显著影响又进一步吸引研究者的兴趣。本篇安排了城市中心商业区南京路（第 1 章）、副中心商业区五角场（第 2 章）、新兴商业消费空间新天地（第 3 章）、近郊商业中心莘庄的研究成果（第 4 章），也安排了网络购物（第 5 章）、新城居民的消费者行为（第 6 章）以及外来人口特殊群体（第 7 章）的研究成果。内容的选取力求反映变化中的上海市消费者行为的多样性和典型性。书中部分章节采用了购物行为用语，与消费行为用语并无本质区别，因此没有刻意对两种用语作统一化调整。

第 2 篇慢行行为由五章构成。第 8 章和第 9 章讨论的是步行行为，第 10～12 章是自行车出行行为。第 8 章运用叙述性偏好法调查休闲步行环境选择行为，在此基础上构建离散选择模型，量化休闲步行者对于步行环境的偏好机制，辨识各关注要素的影响程度。第 9 章分析了市民以步行方式使用日常服务设施的特征，并以此为基础构建了基于步行出行需求满足度的社区可步行性评价方法。第 10 章以上海闵行区公共自行车系统为例，考察该系统自实施以来对闵行区居民出行产生的影响，第 11 章研究影响居民使用公共自行车的原因。第 12 章通过研究骑行者的路径选择行为，得到人们对环境要素的偏好规律。本篇内容虽然也是行为研究，但带有较强的规划应用指向，出于这方面的考虑，本篇包含了对慢行适宜性的评价和规划方案调整后慢行行为视角的评价。

第 3 篇居住、就业与通勤行为由八章构成。居住、就业与通勤是相互关联的行为，故而整合在一起。第 13、14 章使用 SP 方法研究居住地的选择，并将 SP 分析结果用于居住环境评价和新城吸引人口策略研究中，是空间行为与空间策略相结合的研究案例。第 15～17 章是对上海典型的居住区和就业区通勤行为的分析，第 15、16 章使用手机数据，第 17 章使用传统调查数据，研究揭示了不同区位居住与就业空间的通勤模式的多样性和复杂性，也揭示了现象背后包含的作用机制和规律性。第 18 章利用手机数据可以长期记录的优势，识别 2011—2014 年居住和工作地的变迁人群，分析他们的变迁规律。第 19 章对典型社区生活出行时间进行分析，并对“15 分钟生活圈”的现状进行了评价。第 20 章研究了特殊居住行为——养老机构选择行为，分析了养老设施合理化布局的模式。

第 4 篇休闲行为由四章构成，包含郊野公园虚拟参观行为、顾村公园樱花节客流大数据、虹口足球场的球迷来场过程，以及综合性生活出行研究。休闲行为的多样性丰富了研究主题和方法，但休闲行为数据采集难度较高，大数据的出现能使研究者更容易地获得此类数据。第 21 章研究郊野公园吸引游客的机制，通过虚拟调查获取不同场景下游客到访的意愿，并建立效用模型。第 22、23 章聚焦休闲活动中的大客流问题，利用大数据的跟踪记录还原客流的聚集过程，为公园和体育设施的管理提供参考。最后一章综合了不同住宅区的生活出行活动的集合空间特征，包括休闲、购物出行等生活性出行。这些生活性出行构成了不同社区的生活活动空间。

以上各章都是笔者和团队成员共同研究的成果，大多是研究生在学期间的研究成果。这些成果从确立选题到最终成稿大多要经过两三年甚至更长时间的打磨，历经文献阅读、研究设计、预调研、初步成果整理，团队内讨论会，国内甚至国际会议交流讨论，学位论文写作、答辩，书稿修改，才能完成研究的全过程，这中间凝聚了每位合作者的智慧和汗水，是他们将研究的思想创造性付诸实施，变成富有启发性的图、表，凝练成一个又一个研究结论，写成论文，现在又成为本书的各个章节。将这些成果系统地整理成专著是笔者多年来的夙愿，经过两年努力终于完成。在此，感谢每一章的合作者，他们是：朱玮、蔡嘉璐、段文婷、许尊、顾晶、庞宇琦、赵倩、干迪、潘晖婧、卢银桃、马林志、王灿、宋姗、刘珺、王昊阳、田金玲、谢栋灿、方家、武敏、谭文垦、李丹、申卓和傅英姿。谢谢他们的杰出工作和辛勤付出。

同样要感谢的有《城市规划学刊》《城市规划》《国际城市规划》《上海城市规划》《规划师》《地理学报》《地理研究》《地理科学》《地理科学进展》《人文地理》《中国园林》《同济大学学报》，以及同济大学出版基金提供的资助和同济大学出版社的支持，特别感谢同济规划院助理研究员范季红在书稿的整理过程中所做的大量工作，感谢张扬帆、张芮等对书稿中图件的修改清绘工作。

王　德

2022 年 9 月

目　录

第 4 篇　休闲行为

第 1 篇

消费者行为

第 1 章　城市中心区消费者行为

——南京东路商业步行街消费者行为变化研究

随着经济的发展，人民生活更为富裕，享受型、消费性的生活方式成为必然趋势。当人们的消费从基本的发展需求到纷繁复杂的各类非基本需求时，当商业从满足于基本生活的粗放式经营发展到真正以人为本的精细化服务时，当竞争变得更为激烈，商家不得不寻求新的利润空间以突破传统经营的瓶颈时，深入细化的消费者行为研究是必由之路[1]。为此，2001 年同济大学城市规划系与日本福冈大学都市空间信息行为研究所，对上海南京东路消费者实施了一次实地问卷调查(有效样本 752 个)，揭示了南京东路消费者的构成与消费活动基本特征、消费活动空间特征[2]，在此基础上探讨了消费者个人空间轨迹和集合人群流动轨迹的模型模拟和预测[3]。

从 2001 年到 2007 年，上海的零售业在整体经济的高速发展背景中保持快速增长，表现在多个市、区级商业中心的新建和改造上。在这个过程中，南京东路商业街的经营结构以及所处的商业背景也发生了很大变化。南京东路的消费者行为与 6 年前的 2001 年有何不同？消费者行为的变化与商业街物质空间的变化之间有什么样的联系？带着这些问题，同济大学城市规划系、荷兰埃因霍温科技大学城市规划组、日本福冈大学都市空间信息行为研究所，于 2007 年 5 月合作开展了南京东路消费者行为第三次①实地问卷调查，翔实记录了消费者活动的基本信息和空间活动信息。

本章通过对 2001 年和 2007 年两次调查数据的比较分析，揭示了南京东路消费者行为发生的主要变化。下文先对 6 年间影响南京东路消费者行为变化的外部环境诸因素以及由此引起的南京东路自身变化进行分析；而后通过比较 2001 年和 2007 年两次消费者行为数据获得消费者基本特征、当日活动特征、空间分布特征等特征变化趋势；最后梳理上述变化间的关系，形成变化关系系统结构。

1.1　研究范围及调查概要

2001 年的消费者活动研究范围②共 24 个地块：南京东路沿侧的 22 个地块，上海书城和人民广场两个地块。由于 6 年间南京东路沿线商业格局的变动，2007 年研究范围的具体变动为：将包含 2004 年建成的来福士商厦所在地块(地块 23)和外滩区域(地块 24)纳入研究范围；将包含在 2001 年调查中的上海书城所在地块(2001 年调查中记为地块 23)，距南京东路步行街较远的人民广场影响区地块(2001 年调查中记为地块 24)剔出研究范围(图 1-1)。

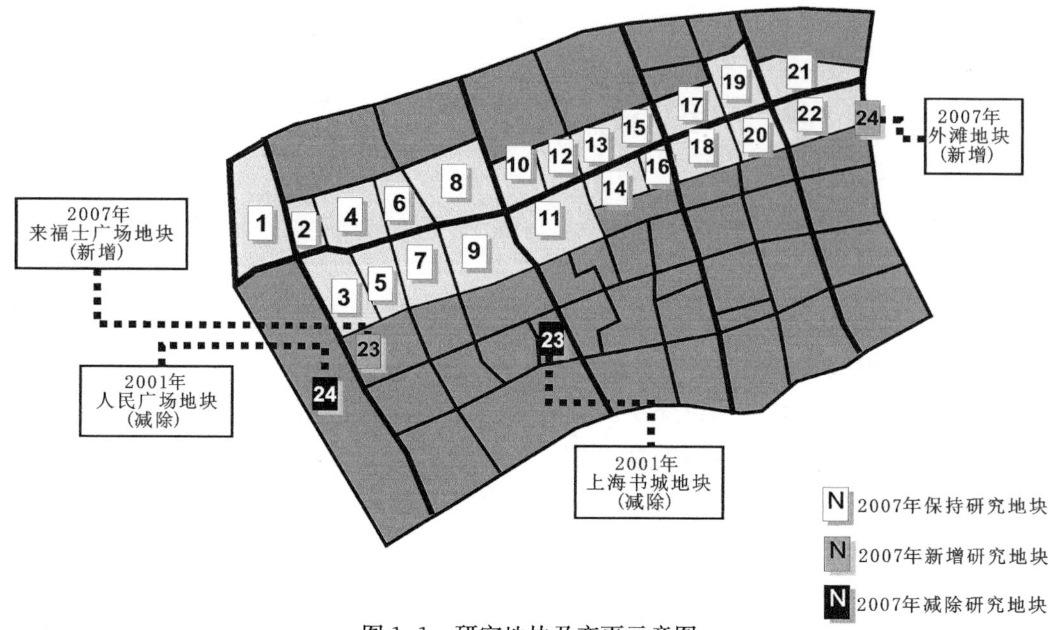

图 1-1 研究地块及变更示意图

注：2001 年地块中的主要设施：(1)新世界商城；(2)第一百货西楼；(3)恒源祥百货、乐乐辰百货；(4)第一百货东楼、上海服装集团；(5)新雅粤菜馆；(6)第一食品公司；(7)华联商厦；(8)中丝伊都锦、第一医药商店；(9)华侨商店；(10)美特斯邦威；(11)置地广场、曼克顿广场；(12)老凤祥银楼；(13)王开照相；(14)欧洲友谊商城；(15)中联商厦、地铁河南中路站；(16)上海书城南京东路店；(17)亨得利钟表；(18)吴良材眼镜；(19)真维斯；(20)中央商场；(21)外贸商场、和平饭店；(22)和平饭店；(23)上海书城；(24)香港名店街，迪美购物中心。

2007 年地块中的主要设施：(1)新世界商城；(2)第一百货；(3)世茂国际广场；(4)东方商厦、老凤祥珠宝、第一食品公司；(5)新雅粤菜馆、烟酒专卖；(6)上海时装公司；(7)宝大祥青少年用品、永安百货；(8)中丝伊都锦、第一医药商店、美特斯邦威、班尼路旗舰店；(9)华侨商店、世纪广场；(10)老凤祥银楼、美特斯邦威；(11)置地广场、曼可顿广场；(12)老庙黄金、亨得利钟表、邵万生南货；(13)王开照相、明牌银楼；(14)圣德娜百货、上海书城南京东路店；(15)华联商厦；(16)宏伊国际广场；(17)地铁 10 号线在建；(18)吴良材眼镜、品牌服装；(19)高邦、真维斯、烟酒专卖；(20)中央商场；(21)外贸商场、和平饭店；(22)汇中饭店；(23)莱福士购物中心；(24)外滩。

2007 年的调查于 5 月 19 日(星期六)、5 月 22 日(星期二)两天内展开。调查员从中午 12 点开始至晚上 8 点，在南京东路—西藏中路下沉广场、东方商厦、第一食品商店、永安百货、世纪广场、海伦宾馆、曼克顿广场、置地广场、圣德娜百货、华联商厦、宏伊广场、外滩共 11 个采样点，对消费者进行随机抽样的问卷访谈。问卷共分两部分内容，基本与 2001 年的问卷一致：①消费者基本属性，包括：性别、年龄、职业、居住地、婚姻状况、平均月收入等基本信息；②消费者当日活动情况，包括：消费者在调查范围内的每一次消费行为，包括行为发生的位置、消费的内容、金额、时耗，以及他们出发、到达的时间和所使用的交通工具等信息。调查共得到有效问卷 811 份。

1.2 消费者的基本特征

1.2.1 消费者职业变化不大

2001 年和 2007 年两次调查对消费者职业属性的归类略有不同③。2001 年四类职业所占比重较高：学生 16％(由高中生、培训进修生、大学生的总比例累加)，技术人员 11.4％，公司职员 24.3％，其他 27.1％。而 2007 年两类职业所占比重较高：公司职员 36％、学生 17％，其余职业的比例比较平均。因此总体上南京东路消费者职业类型格局变化不大。学生和公司职员在 2001 年和 2007 年都是南京东路消费者群体中最多的职业类型。

1.2.2　消费者年轻化，未婚比例增大

2001 年的调查中，青年人与中年人的比例非常接近，青年人，占 42%，中年人，占 45%；老年人，占 13%。到 2007 年，青年消费者已经成为南京东路最大的消费群体，占 52%，中年人占 33%，老年人占 15%。这一变化与近年来南京东路经营内容的青年化、时尚化趋势是吻合的。

2001 年的调查中，已婚者占 65%，而未婚者只占 35%。但在 2007 年，已婚者人数比例占 54%，未婚者占 46%。6 年间，未婚者比例明显上升应该与商业街消费者年轻化趋势有关。

1.2.3　外地消费者比例增大

2001 年的调查中，上海消费者占 71.7%（市内占 45%，市郊占 27%），外地消费者占 28%。而 2007 年，上海消费者下降为 60%，外地消费者比例相应地提升为 40%。外地消费者中，来自江苏的比例最高，占 16%；来自浙江、山东、江西、安徽、北京的各占 5%到 10%之间。两次调查都显示出南京东路并不是上海市民通常印象中以外地游客居多。但是从数据来看，6 年间上海市民占消费者总数的比例有所减少。

1.2.4　消费者收入水平相对降低

消费者的平均收入水平在一定程度上反映商业设施的消费服务水平。比较 2001 年和 2007 年消费者收入[④]：2001 年上海市职工月平均工资 1 480 元，同年南京东路消费者月平均收入 2 048 元；2007 年上海市职工月平均工资 2 892 元，同年南京东路消费者月平均收入 3 700 元。6 年间，上海职工月平均工资增长了 95.4%，而南京东路消费者月平均收入水平仅增长了 80.7%。南京东路消费者平均收入的增长幅度小于上海市职工平均收入增长的幅度，可见 6 年间南京东路所吸引消费者的月平均收入水平有所下降。

1.3　消费者活动特征

1.3.1　观光旅游为目的消费者数量上升

2001 年的调查中，将消费者来南京东路的目的分为旅游和其他两类（包括购物和休闲娱乐），分别占 23%和 77%。2007 年的调查中，将消费者来南京东路的目的分为三大类：旅游观光、购物、休闲娱乐。调查数据显示，33%的消费者是来旅游观光的，而以购物为主要目的的消费者占 27%，以休闲娱乐为主的占 21%，办事、吃饭和其他目的占 19%。虽然两次目的分类口径有所不同，但比较清楚的是以旅游观光为目的的消费者数量上升明显，这反映出南京东路加强了可供游览观赏的人文要素以及个性化商业氛围以吸引消费者。

1.3.2　轨道交通使用者数量上升

2001 年的调查中，消费者到达南京东路选择最多的交通方式是公共交通，其中：采用

公交车的比例为50%，使用地铁的比例为24%。到2007年，公共交通仍是人们的首选，其中采用公交车方式到达的比例是35%，而采用地铁方式到达的比例是38%。对比可见，地铁方式已经与公交车方式持平。这反映出上海城区地铁网的建设完善，使得地铁交通方式日趋方便舒适快捷，从而吸引了更大比例的消费者使用作为出行手段。

1.3.3 路上时间明显缩短

2001年的调查中，消费者从居住地到南京东路所花的时间平均为98 min，超过了1.5 h。而到2007年，随着交通系统的发展和地铁网络的完善，消费者的出行时间显著缩短。消费者平均花在路上的时间为71 min，比2001年时缩短了27 min。

1.3.4 活动停留数量与逗留时间没有变化

2007年的调查中，消费者在商店内的停留[⑤]次数平均为4.21次，与2001年4.31次几乎没有区别，说明消费者的活动强度相对稳定。2007年，消费者在商业街中的平均逗留时间为280 min(4 h 40 min)左右，与2001年一致。这可能揭示消费者的逛街活动存在一个体能的临界值，该值与时间紧密相关。超过该体能临界则消费者感到疲劳而结束消费活动。

1.3.5 总开支降低

消费者个人在南京东路上的总开支情况是评价南京东路商业街的整体消费水平的重要方面。2001年的调查中，消费平均水平为433元。从消费数额结构看，零消费的比例约为20%，花费在500元以上比例约为19%，花费在100元以上比例约占53%；从年龄层次看，中年人的花费最多，为404元；老年次之，为349元；青年人最少，为301元。2007年消费者的消费平均为303元，低于2001年的平均水平。从消费数额结构看，零消费的比例高于2001年的水平，约占到33%(表1-1)，花费在500元以上比例的约占13%，低于2001年的水平；花费在100以上的比例约占41%，也低于2001年的水平；从年龄层次看，老年人的平均花费最高，为444元；中年人以256元居中；青年人最少，仅192元。

表1-1 消费者总开支构成比较

类别(元)	2001年	2007年
0	20.3%	33.3%
0～100	27.3%	26.4%
101～500	33.6%	27.7%
501～1 000	11.8%	7.9%
1 001～3 000	5.3%	4.6%
3 000以上	1.6%	1.0%

通过对比发现，6年间，虽然消费者的收入水平提升了，总开支水平却降低了，体现在：平均消费额降低、零消费比重增大、中高消费(100元以上)的比例在明显减少。虽然南京东路的发展希望走青春时尚路线，但年轻人的平均花费非升反降。总体来看，这可能与消费者消费目的休闲化有一定联系。

1.3.6　消费与服务需求休闲化

通过对消费者的消费与服务需求细分作集合统计，分析南京东路上的消费者究竟为哪些商品服务种类所吸引。

2001 年的调查中，消费者的消费服务需求比重大致是按女式服装、图书、男式服装、就餐、一般食品、鞋类、童装、休闲活动顺序递减。2007 年，消费者的购物活动所占比重大致按休息活动、女式服装、男式服装、就餐、鞋类，一般食品、休闲观光顺序递减。

对比这两个年份的消费与服务需求前 10 位排名(图 1-2)，可以总结出如下特征：第

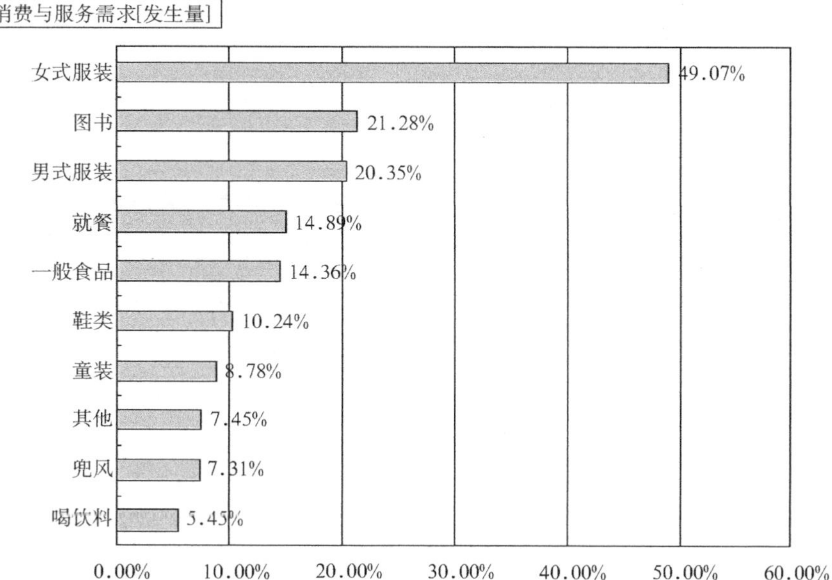

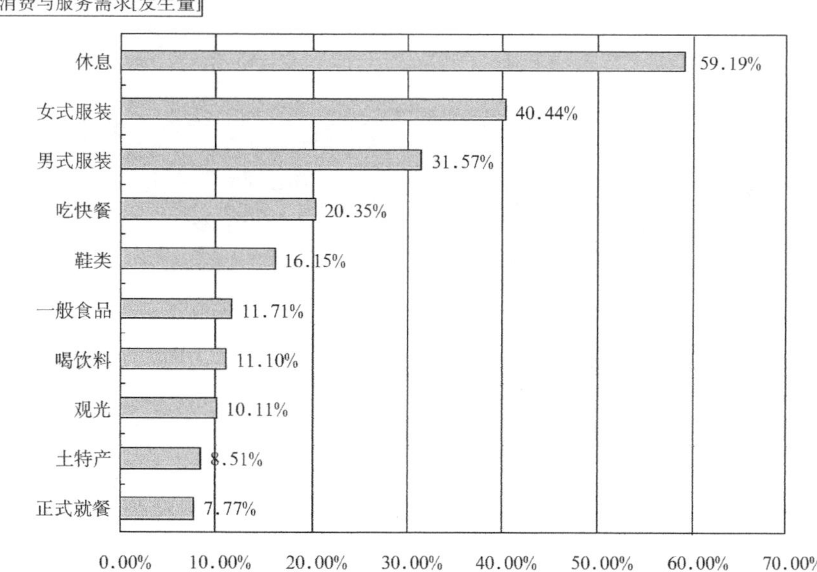

图 1-2　消费与服务需求比较(前 10 位)(上图：2001 年，下图：2007 年)(多选)

一，总体上说，6 年间消费与服务需求的类型与排名位序变化不大。第二，2007 年消费者休息活动需求增大，属于零消费的休息活动是消费需求最大的一项。这反映出随着南京东路休闲娱乐服务职能的加强，人们到南京东路已经不仅仅是为了实际购物需求，也包含了更高级的生理心理需求。第三，服装类仍是消费者购物最集中的内容，女士服装的消费需求仍然是最多的，但所占份额有所减小，男士服装所占比例上升。第四，就餐比例总数[⑥]上升明显，这应该与餐饮设施建设已经基本到位有关。第五，与休闲观光活动有关的活动类型，比如喝饮料、观光（甚至吃快餐）活动比例上升明显，也例证了南京东路休闲旅游职能的加强[⑦]。

1.4 消费者空间活动特征

1.4.1 主要入口增加

2001 年，南京东路步行街的主要入口有两个，其中人民广场入口进入人流量占 44%；外滩入口进入人流量占 18%。到 2007 年，南京东路的主要入口增加为三个，其中：人民广场地铁入口最为重要，进入人流量占 50%；南京东路站进入人流量占 18%，排第二；外滩进入的人流量占 15%，排第三（图 1-3）。

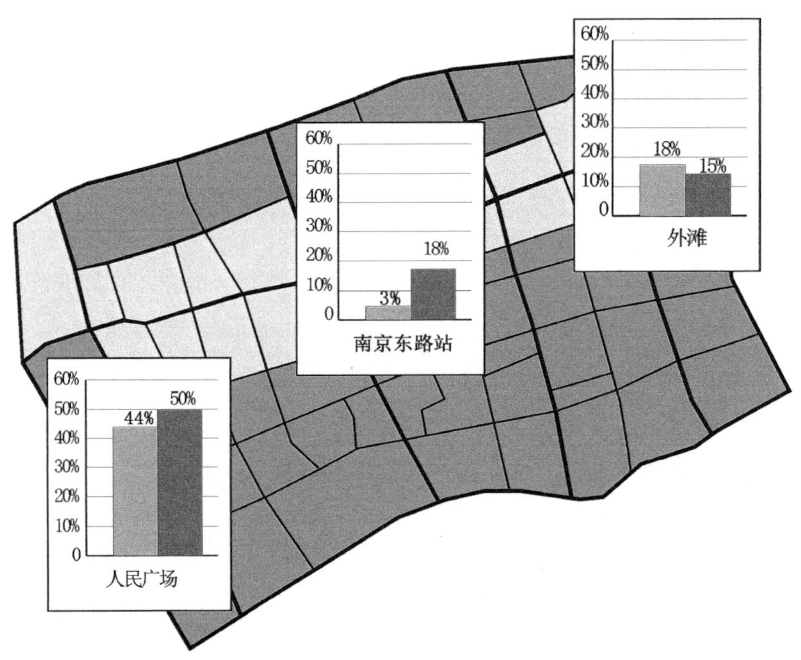

图 1-3 主要入口进入人流量比较（左柱：2001 年，右柱：2007 年）

通过比较入口人流数据发现，南京东路传统中的东西两个主要入口格局得到了维持。而随着城市轨道公共交通系统的日益完善，从地铁 2 号线南京东路站进入的人流明显增多，使其成为一个新的主要入口。地铁主入口的重要性升高而外滩入口重要性降低。这种变化对步行街内部人流分布和活动格局特征有一定影响。

1.4.2　消费活动的空间分布特征

1.4.2.1　人均消费额分布特征均质化

观察两个年份的人均消费额空间分布三维柱状图[8]，可以看出：6 年间南京东路人均消费额的总体水平是降低的，人均消费额最高的地块和人均消费额平均水平的地块之间差距显著缩小，整体上人均消费额有均质化的趋势(图 1-4)。

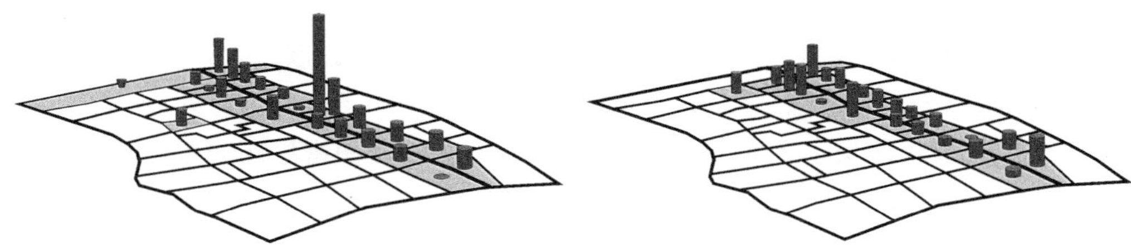

图 1-4　人均消费额分布特征(左图：2001 年，右图：2007 年)

2001 年人均消费额最高的地块首先是老凤祥银楼(地块 12)，接着是王开照相馆(地块 13)、新世界城(地块 1)、第一百货东楼(地块 4)。而 2007 年人均消费额最高的地块首先是新世界城(地块 1)、置地广场(地块 11)，接着是新雅粤菜馆烟草专卖店(地块 5)、宝大祥儿童百货和永安百货(地块 7)、圣路德那百货和上海书城(地块 14)。比较明显的变化是，人均消费额最高的地块从老凤祥银楼这类专业商店，转变为服务种类多样丰富集中的百货公司。体现专业商店地块在整条南京东路上地位的相对降低，这与专业店老字号品牌在全市范围开设连锁店、使南京东路专卖店唯一性丧失，以及南京东路消费者群体青年化后对老字号品牌的兴趣度下降都有关。

1.4.2.2　总人流“金三角”向中段转移

观察两个年份的总人流空间分布三维柱状图(图 1-5)可以看出：6 年间，南京东路西侧由新世界城、第一百货西楼、华联商厦三个百货公司所在地块形成的人流密集活动的金三角(地块 1、2、4、7)消失了，人流活动密集区向东部、步行街中部地区转移。西藏中路南京东路人行天桥的地下化改造使新世界商厦所在地块与南京东路其他部分的交通联系变弱，以及新建的世茂国际广场开发并不十分成功，加之中部地块的发展和新的入口格局形成，是传统金三角地区人流减少的部分原因。

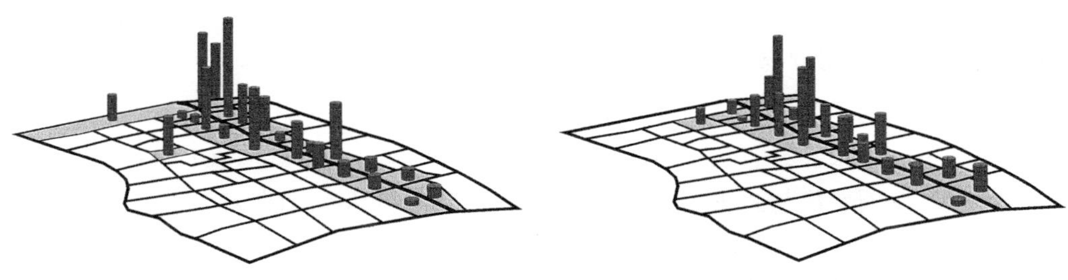

图 1-5　总人流分布特征(左图：2001 年，右图：2007 年)

2001 年总人流分布最多的地块首先是新世界城(地块 1)、第一百货东楼(地块 4)、第一百货西楼(地块 2),接着是华联商厦(地块 7)、置地广场(地块 11)、中联商厦(地块 15),都是大百货公司所在地块。而 2007 年总人流分布最多首先是新世界城(地块 1),然后是置地广场(地块 11)、美特斯邦威班尼路专卖店(地块 8)、世纪广场佐丹奴专卖店(地块 9)。这里比较明显的变化是:总人流分布从密集于大百货公司地块,逐步转化为品牌服饰专卖店聚集的地块(如地块 8 美特斯邦威班尼路专卖店),或聚集有品牌衣饰专卖店的百货公司地块(如地块 11 置地广场)。

1.4.2.3 总消费额"金三角"向中段转移

观察两个年份的总消费额空间分布三维柱状图(图 1-6)可以看出:6 年间,南京东路上总消费额最高地块和总消费额平均水平地块间,消费额差距仍然较大;另外,西侧总消费额分布较高的金三角区(地块 1、2、4、7)逐渐弱化和消失,总消费额密集区向东转移,到了步行街中段区域。

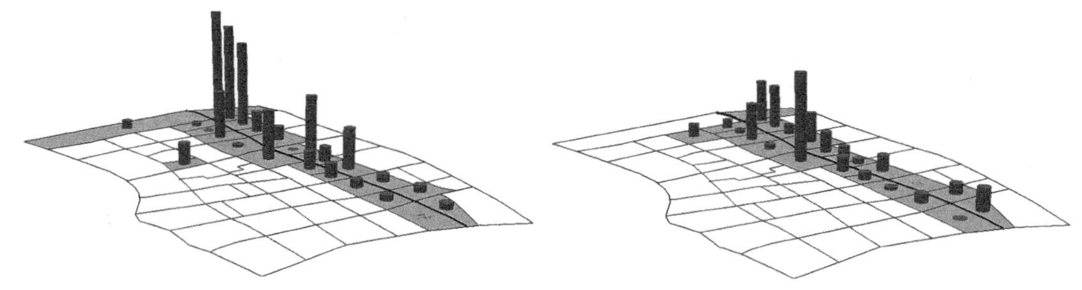

图 1-6 总消费额分布特征(左图:2001 年,右图:2007 年)

2001 年总消费额分布最多的地块首先是新世界城(地块 1)、第一百货东楼(地块 4)、第一百货西楼(地块 2),接着是老凤祥银楼(地块 8)、华联商厦(地块 7)、置地广场(地块 11)。而 2007 年总消费额分布最多的首先是置地广场(地块 11),接着是宝大祥儿童百货和永安百货(地块 7)、第一百货(地块 2)、东方商厦(地块 4)。其中百货公司地块:地块 2、4、7、11 两次都榜上有名,可见 6 年间,总消费额最高地块都主要是百货公司地块,除了地块 1(新世界城)由于西藏中路下沉地铁广场的修建,交通条件发生变化,跌出总消费额分布最高的梯队外,整体变化不大。但由于每家百货公司在发展变化中,采取不同的经营策略应对,而引起的总消费额排名变化,体现出其对消费者吸引力大小的变化。如地块 11 上的置地广场,从 2001 年开始逐步细化消费者定位,开拓营业楼层,提供品牌打折衣饰化妆品等商品,到 2007 年总消费额的排名已经位居第一。

1.4.2.4 消费活动空间分布三大特征的相关性

表 1-2 显示了对地块中的人均消费额、总人流分布、总消费额分布三者进行两两皮尔森相关系数分析的结果。2001 年的数据表明,三者的相关关系均在 0.01 概率下具有显著水平,但进一步,总消费额与总人流分布的相关性远高于同人均消费额的相关性。2007 年的数据表明,三者相关关系也均在 0.01 概率下具有显著水平,且总消费额与人均消费额的相关性略高于总消费额与总人流分布的相关性。显示人均消费额对总消费额所起作用对

比 2001 年明显提高。

表 1-2　总消费额、消费者人数、人均消费额相关性检验比较

项目		总消费额(元)	
		2001 年	2007 年
人次	皮尔森相关系数	0.864	0.652
	显著度(双尾)	0.000	0.001
	样本数	24	23
人均消费额(元)	皮尔森相关系数	0.554	0.765
	显著度(双尾)	0.005	0.000
	样本数	24	23

这样，在构成南京东路的经济效果——总消费额的要素中，人均消费额的作用已逐渐高出消费者人数所起的作用，或者说，南京东路的经济是正在从"以量取胜"，转变为"质""量"共同起作用。

1.4.3　消费活动的回游分布特征

以上述南京东路沿线的 24 个地块为单位，对消费者回游行为的研究，可以发现以下主要现象(图 1-7)：①地块之间人流量变少，人流活动密度降低；②人流活动密集区域，从西侧步行街起始的西藏中路附近百货店密集区域，转变为中部浙江中路附近由百货店和品牌服饰专卖店形成的新三角区；③长距离跨越购物人流仍是一大特征，而联系的地块不单纯粹是百货店地块间，也包括百货店地块和品牌服饰专卖店地块间；④发生同地块回游的地块，也不再是纯粹百货店地块，也包括品牌服饰专卖店地块。

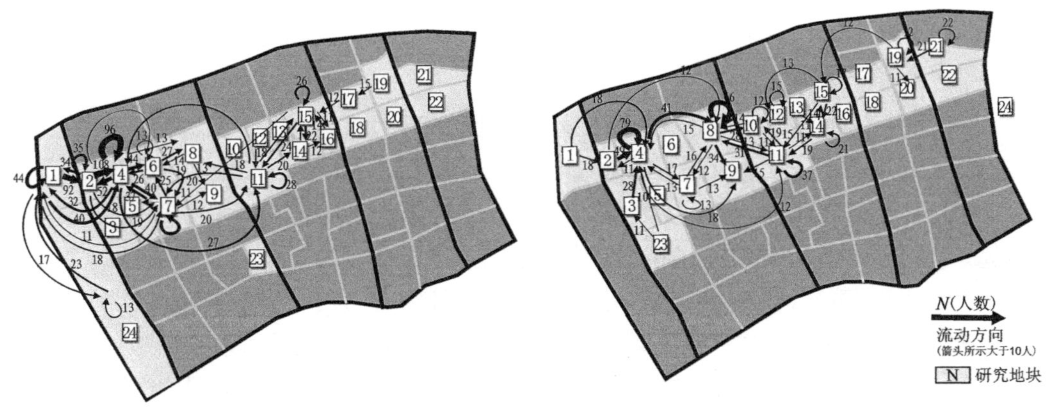

图 1-7　地块回游比较(左图：2001 年，右图：2007 年)

1.5 引起消费者行为变化的内外因素

1.5.1 外部因素

1.5.1.1 上海市层面的变化

第一，城市商业结构的变化。近年来，随着上海城市的快速发展，城市空间结构也经历着巨大的变化，从“单中心，两圈层”逐步发展为“多核，多圈层”格局[4]。与此对应，城市商业结构也发生着明显变化，从20世纪90年代中后期，以城市中心为核心的“金字塔”形等级结构，发展为2005年左右“等级差异仍存但差距缩小[5]、空间上呈郊区化、等级上呈社区化、结构上呈扁平化”[6]的新结构。

第二，居民消费观念的变化。在经济快速发展的同时，上海城镇居民家庭恩格尔系数由2002年的39.4%下降到2007年的35.5%，城市居民生活水平正从“小康”逐渐向“富裕”阶段攀升。与之相应的，居民整体消费结构也发生了显著转变，人们越来越不满足于为了纯粹的物质需求而购物，更追求购物同时能获得精神上的享受。随着人们消费观念的变化，人们的消费行为也日趋复杂化，“一站式”购物、综合性购物特征明显。这促进了购物中心和大卖场等新兴业态的繁荣发展[7]。在追求象征性、自我意识、品质等现代消费理念的冲击下，消费者对品牌产品的追求和需要不断增强。

第三，南京东路自身地位变化。南京东路步行商业街历来是上海的城市标志，素有“不逛南京路，枉来大上海”之说。而1999年的步行化改造又成功地提升了南京东路的商业竞争力，在2001年调查时，南京东路在全市商业圈中的优势地位非常明显。6年过去后，上海城市商业结构呈现“郊区化、扁平化和等级结构差距缩小”的态势，南京东路作为市中心商业所面临的竞争压力日渐增大。但是南京东路通过自身努力发展，在全市的商业圈中以客流量、总营业面积和零售总额第一的成绩⑨，基本保持了2001年的领先优势。

1.5.1.2 南京东路内部变化

(1) 政策措施变化。2001年南京东路步行街化改造时，按照“高起点、高品位、发扬特色开发功能”的指导思想，对商业结构进行调整。通过调整，沿街商业企业的经营布局、结构、定位、层次等更趋合理，突出了步行街“购物、旅游、休闲、商务、展示”等五大功能。但是，随着城市其他商业中心的崛起，南京东路商业的竞争压力与日俱增。

2006—2007年，黄浦区政府对整条南京东路的品牌定位进行了调整，以引进国际大品牌和国内一流品牌为主，名为“大众高端”，即整体上将国内的一流品牌和国际的二三流品牌，以旗舰店、专卖店等高端形式展示，既满足大众需要，又提升和塑造品牌形象。截至2007年，南京东路上已汇集1 200余个国际知名品牌，进入上海的全球知名消费品牌有90%在此开设专卖店、旗舰店。

(2) 物质环境变化。6年间南京东路的物质空间环境发生了较多变化，包括：人行天桥改地下广场、6个地块拆改造、重要建筑立面改造、商店内部经营内容调整等(图1-8)。

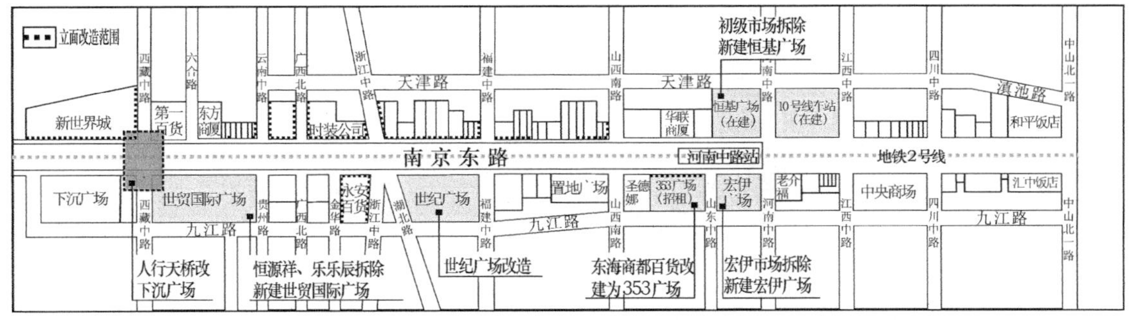

图 1-8　南京东路物质环境变化(2001—2007 年)

注：西藏中路南京东路交叉口的标志性人行天桥和西南侧精品商厦被拆除，在原址上结合原有广场改造，建成了下沉式地铁交通广场。

在 6 个地块进行了拆改，分别是：①拆除西藏中路南京东路交叉口东南恒源祥百货和乐乐辰百货，原址建成世茂国际广场；②拆除河南中路交叉口西北的佳鸿商场(初级产品市场)，原址建设恒基广场购物中心；③拆除河南中路交叉口西南宏伊商场，原址建成新的宏伊广场购物中心；④拆迁河南中路交叉口东北地块上建筑，原址建设地铁 10 号线站；⑤更新改造世纪广场，使广场环境更人性化，增设了休闲酒吧等休憩设施和许多行人休息凳椅；⑥改建山东中路交叉口西侧的东海商都百货为 353 购物广场。

对重要商店建筑的外立面实施“修旧如旧”的整治，包括：新世纪城、卧室用品商店、第一食品公司、时装公司、永安百货、世纪广场对面的街坊、老凤祥银楼、蔡同德堂、353 广场。

在 6 年间，有近三分之一的商店对店铺内部经营结构和布局等进行了调整。如新世界城通过调整楼层经营内容，开发新楼层功能和扩建建筑体，建设形成综合消费体。置地广场将“精细化”建设作为经营战略，在特色楼层调整经营结构以净化卖场格局。圣德娜百货原来是百货公司，经过闭门装修，将商场经营定位为“让我们更时尚”，转而主营服装饰品等。中联商厦翻牌为华联商厦，并对 1～6 层的经营格局和商品结构进行调整。华联商厦翻牌为永安百货，定位以“经典百货”为经营理念，新形成服饰、黄金珠宝、化妆品三大商品经营特色，且增加休闲商业功能。其他进行了相关调整的商店包括：第一百货、东方商厦、第一食品商店、时装公司、宝大祥青少年用品店、三阳南货、蔡同德堂、真老大房、惠罗公司等。

(3) 经营业态变化。2001 年南京东路商业街总营业面积是 33.9 万 m^2，其中，购物面积所占比例 58.59%、餐饮比例 11.09%、文娱休闲比例 9.13%、服务比例 1.22%、宾馆比例 19.97%。2007 年南京东路商业街总营业面积达到了近 50 万 m^2，其中：购物面积所占比例 49%、餐饮比例 16%、文娱休闲比例 14%、服务比例 2%、宾馆比例 19%。6 年间，餐饮、休闲娱乐营业面积比例增加不大，但绝对面积数量增长近一倍(图 1-9)。商业面积结构的变化显示，南京东路商业街的功能正日趋多元化。虽然随着市区商业结构的改变，市中心吸引力独强的商业格局正在被逐渐打破，但南京东路努力通过增加娱乐休闲餐饮面积，增强对旅游休闲者的吸引力。

2003 年 11 月来福士广场的开业，标志着综合商业中心业态开始登陆南京东路商业街区域，自此开始购物中心业态在南京东路快速发展。南京东路地区建成或改建成的综合商

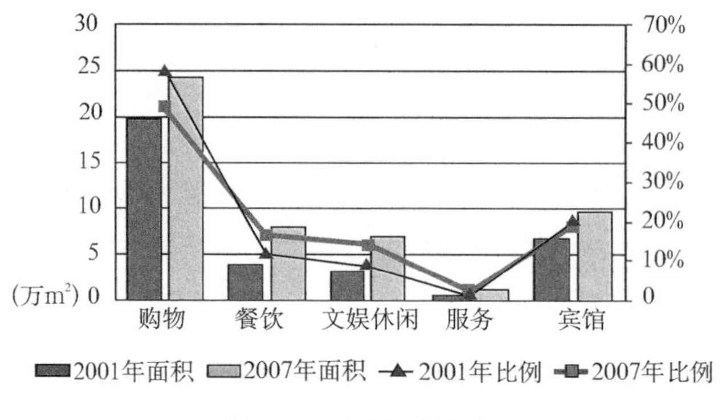

图 1-9　营业面积变化

业中心已经有 5 座，包括：来福士广场、百联世贸国际广场、宏伊国际购物中心、353 购物广场（正在招商，即将开业）、新世界城等，总面积达到 17 万 m^2，占商业街营业总面积的 34.2%，成为南京东路新兴而重要的业态组成部分。

1.5.2　内部因素

1.5.2.1　消费者轨迹变化原因

（1）品牌服饰专卖店发展。2007 年，南京东路的消费与服务需求前十排名中，最多的是服装衣饰鞋类等。而在追求时尚品位的消费观念占主导的今天，消费者对服装衣饰鞋类商品的购买率很大程度上取决于其对相关品牌的认知和认可度。因此消费者对南京东路品牌服饰专卖店的需求增强。

品牌服饰专卖店的形式，主要有独栋的品牌服饰专卖旗舰店和百货商场专卖柜台。以能实现产品按不同类别（男装、女装、精品、折扣等销售区）陈列，在空间上既独立又联系的布置为佳。位于南京东路中部北侧中小体量，占地面积不大的连片独栋多层楼，可以实现对某个品牌服饰按不同销售类别的分层布置，有利于品牌服饰专卖店的销售和发展，适应了南京东路“大众高端”整体消费定位策略。这种空间上的匹配与适应，促进了这些品牌服饰专卖店，近年来无论在数量上和经营效果上都得到了长足的发展。而这些专卖店铺的存在，打破了南京东路商业业态面积越大、人流量越大、总营业额越多的传统模式。消费活动空间分布（图 1-4—图 1-6）与消费回游人流（图 1-7）共同显示出新的消费者活动流在品牌服饰专卖旗舰店间联系加强，并有形成南京东路步行街消费者活动新核心的趋势。

（2）综合百货购物中心和“一站式”消费。2007 年的南京东路商圈有新世界商城、置地广场、百联世茂国际购物中心、宏伊广场等兼具购物、娱乐、休闲餐饮功能的综合百货购物中心，能够满足进入其中的消费者的各种购物娱乐需求，为其提供丰富的休闲消费体验。多个功能楼层的组合，在一定程度上实现了步行街整体功能的“一站化”。分析图 1-7 可知，人流密集通道的消失，很大程度上与消费者消费活动与移动更多在购物体内部进行有关；而同地块内部的回游现象一定程度上是因为地块中综合功能的集成，消费者在同地块的同商业体内，就可以享受“一站式”服务。

1.5.2.2　内外变化关系网

6 年间南京东路的大部分变化及其原因可以用如下关系网(图 1-10)来概括。

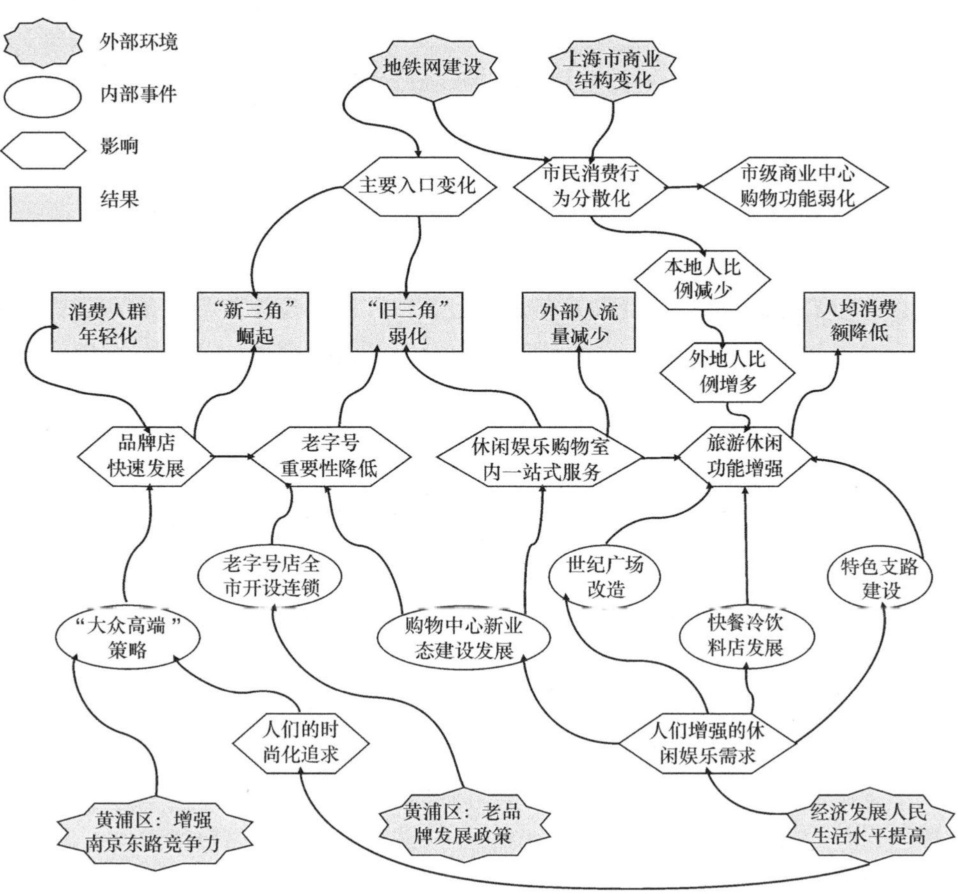

图 1-10　南京东路消费者行为变化系统分析

首先，对南京东路而言比较重要的外部环境变化有：上海轨道交通网络的建设和完善、城市商业结构的变化、经济发展人民生活水平的提高、黄浦区增强南京东路竞争力的目标以及老品牌发展政策。其次，由外部环境变化引起的在南京东路发生的内部事件有：“大众高端”策略、老字号全市广开连锁店、购物中心新业态的建设发展、世纪广场改造、快餐冷饮店的发展、特色支马路的建设。最后，外部环境变化或者内部事件作用于南京东路产生的变化有：主要入口变化、旅游休闲功能增强、品牌店快速发展、老字号重要性降低、消费人群年轻化、空间“新三角”崛起——“旧三角”弱化、商业街外部空间人流量减少、人均消费额降低等。

梳理逻辑线，主要有这样三条：①由上海商业结构变化(外部环境)带来市民消费行为分散化，南京东路本地消费者比例下降而外地人比例上升；而经济发展人民生活水平提高(外部环境)后休闲娱乐需求增强，此需求体现于商业街多项休闲娱乐化建设改造。由这两个外部事件所共同导致南京东路旅游休闲功能增强并最终导致人均消费额降低。②轨道交通网络建立(外部环境)交通格局改变后,主要入口变化;黄浦区增强南京东路竞争力目标并由此产生"大众高端"的定位加之人们时尚化追求带来品牌店快速发展,导致并与消费人群年轻化互相促进,并带来"新三角"的崛起。③由黄浦区老品牌发展政策(外部环境)带来老字号全市范围广开连锁店引起南京东路老字号重要性降低,加之人们休闲娱乐需求增强带来的购物中心新业态建设发展能提供室内一站式服务,共同导致了"旧三角"的弱化和商业街室外人流量减少。

1.6 结语

目前在商业步行街研究领域,对具有深入必要性和需要理论指导才能开展的消费活动和消费空间维度的研究依然稀少。而国外在商业(步行)街(空间)研究中,对同一种研究方法的不断发展完善和运用同一种研究方法长期研究某些固定事物,以获得事物特征和发展趋势的规律已有一些成果,如:杨盖尔从 1966 到 1996 年,30 年间实地观察记录各种人流活动并进行分析的方法,研究人在公共空间中的活动;又如模型方法自 20 世纪 50 年代被引入对城市问题的研究中以后,在发展中不断得到完善。这些研究成果都值得国内的研究者深思并借鉴。

通过问卷调查获得数据进行数理统计分析,并建立离散选择模型的研究方法对商业(步行)街(空间)消费行为进行研究,通过 30 多年的发展,已日臻完善。应用此方法 2001 年在南京东路商业步行街进行的消费行为研究[2],成功地揭示了当时商业步行街的消费行为特征和规律。这套针对商业空间的个体选择行为展开的,从消费特征获取到模型建构到模拟和预测的成熟研究框架,运用于 6 年后经历了巨大内外变迁的南京东路商业步行街,对了解当下的消费行为特征及其与空间的互动关系,依然具有很实际的应用价值。

本章通过比较 6 年间对于南京东路消费者行为进行的两次实调查结果,从消费者基本特征和消费空间特征两个基本角度,揭示了南京东路消费者活动的现状特征、历史变化及其背后的影响机制,为研究南京东路商业的可持续发展之路,做出了有益的探索。

注释:

① 第二次大规模调查在 2003 年,获取有效样本 810 个,但因为与第一次和第三次问卷调查内容有较大不同,故不在此讨论。

② 2001 年消费者行为问卷调查范围共包括 64 个地块,但与消费者空间行为密切相关的范围,在研究中被缩小到沿线的 24 个地块上。

③ 2001 年的调查将其归为 14 类,分别是:高中生、培训进修生、大学生、家庭主妇、公务员、技术人员、商人、劳务管理员、公司职员、个体户、自由职业、临时工、待业人员以及其他。2007 年的调查将其归为 11 类,分别为:学生、教师科研人员、工人、公务员、公司职员、医务人员、商人、农民、退休人员、待业人员以及其他。

④ 由于上海消费者仍占最大比例,故选取上海市职工收入水平与南京东路消费者收入水平做对比。

⑤ 调查中将消费者在逛街过程中的一次有目的行动记为一次停留。这些行动包括购物、娱乐、饮食、办事服务 4 大类,以及细分的将近 80 小类。且对每次停留的场所也作了详细的记录。活动停留场所的数量

可以反映消费者在南京东路上活动的强度，也是商业街吸引力的一个参照。

⑥ 因 2007 年就餐细分为快餐(20.35%)和正式就餐(7.77%)，而 2001 年统称为就餐(14.89%)，在比较两个年份数据时若将 2007 年两类就餐比例数据相累加(20.35%+7.77%=28.12%)，则 2007 年就餐比例为 28.12%明显高于 2001 年的 14.89%。

⑦ 一个例外是，购书行为在 2001 年占较大比重，其原因是：调查时在上海书城设置了调查点；而在 2007 年并没有这样做，因为从实际经验看来书城消费者与南京东路消费者大体上不属于一个群体。

⑧ 由于 2001 年和 2007 年对消费行为的空间研究范围差异，造成的数据收集差异，故消费活动的三大指标：人均消费额、总消费额、总人流量空间分布特征柱状分布图中，左右图数据柱在局部地块并不对应。

⑨ 2006 年上海市商业经济研究中心对本市南京东路、南京西路、淮海中路、四川北路、徐家汇商城、豫园旅游商城、新上海商业城、新客站不夜城(即所谓的“四街四城”)等主要商圈的顾客流量进行了一次系统的调查，其中，南京东路商圈的各项客流量都排名第一。以春秋季节为例，南京东路日均客流总量为 68 万人次，南京西路为 38 万人次，淮海中路为 54 万人次，四川北路为 39 万人次，徐家汇商城为 41 万人次，豫园旅游商城为 20 万人次，新上海商业城为 13 万人次，新客站不夜城为 23 万人次；2007 年其商业面积达到了近 50 万 m^2，较 2001 年的逾 34 万 m^2，增加了约 47%的面积，商业面积总量和商业面积增长在全市也名列前茅；能收集到的数据是，2007 年 1—5 月全市八大市级商圈零售额比较数值，南京东路商圈以近 35 亿元零售总额排名第一，比位居其次的徐家汇商城高出近 9 亿元，优势突出。

参考文献：

[1] 朱玮.南京东路商业空间与消费者行为的研究[D].上海：同济大学，2004.

[2] 王德，叶晖，朱玮，等.南京东路消费者行为基本分析[J]，城市规划汇刊，2003(2)：56-61.

[3] 王德，朱玮，黄万枢.南京东路消费行为的空间特征分析[J].城市规划汇刊，2004(1)：31-36.

[4] 宁越敏.上海大都市区空间结构的重构[J].城市规划，2006(增刊)：44-45.

[5] 宁越敏.上海市区商业中心的等级体系及其变迁特征[J].地域研究与开发，2005(2)：15-19.

[6] 杜霞.上海市区商业等级空间的结构与演变[J].城市问题，2007(12)：39-44.

[7] 杜霞.城市商业结构的郊区化、社区化研究：以上海为例[J].商业研究，2008(9)：38-43.

原文作者与期刊：

蔡嘉璐，王德，朱玮.南京东路商业步行街消费者行为变化研究：2001 年与 2007 年的比较[J].人文地理，2011(6)：89-97.

第2章 城市副中心消费者行为

——以上海五角场地区为例

2.1 研究背景

2.1.1 研究缘起

城市大型商业中心由于其体量大、兼容“商业、商务、办公、餐饮、购物、休闲、娱乐”多种功能于一体的开发模式，能够为市民提供时尚、休闲、“一站式”的商业服务，从而获得了迅速发展。城市大型商业中心的兴起对城市居民的消费行为和城市商业体系演变也产生了深远的影响：一方面，大型商业中心的兴起对城市居民购物地点、出行方式、消费模式等消费行为产生影响；另一方面，由于大型商业中心兴起之后对城市商业腹地和消费者的争夺，必然对其他商业中心产生影响，从而使城市原有商业体系发生变化。

商业是我国开放时间最早、力度最大的行业之一，目前世界排名前50的零售商中有80%以上在中国设有合资企业。但是近年来，我国城市大型商业设施开发建设进入快速发展时期，许多地方脱离了市场实际需求，盲目打造大型商业网点、大型购物中心，导致城市商业规划开发总量过剩、业态类型和行业结构失调，同行业之间恶性竞争加剧，商业设施的倒闭时常发生。然而，我国在城市商业网点规划的实践中对城市大型商业设施的规模确定、选址评价、空间布局和规划影响测度往往缺乏行之有效的分析方法。

国外研究者对城市大型商业中心开发的影响研究关注出现自20世纪70年代后期。贝里通过消费者行为调查及空间相互作用模型，定量分析了美国芝加哥南部郊区的林肯商场开业对现有3家购物中心的影响[1]。布罗姆利、托马斯关于郊区购物中心的出现对行为空间的影响研究表明：购物中心由于规模巨大且与传统商业中心功能相似，因而相比大型超市、仓储式购物中心，对消费者行为和城市商业空间产生影响更大[2]。英国牛津零售管理研究所研究了位于盖茨黑德的麦德龙购物中心的影响，表明麦德龙的出现大量分流了原市中心客流和消费额，使城市中心可能下降成为区域级中心。另一个该机构的研究是关于加拿大埃德蒙顿市的西埃德蒙顿购物中心，包含5个百货店和一个巨大室内娱乐设施的当时世界最大级量的购物中心，总面积达到37万 m^2，该中心建成后直接导致附近两个区域商业中心向低端和折扣型市场转型。

由于大型商业中心在国内城市中的发展只有10多年时间，学术界对此的关注还极为有限，既有研究大多集中在城市商业空间结构与变化，以及购物中心的选址和空间布局上。前者以城市地理学为主，后者以城市规划、商业规划者为主，如宁越敏等以上海市区内的30

余个商业中心为研究对象，总结了上海市区商业中心的等级体系及其变迁特征[3]。2000年以后“以人为本”的理念引导国内研究出现微观化趋势，消费者行为的研究成果逐步增加。这些研究成果中，有的单纯研究消费者行为特征和变化，如王德等对上海曲阳地区的消费者选择大型超市的行为进行调查，总结出消费者选择行为中的逻辑斯蒂(Logistic)特性[4]，也有从消费者行为视角研究商业空间变化的文献[5-9]。这些研究已经注意到，随着超市和大型购物中心的出现，居民的消费习惯也随之变化，但这种消费习惯的变化对其他业态和传统城市商业空间的影响仍然有待于进一步探讨[6]。相对快速发展的消费业态、行为变化而言，新的业态带来的消费行为变化以及对商业空间影响的研究还十分少见，成果不够丰富。尤其对最为复杂的大型商业中心的影响程度和空间范围的量化分析研究成果还未面世。

前文所述的问题与国内外研究综述充分反映了：①在国内大型购物中心迅速发展的今天，迫切需要通过案例研究大型购物中心开发的实际影响；②消费行为与商业空间关系是一项本土化特征明显的研究，国外虽已有一些研究成果，但还必须紧密结合国内城市和购物中心的特点开展研究才能得出有价值的结论；③当前，研究沿袭的方法主要是交互分类等描述统计手法，注重单个要素的分析，缺乏基于消费者行为的决策机制的系统辨识。

2.1.2　研究目的与意义

基于以上背景分析及文献研究，笔者针对国内城市中大型商业中心大量建设，并且已经对市民消费行为及既有商业格局产生深远影响的实际状况，通过深入细致的问卷调查获取第一手研究数据，运用消费者行为理论与方法，考察消费者行为在城市大型商业中心建成前后的变化，并据此分析大型商业中心对现有商业空间的影响，揭示大型商业中心对现有商业体系的影响机制成因。系统地分析总结这些变化有利于进一步理解城市商业体系的演变规律，也可为大型商业中心开发的事前评价和规划提供依据。

2.1.3　研究内容

研究以上海五角场商业中心(以下简称五角场)作为研究对象，研究内容主要包括：①五角场开发前后消费者行为的变化特征，包括消费频率、消费地点和不同消费类型的消费特征、转移特征等；②五角场兴起后影响的空间维度分析，包括五角场对消费者影响的空间边界，以及不同区位特点的边界特征，居民对商业中心选择变化的空间差异等；③五角场对不同类型商业设施影响的空间差异及其成因分析，揭示大型商业中心建成前后对不同类型商业设施的影响程度和影响机制。

2.1.4　研究对象概况

江湾—五角场城市副中心地处上海杨浦区北部，是上海市城市总体规划确定的4个市级城市副中心之一，规划面积3.11 km^2，总体上分为南部、中部和北部3个功能区块。南部的五角场商业中心以五角场环岛为中心，呈“一圈五线”的星状布局，因邯郸路、四平路、黄兴路、翔殷路、淞沪路五条发散型的城市主干道在这里交会而得名(图 2-1)。此外,地铁 10 号线在五角场城市副中心南部设有两个站点,分别为五角场站和新江湾站。在上海市总体规划中提出将其建设成为市级商业中心,经过“十一五”时期的发展现已基本建成。截至 2010 年商业面积达 75 万 m^2,除了原有的东方商厦、大西洋百货之外,还有超大型的万达商业广场、百联又一城购物中心、苏宁电器广场、赛博数码广场等,形成了一个集百货、超市、专卖店于一体的综合性商业中心。本章选取五角场作为调查对象有较高的典型性和代表性。

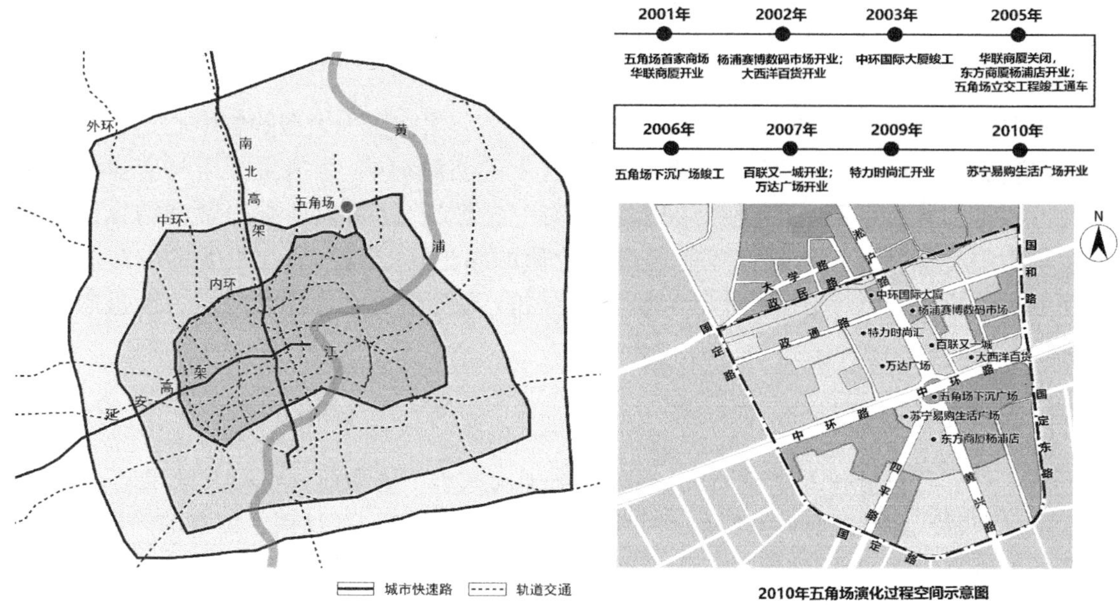

图 2-1 五角场区位(左)及主要功能区规划(右)

2.2 研究方法与数据来源

2.2.1 分析方法

研究主要采用描述方法和空间分析方法。首先对消费者个体消费行为,采用频度统计、交叉分析、相关分析、方差分析、卡方检验等统计学方法,运用 EXCEL、SPSS 等统计软件对调查数据进行处理、汇总、分析;在影响描述的基础上,采用 SPSS、GIS 进行进一步的空间影响分析。

2.2.2 数据来源

通过问卷调查和现场访谈获取第一手数据资料。调查地点选择在五角场商业中心内,主要在万达商业中心的地上、地下商业街休息区和五角场下沉式广场。调查时间为 2010 年 8 月 28 日、9 月 1 日、9 月 4 日、9 月 6 日、10 月 4 日共 5 d,其中工作日两次,周末两次,“十一"长假一次。以居住在上海 5 年以上的常住人口为调查对象。调查采用随机抽样、结构式访谈的方式，共发放问卷 580 份，有效回收问卷 503 份，有效回收率为 86.7%，填写完整问卷 377 份。

调查问卷主要分为三个部分：第一部分主要包括消费者的个人属性信息，比如性别、年龄、学历、职业、居住、工作地、收入、家庭情况等；第二部分主要调查消费者在五角场兴起前后到上海 6 个主要商业中心的频率变化；第三部分详细调查在五角场兴起前后，消费者日常可能发生的 10 类消费的消费行为变化。

对问卷进行初步分析发现，调查样本总体上呈现年轻化、高学历化、白领化的倾向；80%的消费者基本在五角场 30 min 交通圈内，较符合五角场主体消费人群的特征。

此外，商业中心规模、营业额等数据通过专业网站和统计年鉴获得；空间数据（主要是距离）是在问卷调查之后，通过专业地图网站查询获得。

2.2.3　技术路线

通过分析五角场商业中心兴起前后消费者到各个商业中心进行消费的频率变化，描述五角场商业中心兴起对消费者的总体影响。在此基础上，进一步分析不同消费类型所受影响的对比和不同空间区位地区所受影响的对比，探究五角场商业中心影响的内在差异性。最后，通过地块属性与地块内消费者所受影响之间的相关分析，描述五角场商业中心兴起对不同等级、不同类型商业设施影响的空间差异，并尝试解释其成因。

2.3　总体影响分析

通过前期访谈发现，由于上海市东北部地区原本缺乏大型的商业中心，居民大多到距离比较远的市中心购物，如南京路、四川北路等，而年轻人更倾向于去淮海路、徐家汇等商业中心购物。因此，本章选择南京路、四川北路、淮海路、正大广场、徐家汇等 5 个商业中心，与五角场商业中心就消费者到各个商业中心的消费出行频率变化进行对比分析。

调查发现，在 2006 年有 44.8%的消费者基本上不到五角场购物，仅有 18.3%的消费者每月到五角场购物两次以上。而在 2010 年有 60.2%的消费者每月到五角场购物两次以上，其中 33.5%的消费者每周到五角场购物一次以上。因此五角场商业中心兴起后，消费者到五角场购物的频率大幅度提高。

对比五角场兴起前后消费者到各商业中心的频率（为了方便对比，将频率转化为半年内到该商业中心购物的次数，如图 2-2 所示）后发现，仅从消费出行的频率来看，消费者到其他商业中心购物的频率变化很小，而同期到五角场商业中心购物的频率是原来的 3 倍以上。总体来看，五角场兴起以后消费者总体消费频率大幅度增加，表明五角场的兴起对商业消费具有较大的诱发作用，而未发现消费者对其他商业中心使用频度的显著降低。

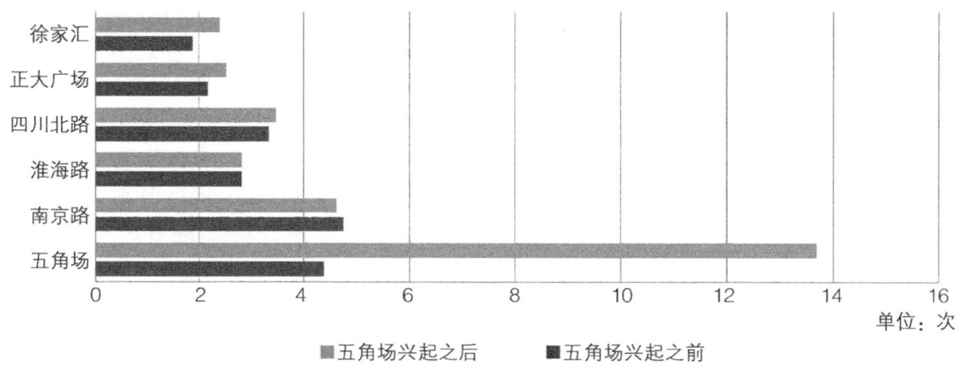

图 2-2　五角场兴起前后消费者半年内到各商业中心的次数

2.4　对不同类型消费的影响分析

从前期访谈中发现，不同消费类型受到五角场的影响存在差异，因此研究从消费类型的角度出发，将居民的所有日常消费活动归纳为首饰、服装、化妆品、家居、家电、数码、图书、餐饮、娱乐、日常生活用品及生鲜食品（以下简称食品）10 种类型，分析五角场商业中心兴起以后不同类型消费发生转移的转移比例、转移来源和转移消费量。然后依据这 10 种消费类型的影响差异和自身特点进行分类整合，归纳不同消费类型的消费转移特征。

2.4.1　各类消费的消费转移特征分析

2.4.1.1　各类消费的消费转移比例分析

依据五角场兴起前后消费者进行各类消费的消费地点变化，将其总体消费划分为原有消费、新增消费、转移消费、未转移消费四种类型。其中，原有消费是指五角场兴起前后均在五角场进行的消费；新增消费是指五角场兴起前没有而五角场兴起后新增的消费；转移消费是指五角场兴起前在其他消费地点进行，五角场兴起后在五角场进行的消费；未转移消费是指五角场兴起前后，消费者都很少或不在五角场进行的消费。各类消费的主要转移情况见图 2-3。

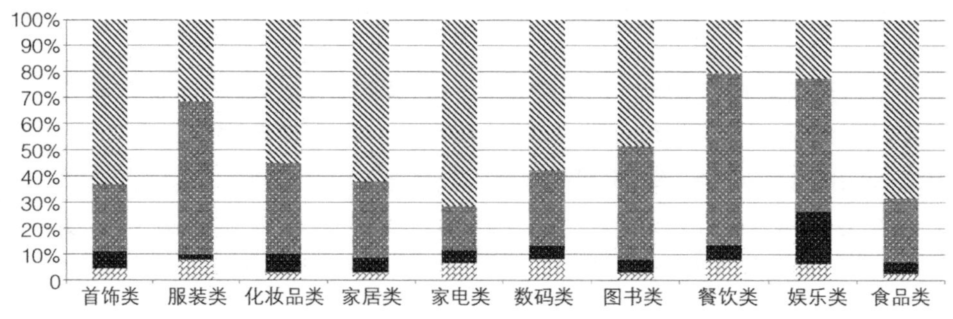

图 2-3　不同商品类型的消费转移变化

总体来看，在五角场发生的各类消费中：①消费转移程度最高的是服装、餐饮类消费，这两类消费中发生转移的消费量占各自总消费量的比例都超过了 60%；②其次是图书类和娱乐类消费，转移比例超过 40%；③首饰、化妆品、家居、数码消费的转移比例在 25%～40%；④转移程度最低的是家电和食品类消费，转移比例不足 25%。

从新增消费来看，五角场兴起之后，娱乐类消费是新增消费量最多的，占其总消费量的 20.5%，服装类消费增加最少，仅为 2.2%。

由此可见，五角场兴起后消费者的消费地点选择发生了明显的变化，但不同的消费类型之间存在较大差异。五角场已经成为消费者进行服装、餐饮、娱乐类消费的最主要地点，各自消费比例都超过 70%。为了详细探究转移到五角场的这部分消费的转移特征，下文从转移来源和转移消费量两个角度进行分析。

2.4.1.2　各类消费的消费转移来源分析

转移来源分析主要关注发生转移的消费是从哪些商业设施转移而来。为了研究方便，将调查中涉及的各类消费转移来源地点归并为其他商业中心（除五角场以外的各类市级和区级商业中心）、专业连锁店、综合超市、周边商店（家周边的社区商业设施、商业街等）和代购（包括异地代购和网络购物）五种类型，其中代购不在本章范围之内，分析从略。通过统计发生消费转移的这部分消费的消费地点变化，得到消费转移来源统计（图 2-4）。

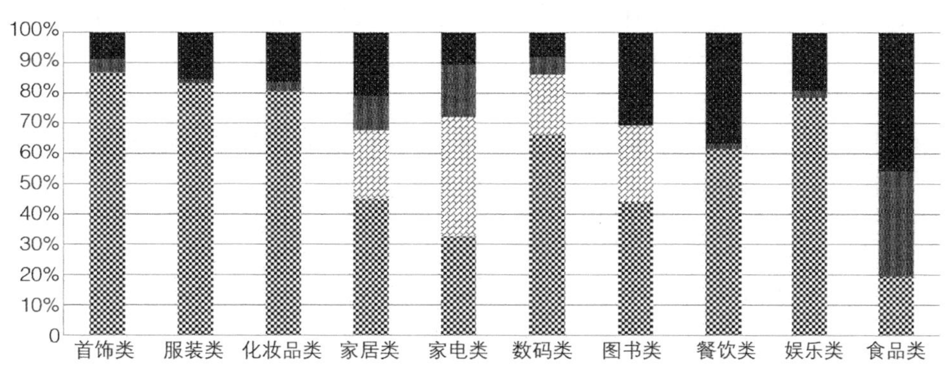

图 2-4　消费转移来源

比较不同的消费转移来源发现，各来源之间，消费转移比例存在较大差异。总体来看，从其他商业中心转移而来的比例是最高的；其次是周边地区商店。

就同一转移来源而言，各消费类型的转移比例也存在较大的差异，例如：①从其他商业中心转移到五角场的消费中，首饰、服装、化妆品和娱乐类消费都超过 70%，而食品类消费转移比例不足 20%；②从周边地区商店转移到五角场商业中心的消费中，食品、图书、餐饮类均达 30%以上，而首饰、数码类消费转移不足 10%；③从综合性的超市转移到五角场商业中心的消费中，除食品类消费转移比例高达 31.5%，其他各消费类型多在 5%以下；④而专业连锁店的消费转移只发生在家居、家电、数码、图书类消费之中。

从相似性来看，首饰、服装、化妆品和娱乐 4 类消费转移表现出相似的特征，大部分的消费转移来自其他商业中心，而来自其他 3 种转移方向的消费比例很低。家居、家电、数码、图书 4 类消费转移表现出相似的特征，来自专业连锁店的消费转移占较大的比例。食品类消费转移具有独特性，70%以上的消费转移来自周边商店和综合超市。

消费转移来源的以上特征表明，五角场的兴起无论对其他商业中心，还是对专业连锁店、综合超市、周边商店都产生了较大的消费争夺，换句话说，五角场大型商业中心的兴起对其他各类商业设施构成普遍的竞争威胁，但在不同类型商业设施之间存在明显差异，总体来看，对其他商业中心的影响是最大的，其次是周边商店。这与上文中到各商业中心的频度统计分析结论有一定冲突，在后期的补充访谈中了解到原因主要有两方面：一是由于市中心传统商业中心在被调查者的消费心理中仍占有重要的地位，因此虽然在五角场消费的频率高于去市中心的，但被调查者仍然会定期到市中心购物；二是市中心交通区位优势明显，因此承担着一部分社交功能，被调查者会在五角场购物，到市中心与朋友聚会等。

2.4.2 消费类型的转移特征解释

依据以上分析和各类消费所依附的城市商业等级、有无专业性市场等特征，将 10 种消费类型归并为专业性消费和非专业性消费两大类：专业性消费包括数码、图书、家电、家居 4 种消费类型；非专业性消费包括首饰、服装、化妆品、餐饮、娱乐、日常生活用品和生鲜食品 6 种消费类型。

在非专业性消费中，首饰和化妆品类消费是高等级的消费，表现出动态性较稳定的特征，即消费地点相对固定在市中心、消费出行距离远、消费频率和消费额稳定、转移比例较低等。服装类、餐饮类和娱乐类消费是中等级非专业性消费，商业中心之间的差异并不十分明显，因此可替代性强，转移比例高。日常生活用品、生鲜食品由于消费等级最低、出行时间最短，因而转移比例最低。

专业性消费中，不易移动型消费如家居和家电类由于商品体积大、难以运输，所以出行距离相对较短，消费者倾向于在家周边进行这类消费，发生转移的比例较低。而数码和图书类商品可移动强，发生消费转移的比例高（表 2-1）。

表 2-1　各消费类型的转移特征

专业性划分	等级/移动性	消费类型	转移比例	转移主要方向
非专业性消费	高等级消费	首饰、化妆品	低	其他商业中心
	中等级消费	服装、餐饮、娱乐	高	其他商业中心
	低等级消费	日常生活用品和生鲜食品	低	周边商店
专业性消费	易移动型消费	数码、图书	高	专业连锁店、其他商业中心
	不易移动型消费	家居、家电	低	专业连锁店、其他商业中心

2.5 空间影响分析

2.5.1 五角场消费人群的空间分布分析

使用相关地图软件得到所有调查样本的居住坐标，将其导入 GIS，得到被调查消费者的空间分布图。为分析方便，以五角场为坐标原点，中环路（邯郸路—翔殷路）为 X 轴，淞沪路—黄兴路为 Y 轴构建直角坐标系，分 4 个象限分别考察调查样本的空间分布情况（图 2-5）。从图中可以发现五角场商业中心消费人群的空间分布呈现出以下总体特征：①消费者散布在整个上海市区范围内，但以五角场为中心向四周发散，随着距离的增加由密到疏分布；②强吸引区范围大致在以五角场为圆心的 3～5 km范围内；③背离市中心方向（第Ⅰ象限）和右翼方向（第Ⅳ象限）消费者分布更加紧密，左翼方向（第Ⅱ象限）和面向市中心方向（第Ⅲ象限）分布较为松散。呈现上下、左右不对称的分布特征（图 2-6）。

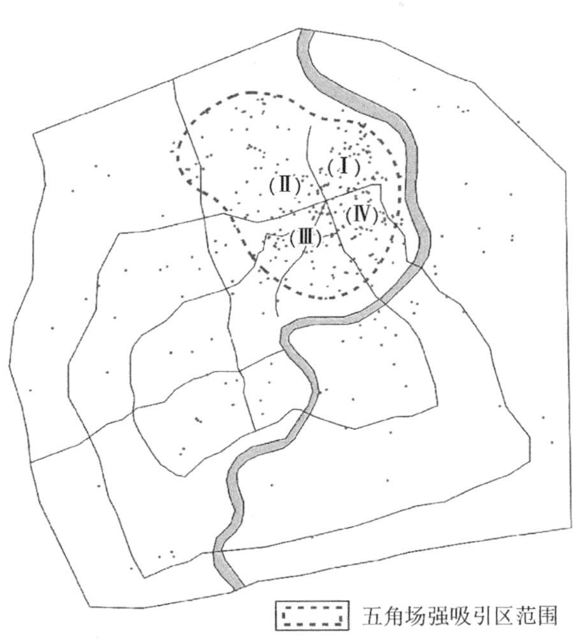

图 2-5 五角场消费人群空间分布

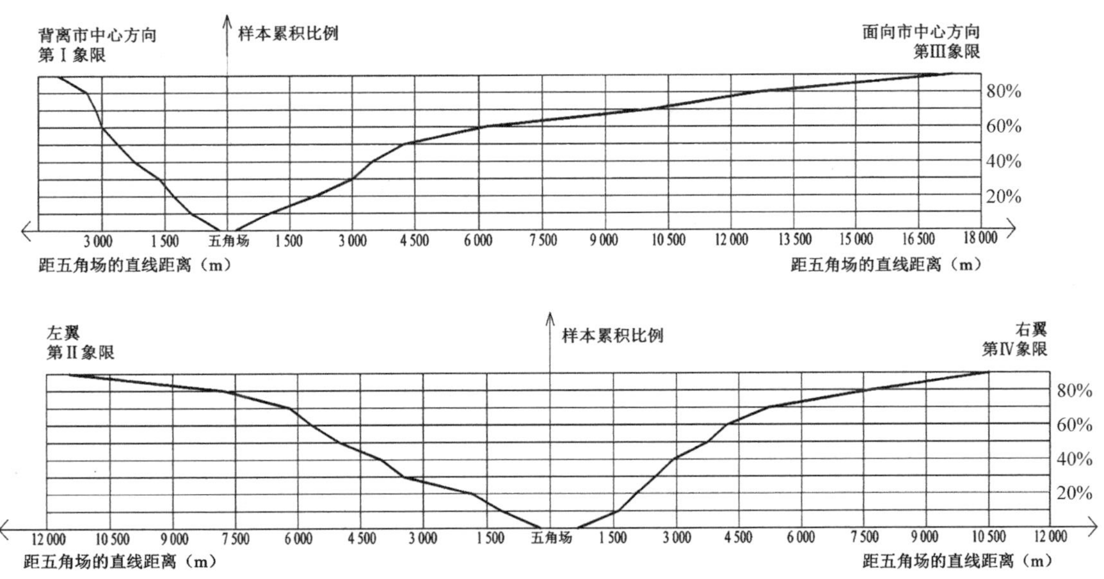

图 2-6 五角场消费人群在不同象限上的累积分布曲线

五角场以北是背离市中心方向的区位，这里的居民对五角场利用的密度最高，显示五角场对该区域强大的控制性，其他商业中心的影响非常弱。相反，面向市中心方向消费者的密度下降较快，是因为该区域受到市商业中心的影响最大，五角场的影响力快速衰减。五角场以东、黄浦江以西地区的居民受到五角场的影响也比较显著，是因为黄浦江的分隔作用，该区域内居民使用其他商业中心的便利性较差。综上所述，五角场消费者空间分布可以以不对称的圆锥漏斗型模式来概括(图 2-7),显示不同区位不同中心相互作用的复杂空间结果。

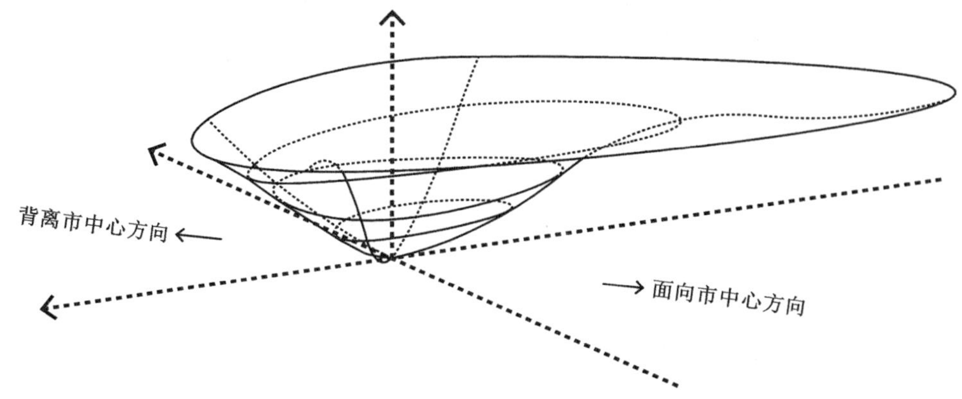

图 2-7 五角场消费人群分布模式图

2.5.2 以五角场为主要消费中心的消费者分布及其变化

为了揭示五角场商业中心建成前后消费者在空间上的变化,从全样本中选出了前后都以五角场为主要消费中心的样本,比较两者的变化。这类人群统称五角场指向性消费者。

五角场指向型消费者分布如图 2-8 所示。可以看出,五角场指向型消费者空间分布范围比过去更为广泛,且距离五角场商业中心越近,消费者分布密度较 4 年前越高。

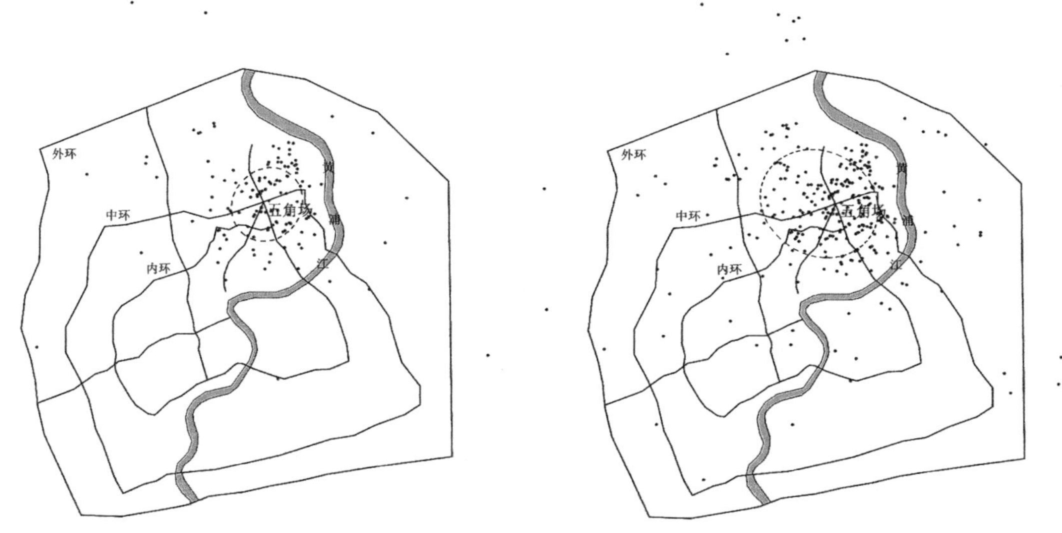

图 2-8 五角场指向型消费者空间分布变化

注:左图为五角场兴起之前,右图为五角场兴起之后;虚线区域为五角场指向型消费者集中分布区。

对比五角场兴起前后各方向的样本数量变化(表 2-2),发现五角场兴起前后,指向型消费者的增长比例最高的是五角场左翼和右翼方向,各自增长了 160%左右;其次是面向市中心方向，增长了近 140%；比例最低的是背离市中心方向，增长了近 90%。因此，左翼和右翼方向是五角场兴起后，新吸引消费者的主力地区。换言之，从五角场兴起之后，背离市中心方向的变化程度是最低的，其次是面向市中心方向，侧翼变化最大。说明背离市中心方向为五角场的核心腹地区域，五角场的更新和改造对其影响程度相对最低；侧翼方向则受其影响最大，成为五角场的新兴腹地区域；而面向市中心方向则出现五角场和市中心相互争夺的情况，为五角场的机会腹地区域。

表 2-2 五角场兴起前后五角场指向型消费者数量统计表

		背离市中心	左翼	面向市中心	右翼
过去最经常到五角场	样本数	45	25	32	41
现在最经常到五角场	样本数	85	67	76	106
增长比例		88.9%	168.0%	137.5%	158.5%

2.5.3 对不同类型商业设施影响的空间差异及其成因分析

前文主要分析了五角场兴起对消费者行为的影响以及在不同的空间区位之间所呈现的差异，但并没有考虑不同城市地块属性特征（如商业发展的完善程度、商业类型、商业等级、地块区位特征、人群特征等）的影响。本节通过分析地块属性与影响差异的相关性，研究五角场兴起对不同等级、不同类型、不同区位的城市商业设施带来的影响。

2.5.3.1 五角场地区不同地块内消费类型的转移特征

选择五角场的主要腹地进行研究，将其依照其地块特征并参考城市主干道分为 5 个地块（图 2-9）。

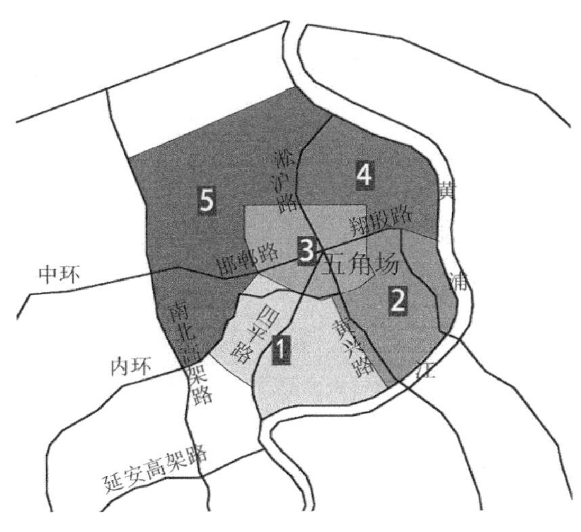

图 2-9 五角场周边地块划分

分别统计五角场兴起前后各地块内不同消费类型的消费转移情况，以分析不同地块所呈现的转移特征差异，如表 2-3(本章仅以各类消费从市中心转移到五角场的消费者为例进行分析，从地区中心或家周边商业设施转移到五角场的消费转移情况从略)所示。

表 2-3　各类消费的市中心转移比例

地区编号	高等级非专业性消费	不易移动型专业性消费	中等级非专业性消费	易移动型专业消费	低等级非专业性消费
1	40.0%	40.9%	80.0%	37.9%	50.0%
2	34.1%	81.3%	91.0%	67.9%	66.7%
3	48.8%	45.5%	81.0%	77.9%	100.0%
4	52.1%	72.7%	92.1%	67.8%	100.0%
5	50.0%	55.6%	79.7%	53.6%	—

从表 2-3 可以看出，各地块间转移比例差异最大的是专业性消费。除了高等级非专业性消费外，1 号地块在各消费类型中的市中心转移比例中都排在末位。2 号地块在高等级非专业性消费以外的各消费类型中都保持了最高的转移比例。3 号地块由于原本就选择在五角场消费的比例较高，因此转移比例反而相对要低。4 号地块的各类市中心消费转移比例都是最高的。5 号地块的各类消费转移比例都较低。

2.5.3.2　五角场地区不同类型商业设施消费转移比例与地块属性相关分析

依据与五角场商圈的腹地关系、有无次级商业中心、与市中心和五角场的相对关系、周边自然阻隔、地铁、商业设施的完善程度、性别特征(男性比例)、学历特征(本科以上比例)8 个因素特征，通过调查整理及问卷调查对各个地块属性进行评价，评价结果如表 2-4 所示。

表 2-4　地块属性评价表

编号	地块特征						地块内人群特征	
	与五角场的腹地关系 E1	次级商业中心发展完善程度 E2	与市中心和五角场的相对关系 E3	周边自然阻隔 E4	与五角场的轨道交通联系 E5	周边商业设施完备程度 E6	男性比例 E7	学历 E8
1	弱	高	强	弱	中等	高	高	高
2	中等	低	中等	中等	中等	低	中等	中等
3	强	低	弱	弱	强	中等	中等	中等
4	强	低	弱	中等	强	低	低	低
5	弱	中等	中等	弱	弱	低	低	低

注：其中 E1 关系越紧密排序越高；E2 越完善排序越高；E3 距离越近排序越高；E4 受到自然阻隔影响越大排序越高；E5 到五角场越方便且到市中心越不方便排序越高；E6 完备程度越高排序越高；E7 男性比例越高排序越高；E8 学历越高排序越高。

通过问卷调查对比各项地块因素与各类消费市中心转移比例排序的相关关系，得到各类消费市中心转移比例与地块属性相关表(表 2-5)。

表 2-5 各类消费市中心转移比例与地块属性相关关系分析

	地块特征						地块内人群特征	
	与五角场的腹地关系	与次级商业中心的关系	与市中心和五角场的相对关系	周边自然阻隔	地铁	周边商业设施完备程度	男性比例	学历特征
高等级非专业性消费	正相关	弱正相关	强负相关	负相关	正相关	弱负相关	强负相关	强负相关
中等级非专业性消费	正相关	强负相关	弱负相关	强正相关	弱正相关	强负相关	弱负相关	弱负相关
低等级非专业性消费	正相关	负相关	强负相关	无	弱正相关	负相关	强负相关	强负相关
不易移动型专业性消费	弱正相关	负相关	弱负相关	强正相关	无	强负相关	负相关	负相关
易移动型专业消费	强正相关	强负相关	强负相关	正相关	正相关	负相关	弱负相关	弱负相关

分析表 2-5,可以得出以下结论:

(1) 高等级非专业性消费:越靠近五角场,转移比例越高;男性比例越高,转移比例越低;文化程度越高,转移率越低。影响最小的因素是有无次级商业中心和商业设施完备程度。这是由于这类商品的等级较高,一般中低等级商业中心并不涉及这一类设施。

(2) 中等级非专业性消费:其消费转移比例与有无次级商业中心、周边自然阻隔的程度、商业完备程度 3 个因素的相关度最高,与市中心和五角场的相对关系、地铁、性别比例、文化程度 4 个因素对其影响最弱。

(3) 低等级非专业性消费:其分析样本数较少,因此分析从略。

(4) 不易移动型专业性消费:其消费转移比例与自然阻隔程度、商业设施完备程度 2 个因素相关程度最高。五角场商圈的腹地关系、与市中心和五角场的相对关系 2 个因素对这类消费的影响最弱,主要是由于这类消费具有专业性,且一般都就近进行,与其空间区位关系不大。

(5) 易移动型专业性消费:其消费转移比例与五角场商圈的腹地关系、有无次级商业中心、与市中心和五角场的相对关系 3 个因素高度相关,与性别比例和文化程度 2 个因素的相关度最低。

总体看来,分析地块属性与发生消费转移比例的关系,可以得出以下结论:①越靠近五角场的地块,其各类型消费的转移比例都越高,即商业设施受到的影响越大;②当地块内有次级商业中心时,转移比例相对较低,但对其还是会造成负面影响;③当周边有自然阻隔时,自然阻隔的程度越高,转移度越高;④轨道交通对于消费转移有着不可忽视的作用,地块内轨道交通到达五角场的可达性越高,转移度越高;⑤地块内商业完备程度越高,转移比例越低,但越靠近五角场的地块,地块内的商业受到的冲击越大;⑥男性比例越高、文化程度越高的地块,发生市中心到五角场的转移比例越低。

2.6 结语

实证研究表明,五角场商业中心兴起以后,消费者的总体购物频率有了大幅度增加,但不同消费类型、不同空间区位受到五角场的影响存在差异。

从消费类型上看,五角场已经成为消费者进行服装、餐饮、娱乐类消费的最主要地点。进一步分析五角场兴起对不同消费类型、不同商业设施的影响差异表明,五角场兴起无论对其他商业中心,还是对专业连锁店、综合超市、周边商店都产生了较大的消费争夺。对其他商业中心而言,中等级消费和易移动型消费发生了较大比例的消费转移,受到五角场兴起的影响最大,高等级消费和不易移动型消费受到的影响次之;对专业连锁店而言,易移动型消费发生较大比例的消费转移,受到五角场兴起的影响较大,不易移动型消费受到的影响次之;对周边地区商店而言,各类消费均受到影响,但消费转移比例相对较低。总体而言,五角场兴起对其他商业中心的影响是最大的,其次是周边商店,其影响是争夺与诱发两种作用交互进行的。

从空间区位上来看,五角场兴起的影响在空间上存在差异。首先,从消费者空间分布上来看,由于自身区位和黄浦江的阻隔作用,背离市中心方向的消费者分布密度最高,且最为集聚,右翼方向、面向市中心方向次之,呈现出明显的断裂点特征;而左翼方向,消费者分布密度最低但延展范围最广。其次,从五角场兴起前后的变化来看,背离市中心方向的变化程度是最低的,面向市中心方向次之,变化最大的是左翼和右翼方向。最后,分析了地块属性与发生消费转移比例之间的相关关系,作为五角场兴起对消费者行为影响和空间影响差异的成因解释,获得了一些初步结论。

研究为城市大型商业中心选址和规划评价提供了一种分析思路和方法。研究的启示是,对大型商业中心的选址,需要建立在细致的调查分析基础上:①考察选择地点周边地块的属性特征、其他商业设施的类型及其布局情况;②评估选址地点周边潜在消费人群的消费能力和偏好;③评估大型商业中心建设的空间影响范围,防止商业过度开发造成的恶性竞争和资源浪费,建立结构合理的商业网络体系,在保障居民日常生活便利性的前提下保证资源的优化配置。

参考文献:

[1] BRIAN J L, BERRY, JOHN B P, et al. Market centers and retail location: theory and applications [M]. London: Prentice Hall, 1988.

[2] ROSEMARY D F, BROMLEY, COLIN J T. Retail change: contemporary issues[M]. London: UCL Press, 1993.

[3] 宁越敏.上海市区商业中心区位的探讨[J].地理学报,1984(2):163-172.

[4] 王德,周宇.上海市消费者对大型超市选择行为的特征分析[J].城市规划汇刊,2002(4):46-50.

[5] 柴彦威,翁桂兰,沈洁.基于居民购物消费行为的上海城市商业空间结构研究[J].地理研究,2008(4):897-906.

[6] 许晓霞,柴彦威,颜亚宁.郊区巨型社区的活动空间:基于北京市的调查[J].城市发展研究,2010,17

(11):41-49.
[7] 王德,叶晖,朱玮,等.南京东路消费者行为基本分析[J].城市规划汇刊,2003(2):56-61.
[8] 张文忠,李业锦.北京城市居民消费区位偏好与决策行为分析:以西城区和海淀中心地区为例[J].地理学报,2006(10):1037-1045.
[9] 周素红,林耿,闫小培.广州市消费者行为与商业业态空间及居住空间分析[J].地理学报,2008(4):395-404.

原文作者与期刊:

王德,段文婷,马林志.大型商业中心开发的空间影响分析:以上海五角场地区为例[J].城市规划学刊,2013(2):79-86.

第3章　上海新天地商业空间的消费者行为

3.1　引言

消费者行为空间分析是从消费者行为方式和属性的角度来理解城市商业空间，涉及人文地理学、商业地理学等重要领域[1,2]，主要可归结为宏观和微观两个层面。宏观层面的研究主要是通过消费者行为的研究分析城市总体商业结构的特征[3,4]，微观层面的研究主要是通过对商业街内部的使用特征，反映商业设施内部空间与消费者行为之间的内在关系。在以往相关的微观研究中，对上海南京东路和北京王府井大街的调研均对历史悠久、国内外知名的大型商业街的消费行为特征及影响方式进行了深入的研究[5,6]。

本章属于微观消费行为分析的范畴，通过调查数据来解释商业空间与消费者行为之间的内在联系。研究以上海市新天地商业街为例，探讨商业空间对消费者的影响，揭示消费者的个体属性、空间行为特征及其空间影响因素。研究主要是从空间角度分析和探讨消费者的行为特征，包括人流量、停留人次和消费金额等要素的空间分布，以及入口、内部活动分布并运用空间句法和相关回归法，分析新天地空间结构对消费者行为的导向作用及空间结构变化下的消费人流分布变化，为新天地的空间布局优化提供了参考。

3.2　调查概况

3.2.1　调查范围

调查范围为上海新天地。新天地位于上海市中心黄浦区淮海路商业区附近，占地30 000 m^2，东临黄陂南路，南临自忠路，西临马当路，北临太仓路。以兴业路为界，分为新天地北里、南里两期，北里以改建的石库门建筑为主，保留了较多的传统元素；南里则以钢筋水泥的现代建筑为主，突出了时尚特色。是一个具有上海历史文化风貌的都市旅游景点，它是以上海独特的石库门建筑旧区为基础改造而成的具有国际水平的餐饮、商业、娱乐、文化休闲步行街。中国共产党第一次代表大会的会址位于兴业路上，其是上海最重要的革命历史文物保护单位，是新天地旅游观光的景点(图3-1)。

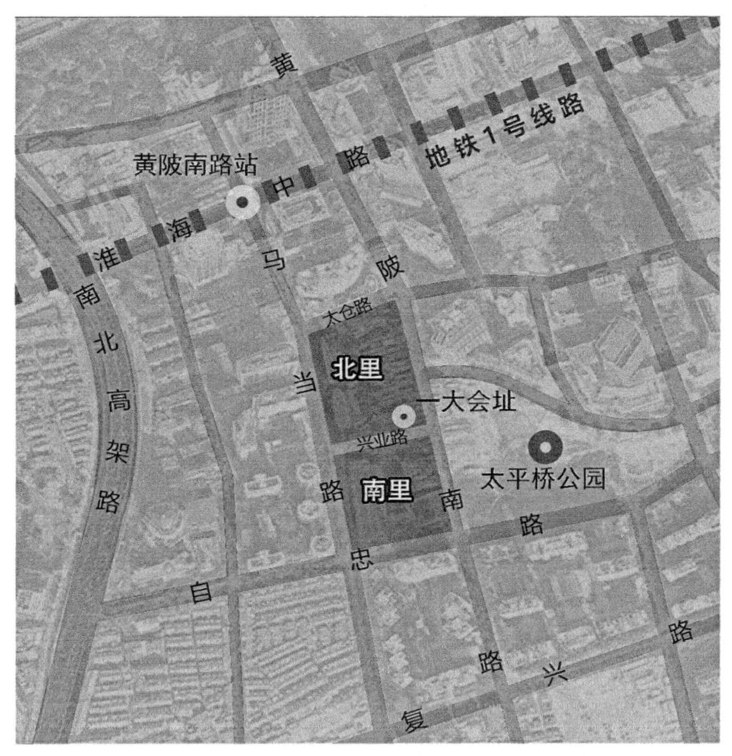

图 3-1　新天地位置示意图

3.2.2　调查数据

研究所用数据来自 2003 年 10 月某日对新天地消费者的问卷调查，调查员于当日 13:00～21:00 在新天地商业街范围内，对即将结束消费活动的消费者进行了随机问卷调查，最终回收有效问卷 256 份。问卷分为三部分：第一部分为消费者基本属性调查；第二部分根据不同商业设施的类型将新天地划分为 21 个地块，主要用来调查消费者当天在各地块进行的消费活动(图 3-2)；第三部分提供了一张新天地的平面图，指定了 32 个节点，调查研究消费者的游览路径。

3.2.3　消费者基本特征

消费者基本属性调查结果显示，从性别比例看，消费者中男女比重较均衡，其中女性偏多，占总调查样本的 52%，男性占 48%。从消费者的年龄分布看，20～30 岁的青年占总调查样本的 52.1%，30～50 岁的中年人占 30.1%，这说明新天地的消费人群主要为中青年。从婚姻情况看，已婚的占总调查样本的 42.2%，未婚的占 7.8%。消费者月收入平均值为 8 249.78元，最少月收入为 0 元(基本上为学生)，最高月收入为 60 000 元，标准差为 12 532 元，离散程度较高，这说明新天地整体服务档次属于中高档次。从职业分类情况看，公司职员所占比重最高，占总调查样本的 35.2%，其次是学生，占总调查样本的 25%，这说明具有一定收入水平的白领和寻求时尚的学生是新天地的主要客源。

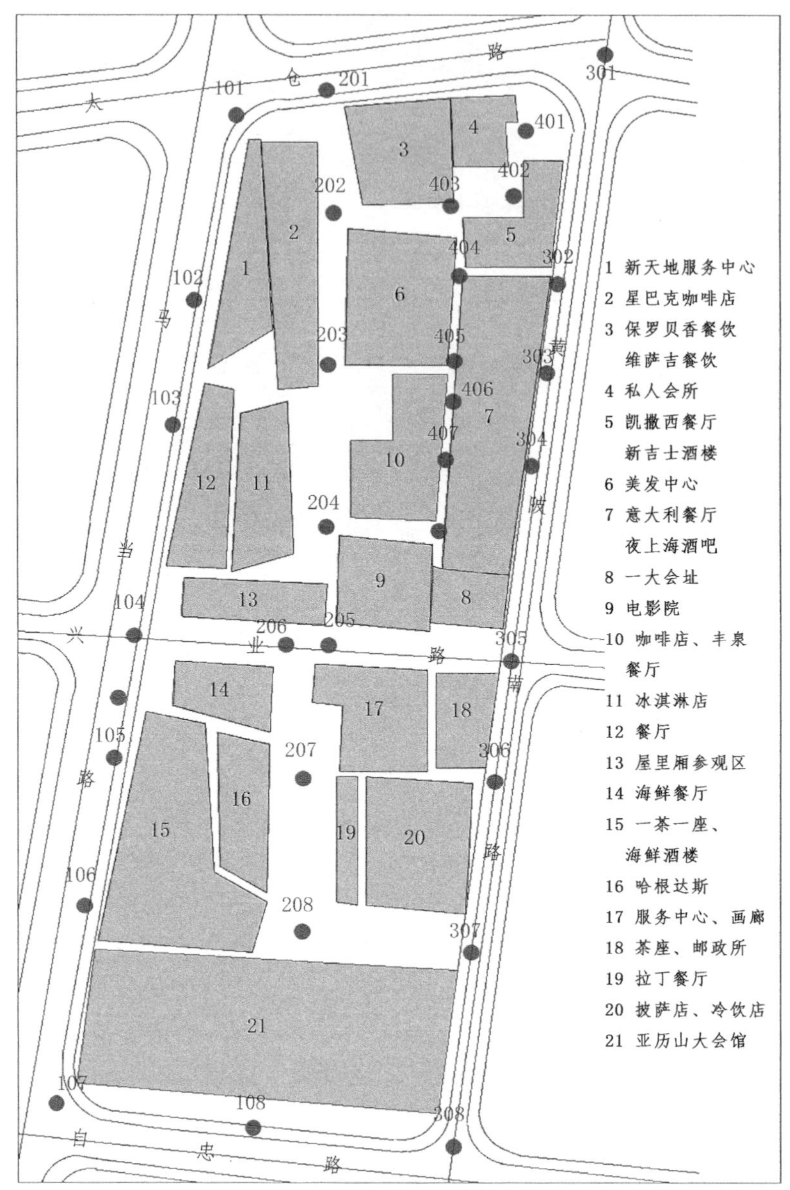

图 3-2 新天地地块划分与节点设置

消费者当日活动的基本特征分析结果显示，从消费目的看，在当日来新天地的消费者中，以旅游参观为第一目的的最多，占总调查样本的 35.2%，其次为餐饮，占 22.3%，而单纯以购物为目的的消费者较少，仅占 4.3%，这说明新天地的特殊性吸引了大批旅游参观的消费者。交通方式统计结果表明，在前来新天地的消费者中，乘坐出租车出行的消费者比例最高，占总调查样本的 36.2%，其次为乘坐地铁和公共交通，分别占 22.7%和 19.5%。消费者在路程上花费的平均时间为 77 min，略超过 1 h，说明新天地面向的消费者已超过了上海中心城区范围。

总体来看，新天地吸引了大量具有一定经济实力以及追求时尚的中青年人（大多是来自上海市内有一定购买能力和参观愿望的未婚中青年），其中，以旅游参观为第一目的的最多，这与新天地目前的定位（成为上海市中心具有历史文化特色的都市旅游景点）是基本相一致的。

3.3　消费者活动空间分布基本特征

3.3.1　消费活动空间分布

如图 3-3 所示，根据平均分段法，将新天地各地块的停留人次占总调查停留人次的百分比重平均分为 3 段，然后按照颜色深浅表示所占比重大小。沿新天地主弄两侧店铺停留人次较多，其中停留人次比重最多的为 10 号地块的丰泉餐厅及 21 号地块的亚历山大会馆，而沿支弄两侧店铺停留人次较少。

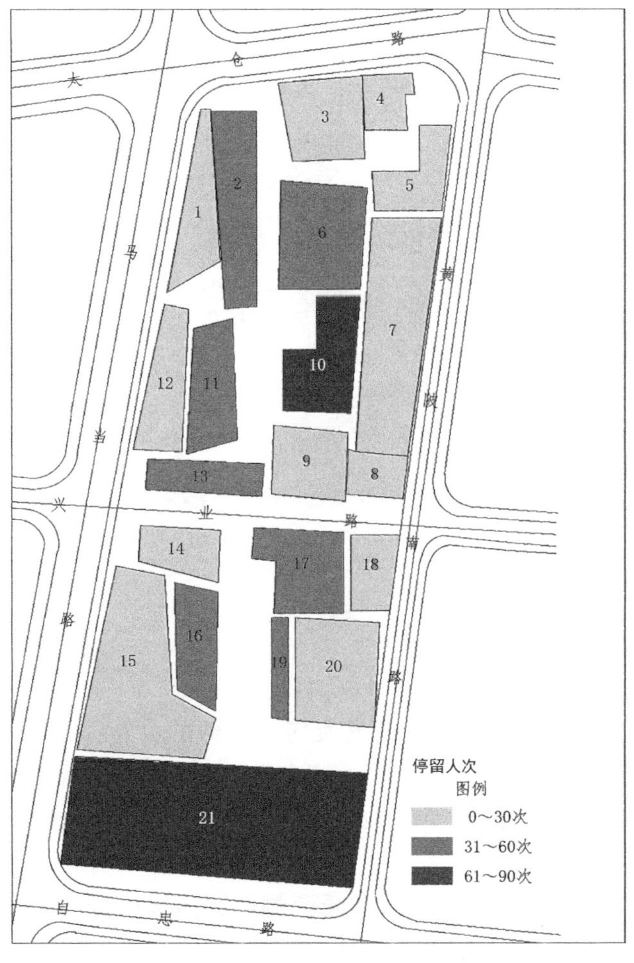

图 3-3　消费者停留次数分布

如图 3-4 所示，新天地的消费人次与停留人次的分布有一定的相似性，可以明显看到消费人次较多的店铺仍然集中在新天地主弄两侧，其中，21 号地块的亚历山大会馆的消费者数量最多，10 号地块的丰泉餐厅和咖啡厅虽然停留人次较多，但消费人次较少。

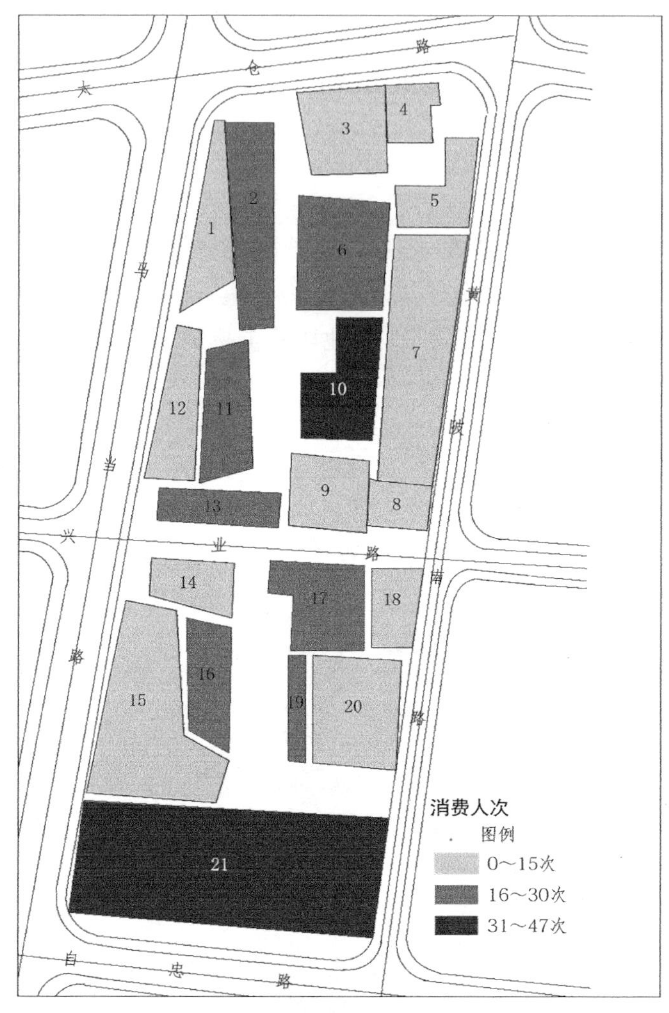

图 3-4　消费者消费次数分布

如图 3-5 和图 3-6 所示，总消费额及人均消费额的分布不同于停留和消费人次的分布，整体向东侧支弄偏移，其中，7 号地块的夜上海酒吧最为明显，由于其属于高档消费区，即使停留及消费人次较少，仍可以保证较高的总消费额，而 21 号地块的亚历山大会馆的人均消费额却较少。

从新天地的活动空间分布情况看，主弄两侧店铺能吸引较多的消费者停留，北里内的小广场周边的餐饮店以及南里大型消费场所消费吸引力较高，消费金额及人均消费向东侧偏移，消费者更偏向于狭长的支弄空间内的高档餐饮酒吧。

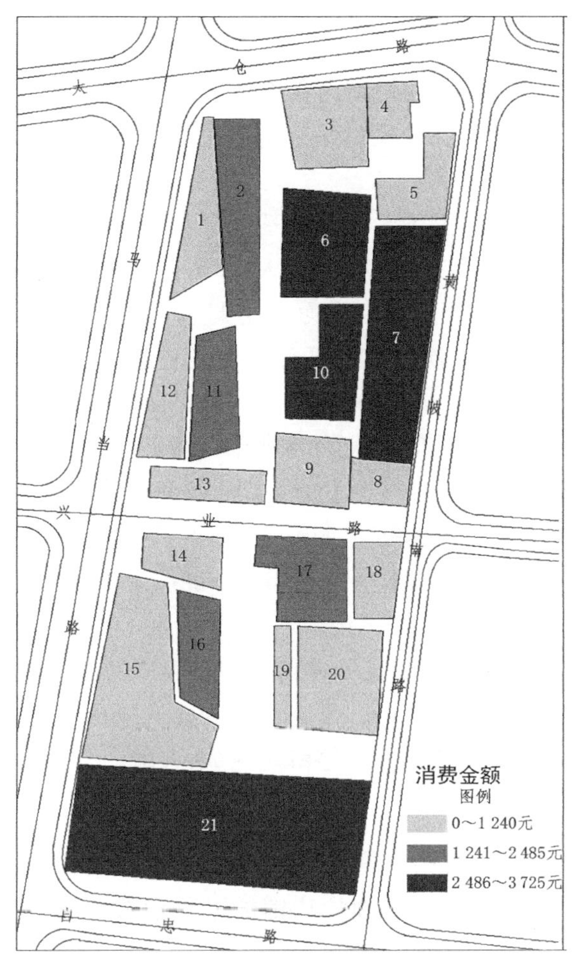

图 3-5 总消费金额分布

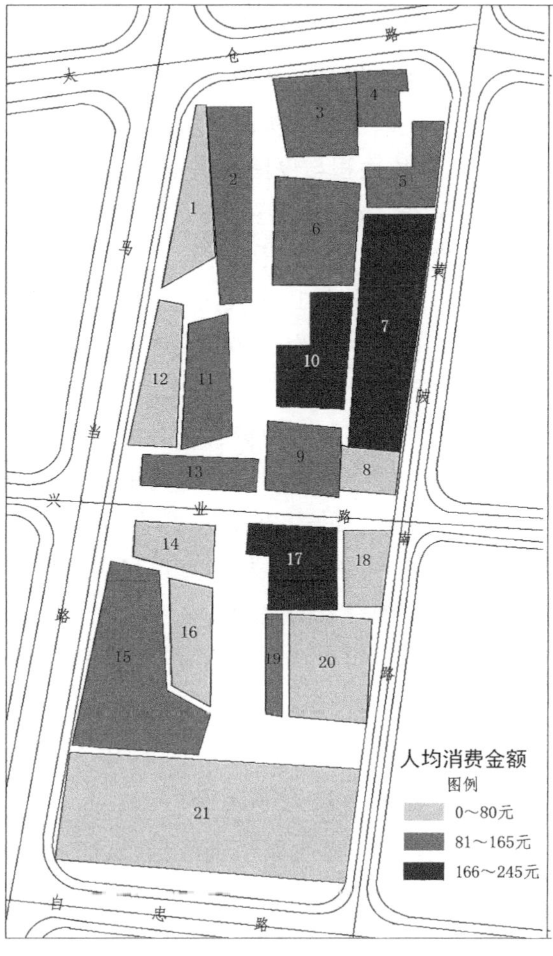

图 3-6 人均消费金额分布

3.3.2 活动空间分布相关影响因素

消费行为是一个复杂的过程，影响消费者消费行为表现的因素也是多方面的，因此应对停留人次、消费人次、总消费额和人均消费额四者之间的关系进行研究。表 3-1 显示了四者皮尔森相关系数的分析结果，其中，停留人次和消费人次与总消费额之间具有显著相关性，而人均消费额与其他三者的相关性较差。因此，停留人次和消费人次对地块总体经济效益所起的作用要高于人均消费额。

表 3-1 停留人次、消费人次、总消费额和人均消费额相关系数

	停留人次	消费人次	总消费额	人均消费额
停留人次	1.000	0.992**	0.991**	0.112
消费人次	—	1.000	0.992**	0.094
总消费额	—	—	1.000	0.173
人均消费额	—	—	—	1.000

注：**.相关显著度在 0.01 以下(双尾)。

3.3.2.1 停留人次影响因素

从地块使用特征中已经可以大致看出，消费者选择地块停留可能会受到店铺区位、店铺商业类型以及店铺所占地块面积的影响。以下将运用统计检验法分析店铺区位、店铺商业类型、地块面积与停留人次空间分布的关系。

在消费活动中，消费者有可能更倾向于新天地主弄提供的较为舒适宽敞的、多样化的消费环境。统计结果表明，位于主弄两侧店铺的平均停留人次为 37.4 人次，支弄两侧店铺的平均停留人次为 11.3 人次，方差检验分析显示 F 值(分子自由度为 1，分母自由度为 19)为 9.964，有意水平为 0.005，说明主弄两侧店铺的停留人次与支弄两侧店铺的停留人次具有明显差异。

不同商业类型对消费者也有不同的吸引力。将新天地店铺分为参观旅游服务类、酒吧及餐饮类和综合购物类三类。其中，停留于旅游服务类店铺的为 18.3 人次，停留于酒吧及餐饮类店铺吸引的为 26.7 人次，停留于综合购物类店铺吸引的为 53.0 人次，方差检验分析显示 F 值(分子自由度为 2，分母自由度为 18)为 2.242，有意水平为 0.135，不能确定不同商业类型吸引消费者的差别。

以相关分析方法对地块面积与停留人数进行分析的结果显示，两者在 0.001 的水平下有意，说明地块面积越大，停留人次将会越多。其中，18 号地块的茶座面积为 396.58 km^2，停留仅为 8 人次，21 号地块的亚历山大会馆面积为 3 958.55 km^2，停留达到 79 人次。

3.3.2.2 消费人次影响因素

以同样的方法分析店铺的区位、商业类型以及商铺面积对消费人次的影响。区位分析显示，位于主弄地块的店铺的平均消费为 14.2 人次，位于支弄地块店铺的平均消费为 4.6 人次，方差检验分析显示的 F 值(分子自由度为 1，分母自由度为 19)为 3.557，有意水平为 0.075，表现出店铺区位对消费人次有显著的影响。不同商业类型分析显示，旅游参观及服务地块店铺的平均消费为 2.66 人次，酒吧及餐饮地块店铺的平均消费为 12.3 人次，综合购物地块店铺的平均消费为 27 人次，方差检验分析显示的 F 值(分子自由度为 2，分母自由度为 18)为 4.862，两者有意水平为 0.02，说明商业类型对消费人次有影响。

3.3.2.3 人均消费额影响因素

以同样的方法对人均消费额与相关影响因素进行分析。位于主弄地块店铺的人均消费额为 119 元，位于支弄地块店铺的人均消费额为 70.8 元，方差检验分析显示的 F 值为 3.010，有意水平为 0.099，说明地块的区位对人均消费额并没有显著影响。在商业类型影响分析中，旅游参观及服务地块店铺的人均消费额为 90.7 元，酒吧及餐饮地块店铺的人均消费额为 110.7 元，综合购物地块店铺的人均消费额为 89.27 元，方差检验分析显示的 F 值为 0.239，有意水平为 0.790，说明商业类型对人均消费额没有显著影响。地块面积与消费人次的相关系数为 0.012，有意水平为 0.490，再次否定了地块规模对人均消费额的影响。

从以上分析可以发现，停留人次与消费人次的分布均可通过店铺的区位、商业类型或地块规模来分析，而人均消费额却与这三种影响因素无太大关联，因此，对于人均消费额这一消费指标的分布规律仍有待揭示。

3.4　路径特征及相关影响因素

3.4.1　路径选择分布特征

新天地主要有 3 个入口点，分别位于新天地北侧、东北侧和南侧。其中，北侧通行人数占 55.47%，东北侧通行人数占 15.63%，南侧通行人数占 11.72%，其他 17.18%的消费者从其他入口点进入。

图 3-7 显示了各路径节点的停留人次，图中路径节点的高度表示经过该节点的人数，可以发现，主弄空间的人流分布相对集中，而支弄和沿街空间的人流较少。随机提取 50 份样本进行路径轨迹的描绘(图 3-8)，更加直观地再现了消费者在新天地的活动空间分布。其中新天地北部和中部区域的主弄空间活动轨迹较为密集，由于北部以石库门改造的传统空间为主，因此该区域的支弄空间也有一定数量的活动，但相对较为稀疏。南部区域的活动则主要集中在主弄空间，由于两侧多为现代商业建筑，因此该区域的支弄空间吸引的消费者较少。南北区域中间的兴业路虽然是中国共产党第一次代表大会会址的参观入口所在地，但由于该区域为机非混行道路，人流也相对较少。

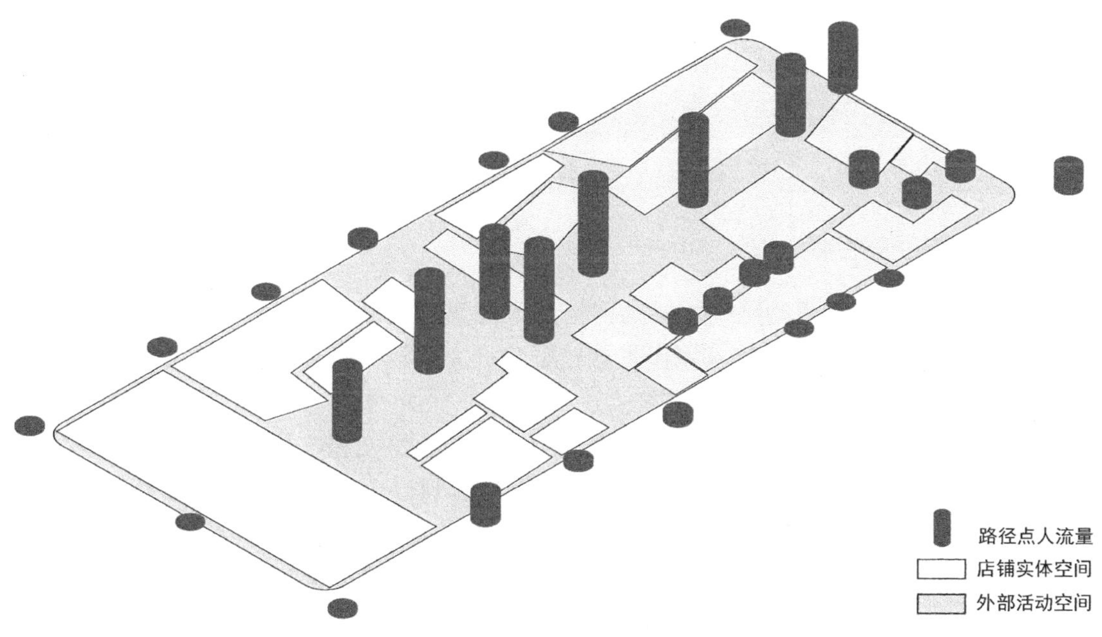

图 3-7　路径节点人流分布图

由此可见，新天地主要强调城市活动的“内空”的形态[7]，形成了以广场或扩大的步行街道为核心，建筑物环绕其周边布置的模式。通过改造，人流活动集中到了区域内部，中心的聚集性和高密度使用成为新天地最基本的特征，商业街主弄空间是人流集聚的焦点。

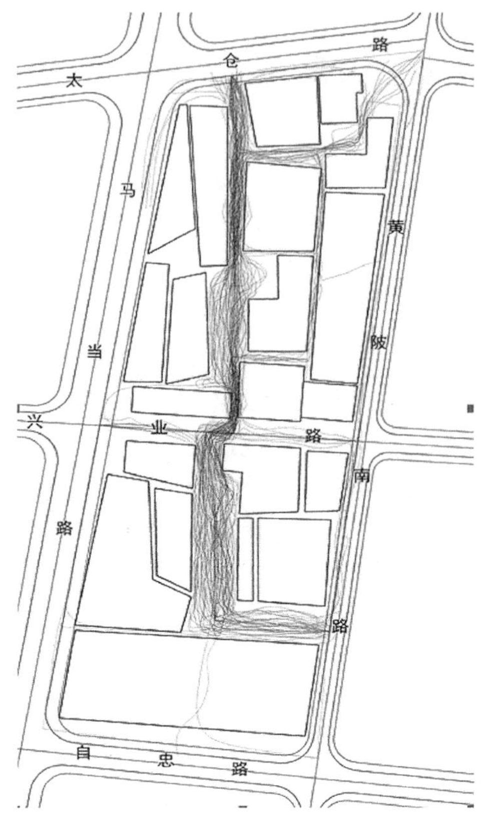

图 3-8 消费者路径轨迹

3.4.2 影响路径的空间因素

消费者在区域内部活动路径主要受到空间环境及店铺的影响，其中，店铺影响因素主要作用在消费选择方面，而空间环境因素直接影响行为路径的选择。下文将主要分析商业外部空间对路径的影响。

研究主要采用空间句法的最小视域值、最大视域值、深度和连接度四项指标描述新天地内部空间特征[8]。其中，最小视域值指位于某点视域长度的最小值，反映了空间开敞度以及处于中心的程度。如图 3-9 所示，色调越偏亮表示视域长度的最小值越大，空间也越开敞，在新天地中主弄空间最为开敞，且有多处中心。最大视域值指位于某点视域长度的最大值，反映了视野的通透程度。如图 3-10 所示，色调越偏亮表示视野越远，在新天地中视野最开阔的地区集中在主弄入口处。深度表示某一点的视域范围关系(图 3-11)，是以北侧主入口为起始点(深色区域)的深度分布，整个空间以四步转折即可完成。连接度指某节点邻接的节点个数，在实际空间系统中，某个空间的连接度越高，则色越亮，表示其空间渗透性越好。如图 3-12 所示，新天地连接度最高的区域位于南侧的亚历山大会馆周边。

通过对 256 个调查样本进行汇总，得出新天地各节点的人数，将节点人数与该节点所对应的空间句法指标进行相关性分析，得出表 3-2。

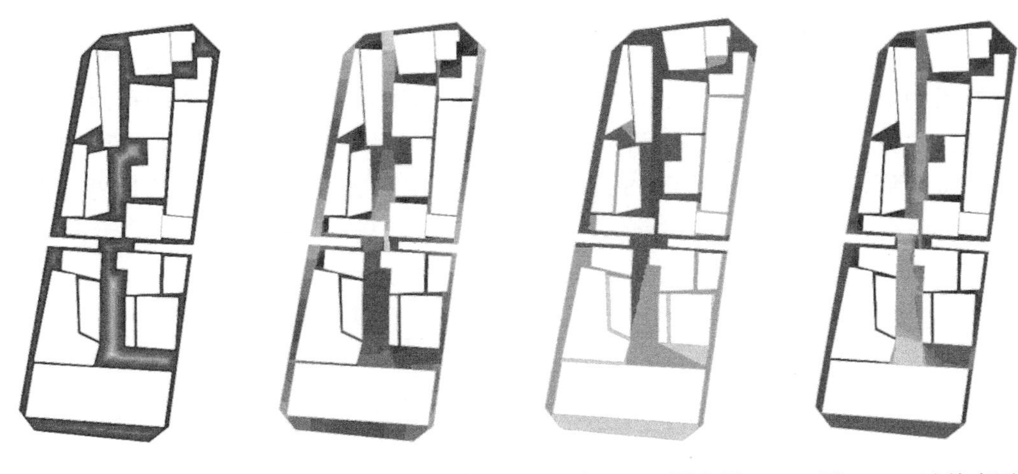

图 3-9　最小视域图　　图 3-10　最大视域图　　图 3-11　深度图　　图 3-12　连接度图

表 3-2　路径影响因素相关分析

		连接度	最大视域	最小视域	深度
节点人数	皮尔森相关系数	0.756**	0.139	0.707**	－0.734**
	显著度(双尾)	0.000	0.448	0.000	0.000
	样本数	32	32	32	32

注：＊＊.相关显著度在 0.01 以下(双尾)。

节点人数与最小视域值、连接度及深度之间具有显著的相关性，而与最大视域值的相关性较弱。由此可见，消费者偏向于在空间宽阔的地区活动，且位于中心位置的地区更具有吸引力。若消费者从新天地北侧入口进入，则深度越高，人流越多。

继而将有显著影响的空间变量与节点人数结合，建立回归模型，如：式(3-1)，模型的拟合度 R^2 为 0.813。

节点人数＝0.073×连接度＋18.221×最小视域值－82.507×深度＋193.524　(3-1)

3.5　新天地空间改造构想及人流优化

新天地消费者的活动特征受到商业外部空间影响。如何对商业外部空间进行改造，使消费者的行为路径分布得以优化，是在新天地新一轮的规划中需要解决的主要问题。

研究发现，新天地的消费者主要集中在主弄空间，在支弄空间活动较少，整个消费空间具有一定的非均衡性。假设新天地改造规划需要平衡各个空间的人流活动，使每家店铺都有相应的空间条件吸引消费者，那么是否可以通过扩大支弄空间、增加支弄次开敞空间的改造规划来达到这样的目标？下文将通过空间影响分析的结论对改造后的新天地的人流分布变化作出预测，并对改造影响作出判断。

3.5.1 空间改造设想

改造设想对 6 号、9 号、10 号、17 号地块进行改造，减小支弄两侧店铺面积以增加支弄空间；同时，对 10 号地块的丰泉餐厅的平面进行改造，将小广场围合在支弄空间内，使支弄空间的宽度由原来的 2.7 m 增加至 8 m，主弄空间宽度不变。改造后的新天地外部空间如图 3-13 所示。

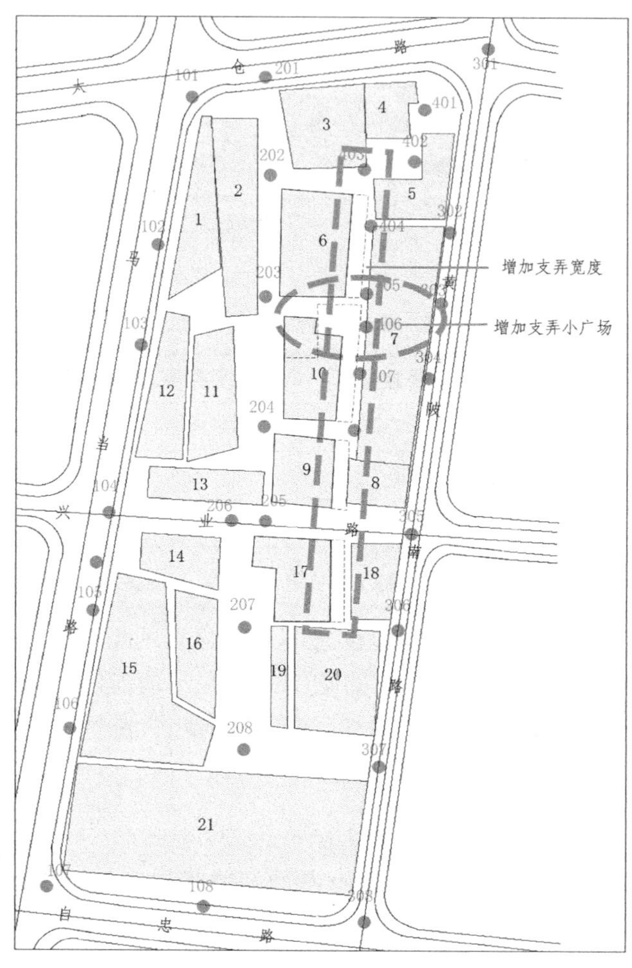

图 3-13 改造空间示意图

3.5.2 空间特征变化

改造后的新天地的具体空间特征如图 3-14、图 3-15 和图 3-16 所示。最小视域图反映出空间改造后的主弄空间广场开敞度略有下降，而支弄空间的开敞度得到提高，并形成多处广场空间，支弄空间中的 404 号路径点最小视域值由改造前的 1.39 m 增加到改造后的 3 m，增加了 115.8%。而主弄空间的开敞度变化并不明显，204 号路径点最小视域值由原来的 5.6 m 减少至 4.7 m，仅减少了 14%。深度图反映出在空间改造后，新天地整体的空间由四步转折变为五步转折完成，改造后的支弄的部分空间由三步转折减少为两步转折完成，提高了与入口的联系。连接度图的变化主要反映出改造后支弄空间的渗透性大大增强，其中 404 号路径点连接度由改造前的 368 个增加到 993 个，增加了 169%。

图 3-14　改造后最小视域图　　图 3-15　改造后深度图　　图 3-16　改造后连接度图

3.5.3　空间改造后的人流分布预测

通过对各个节点的空间视域指标的提取，根据前文得出的回归模型计算各节点的人数，绘制得出人流分布图(图 3-17)，其中，路径人流越多，柱体越高。结果发现，改造后的支

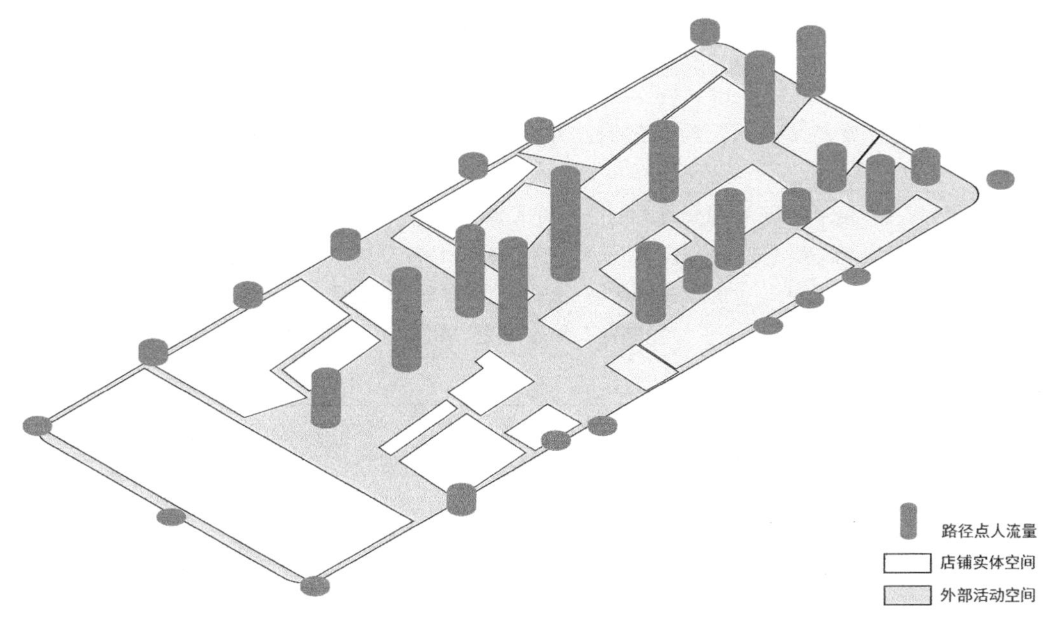

图 3-17　空间变化后人流分布图

弄空间的人流强度明显高于改造前，空间改造提高了支弄空间的人气，同时也弱化了新天地主弄空间的集中程度。由图 3-17 可知，大部分人流仍然集中在新天地主弄空间，特别是 10 号地块的咖啡厅周边人流最多。改造后主弄空间的人流变化并不明显，如 202～204 号路径点的人流相比改造前平均仅减少了 9.3%。与此同时，支弄空间的人流活动有明显增加，特别是 7 号地块的意大利餐厅周边，403～408 号路径点的人流相比改造前平均增加了 134%，人气提升显著。支弄空间的拓宽改变了其原有空间狭长的特征，开敞度、与整体空间的联系程度等都有所改善，因此大大增加了人流量，使商业空间的非均衡性得以改善。

3.6 结语

本章主要通过对新天地消费者的调查，分析了新天地基本消费者行为特征及相关影响因素，着重研究了新天地的商业外部空间的人流分布情况和影响因素。研究发现，消费活动的不均衡受到所处空间的最小视域值、连接度和深度的影响，从而得出人流量与影响因素之间的参数。随后，运用影响因素的参数预测商业改造后新天地人流分布的变化，判断消费者行为的变化是否达到预期效果，为商业空间实际改造规划的实施提供参考。

消费者行为的复杂性和影响因素的多样性在此次调查分析中得到了充分体现。在以后的研究中，将会对新天地进行进一步的研究，包括整体街区建筑高度对消费者行为的影响，希望能在消费行为平面空间特征研究的基础上进一步研究高度空间的影响作用，结合模型分析，从而更加全面地总结出由历史街区改造而成的商业街消费行为空间分布的一般规律。

参考文献：

[1] 薛娟娟，朱青.城市商业空间结构研究评述[J].地域研究与开发，2005(5)：21-24.
[2] 周春山，罗彦，尚嫣然.中国商业地理学的研究进展[J].地理学报，2004(6)：1028-1036.
[3] 王德，张晋庆.上海市消费者出行特征与商业空间结构[J].城市规划，2001(10)：6-14.
[4] 柴彦威，翁桂兰，沈洁.基于居民购物消费行为的上海城市商业空间结构研究[J].地理研究，2008(4)：897-906.
[5] 王德，朱玮，黄万枢.南京东路消费行为的空间特征分析[J].城市规划汇刊，2004(1)：31-36.
[6] 王德，张照，蔡嘉璐，等.北京王府井大街消费行为的空间特征分析[J].人文地理，2009(3)：27-31.
[7] 孙施文.公共空间的嵌入与空间模式的翻转：上海“新天地”的规划评论[J].城市规划，2007(8)：80-86.
[8] 段进，比尔·希列尔，邵润青，等.空间句法与城市规划[M].南京：东南大学出版社，2007.

原文作者与期刊：

许尊，王德.商业空间消费者行为与规划：以上海新天地为例[J].规划师，2012，28(1)：23-28.

第4章 近郊居民商业设施使用行为

——以莘庄地区为例

4.1 研究背景与目的

上海市从20世纪90年代开始进入一个快速发展时期，人口不断向郊区迁移，拉动城市郊区发展。郊区是上海未来重要的经济增长区域以及就业和居住的承载空间[1-3]，同时，从“十一五”期间近郊区商业的大规模建设，可以看出零售商业有向郊区延伸的趋势。在人口郊区化和商业郊区化的背景下，如何提高郊区商业设施服务水平、适应城市郊区化进程的问题都有待研究和解答。

在我国城市出现郊区化发展的背景下，国内学者从不同领域对商业设施应对进行了研究。城市规划领域学者从商业设施分布角度探讨商业空间结构的发展，并在此基础上提出规划对策。如朱枫、宋小冬通过对浦东新区商业的空间布局特征、影响因素及商业中心体系的研究提出商业暂缓发展区和重点发展区的建议[4]；宣莹、陈定荣对南京市新建地区配套系统进行研究，提出4级中心体系布局[5]。商业研究领域学者从商业设施建设角度出发对郊区商业配套体系，包括新市镇中心及社区级设施配置的相关内容进行探析。孙元欣在上海市镇商业规划基础上提出市镇商业中心和市镇社区商业体系的建设内容[6]；彭岩在分析我国居住郊区化进程中公共配套设施规划、建设、经营管理等方面问题基础上对其供给模式进行研究[7]。但实证研究在该类研究成果中还不多见，而以居民具体的设施使用行为特征作为规划配置参考依据的研究尤其缺乏。空间地理学领域学者则从郊区居民出行特征的角度进行研究，成果集中在出行行为、空间特征及影响因素方面。林耿通过对广州成熟郊区板块居民的日常消费出行调查，发现广州郊区居民日常生活用品中只有基本购物消费在郊区得到满足[8]。柴彦威等基于各类出行调查数据对北京郊区的消费行为模式进行研究[9-11]。但该类研究多集中在消费者出行特征方面，缺少基于居民行为特征的商业设施配置及布局的规划应对研究。

根据上述背景，笔者从城市规划的视角出发选取近郊居民对商业设施的使用为切入点，选择莘庄地区作为主要研究对象，通过问卷调查和个案访谈相结合，运用交叉分析比较、动态演绎等方法对近郊居民的城市商业设施使用特征以及相应的规划应对进行分析。首先以频率、年消费额、出行时间、消费场所等指标特征，得出莘庄居民对不同等级及不同类型商业设施的使用特征；其次对近郊居民进行分类，考察不同影响作用下的居民使用不同等级类型设施的差异；最后对不同郊区化发展阶段商业设施配置标准及布局特征进行探讨，探索郊区商业化发展下的城市规划应对。

4.2 案例调查

4.2.1 莘庄地区

本案例选取符合上海近郊典型发展特征的莘庄地区。莘庄地区位于上海西南部闵行区，由轨道交通发展带动。区域面积 19.53 km^2，总人口 17.6 万人，居民以工薪阶层为主体，出行主要依赖公共交通。

莘庄地区距离市级商业中心人民广场约为 16 km，距离市级商业副中心徐家汇约 10 km，与商业中心由地铁 1 号线相连，位于城市商业中心的有效服务范围内(图 4-1)。莘庄地区内部商业设施较完善，是郊区商业发展较为成熟的地区。其中近郊地区商业中心——百盛位于地铁站南侧，中心内设施种类丰富，如家乐福大卖场、各类品牌服装、餐饮美食店及家用电器、影城等文化设施。周边社区商业设施发展成熟，包括各大卖场、地铁站商业及各类沿街商业。总体来看，调查地区区位适中，周边商业设施等级分布明显，配套完善，交通便利，选择这样的地区作为研究对象，可全面揭示郊区居民对各级各类商业中心及设施使用的真实偏好。

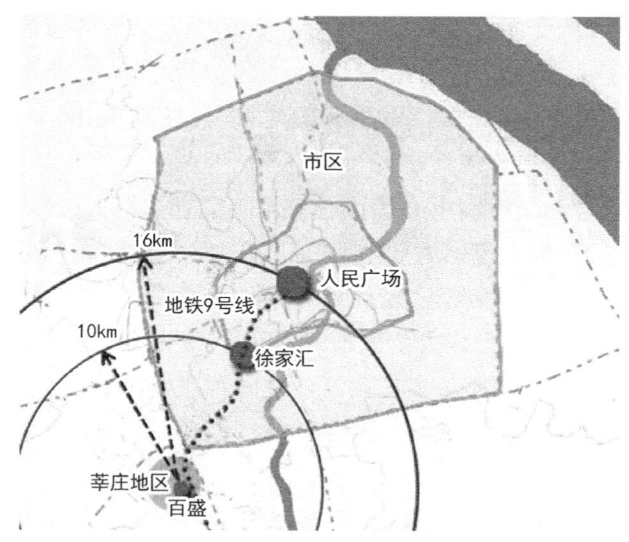

图 4-1 调查区位与商业设施关系图

4.2.2 调查点选取与调查内容

2010 年 8 月，在莘庄地区选取了水清三村、紫欣公寓、春申万科 3 个居住小区进行问卷发放。共发放 650 份问卷，回收 595 份，有效回收率为 91.5%(图 4-2、表 4-1)，选择这 3 个小区是考虑样本具有不同开发时期代表性、收入水平的典型性和站点服务范围的完整性。调查内容包括：居民的社会经济特征，使用各商业中心的频率、消费额，各类商品的消费场所，出行时间，等等。

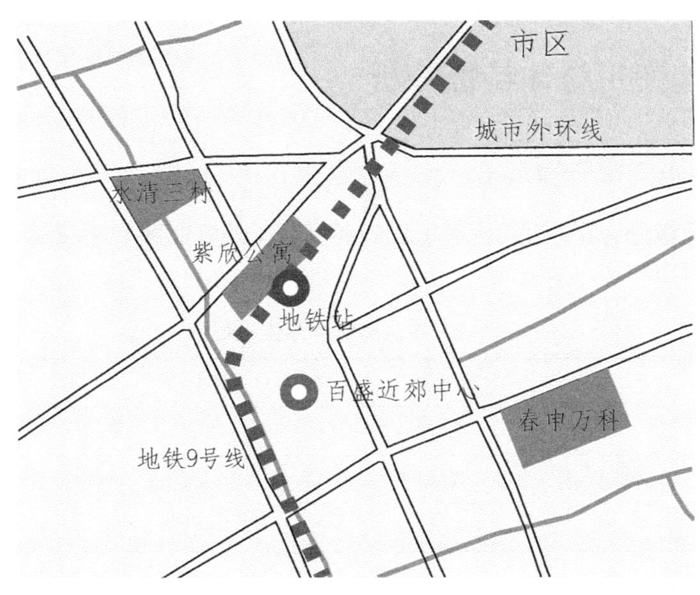

图4-2 调查地点

表4-1 调查小区详情表

小区	年份	收入水平	位置	发放问卷
水清三村	1994	中低收入	站北1 000 m	250份
紫欣公寓	1999	中等收入	站北500 m	250份
春申万科	2004	中高收入	站南2 000 m	150份

4.2.3 样本基本属性分析

在总共595个调查样本中，男女性别比为1∶1.09。年龄上，以30～50岁年龄段为主(40.43%)，其次是20～30岁(19.18%)和50～60岁(15.21%)。家庭结构中以三口之家为主(54.29%)，其次是两人家庭(21.79%)和单身家庭(4.21%)。

从经济状况来看，家庭月收入以5 000元以下为主，占有效样本量55.63%，5 000～10 000元月收入家庭占24.54%，10 000元以上占16.3%。上海市2010年人平均月收入为2 653元，按照家庭人数平均2.5人估算可以发现，抽样群体收入水平属于上海市平均水平。从职业状况来看，主要以公司职员为主，占有效样本40.52%，其次为工人，比例为24.35%。

从上下班出行来看，居民主要使用公共交通，其中使用地铁比例最高(34.54%)，其次为公交车(21.61%)。从工作地分布来看，调查区域中有大部分职住分离人群，市区工作居民样本比例将近一半(45.01%)。从通勤时间来看，超过30 min的出行比例最高(78%)，从上海市平均通勤时间(32 min)来看，调查群体工作地离居住地平均较远。

总体来看，调查样本以工薪阶层的中青年居民为主，具有独立的消费能力。职住分离比例较高，主要使用公共交通通勤，符合上海郊区居民的典型特征。

4.3 商业设施使用总体特征分析

4.3.1 各级商业中心使用特征

将城市商业设施分为市中心、徐家汇城市副中心、近郊地区中心 3 个等级，莘庄居民对不同等级设施的使用特征见表 4-2。

表 4-2 各级商业中心使用特征

	市中心	副中心	近郊地区中心
频率[次/(人·年)]	22.89	27.6	28.22
单次消费额[元/(人·次)]	531.17	524.26	448.1
年均消费额[元/(人·年)]	12 158.48	14 469.58	12 645.38

从频率来看，居民使用最为频繁的商业设施是近郊地区中心和徐家汇城市副中心，市中心频率较低。从单次消费额来看，居民在市中心和副中心的消费额度较高，而近郊地区中心相对较低。

通过频率和单次消费额计算年均消费额。其中徐家汇城市副中心的年消费额最高(14 459.58元/人)，占据了郊区居民日常消费的最大份额，市中心高等级设施消费的商品价格高，但是频率较低，而近郊地区级商业中心情况则相反，城市副中心则介于两者之间，既拥有较高的商品价格又拥有较高的消费频率，因而份额最大，是近郊居民较为倚重的商业中心。

4.3.2 各类商品设施使用特征

将商品类型分为日用品、高档服饰、家用电器和黄金首饰 4 种类型。其中日用品是典型的消耗品，其消费等级较低。高档服饰是半消耗品，属于中档商品，该类商品的消费不仅仅反映了居民的物质层面的需求，更体现一种休闲、娱乐的精神层面需求。家用电器属于消耗耐用品，是不易搬运的中高档商品。黄金首饰则属于高档消费品。

4.3.2.1 出行时间

调查结果(表 4-3)表明随着商品等级的提高出行的距离也增加。除日用品外，其他等级商品消费出行时间均大于 30 min，表明近郊居民对低等级消费较多使用居住地周边商业设施，而对中等以上消费则较多使用距居住地一定距离的商业设施。

表 4-3 各类商品设施平均出行时间

	日用品	高档服饰	家用电器	黄金首饰
时间(min)	18.25	31.23	33.9	38.54

4.3.2.2 场所选择特征

在调查莘庄居民对其消费出行地点的选择中，市中心、市级副中心和近郊地区中心为城市等级商业设施，具有较大服务半径；大卖场、地铁站、小超市和便利店、专业独立门店

(针对家用电器和黄金首饰)等为社区级商业设施,服务半径较小。各类商品的购买场所统计结果见表 4-4。

表 4-4　各类商品购买场所

各类型商品		城市各级商业中心			周边社区商业设施			总计
		市中心	副中心	近郊地区中心	大卖场	临近商业或地铁站	小超市及其他独立门店(家电、首饰)	
日用品	人数	5	9	71	288	94	118	585
	比例	0.9%	1.5%	12.1%	49.2%	16.1%	20.2%	100%
高档服饰	人数	98	126	158	119	39	47	587
	比例	16.7%	21.5%	26.9%	20.3%	6.6%	8.0%	100%
家用电器	人数	30	51	117	117	27	245	587
	比例	5.1%	8.7%	19.9%	19.9%	4.6%	41.8%	100%
黄金首饰	人数	168	144	105	49	54	67	587
	比例	28.6%	24.6%	17.9%	8.3%	9.2%	11.4%	100%

从消费场所统计来看,日用品消费大多位于家周边大卖场(49.2%),高档服饰消费较多位于近郊地区中心和城市副中心(26.9%和 21.5%),家用电器消费场所较多位为独立家电市场(41.7%),黄金首饰则集中在市中心和城市副中心(28.6%和 24.5%)。除家用电器外,商品等级越低,其商业设施的郊区程度越高。家用电器由于其不易移动性,商品郊区化程度也比较高。

4.4　不同人群的设施使用特征

4.4.1　基于居住时间特征

本次调查的居民平均居住在莘庄的时间为 10.6 年。将居住时间小于 10 年居民视为新居民,大于等于 10 年居民为老居民。消费行为对比显示(图 4-3、图 4-4),无论从年均频率还是年均消费额来看,新居民使用商业设施以城市副中心为主,而老居民则以近郊地区中心为主。同时新居民对市中心和副中心的设施使用强度要高于老居民,而对近郊地区中心的使用强度则低于老居民。这表明,老居民对设施的使用的郊区化程度要高于新居民。也说明随着居住郊区时间的增加,使用市中心和副中心设施的比重逐渐降低而使用近郊设施的比重逐渐增加。

新老居民设施使用差异反映了居民对郊区化的适应过程。这里引用社会学家 R.E.帕克的移民同化理论,同化模型的学者认为,跨境移民在接受国一般要经历定居、适应和同化 3 个阶段。莘庄居民对市中心和副中心的商业设施使用强度随着居住时间的增加而减少,而对近郊地区中心的使用强度随着居住时间的增加而提高,这说明郊区化过程同样要经历定居、适应和同化的阶段。

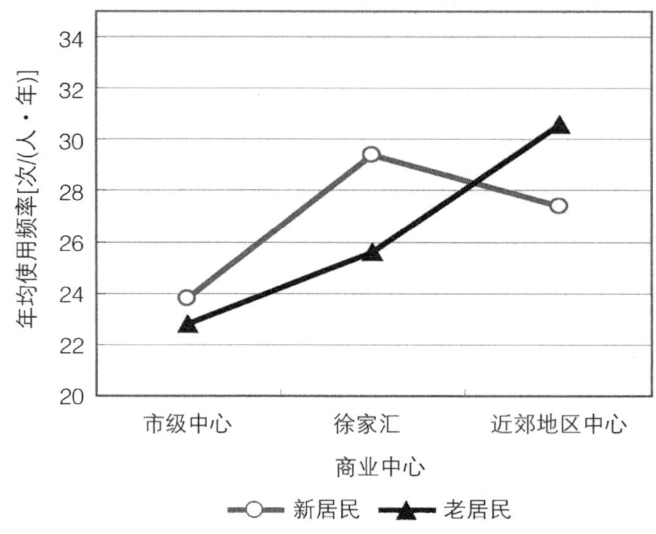

图 4-3　新老居民各级商业中心使用频率比较

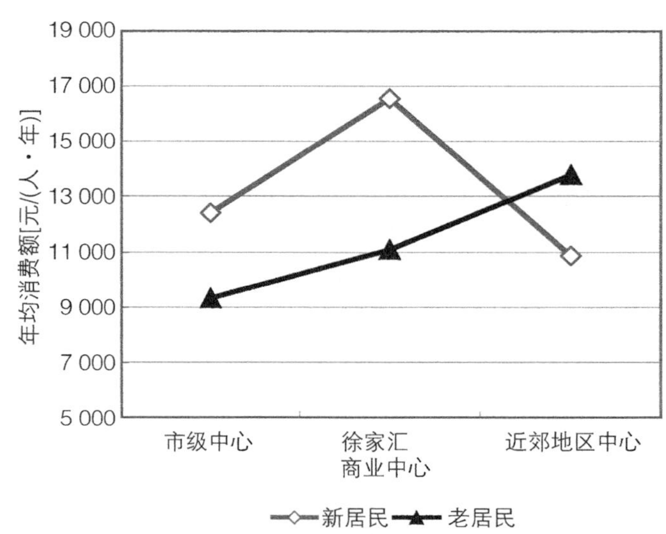

图 4-4　新老居民各级商业中心使用年均消费额比较

4.4.2　基于工作地点的特征差异

根据不同的工作区位将莘庄居民分为市区工作和郊区工作两大群体。结果显示：工作位于市区的居民对各级商业中心的使用频率均高于郊区工作者(图 4-5)。其中对市中心和徐家汇副中心的使用差异相比近郊中心的差异要明显。这是由于市区工作居民上下班的途中更容易发生顺便消费活动。从年均消费额来看(图 4-6)，前者对市中心和副中心的使用强度较高，且主要设施使用重心位于徐家汇，后者市区商业设施的使用强度较低且主要的重心位于近郊地区中心。

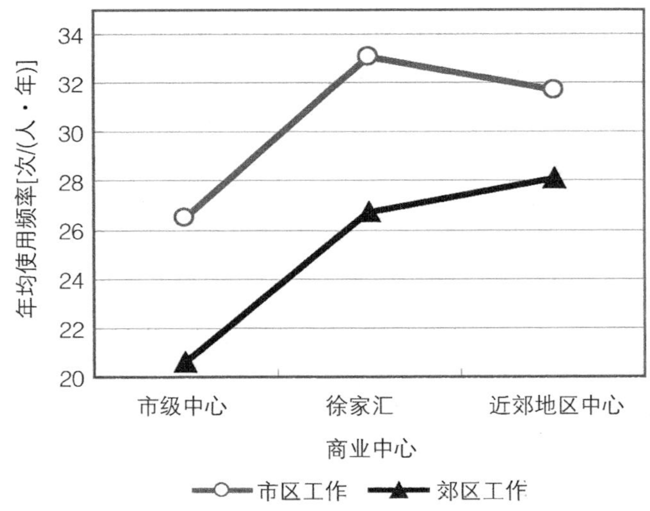

图 4-5　不同工作区位居民各级商业中心使用频率比较

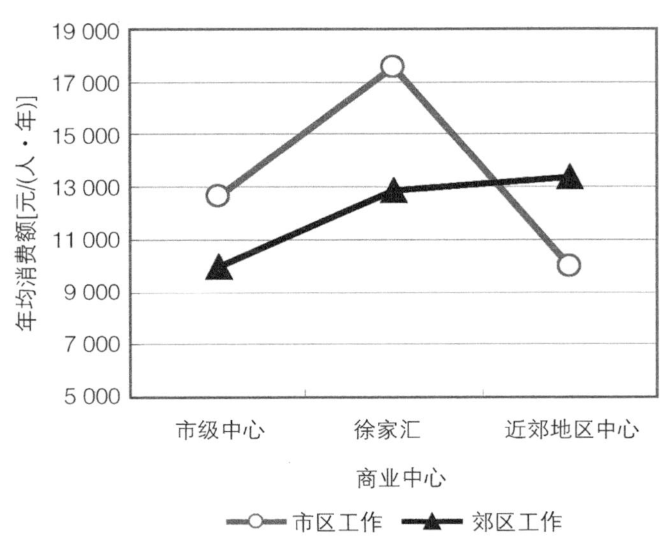

图 4-6　不同工作区位居民各级商业中心使用年均消费额比较

不同工作区位居民的特征差异反映居民对各级商业中心使用较大程度受到工作地影响，市区工作居民对市中心商业设施的依赖程度要高于郊区工作居民。在居住郊区化发展的同时若注重增加郊区岗位配置并进行相关规划引导，将会带动更多居民工作转移至郊区，也将大大增加郊区商业设施的使用需求。

4.4.3　基于收入水平的特征差异

将家庭人均月收入小于 3 000 元定义为低收入，月收入在 3 000～10 000 元定义为中等收入，10 000 元以上定义为高收入。3 类收入占在调查样本的比例分别为 27.44%、54.70%

和 17.86%。高收入群体对各级商业中心的使用频率并无较大差异，均呈现低频率特征，低收入和中低收入群体对商业设施的使用以徐家汇和近郊商业中心为主，中等收入群体对徐家汇的使用强度明显高于前两个特征群体（图 4-7）。从年均消费额来看（图 4-8），随着收入水平的提高，居民对各级商业设施的使用强度均有所提升，其中高收入群体的设施使用以市中心为主，而中低收入群体则以徐家汇为主。说明随着收入水平的提高，近郊居民更加依赖高等级商业设施。

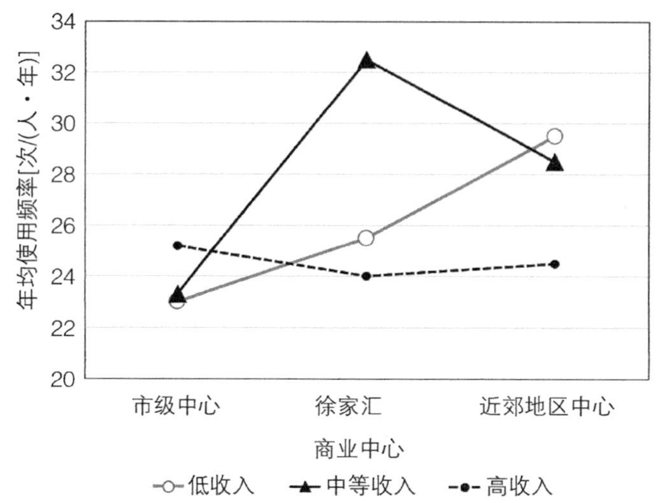

图 4-7　不同收入居民各级商业中心使用频率比较

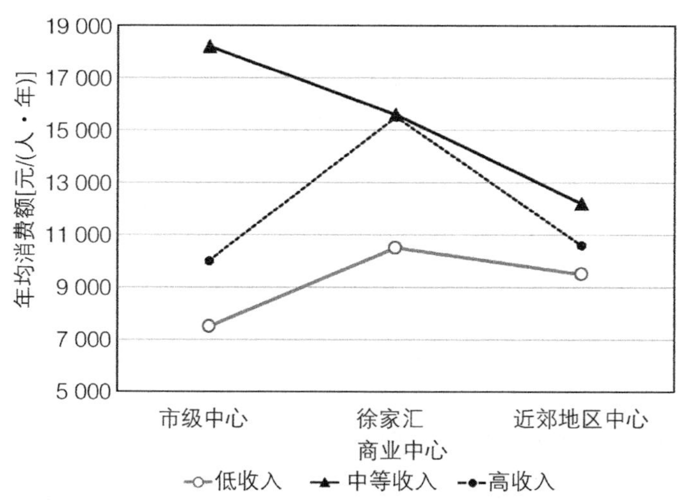

图 4-8　不同收入居民各级商业中心使用年均消费额比较

郊区人口对市中心商业设施的使用强度随着收入的增加呈不断上升的趋势，反映出收入水平直接制约商业设施的选择。中国大城市郊区化的特征是以普通工薪阶层及低收入群体向郊区转移，而高收入群体则留在市中心[12]。若在这样的发展趋势下，随着郊区中低收入的居民的增加，近郊商业设施的使用强度将会逐渐增加。

4.5 郊区化背景下的规划应对

郊区居民特有的设施使用特征可为城市商业网点规划提供依据。下文根据郊区化的不同阶段设定新、老居民及不同工作地点的人口比例，分析城市商业网点的布局特征。为了简化分析，收入因素不考虑在内。

4.5.1 郊区化发展阶段的居民构成设定

郊区发展的过程也是郊区居民构成的变化过程。郊区发展初期，居民搬迁至郊区，新居民比例几乎为 100%，其中就业人口比例较高且职住分离现象较为普遍，本地就业率设定为 25%；发展中期，更多居民向郊区转移的同时，发展初期的新居民随着时间的推移成为老居民，设定此阶段新老居民比例为 2∶3。由于受规划及政策导向影响，新居民本地就业率可达到 35%，老居民达到 50%；郊区化发展至远期(成熟阶段)，地区开发已逐步完成，设定新老居民比例为 1∶9，新居民本地就业率为 40%，老居民为 60%。同时设定各阶段新居民就业率为 70%，老居民就业率为 50%(表 4-5)。

表 4-5 郊区化不同时期人口与就业构成

发展阶段	居民类型	比例	就业率	就业人口中	
				市区就业率	本地就业率
近期	新居民	100%	70%	75%	25%
	老居民	0	—	—	—
中期	新居民	40%	70%	65%	35%
	老居民	60%	50%	50%	50%
远期	新居民	10%	70%	60%	40%
	老居民	90%	50%	40%	60%

4.5.2 城市各级商业中心规划应对

根据调查结果确定各类居民对各级商业中心的年消费额比例(表 4-6)，继而得出不同阶段郊区居民对设施的使用需求(表 4-7)。

表 4-6 不同类型居民使用各级商业中心的消费比例

居民类型	市区就业			本地就业			非就业		
	市中心	市级副中心	近郊地区中心	市中心	市级副中心	近郊地区中心	市中心	市级副中心	近郊地区中心
新居民	30%	43%	27%	31%	38%	31%	31%	38%	31%
老居民	30%	39%	31%	27%	31%	41%	27%	31%	41%

表 4-7　不同阶段居民对各级商业中心消费比例

	近期	中期	远期
市中心	30.48%	28.84%	27.90%
市级副中心	40.63%	35.91%	33.35%
近郊地区中心	28.90%	35.25%	38.75%

表 4-7 显示，近期发展阶段，郊区居民对城市副中心的使用依赖度较大，对其的消费比重占 40.63%，此时对近郊地区商业中心的需求并不高，消费额比例仅为 28.90%。因此，此时应重视城市副中心对郊区化起步阶段的作用，加强副中心的服务范围和服务质量，并不需要重点强调近郊商业中心的建设。如莘庄地区发展初期，周边仅发展地铁站小型商业区。

郊区发展至中期阶段，随着郊区商业化程度的提高，居民逐渐对郊区产生归属和认同，也增加了对周边商业设施使用的需求，市中心和副中心的消费额比例较初期下降 1.64%和 4.72%，近郊商业中心则相对提高 6.35%。此时应加强近郊商业中心的服务水平，相应人均配置应较初期增加 6%左右。

远期，市中心和副中心的使用强度较初期分别下降 2.58%和 7.28%，近郊地区商业中心的需求强度提高 9.85%，此时应扩大近郊商业中心的服务范围，人均商业设施配置较初期提高 10%左右。

4.5.3　近郊不同类型商品设施规划应对

按照调查确定新老居民进行不同等级商品消费时选择近郊地区商业设施的比例，并将郊区消费场所分为近郊商业中心和社区商业设施(表 4-8)。可计算出不同郊区化阶段居民对各等级商品设施郊区消费特征的变化(表 4-9)。

表 4-8　不同类型居民对近郊商业设施的选择比例

各等级商品	居民类型	选择在郊区消费比例	其中	
			选择近郊地区商业中心比例	选择社区商业设施比例
日用品	新居民	98.5%	14.42%	85.58%
	老居民	97.1%	14.63%	85.37%
高档服饰	新居民	43.6%	50.92%	49.08%
	老居民	71.0%	43.66%	56.34%
家用电器	新居民	72.1%	40.49%	59.51%
	老居民	90.0%	51.59%	48.41%
黄金首饰	新居民	32.6%	40.49%	59.51%
	老居民	53.5%	51.59%	48.41%

表 4-9　不同阶段居民对近郊商业设施的选择比例

郊区化阶段	各等级商品	近郊商业设施选择比例	其中	
			近郊商业地区中心选择比例	社区商业设施选择比例
近期	日用品	98.50%	14.54%	85.46%
	高档服饰	43.60%	50.92%	49.08%
	家用电器	72.10%	16.37%	83.63%
	黄金首饰	32.60%	40.49%	59.51%
中期	日用品	97.65%	14.54%	85.46%
	高档服饰	60.04%	46.56%	53.44%
	家用电器	82.84%	24.08%	75.92%
	黄金首饰	45.14%	47.15%	52.85%
远期	日用品	97.22%	16.37%	83.63%
	高档服饰	68.26%	44.39%	55.61%
	家用电器	88.21%	27.94%	72.06%
	黄金首饰	51.41%	50.48%	49.52%

结果表明，郊区化发展初期，郊区消费主要的需求来自日用品(98.5%)和家用电器(72.1%)，而高档服饰和黄金首饰类商品的郊区消费需求不足一半(43.6%和32.6%)。此时应按照城市标准对日用品类低等级商业设施和家用电器类大型设施予以配置，高档服饰类中等级商业设施和黄金首饰高等级设施以较低标准配置。郊区商业化发展至中期，高档服饰的郊区购买比例提高 16.44%，家用电器提高 10.74%，黄金首饰提高 12.54%，此时除日用品类设施外，中高等级商业设施人均配置应分别增加 10%～15%。同理，远期各类中高级商品的人均配置应较初期增加 15%～20%。

郊区商业化发展阶段的郊区消费场所选择中，日用品和家用电器消费较多依赖周边社区级商业设施，如初期比例达到 85.46%和 83.63%，中期为 85.46%和 75.92%，远期为 82.63%和 72.06%，因此在各阶段应主要以大卖场及大型家电卖场类社区商业形式承担该类设施功能。高档服饰和黄金首饰则更多选择近郊商业中心，初期为 50.92%和 40.49%，中期为 46.56%和 47.15%，远期为 44.39%和 50.48%，因此应主要以近郊商业中心承担高等级设施功能，中心内设施配置量占该类设施郊区配置总量的 40%～50%。

4.6　结语

首先，总体上，徐家汇城市副中心是近郊居民主要使用的商业设施，而近郊地区商业中心则呈现出“高频低强度”的特征。同时近郊居民对低等级商品需求可在近郊周边满足，而对高等级商品的需求则需要在市中心及副中心满足。

其次，在居住时间、工作区位和收入水平影响下的居民具有不同的设施使用差异。居住时间短、工作位于市区、收入水平高的居民使用市中心和城市副中心强度大，反之则使用近郊地区中心强度较大。

最后，避免规划一步到位造成的商业设施浪费或规划滞后造成的设施不足。应根据郊区化不同阶段对商业设施做出实时规划。郊区商业化初期加强城市副中心及郊区社区商业设施的服务水平，发展中期重视近郊商业中心的建设，较发展初期提高人均配置标准，重点增加中高等级商业设施的配置，发展远期规划主要完善近郊商业中心的服务水平和职能。

笔者从居民设施使用角度对郊区商业设施规划应对进行研究。规划应对是在一个静态假定基础上展开的：包括各级商业中心的状况及居民对商业中心的选择偏好保持不变。但正如规划应对结论所示，郊区商业化发展是一个动态过程，且涉及诸如减少居民购物出行的规划目标，因此基于设施使用与设施规划的动态系统还有待进一步研究。

参考文献：

[1] 高向东，江取珍.对上海城市人口分布变动与郊区化的探讨[J].城市规划，2002(1)：66-69.

[2] 凌耀初，季学明，刘文敏.上海郊区发展历史、现状及展望[J].社会科学，2008(10)：74-81.

[3] 王桂新，沈续雷.上海市人口迁移与人口再分布研究[J].人口研究，2008，1(32)：58-69.

[4] 朱枫，宋小冬.基于 GIS 的大型百货零售商业设施布局分析：以上海浦东新区为例[J].武汉大学学报，2003，3(36)：46-52.

[5] 宣莹陈，定荣.城市和谐社区公共设施的规划策略：兼议《南京新建地区公共设施配套标准指引》[J].城市规划学刊，2006(2)：17-21.

[6] 彭岩.居住郊区化趋势下配套公共设施供给模式探讨[J].建筑经济，2008(12)：1033-1035.

[7] 孙元欣.上海郊区新市镇商业发展的模式与措施[J].商业研究，2009(8)：159-161.

[8] 林耿.居住郊区化与商业中心关系新解析及其启示：基于符号消费理论[J].城市规划，2008，32(9)：47-52.

[9] 沈洁，柴彦威.郊区化背景下北京市民城市中心商业区的利用特征[J].人文地理，2006(5)：113-123.

[10] 许晓霞，柴彦威，颜亚宁.郊区巨型社区的活动空间：基于北京市的调查[J].城市发展研究，2010，17(11)：41-49.

[11] 龙韬，柴彦威.北京市民郊区大型购物中心的利用特征：以北京金源时代购物中心为例[J].人文地理.2006，21(5)：117-123.

[12] 吴国兵，刘均宇.中外城市郊区化的比较[J].城市规划，2000，24(8)：36-39.

原文作者与期刊：

王德，许尊，朱玮.上海市郊区居民商业设施使用特征及规划应对：以莘庄地区为例[J].城市规划学刊，2011(5)：80-86.

第 5 章　网络消费行为与购物方式演替

网络购物是基于计算机和互联网技术而发展起来的一种新型零售业态，它打破了传统购物活动的时空限制，使得居民的购物行为和传统实体零售发生了彻底的革新。2015 年，我国网络零售交易额达 3.88 万亿元，同比增长 43.9%，占同期社会消费品零售总额的 12.6%[1]。网络购物的快速发展激发了不同领域的专家学者对此展开大量研究。零售业态的演变最终是消费者的需求和选择在推动[2]，市场和营销领域从心理学和行为学的角度，聚焦于消费者网络购物意愿[3]及其影响因素[4]的问题，有丰富的研究成果。商业地理、城市规划和交通领域的研究更关注网络购物所引起的空间变化问题，主要集中于商品类型、经济社会属性、购物习惯、居住区位、购物便利性等因素对居民的购物行为的影响，以及对交通、土地利用等的复杂影响。国内的研究成果相对较少，早期以定性描述为主，或只关注总体表现出的影响效应[5]，近期的研究有逐步定量化的趋势，并开始关注空间效益以及建成区环境的影响[6]。

叙述性偏好法(state preference method，SP)是一种基于被调查者主观偏好的行为调查方法，具有操作简单、针对性强、预测性好、应用性强等特点，在产品调查[7]、交通方式选择[8]、环境评价[9]、住房选择[10]、设施选址[11]等领域被广泛应用。国外已经有将 SP 调查法用于网络购物研究。有学者用 SP 法研究网络购物对交通出行的影响，发现一小部分人会因网络购物减少出行，且减少的多为公共交通出行[12]；网络购买日用品对减少出行的影响最为明显[13]。肖明雄[14]用 SP 法研究消费者在实体店和网店的购书偏好，主要聚焦于消费者如何衡量时间和金钱，发现相比去书店人们更愿意花时间等待图书送达，愿意为节省0.53 美元(约 3 元人民币)接受多等待一天。该研究已经关注到人们如何在实体店和网络之间评估效用并作出选择的问题，但缺乏对距离、业态等实体商业特有的空间要素的考虑，因此也缺乏在规划上的应用和指导意义。国内已经开始引入 SP 调查法对规划实践中的一些问题进行研究，例如，宋姗等[11]使用 SP 法对上海市养老机构空间配置进行研究，赵倩等[15]使用 SP 法对上海市杨浦区居住环境评价进行研究，潘晖婧等[16]使用 SP 法研究上海市自行车使用者骑行路径偏好，刘珺等[17]使用 SP 法研究休闲步行行为的环境偏好等。但国内目前较少将 SP 调查法用于网络购物研究。

城市规划领域对网络购物的研究更关注可调控的要素而非个人或心理要素，更关注消费者选择的结果而非抉择的过程，不仅注重对现状的解释更关心在规划实践中的应用。而 SP 能够将复杂的购物决策过程提炼成主要要素对选择结果的影响这一简洁模式，可以选取在规划或市场中的可调节要素，生成简单易懂的情景方案进而获取受访者偏好。离散选择模型是行为学研究领域最主流的方法之一，SP 调查方法结合离散选择模型分析手段，不仅能定量解释现状各影响因素影响力的相对大小，而且还能模拟不同情景以预测未来发展趋势，是行为学方法与规划问题相结合的有效研究探索方法。

基于以上分析，本章以网络购物普及的上海市为例，以 SP 问卷调查的结果为主要数据，采用离散选择模型进行分析，意图定量解析商品价格、商品质量、购物时间、交通时间和实体商业类型 5 大要素对购物方式选择的影响方式及影响作用大小，对现状的实体商业规划进行评估，对未来零售业态发展进行演替分析，并提出相应对策建议。

5.1 研究设计

本章设计的研究思路为：首先，确定影响人们选择实体店或网购的要素，合理设定不同要素的水平，并通过正交设计获得情景方案，形成调查问卷；其次，按照问卷发放的一般原则和步骤获取问卷数据，进行数据处理，并建立离散选择模型；最后，对模型进行解析，并结合实际需求探索应用。

5.1.1 SP 实验设计

SP 实验设计先要明确影响选择行为的要素及其水平。根据相关文献和预调研的结果，商品的类型、价格和质量总是人们购物时首要考虑因素，其次人们在意购物的时间成本[18]，实体商业本身的购物环境也会影响人们去实体店购物的意愿[19]。人群的年龄、性别、收入水平等社会经济属性的差异也会显著影响购物行为的选择，由于本章偏重对购物行为外部影响因素的分析，研究未考虑人群内在的属性差异。结合本章的研究目的和 SP 调查要素选取的原则，最终确定了 4 种不同商品类型，以及商品价格、商品质量、购物时间、单程交通时间、实体商业类型 5 个影响要素。其中商品价格、商品质量和购物时间为 2 种方式共有，而单程交通时间和实体商业类型特有属性。根据预调研的结果并参照现状的实际情况，设置具有一定梯度的要素水平值(表 5-1)。实体店一般依托商业中心聚集，市级、地区级和社区级三级商业中心是城市规划布局的商业网点，而消费者感知的是商业中心的规模、功能、品牌和环境。一般规模越大的商业中心，往往功能齐全、品牌众多、购物环境好，故用商业中心的规模代表实体店的综合品质，设置大型、中型和小型商业中心三个水平，分别对应规划中的三级商业网点。

表 5-1　购物方式选择的影响要素及其设定水平

影响因素		水平 1	水平 2	水平 3
商品价格	实体店	无优惠		
	网络	无优惠	30%优惠	60%优惠
商品质量	实体店	优	良	中
	网络	优	良	中
选购时间	实体店	3 h	1 h	30 min
	网络	3 h	1 h	30 min

（续表）

影响因素		水平 1	水平 2	水平 3
单程交通时间	实体店	1 h	30 min	10 min
	网络			
实体商业类型	实体店	大型商业中心	中型商业中心	小型商业中心
	网络			

将选定的影响要素及其水平在 Ngene 软件（Ngene 由 Choice Metrics 公司研发，专门用于 SP 调研中生成实验设计）中进行同步正交设计（simultaneous design），共生成 12 组情景方案，剔除其中 3 组某一购物方式情景占据绝对优势的情景方案（尽管对正交表进行人工剔除会引起要素水平之间正交性的变化，但大量研究表明，其变化程度不足以影响 SP 调查的结果），最终得到 9 组情景方案。

5.1.2　离散选择模型

离散选择模型是基于理性选择理论中的随机效用理论（random utility theory）的一种行为解析方法。本章中，SP 问卷中每一道题目的要素水平和选择结果都是一组数据，将其代入离散选择模型，得到不同的参数，反映了各个要素对居民购物方式选择的影响方式和影响大小。多项 logit 模型（multinominal logit model，MNL）是离散选择模型体系的基础，运用最为广泛，具有形式简单、估计方便、结果可靠等优点[20]。本章根据随机效用理论，居民选择对其效用最大的购物方式。购物方式的效用定义为式（5-1）：

$$U_j = \sum_{i=1}^{n} \alpha_i X_i \tag{5-1}$$

式中：U_j 为选择购物方式 j 所能获得的效用；α_i 表示购物方式要素X_i 的效用系数，也是模型所需拟合的系数；X_i 为消费者选择购物方式 j 的第 i 个影响要素。消费者选择某一购物方式 j 的概率 P_j 为式（5-2）：

$$P_j = \frac{\exp(U_j)}{\sum_{j=1}^{m} \exp(U_j)} \tag{5-2}$$

选择模型中各要素的符号假设、单位及其不同水平对应效用方程中的取值详见表 5-2。

表 5-2　选择模型中各要素的符号假设、单位及其不同水平对应效用方程中的取值

变量	符号假设	单位	变量水平	对应效用方程取值
商品价格	—	无	无优惠	1
			30%优惠	0.7
			60%优惠	0.4

（续表）

变量	符号假设	单位	变量水平	对应效用方程取值
商品质量	＋	无	优	(1, 0)
			良	(0, 1)
			中	(0, 0)
选购时间	－	h	1/2 h	1/2
			1 h	1
			3 h	3
单程交通时间	＋	h	1/6 h	1/6
			1/2 h	1/2
			1 h	1
实体商业类型	＋	无	大型购物中心	(1, 0)
			中型购物中心	(0, 1)
			小型购物中心	(0, 0)

5.1.3 问卷设计与调查实施

问卷共分为 4 个部分：第 1 部分为被调查者个人属性；第 2 部分为调研商品的购买现状，用于与 SP 模型模拟的结果进行对比和校验；第 3 部分为调研商品的购物方式情景选择(SP)；第 4 部分为被调查者居住地和购物地信息。本章选取了 4 种居民日常购买物品作为调研商品：衣服、图书、数码家电和日用品。衣服是典型的体验型[9]商品，图书则是典型的搜索型商品，数码家电产品代表了低频高价商品，而日用杂货则代表了高频率低价的商品。为了保证数据采集的质量，每个被调查者针对某一类商品进行 9 次 SP 的情景选择(图 5-1 为一次 SP 选择示例)。

情景 1：对于一件外观相同的衣服，在实体店和网店购买的条件如下：

	商品价格	购物耗时	商品质量	交通耗时	实体商业地点
A：实体店	500	1 h	优	1 h	大型商圈
B：网店	350	30 min	良		

请问：如果一定要选择一个方式购买，您最可能选择哪种方式？A：实体店，B：网店

图 5-1　SP 情景选择问卷示例

问卷于 2016 年 8 月通过问卷星网络平台的有偿样本服务发放。通过设置时间阈值、设置陷阱题等多重方法控制样本质量。共发放调查问卷 554 份，进一步筛选后，得有效问卷 512 份。问卷中一共进行了 4 608 次虚拟购物方式情景选择，其中针对衣服、图书、数码家电和日用品购买的选择次数分别为 1 260、1 071、1 170 和 1 107 次。

5.1.4　被调查者基本特征与现状网购占比

有效样本中，男女占比分别为 50.39%、49.61%，性别分布均衡；未婚和已婚占比分别为 39.84%、60.16%，不同婚姻状况人群均有足够的样本；年龄结构中，25～35 岁样本占比最高为 50.98%，18～25 岁为 21.48%，35～45 岁为 19.34%；职业构成以在职的工作人员为主；受教育程度则以本科或大专学历（75.39%）的人群为主；家庭月收入构成中，中等收入（8 000～15 000 元）和中高收入（15 000～30 000 元）占比高达 44.14%和 31.84%。样本覆盖上海市域各区（崇明区除外）。

现状网络购买次数的总体比例达到 60.76%。这是由于本次问卷调查的商品均是比较常见的在可网上购买的商品，且网络问卷调查带来了样本人群偏年轻化和高学历，因而现状网购比例比较高。其中，衣服为 54.98%，图书为 70.19%，数码家电为 71.30%，日用品为 59.72%。表明网络购物已在居民日常购物中占据非常重要的地位。

5.2　居民购物偏好模型与解析

5.2.1　整体模型拟合结果与模型解释

利用 Nlogit 软件对 SP 问卷采集到的 4 608 次虚拟的购物方式情景选择进行模型拟合，从整体模型结果初步解释各要素对消费者购物方式选择的影响，并运用支付意愿和等效用曲线的方法对模型结果进行解析。

5.2.1.1　整体模型拟合结果

由整体模型拟合的结果表 5-3 可知，模型的拟合优度为 0.12，上述 5 个要素均对选择结果有显著影响。系数符号表示该变量变化产生的效用是正（＋）还是负（－），结果符合预期，即当商品价格增加、商品质量变差、选购时间和交通时间变长时，购物方式的效用会降低，从而引起消费者选择的概率减小；实体店的类型规模越大，效用增加，选择概率越大。

表 5-3　购物方式偏好整体拟合结果

变量		实体店		网络	
		变量系数	显著度	变量系数	显著度
商品价格	P	－3.425 78	***	－3.603 99	***
商品质量	是否为优 Q_1	0.903 52	***	0.903 52	***
	是否为良 Q_2	0.279 99	***	0.279 99	***
选购时间	T_S	－0.117 0	***	－0.117 0	***
单程交通时间	T_T	－0.748 2	***		

（续表）

变量		实体店		网络	
		变量系数	显著度	变量系数	显著度
实体商业类型	是否大型 S_1	0.452 19	***		
	是否中型 S_2	0.324 65	***		
对数似然函数值		−2 584.007			
麦克法登 R^2		0.120 86			
选择次数 N/次		4 608			

5.2.1.2 模型的支付意愿解释

由于模型中既有连续变量又有分类变量，且不同变量的量纲不同，不能直接比较系数绝对值大小来判断不同要素影响程度大小，故引入支付意愿的方法。计算其他变量与商品价格变量的系数绝对值之比得到人们愿意为其他要素改变而付出的价格，即支付意愿。比较比值的大小可以判断不同变量的影响程度大小。

(1) Q_2/P 为 0.08(实体店和网购的 Q_1/P、Q_2/P、T_S/P 都不同，但由于二者差别很小，且支付意愿的目的在于比较不同要素之间的作用大小，故忽略二者之间的差别)，表示当商品质量由“中”变为“良”时，人们愿意多支付 8% 的价格，Q_1/P 与 Q_2/P 之差在实体店和网络分别为 0.18、0.17 表示当商品质量由“良”变为“优”时，人们在实体店和网络愿意多支付 18%的价格。

(2) T_S/P 为 0.03(两种方式差别不大)，表示人们愿意为选购时间减少 1 h 在实体店和网络多支付 3%的价格。

(3) T_T/P 为 0.22，表示人们愿意为单程交通时间减少 1 h 多支付 22%的价格。

(4) S_1/P 为 0.13，表示相较于小型商业中心，人们愿意在大型商业中心多支付 13% 的价格；S_2/P 为 0.09，表示相较于小型商业中心，人们愿意在中型商业中心多支付 9%的价格。

通过支付意愿的分析发现，选购时间对购物方式的选择影响程度最小，而交通时间的影响程度很大；实体商业类型和商品质量均较大程度影响购物方式的选择，当其他条件均相同时，购物吸引力由大到小依次为大型商业中心、中型商业中心和小型商业中心；人们愿意为高品质的商品付出较高的价格。

5.2.1.3 模型的等效用线解释

为了直观表现消费者面对不同的要素水平组合时的购物方式选择偏好，本章引入等效用线的方法。等效用线又叫无差异曲线(indifference curve)，源自经济学，线上的任意一点所代表的商品组合使得消费者获得的效用相等。购物方式等效用线构建方法如下：忽略对购物效用影响程度很小的选购时间要素；商品质量和实体店规模类型为分类变量，故分情况讨论；在此前提下，令实体店购物效用和网络购物效用相等，实体店商品售价为 1，取网络与实体店的价格比作为网络售价，继而探究网络相对售价与到实体店的单程交通时间的关系。图 5-2 和图 5-3 分别为实体店和网络的商品质量相同时和实体店商品质量为优而网络为良时的等效用线。图中 U_{st} 为实体店购物时获得的效用,U_{on} 为网络购物时获得的效用,横轴为单程交通时间;纵轴为网络相对实体店的售价。以图 5-2 中市级大型商业中心为例,斜率为正表示到实体店的时间增长,网络售价必须越高,才能使得实体店和网络购物的效用相等。斜率的绝对值是 0.037,表示到实体店的单程交通时间增加 60 min,等价于网络商品售价增加 22%。曲线上任意一点的实体店和网络购物的效用相等,曲线下方区域表示网络的购物效用大于实体店,上方区域表示实体店的购物效用大于网络。通过等效用线,可以直观判断在不同的商品价格和到实体店时间的取值组合下的个体的选择行为结果。

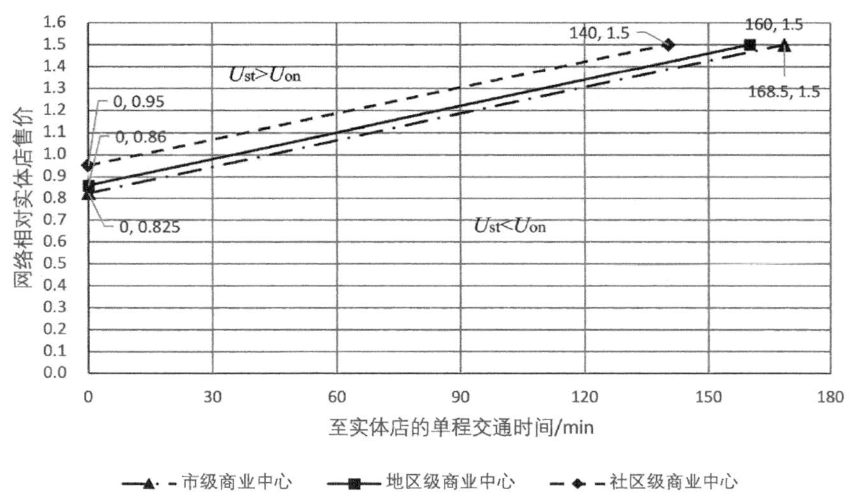

图 5-2　实体店和网络的商品质量相同时等效用线

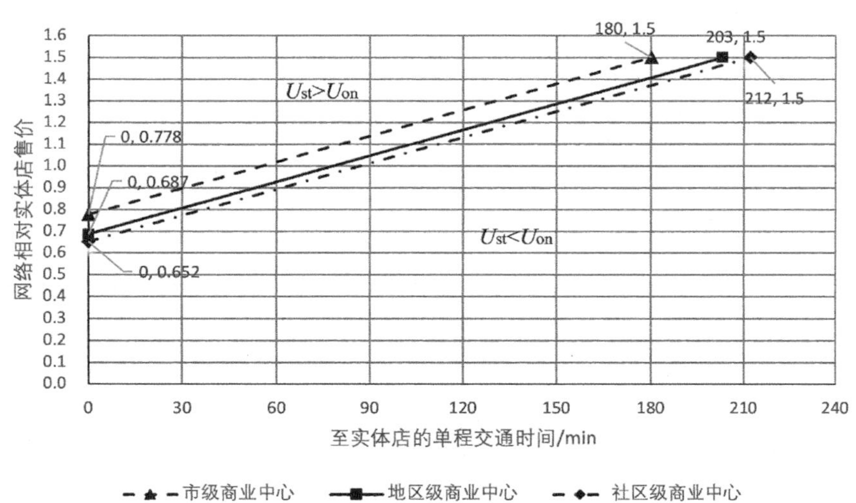

图 5-3　实体店商品质量为优而网络商品质量为良时等效用线

5.2.2 分商品类型的模型拟合结果与比较

虽然整体模型中各要素均对购物方式效用表现出显著影响作用，但拟合优度并不是很高，故进一步分情况讨论选购不同的商品时购物方式偏好的差异。分商品类型建立离散选择模型(表 5-4)，可以比较消费者在购买不同商品时的要素影响的差异。4 类商品模型的拟合优度分别为 0.19、0.12、0.13 和 0.10，衣服类商品的拟合程度最好，其他三类商品并没有明显提升。各要素对不同商品的购物方式效用影响作用不同，对于购买衣服和数码家电类商品，选购时间的影响不显著；对于购买图书，中型商业中心的影响作用不显著；对于日用品，大型商业中心的影响作用不显著；其余因素均有显著影响。

由于不同模型中每个要素的系数大小均不同，单个要素的系数大小无法直接说明影响程度大小，故通过比较各要素与商品价格的系数比，即支付意愿的大小，来判断某一变量对购买不同商品时的影响程度大小(表 5-5)。

表 5-4　分商品类型的购物方式偏好模型拟合结果

变量		衣服		图书		数码家电产品		日用品	
		系数	显著度	系数	显著度	系数	显著度	系数	显著度
实体店	P	−4.015 57	***	−3.524 79	***	−3.485 04	***	−3.055 87	***
	Q_1	1.468 24	***	1.200 30	***	0.571 90	**	1.128 23	***
	Q_2	0.641 65	***	0.081 02	***	0.233 79	*	0.260 46	*
	T_S	−0.004 29		−0.392 4	***	0.123		−0.259 2	***
	T_T	−0.757 2	***	−0.798 6	***	−0.931 2	***	−0.878 4	***
	S_1	0.575 41	***	0.470 96	**	0.527 05	***	0.251 89	
	S_2	0.406 14	***	0.098 19		0.476 57	**	0.413 64	**
网络	P	−4.672 62	***	−3.401 51	***	−3.959 27	***	−2.886 96	***
	Q_1	1.468 24	***	1.200 30	***	0.571 90	**	1.128 23	***
	Q_2	0.641 65	***	0.081 02	***	0.233 79	*	0.260 46	*
	T_S	−0.004 29		−0.392 4	***	0.123		−0.259 2	***
对数似然函数值		−606.170 6		−563.321 6		−656.024 9		−691.420 3	
麦克法登 R^2		0.194 05		0.125 79		0.133 34		0.105 99	
选择次数 N/次		1 107		1 071		1 170		1 260	

(1) Q_2/P 越大表示购买该类商品时越重视质量是否良好，比值从小到大依次为衣服、日用品、数码家电和图书。Q_1/P 与 Q_2/P 之差越大表示购买该商品时越重视质量是否为优，从大到小依次是图书、日用品、衣服和数码家电。

(2) T_S/P 越大表示人们在购买该类商品时越不愿意花费时间选购。购买衣服和数码家电产品时选购时间对选择结果没有显著影响，购买图书时选购时间的负影响比选购日用品时更大，可见人们在购买高单价、低频购买不介意花费选购时间，购买搜索型商品时最不愿意花费选购时间。

(3) T/P 越大表示人们在购买该类商品时越不愿意花费交通时间，比值从大到小依次为日用品、数码家电产品、图书和衣服。可见人们不愿意为低单价且高频购买的商品花费交通时间，愿意为不常购买的体验型商品花费交通时间。

(4) S_1/P 越大表示人们购买该商品时越愿意去大型商业中心，S_2/P 越大表示人们越愿意去中型商业中心购物。购买日用品时人们最不愿意去大型商业中心，购买图书时是否为中型商业中心无影响，其他情况实体商业类型的影响差别不大。

各要素对不同商品影响的差异符合每类商品的特性。

表 5-5　分商品类型的支付意愿比较

系数之比		衣服	图书	数码家电产品	日用品	整体
实体店	Q_1/P	0.36	0.34	0.16	0.37	0.26
	Q_2/P	0.16	0.02	0.07	0.08	0.08
	T_S/P		0.11		0.08	0.03
	T_T/P	0.19	0.23	0.27	0.29	0.22
	S_1/P	0.14	0.13	0.15	0.08	0.13
	S_2/P	0.10		0.13	0.13	0.09
网络	Q_1/P	0.31	0.35	0.14	0.39	0.25
	Q_2/P	0.14	0.02	0.06	0.09	0.08
	T_S/P		0.12		0.09	0.03

5.2.3　基于选择模型的购物方式现状解释

研究将直接询问被调查者调研商品现状网络购买比例的结果与通过离散选择模型计算的结果进行对比，以验证选择模型解释购物方式选择的合理性。根据问卷和访谈结果以及一般常识，对购物方式影响要素的现状水平作出合理的设定(表 5-6)。

表 5-6　不同方式购买不同商品的现状要素水平设定

要素	整体		衣服		图书		数码家电		日用品	
	实体店	网络	实体店	网络	实体店	网络	实体店	网络	实体店	网络
商品价格	1	0.7	1	0.73	1	0.83	1	0.87	1	0.84
商品质量	优	良	优	良	优	优	优	优	优	良
选购时间(min)	90	60	120	60	60	30	120	60	90	30
单程交通时间	被调查者最常去购物地离家的时间									
实体商业等级	被调查者最常去的购物地的等级类型									

注：要素变量单位同表 5-2。

将表 5-6 设定的现状要素水平代入对应模型中计算实体和网络的购物效用及网络购

买概率,对比选择模型计算结果和实际发生的现状网络购买比例(表 5-7),发现两者十分接近,最大差距在 10%以内。其中,家电数码产品的模拟结果和现状情况差别最大,推测与市场上大型家电数码商家线上线下同步销售模式有关,日用品的差异是 4 类商品中最小的,整体结果也十分接近。

表 5-7　现状网络购买比例与模型计算的网络购买概率对比

	整体	衣服	图书	数码家电	日用品
现状网络购买比例	60.76%	54.98%	70.19%	71.30%	59.72%
模型计算网络购买概率	60.58%	48.15%	75.52%	61.77%	57.24%

购物方式的选择是一个受到众多因素影响的决策过程,且受很多个人差异和偶然因素影响。虽然上述选择模型还无法解释每个人对购物方式的选择,但通过选择模型来估计群体在实体店和网络购物效用和选择概率比较准确。以上验证结果为基于此选择模型的应用探索提供了依据。

5.3　基于购物偏好模型的应用探索

基于离散选择模型结果的应用探索从两方面展开:将选择行为投影到空间,进行上海市域的实体商业中心相对于网络购物的吸引力评价,并提出提升购物吸引力的具体建议;合理假定未来情景的要素水平组合,推测未来实体商业和网络购物的演替发展趋势。

5.3.1　实体商业中心购物吸引力提升策略

5.3.1.1　购物吸引力现状评价

利用选择模型评价上海市域不同等级商业中心的购物吸引力现状的方法如下:①确定市域范围内的市级、地区级和社区级商业中心;其中,市级和地区级商业中心参考上海市商业网点布局规划(2014—2020)[21],社区级商业中心由购物设施兴趣点(POI)的密度确定(认为核密度大于 100 人/km^2 的非市、地区级商业中心购物设施聚集区是社区级商业中心)(图 5-4);市级、地区级和社区级商业中心分别对应大型、中型和小型的实体商业类型。②将上海市域划分为 1 km×1 km 的栅格,在高德地图中批量计算各个栅格中心到离其最近的三级商业中心的时间距离(由于公交数据缺失较为严重,计算的交通时间为地图中的驾车时间,考虑坐公交一般比

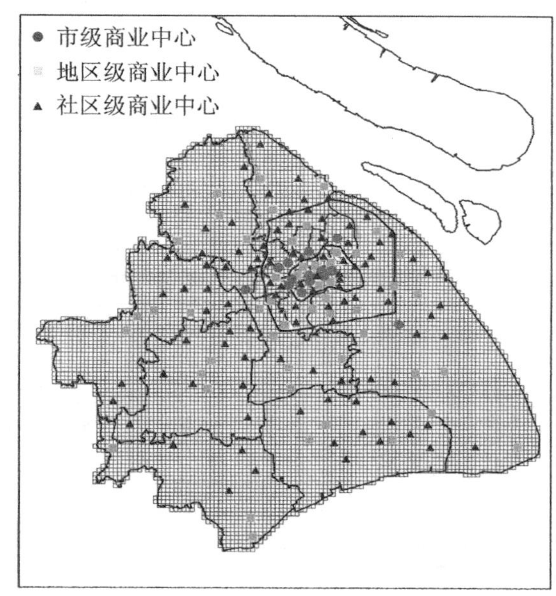

图 5-4　上海市域三级商业中心分布和栅格划分

驾车花费的时间要多，故将驾车时长乘以 1.5 的修正系数)，统计到每类商业中心的时间距离均值作为单程交通时间要素水平。③设置其他要素水平，以实际情况为基础，体现不同等级商业中心的差别，分别计算不同等级商业中心的购物效用和网络购物的效用，取三级商业中心中最大效用作为实体店效用，计算选择不同购物方式以及购物地点的概率。

由表 5-8 中效用和选择概率的计算结果可知，现状网络购物吸引力大于实体店；实体商业中，地区级商业中心的购物效用最高，其次是社区级商业中心，市级购物效用最低。在表5-8 中，选择概率由不同类型实体店中购物效用最大者与网络购物效用计算得到(下同)。

表 5-8　三级商业中心和网络购物的要素水平、购物效用和选择概率

要素	实体店			网络
	市级商业中心	地区级商业中心	社区级商业中心	
商品价格	1	1	1	0.7
商品质量	优	优	优	良
选购时间/min	120	90	60	60
单程交通时间/min	55	27	21	
购物效用	−2.989 9	−2.709 8	−2.901 1	−2.359 8
选择概率	41.34%			58.66%

5.3.1.2　商业中心吸引力提升措施

商业中心空间布局和商业设施活力提升是城市规划中的重要内容。本章研究考虑的 5 个要素中，质量为实体店的优势要素，类型为分类标准，商品售价、单程交通时间和选购时间是实体店可调节要素，故以下从这三个要素的调整提出实体商业中心购物吸引力提升措施。

(1) 价格调整措施

由模型可知，商品价格对购物方式效用的影响程度大，而促销和折扣等价格调整措施是实体店常采用的营销措施。在除了商品价格之外的要素条件都不变的情况下(表 5-8)，分别令市级、地区级、社区级商业中心的购物效用和网络购物相等，计算得到实体购物与网络购物吸引力相等时的临界商品价格。结果显示，当市级、地区级、社区级商业中心的价格分别调整到 0.82、0.90 和 0.84 时，其购物效用与网络购物相等。调整价格对增加实体店购物效用的效果明显，不同类别的商业中心可以参考商品售价临界值，权衡其售价、成本、吸引顾客范围等来谋求最大收益。

(2) 空间布局措施

实体店购物必须通过交通出行完成，这是实体店购物效用降低的重要原因。合理布局城市中的商业设施，优化商业设施服务距离，缩短购物出行时间，是城市规划的重要内容。令不同等级商业中心与网络购物的效用相等，计算得市级、地区级、社区级商业中心需要满足的临界交通时间分别为 4.5 min、−1.1 min 和−36.5 min。可见，虽然无法仅通过缩短交通时间使得实体店的效用大于网点，但缩短交通时间仍是较为有效的措施，空间布局优化、交通优化，结合合理定价等措施，能够使得实体店购物效用较大提升。

(3) 购物过程优化措施

实体店购物一般比网络购物花费更多的选购时间，通过商场流线优化、导览系统优化、快速提货通道建设等一系列的措施，缩短实体店选购时间，提升其购物效用，是微观城市设计中的重要内容。令不同等级商业中心和网络购物效用相等，计算得到市级、地区级和社区级商业中心需要满足的临界选购时间分别为－203 min、－89 min 和－218 min。可见，缩短选购时间对实体店效用提升作用非常有限，购物过程优化须与其他措施相结合才能有比较明显的作用。

5.3.2 基于选择模型的购物方式演替分析

激烈的市场竞争以及社会和技术不断进步必然使得未来实体店和网络购物的购物吸引力发生变化。对未来可能出现的购物情景作出三种合理假设：①近期实体店和网络购物为了培养稳固各自消费群体继续呈竞争态势，即低价竞争的价格战模式；②在价格战的同时，实体店会逐步采取一系列的空间优化措施，弱化其时间消耗多的劣势；③实体店在发展中会拓展线上购买渠道，线下购物体验与娱乐、休闲等功能融合，网络购物也拓展线下体验渠道，线上线下逐步融合，进而催生新的商业模式，市场也逐步趋向稳定。以下利用选择模型分别模拟三个阶段的实体店和网络购物的购物效用和选择概率。

(1) 情景一：价格因素主导

价格是影响购物方式选择的最重要的因素，也是现状网络购物效用高于实体店的主要原因。网络零售商为了抢占市场，继续迎合现阶段消费者追求低价的心理，保持商品质量为良好的水平下，进一步降低商品价格；实体店为了与网店竞争也降低商品售价，但由于成本高于网店，价格降低幅度有限。表 5-9 是该情景下不同购物方式的要素水平设定以及购物效用和选择概率的计算结果。其中，“↓”表示相对于现状选择概率减小，“↑”表示相对于现状选择概率增大(下同)。可见，价格战对网络购物更加有利，如果延续低价竞争的态势，网络购物的零售比重将持续增加。

表 5-9　价格战情境下不同购物方式的要素水平、购物效用和选择概率

属性	实体店			网络
	市级商业中心	地区级商业中心	社区级商业中心	
商品价格	0.95	0.95	0.95	0.65
商品质量	优	优	优	良
选购时间/min	120	90	60	60
单程交通时间/min	55	27	21	0
购物效用	－2.818 6	－2.538 5	－2.729 8	－2.064 6
选择概率及变化	36.84(4.50↓)%			61.16(4.50↑)%

(2) 情景二：服务因素主导

便利性也是消费者青睐网上购物的重要原因。在价格竞争的同时，实体商业中心通过空间布局缩短消费者去购物中心的平均交通时间；通过内部空间设计，缩短在实体店消耗的选购时间；通过优化商圈的娱乐休闲等其他业态，增加其综合吸引力，通过其他活动分摊专门购物的时间；网店也通过网页优化等措施节省选购时间。模型模拟的结果(表 5-10)表明，相对于现状，实体店选择概率减小，网络购物选择概率增加；但相对于情景一的实体店选择概率却增加了。可见，实体店通过上述方式缩短选购时间和交通时间，可以起到提升实体店购物效用、抵制网络购物低价竞争的作用。

表 5-10　服务战情景下不同购物方式的要素水平、购物效用和选择概率

属性	实体店			网络
	市级商业中心	地区级商业中心	社区级商业中心	
商品价格	0.95	0.95	0.95	0.65
商品质量	优	优	优	良
选购时间/min	90	60	30	30
单程交通时间/min	40	20	15	0
购物效用	−2.573 1	−2.392 7	−2.596 5	−1.940 9
选择概率及变化	38.89(2.45↓)%			61.11(2.45↑)%

(3) 情景三：相互融合

随着网络使用在消费者中的普及，实体店的和网店各自不断地优化和提升，以及人们越来越追求优质的商品，未来极可能是实体店和网店的各种购物要素越来越趋同，线上线下逐步融合，进而催生新的商业模式，市场也逐步趋向稳定。表 5-11 是该情景下不同购物方式的要素水平设定和购物效用、选择概率的计算结果。相对于现状，实体店的选择概率增加而网络购物的选择概率减小。可见，融合情境下网络购物的失去低价竞争的优势，实体店的便利性的劣势也逐步消减，实体店购物吸引力显著回升。需要指出的是，此时的实体店吸引力回升不再是对网络购物消极的抑制，而是社会整体消费水平的上升。

表 5-11　融合战情景下不同购物方式的要素水平、购物效用和选择概率

属性	实体店			网络
	市级商业中心	地区级商业中心	社区级商业中心	
商品价格	0.95	0.95	0.95	0.85
商品质量	优	优	优	优
选购时间/min	90	45	30	30
单程交通时间/min	40	20	15	0
购物效用	−2.573 1	−2.392 8	−2.596 5	−2.218
选择概率及变化	45.64(4.30↑)%			54.36(4.30↓)%

基于以上情景假设和模型模拟，本章认为未来零售业态的发展极有可能是，网络购物会再经历一段时期的高涨，继而逐步有一定幅度的回落，最后达到平稳的状态，并慢慢催生

出新的零售商业形式。这种新的商业模式极可能为实体零售商积极开辟线上渠道，线下以体验服务为主、线上以购买交易为主，实体商圈的业态功能进一步优化，休闲、娱乐、文化等体验式功能与购物功能融合进一步提升实体商圈吸引力；而网络购物一部分已与实体商家一体化，另一部分仍靠着其不可替代的固有优势吸引着大量顾客。

5.4 结语

本章通过消费者行为偏好的调查和离散选择模型的解析，定量化和情景化地评价上海市整体的购物方式吸引力分布和预测未来实体店购物和网络购物吸引力变化，在城市商业规划和相关政策制定上具有一定的指导意义。

(1) 离散选择模型能够较好地解释居民的购物方式选择机制，商品价格、商品质量、选购时间、交通时间以及实体商业类型均对购物方式选择均有显著影响。选择模型模拟的结果与问卷调查者实际发生的结果比较符合。

(2) 上海市现状网络购物吸引力大于实体店，在不同的实体商业中心中，地区级商业中心的购物效用最高，社区级商业中心其次，市级购物中心最低。现阶段，价格调整仍是提升实体店购物效用最有效的措施，城市的商业设施布局优化是提升实体店购物效用的重要措施，实体店购物过程优化对提升实体店购物效用有限。

(3) 对未来情景两种购物方式的发展提出了价格因素主导、服务因素主导和相互融合三阶段假设，通过模型的模拟，本章认为网络购物会再经历一段时期的高涨，继而逐步有一定幅度的回落，最后线上线下融合发展，形成稳定的新型零售业态模式。

购物方式的演变是一个复杂的过程，本章虽在解析实体店和网络的购物吸引机制方面取得一定成果，但也存在许多可以提升的空间。首先，在 SP 实验的设计中，可以进一步选择更加多样化的商品类型以更全面反映整体零售市场的网购占比情况，同时探讨人群内在的社会经济属性差异对购物行为的影响机制。其次，本章采取的选择模型是最基础，模型上仍可以进一步优化。再次，零售商业的发展充满着各种不确定性，研究采用的三种情景假设存在局限，将实体店和网络购物看成了两种非此即彼的购物方式，忽略了购物过程中线上线下结合的实际情况和演变过程。最后，本章以上海市为例探究商业模式的发展，上海的商业经济和网络基础设施发达，有其特殊的城市属性，上海的研究结论不一定能推广为全国普遍规律，但本章在研究方法、研究思路以及发展趋势演替的推导上，对全国的购物方式发展仍具有借鉴意义。

参考文献：

[1] 中国互联网信息中心.2015 年中国网络购物市场研究报告[R/OL].[2016-06-22].http://www.cnnic.net.cn/hlwfzyj/hlwxzbg/dzswbg/201606/P020160721526975632273.pdf.

[2] 韩会然，焦华富，王荣荣，等.城市居民购物消费行为研究进展与展望[J].地理科学进展，2011，30(8)：1006.

[3] COMI A, NUZZOLO A. Exploring the relationships between e-shopping attitudes and urban freight transport[J]. Transportation Research Procedia, 2016 (12): 399.

[4] MEE L Y, HUEI C T. A profile of the internet shoppers: evidence from nine countries[J]. Telematics and Informatics, 2015, 32(2): 344.

[5] 席广亮,甄峰,汪侠,等.南京市居民网络消费的影响因素及空间特征[J].地理研究,2014,33(2):284.

[6] 张永明,甄峰.建成环境对居民购物模式选择的影响:以南京为例[J].地理研究,2019,38(2):313.

[7] MENEGAKI A N. A social marketing mix for renewable energy in Europe based on consumer stated preference surveys[J]. Renewable Energy, 2012, 39(1): 30.

[8] PEREIRA P T, ALMEIDA A, De MENEZES A G, et al. Willingness to pay for airline services: a stated choice experiment[M]//Advances in tourism economics. Heidelberg: Physica-Verlag HD, 2009: 165-173.

[9] BROCH S W, VEDEL S E. Using choice experiments to investigate the policy relevance of heterogeneity in farmer agri-environmental contract preferences[J]. Environmental and Resource Economics, 2012, 51(4): 561.

[10] HUNT J D. Stated preference examination of factors influencing residential attraction[M]//Residential location choice. Berlin Heidelberg: Springer Berlin Heidelberg, 2010: 21-59.

[11] 宋姗,王德,朱玮,等.基于需求偏好的上海市养老机构空间配置研究[J].城市规划,2016,40(8): 77.

[12] LENZ B, LULEY T, BITZER W. Will Electronic commerce help to reduce traffic in agglomeration areas[J]. Transportation Research Record, 2003, 1358(1): 39.

[13] PAPOLA A, POLYDOROPOULOU A. Shopping-related travel in a rich ICT era: a case study on the impact of e-shopping on travel demand[J]. By Media,2006: 1-17.

[14] HSIAO M H. Shopping mode choice: Physcal store shopping versus e-shopping[J]. Transportation Research Part E: Logistics and Transportation Review, 2009, 45(1): 86.

[15] 赵倩,王德,朱玮.基于叙述性偏好法的城市居住环境质量评价方法研究[J].地理科学,2013,33(1):8.

[16] 潘晖婧,朱玮,王德.基于路径选择行为的自行车出行环境评价和改善[J].上海城市规划,2014(2):12.

[17] 刘珺,王德,朱玮,等.新旧城区休闲步行环境质量比较:以上海市鞍山新村和江湾新城为例[J].地理研究,2015,34(11):2195.

[18] CHANG M K, CHEUNG W, LAI V S. Literature derived reference models for the adoption of online shopping[J]. Information & Management, 2005, 42(4): 543.

[19] 汪明峰,卢姗,邱娟.网上购物对城市零售业空间的影响:以书店为例[J].经济地理,2010,30(11):1835.

[20] 王灿,王德,朱玮,等.离散选择模型研究进展[J].地理科学进展.2015,34(10):1275.

[21] 上海市商务委员会.上海市商业网点布局规划(2014—2020)[R/OL].[2014-09-10].https://sww.sh.gov.cn/zxxxgk/20150819/0023-236814.html.

原文作者与期刊:

王德,田金玲,谭文垦.基于网络购物行为偏好的上海市居民购物方式演替研究[J].同济大学学报(自然科学版),2020(11):253-374.

第 6 章　新城居民购物行为

——以松江新城三湘四季花城社区为例

6.1　研究背景与目的

在人口和产业向郊区疏散的大背景下，上海郊区新城常住人口大幅增长，尤其松江新城、嘉定新城等远郊新城成为人口增长最快的区域。从另一个角度审视，目前上海城市单中心扩张的态势并未被打破，新城尚未成为郊区人口集聚的引擎，其人口集聚在一定程度只是顺应了整个郊区人口增长的“大流”[1]。此外，郊区新城人口主要由外来人口、“人户分离”的本地城镇化人口、户籍人口三个部分组成，未能有效吸引中心城区人口疏散始终是郊区新城发展面临的最关键问题，重要的原因之一是公共服务水平低。近年来，郊区新城的研究越来越关注与居民日常生活相关的问题，因此从居民行为的角度研究郊区新城发展和商业设施的开发建设具有重要的现实意义。

已有许多学者对上海、北京、天津、深圳等大城市的商业空间结构和居民商业消费的时空特征进行了研究[2-7]。在郊区城镇化的背景下，商业空间的研究进一步拓展到大城市的郊区新市镇、新城、新区等新型城市空间，不同领域的学者从各自的角度研究郊区商业设施的空间布局和开发策略。城市规划学者从空间布局的角度研究郊区商业设施空间体系的发展及规划应对。例如：朱枫、宋小冬[8]通过对浦东新区商业中心体系的研究；宣莹、陈定荣[9]对南京市新建地区配套系统的研究：孙元欣[10]对市镇商业体系建设的研究。空间地理学领域的学者从居民出行特征的角度研究郊区商业空间发展，如：林耿[11]基于消费出行调查对广州郊区居民消费行为的研究；柴彦威等[12-14]基于各类出行调查数据对北京郊区居民的消费行为模式的研究。

也有文献从居民商业设施的使用行为和规划应对两个角度来研究郊区商业设施开发。例如：王德等[15]从城市规划的视角出发，选取上海莘庄地区作为案例，研究近郊居民的城市商业设施使用特征以及相应的规划应对。总的来说，这类文献还比较少。从研究地域来看，远郊商业发展的基础和条件与近郊区不尽相同，值得进一步研究。因此笔者尝试以远郊的松江新城大型居住社区为案例，通过问卷调查和居民访谈相结合获取研究的第一手数据，运用交叉分析、动态演绎等方法对远郊居民的商业设施使用特征以及相应的规划应对进行分析。

6.2　研究案例与数据

6.2.1　案例选择

本章选取符合上海远郊典型发展特征的松江新城作为研究地域。松江新城位于上海市西南部的松江区，距离上海市中心城区约 32 km，由轨道交通驱动发展。三湘四季花城社区位于松江新城北片区的松江大学城组团内，2010 年建成，是目前松江新城规模最大的社区。社区东部紧邻地铁 9 号线，步行 5 min 即可到达松江大学城站。社区至松江新城开元地中海商业中心约 2.5 km，至松江老城中山中路商业中心约 5.5 km，至上海中心城区徐家汇商业中心约 25.0 km(图 6-1、图 6-2)。社区周边 500 m 范围内的商业设施主要有三湘财富广场、三湘风情街、华联超市以及其他便利店和小超市等。其他商业设施有谷阳北路商业街、文汇路松江大学城商业街、松江大润发超市等。之所以选择三湘四季花城社区作为调查区域，主要考虑以下因素：位于公交枢纽站和轨道交通站点附近，交通便利，与中心城区联系紧密；社区周边的商业设施配套相对完善；社区建成时间长，有利于全面揭示远郊居民对不同类型、不同等级的商业设施使用的真实偏好和动态变化特征。

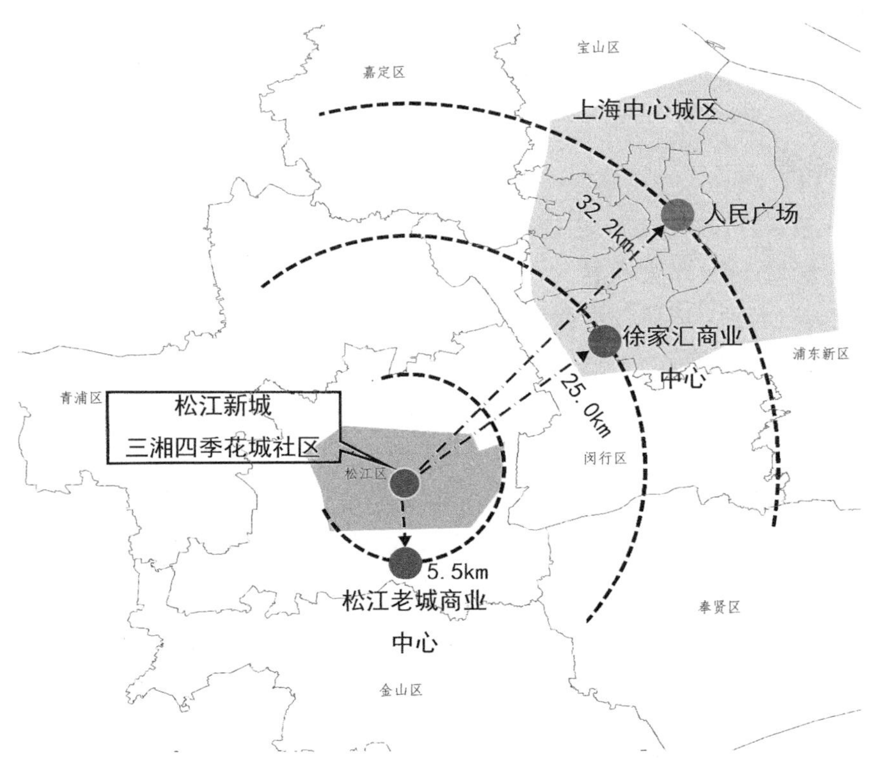

图 6-1　三湘四季花城社区的区位

图 6-2　三湘四季花城社区开发情况

6.2.2　研究数据

2013 年 6 至 8 月，在松江新城三湘四季花城社区四个小区内进行问卷发放和居民访谈。共发放问卷 720 份，回收问卷 556 份，回收率 77.2%；其中有效问卷 487 份，有效率为 87.6%。调查内容包括：居民迁居前后购物地点、购物频率、购物出行方式、购物出行时间、居民社会经济属性信息等。

6.2.3　居民基本属性分析

居民主要社会经济属性见表 6-1。总体来看，调查样本以年轻的工薪阶层为主，迁入来源以松江区和中心城区为主，职住分离的比重较大，收入阶层多元化，符合上海远郊大型综合型社区居民的典型特征。

表 6-1　松江新城三湘四季花城社区居民主要社会经济属性

(1) 年龄结构	30 岁以下	30～40 岁	41～50 岁	51～60 岁	60 岁以上		
	21.3%	58.0%	13.0%	4.4%	3.3%		
(2) 家庭结构	单身	夫妻	小家庭	两代同住	三代同住		
	17.2%	16.1%	32.9%	19.0%	14.7%		

（续表）

(3) 职业结构	经营管理人员	专业技术人员	商业商务服务人员	教育医疗服务人员	政府工作人员	科研人员	其他
	22.9%	20.4%	13.9%	12.9%	5.4%	3.1%	21.3%
(4) 迁入来源	松江区	中心城区	其他郊区	市外	海外	N/A	
	33.7%	37.9%	3.6%	13.4%	0.2%	11.2%	
(5) 就业地点	松江区	中心城区	其他郊区	市外	N/A		
	55.7%	25.7%	2.6%	1.6%	14.4%		
(6) 家庭年收入	20 万元以上	15 万～20 万元	10 万～15 万元	5 万～10 万元	5 万元以下	N/A	
	21.1%	20.3%	20.3%	25.0%	9.0%	4.1%	

6.3　居民购物行为的现状特征分析

6.3.1　居民购物行为的总体特征

6.3.1.1　对不同等级商业设施的使用特征

将居民的购物活动划分为高、中、低等级，购物类型划分为高档首饰、化妆品；普通服装；日常生活用品、生鲜食品、餐饮，采用“4-商业中心首位度指数(4-BCPI)”测评居民对商业设施选择的集中程度(表 6-2)。从商业设施选择的集中程度看，高、低等级购物具有强中心性，分别高度集中于中心城区的徐家汇商业中心和家周边商业设施：中等级购物分散化，首选购物地点为松江新城的开元地中海商业中心。高等级的购物对应高等级的商业设施。从年消费频率来看，购物等级越低年消费频率越高。

表 6-2　居民对不同等级商业设施的使用

购物等级	购物类型	4-商业中心首位度指数(4-BCPI)	首位商业中心	年消费频率(次/年)
高等级	高档首饰、化妆品	0.9	徐家汇商业中心	2.36
中等级	普通服装	0.47	松江新城开元地中海商业中心	12.6
低等级	日常生活用品、生鲜食品、餐饮	1.02	家周边商业设施	82.43

6.3.1.2　对不同区域的商业设施的使用特征

将居民的购物活动空间划分为中心城区、松江老城、松江新城、其他消费地点、网上购物五种类型。居民高、中等级购物对中心城区商业设施的依赖分别为 44.2% 和 20.4%(表 6-3)；低等级购物高度依赖松江新城，达 78.7%；而松江老城区能够满足多样化的购物需求，高、中、低等级购物各占 1/6 左右的份额；网上购物在高、中等级购物中占有比较重要的份额。

表 6-3 居民对不同区域的商业设施的使用强度

购物等级	中心城区	松江老城	松江新城	其他消费地点	网络购物
高等级	44.2%	16.6%	25.3%	1.9%	11.9%
中等级	20.4%	17.7%	37.0%	0.9%	24.1%
低等级	1.6%	15.3%	78.7%	2.5%	1.9%

居民的商业消费空间结构如图 6-3 所示。不同等级购物所选择的首位商业设施的等级和主要消费空间不同。总体来看，居民购物行为具有“高等级购物高中心城区依赖度、中等级购物分散化、低等级购物高度本地化”的特征。

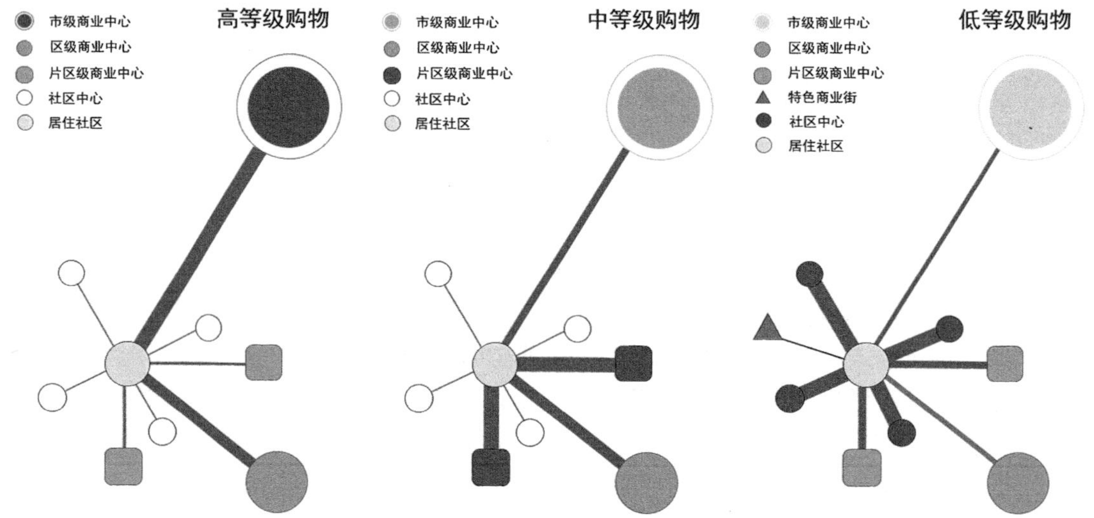

图 6-3 不同等级购物的商业消费空间结构

6.3.2 不同人群的购物行为特征

6.3.2.1 基于不同迁入来源的特征差异

三湘四季花城社区的居民主要来自松江区和中心城区，分别占 33.7%和 37.9%。从对不同等级的商业设施的使用情况来看：两者高等级购物首选商业设施都是徐家汇商业中心；源于中心城区的居民高、中等级购物地点的选择更加集中，但年消费频率低于松江区来源的居民；源于中心城区的居民中、低等级购物首选松江新城的商业设施，而源于松江区的居民首选松江老城区的商业设施。

从对不同区域的商业设施使用强度来看(图 6-4)，具有以下特征：源于中心城区的居民高、中等级购物对中心城区商业设施的依赖度(分别为 58.8%，29.7%)要远高于源于松江区的居民对应的依赖度(分别为 30.9%，10.1%)。源于松江区的居民购物本地化程度更高，对松江老城商业设施也更为依赖。此外，源于中心城区的居民网络购物的依赖更高。

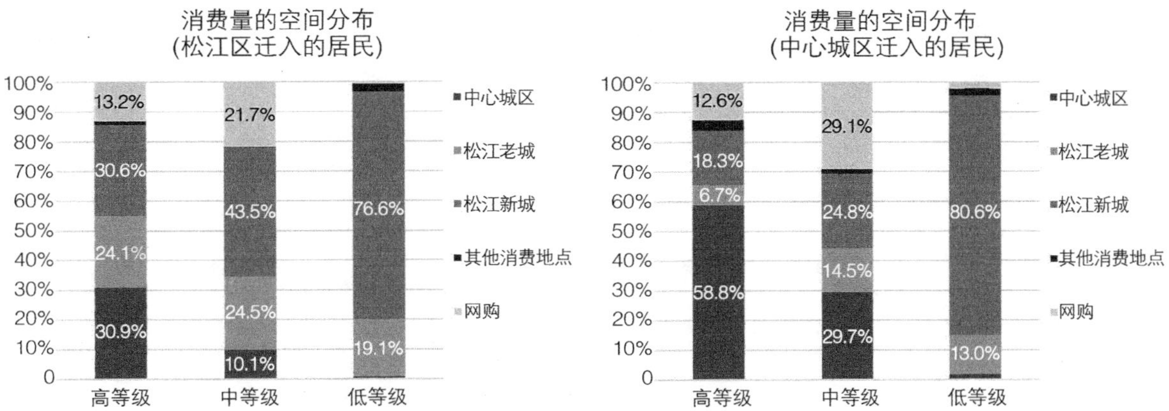

图 6-4　不同来源地的居民对不同区域的商业设施的使用强度

6.3.2.2　基于不同就业地点的特征差异

在松江区和在中心城区就业的居民分别占 55.7%和 25.7%。从购物地点的选择来看，在中心城区就业的居民高、低等级购物地点选择集中程度更高。从首选商业设施来看，两者高等级购物都选择徐家汇商业中心，但中等级购物存在差异，在中心城区就业的居民首选徐家汇商业中心，而在松江区就业的居民则首选松江新城开元地中海商业中心。

从居民对不同区域的商业设施的使用强度来看(图 6-5)，在中心城区就业的居民高、中等级购物对中心城区的依赖度和网购化程度要远高于对应的在松江区就业的居民，但低等级购物两者并未表现出明显的差异。两者在消费空间选择上的差异特征与不同迁入来源地居民之间的差异特征相类似。

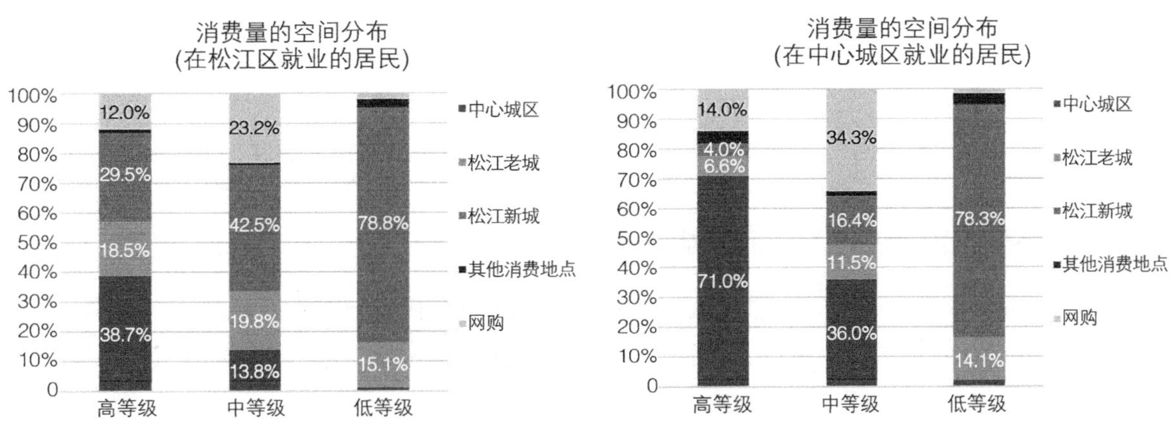

图 6-5　不同就业地点的居民对不同区域的商业设施的使用强度

6.3.2.3　基于不同收入水平的特征差异

从居民对购物地点的选择来看，高收入水平的家庭对高、中等级购物设施的选择比其他两组人群更加集中。三者高等级购物首选商业设施都是徐家汇商业中心，但中、低等级购物存在差异，高、中收入水平的家庭首选松江新城的商业设施，而低收入水平的家庭首选松江老城区的商业设施。从年购物频率来看，高收入水平的家庭略高于其他两组家庭。

居民对不同区域的商业设施的使用强度见图 6-6。高收入水平的家庭对中心城区依赖度和网购化程度比其他两组家庭更高，中等收入水平的家庭购物本地化程度比其他两组家庭高，低收入水平的家庭对松江老城区依赖度比其他两组家庭高。

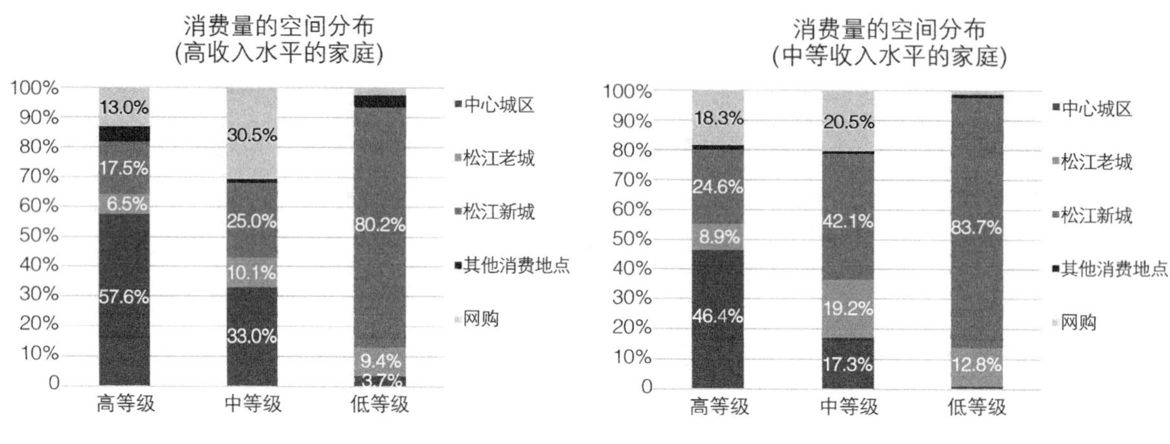

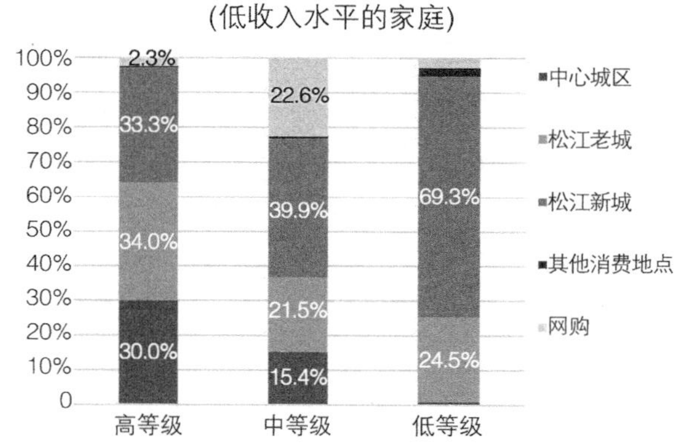

图 6-6　不同收入水平的家庭对不同区域的商业设施的使用强度

6.3.3　不同人群购物行为特征总结及其空间影响

以上分析表明，不同人群在购物地点选择和设施使用强度上存在明显的空间分异，这里将不同来源地、不同就业地点、不同收入水平三个分析视角汇总，进一步横向比较不同人群的购物行为特征及其空间影响(表 6-4)。

对松江新城本地商业空间的影响：中心城区来源和在中心城区就业的居民低等级购物本地化程度更高，但高、中等级购物并没有出现明显的本地化特征。

对松江老城商业空间的影响：松江区来源、在松江区就业的居民以及低收入的家庭均表现出较高程度的松江老城区依赖。

对中心城区商业空间的影响：各组高等级购物均表现出较高程度的中心城区依赖

(30%以上);但源于中心城区和在中心城区就业的居民依赖程度远高于其他组,不仅如此,中等级购物也表出现较高程度的中心城区依赖(30%以上)。其对中心城区商业设施的依赖主要集中于距离最近的徐家汇商业中心,对市中心的南京东路、南京西路、淮海路商业中心产生一定影响,但对其他市级商业中心的影响几乎可以忽略。其他各组对中心城区市级商业中心的影响更弱。

网络购物的依赖程度:源于中心城区或中心城区就业的居民以及高收入水平的家庭网购化程度高于其他组。

表6-4 不同人群购物行为的空间影响

不同人群的购物行为	高本地商业设施依赖度(松江区)		高中心城区商业设施依度(中心城区)	高网络购物依赖度	对中心城区各商业中心的影响
	松江新城	松江老城			
1-1 松江区来源	中、低等级(40%~70%以上)	高、中、低等级(各约20%)	高等级(30%以上)	中等级(20%以上)	高等级购物首选徐家汇商业中心,约25%
1-2 中心城区来源	低等级(80%以上)	—	中、高等级(30%~55%以上)	中等级(约30%)	中、高等级购物高度集中于徐家汇商业中心(20%~40%以上),对南京东路、南京西路、淮海路商业中心产生部分影响
2-1 松江区就业	中、低等级(40%~75%以上)	高、中、低等级(各15%以上)	高等级(35%以上)	中等级(20%以上)	高等级购物首选徐家汇商业中心(约29%),对南京东路商业中心产生部分影响
2-2 中心城区就业	低等级(75%以上)	—	中、高等级(35%~70%以上)	中等级(30%以上)	中、高等级购物首选徐家汇商业中心(约25%~49%),对南京东路、南京西路、淮海路商业中心产生部分影响
3-1 高收入家庭	低等级(80%以上)	—	中、高等级(30%~55%以上)	中等级(30%以上)	高等级购物首选徐家汇商业中心(约39%),对南京东路、南京西路商业中心产生部分影响
3-2 中等收入家庭	中、低等级(40%~80%以上)	—	高等级(45%以上)	中等级(20%以上)	高等级购物首选徐家汇(约35%),对南京东路、南京西路商业中心产生部分影响
3-3 低收入家庭	中、低等级(约40%~70%)	高、中、低等级(约20%~30%以上)	高等级(30%)	中等级(20%以上)	高等级购物首选徐家汇商业中心(约27%),对南京东路商业中心产生部分影响

6.4 居民迁居前后购物行为的动态变化

6.4.1 居民对不同等级商业设施使用的变化

居民迁入松江新城以后,高、中等级的购物地点选择变得更加集中,低等级的购物地点选择变得更加分散。此外，中等级购物首选商业设施转移到松江新城。从年消费频率来看，高等级购物的年购物频率大幅度减少(30%以上)，中、低等级购物的年购物频率则小幅增长。笔者认为这种现象是两方面原因造成的，一方面是由于松江新城高等级购物设施不能满足居民对高档次消费的需求而导致对中心城区商业设施的使用增加，可以归因于供给不足对消费需求产生了抑制效果；另一方面，认为松江新城—中心城区长距离购物出行抑制了居民购物出行次数，反映了商业中心距离衰减规律对居民购物行为的影响。

6.4.2 居民对不同区域商业设施使用的变化

从对中心城区的依赖程度、郊区化程度、网购化程度、购物出行时间四个维度分析居民迁居前后对不同区域商业设施使用特征的变化：(1)高等级购物的中心城区依赖度增强，而中、低等级购物的中心城区依赖度削弱。(2)商业消费的郊区化程度增强，尤为显著的是低等级消费中松江新城所占比例增长了 12.9%。(3)网上购物的依赖度增强，特别是中等级购物的网络购物比例增长了 7.2%，网络购物已经成为郊区居民一种重要的消费方式。(4)高、中等级购物出行时间有较大幅度的增加，反映了郊区化背景下居民高、中等级购物活动空间扩大。

6.5 郊区化背景下的相关问题讨论及规划应对

6.5.1 居民购物行为的地方依恋

源于中心城区的居民、在中心城区就业的居民对上海中心城区的商业设施依赖程度更高，而源于松江区、在松江区就业以及低收入水平的家庭对松江老城区商业设施依赖度更高。这种现象可以用“地方依恋理论”来解释。地方依恋是指人们与其居住地之间的情感联结。这种对居住地的情感联结包含多个维度，包含地方熟悉性、地方归属感、地方认同、地方依赖等[16]，对居民的消费偏好、行为决策产生直接的影响。居民迁入松江新城以后一定时期内，仍然使用原居住地的商业设施，但随着郊区化程度的提高，居民也会对松江新城产生地方认同、地方归属感，进而对松江新城的商业设施的倚重程度增加。

6.5.2 网络购物对郊区新城居民购物行为及商业空间的影响

网络购物很好地弥补了郊区新城商业设施供给不足的缺陷，已经成为郊区居民一种重要的消费途径。

网络购物对郊区新城居民购物行为的影响首先表现在商业消费的时间、空间约束影响削弱，购物交通出行频率、出行时间、出行距离、交通花费都有减少的趋势。其次，对现有的商业空间起到了替代和补充的作用。但传统购物活动本身是居民日常休闲生活的一部分，具有不可替代性，因此网络购物对居民购物行为的影响是片面的。

网络购物对郊区中等级购物空间可能产生较为严重的挤压和破坏作用，并且有可能在高等级购物消费中占据更多的份额，但对低等级购物空间如社区周边商业设施难以产生明显的影响。

6.5.3　商业郊区化的阶段特征、发展模式及购物空间分异

我国商业郊区化的产生背景和发展模式具有自身特征，与西方国家存在明显差异。首先，以美国为主的西方国家的商业郊区化是城市中产阶层为躲避大城市病、以小汽车和高速公路为驱动的主动型商业郊区化，郊区是中产阶层的“天堂”；而我国是在大城市产业外迁和人口压力的双重背景下产生的被动型商业郊区化，郊区吸引的人群以普通工薪阶层和中低收入者为主。其次，我国的商业郊区化发展并没有导致中心城区商业的衰落。再次，美国的商业郊区化与人口和工业的郊区化同时进行，而我国的商业郊区化滞后于居住和工业的郊区化，郊区新城—中心城区公共服务水平存在巨大的梯度差距。这些特点决定了我国郊区居民在商业消费需求层次和对中心城区商业设施的依赖程度上必然存在差异。

松江新城居民“高等级购物高中心城区依赖度、中低等级购物本地化、中等级购物高网购化程度”的商业消费模式可以视为上海商业郊区化的一种创新模式。这种通过消费空间分异选择满足不同购物需求的创新模式在一段时间内还将继续存在。由于居民购物行为的地方依恋、中心城区市级商业中心的持续扩容以及网络购物迅猛发展的冲击等因素的影响，中心城区—郊区新城商业服务水平的梯度差异难以消除。

在商业郊区化发展的新阶段，应该着力推进产业、商务办公郊区化的进一步发展，提供更多的工作岗位，吸引更多的中心城区人口迁入，从而增加郊区新城的商业购物需求。近期商业规划应该采取梯度发展策略，着重满足中、低收入水平的家庭中、低等级购物需求。通过完善社区级商业网点建设提高低等级购物的服务水平，增强居民商业消费的地方归属感和地方认同。此外，规划应该引导中等级购物设施的集聚，增强地区级商业中心的服务能级，提高高档服饰、家用电器和高档餐饮的供给水平，进一步提升中等级购物的本地化份额。

6.6　结语

本章研究归纳出居民购物行为具有“高等级购物高中心城区依赖度，中等级购物分散化、网购化，低等级购物高度本地化”的总体特征。进一步分析了不同人群对不同等级、不同区域商业设施使用强度上的空间分异特征。不同人群购物设施使用的空间分异特征是居民地方依恋、商业郊区化的阶段特征共同影响的结果。居民购物行为的动态变化反映了商业郊区化背景下，郊区新城商业消费本地化、网购化、中心城区依赖增强的三种趋势。规划应该着重中、低等级商业设施的配套完善，引导郊区新城商业消费地方归属感和地方认同的形成。

本章对迁入来源、就业地点、收入水平三个因素影响下的不同人群的购物行为作了横向对比分析，由于调查样本规模的局限，未能对这三个因素再作纵深的交叉分析。此外，未对居民购物行为决策机制深入探讨，期待下一步研究。

参考文献：

[1] 查波，季芳，王春兰.上海郊区新城人口集聚现状分析团[J].统计科学与实践，2012(10)：23-25.

[2] 王德，张晋庆.上海市消费者出行特征与商业空间结构分析[J].规划研究，2001(10)：6-14.

[3] 王德，周宇.上海市消费者对大型超市选择行为的特征分析[J].城市规划学刊，2002(4)：46-50.

[4] 仵宗卿，柴彦威，戴学珍，等.购物出行空间的等级结构研究：以天津市为例[J].地理研究，2001(9)：479-488.

[5] 仵宗卿，戴学珍.北京市商业中心的空间结构研究[J].城市规划，2001(10)：15-19.

[6] 柴彦威，沈洁，翁桂兰.上海居民购物行为的时空间特征及其影响因素[J]经济地理，2008，28(2)：221-227.

[7] 李昌霞，柴彦威.改革开放后上海市民消费方式的变化及其空间扩展[J].经济地理，2005，25(4)：528-530.

[8] 朱枫，宋小冬.基于 GIS 的大型百货零售商业设施布局分析：以上海浦东新区为例[J].武汉大学学报，2003(3)：46-52.

[9] 宣莹，陈定荣.城市和谐社区公共设施的规划策略：兼议《南京新建地区公共设施配套标准指引》[J].城市规划学刊，2006(2)：17-21.

[10] 孙元欣.上海郊区新市镇商业发展的模式与措施[J].商业研究，2009(8)：159-161.

[11] 林耿.居住郊区化与商业中心关系新解析及其启示：基于符号消费理论[J].城市规划，2008(9)：47-52.

[12] 沈洁，柴彦威.郊区化背景下北京市民城市中心商业区的利用特征[J].人文地理，2006(5)：113-123.

[13] 龙韬，柴彦威.北京市民郊区大型购物心的利用特征：以北京金源时代购物中心为例 [J].人文地理，2006(5)：117-123.

[14] 许晓霞，柴彦威，颜亚宁.郊区巨型社区的活动空间：基于北京市的调查[J].城市发展研究，2010(21)：41-49.

[15] 王德，许尊，朱玮.上海市郊区居民商业设施使用特征及规划应对：以莘庄地区为例[J].城市规划学刊，2011(5)：80-86.

[16] 范莉娜，周玲强，李秋成，等.三维视域下的国外地方依恋研究述评[J].人文地理，2014(4)：24-30.

原文作者与期刊：

马林志，王德，朱玮.上海郊区新城大型居住社区居民购物行为研究：以松江新城三湘四季花城社区为例[M]//新常态：传承与变革——中国城市规划年会论文集(12 区域规划与城市经济).北京：中国建筑工业出版社，2015.

第7章　流动人口的公共设施使用特征

——以虹锦社区为例

7.1　研究目的与方法

改革开放以来，大量农村剩余劳动力涌入城市。上海作为流动人口的主要流入地之一，其流动人口规模已近全市总人口的1/4，并以30万～40万人/年的速度持续高速增长。大量流动人口的集聚在为城市发展作出卓越贡献的同时，也对城市的日常运营形成了空前的考验：一方面城市在住房、交通、基础设施、公共设施的供应方面压力剧增；另一方面流动人口固有的生活方式又决定了城市不能以普通市民的标准来解决这一系列问题。面对这样一个不断膨胀、变化的特殊群体，如何提高城市服务水平、适应流动人口集聚等一系列问题都有待研究和解答。

我国学者对流动人口的研究已有相当丰富的积累。从20世纪80年代的农村剩余劳动力转移问题，到90年代以来对流动人口的属性特征研究[2-3]，从人口流动的动力因素分析[4-6]，到流动人口对城镇化的影响研究[7-8]等。

进入21世纪以来，流动人口管理政策从严格控制为主向管理和服务并重转变，颁布了大量维护流动人口合法权益的政策措施，如居住证制度、外来从业人员综合保险暂行办法等，出现了从“限制”到“容忍”，进而实现向“融入”的转变。对流动人口的研究动向在一定程度上呈现出由宏观向微观转变的趋势，流动人口的微观生活正逐步成为学界研究的新热点之一。如对流动人口的聚落形态与功能结构研究[9]；对流动人口的居住状态研究[10]；以及流动人口的管理政策研究[11-12]等。但是，关于流动人口对城市公共设施使用特征的相关成果，尤其是实证研究，还不多见。

基于上述背景，笔者尝试从城市规划的视角出发，选取以城市公共设施的使用为切入点，通过对中心城区典型流动人口聚居地的实地调研，探索流动人口使用城市公共设施的基本特征，寻找与本地居民的差异，并总结其演变规律，以加深对流动人口消费生活方式的理解，为城市规划应对流动人口的高速集聚提供参考。

通过问卷调查和个案访谈相结合，并以设施使用频率和年消费额为主要指标对调查数据进行分析，从静态和动态两个角度，按不同的公共设施种类与等级，对流动人口使用公共设施的强度特征进行分类分级研究，揭示其与本地居民的差异，划分使用层级，并总结演变规律。

7.2 案例及数据调查

7.2.1 虹锦社区介绍

本章选择流动人口比较集中的虹锦社区为调查对象。虹锦社区位于上海中心城区西南部的田林地区，介于城市中、内环线之间(图 7-1)，是一个典型的“城中村”。用地面积不足 10 hm^2 的社区内集中了近 1.9 万人流动人口，占社区总人口比重达 95%以上，人口密度高达 19 万人/km^2，具有流动人口集聚地的典型特征。

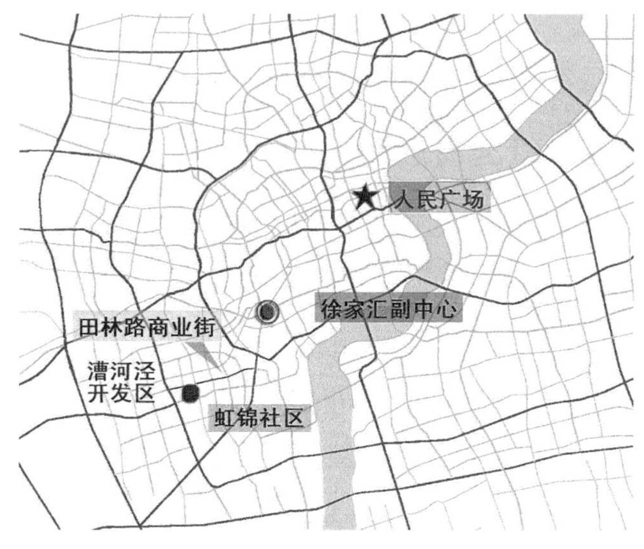

图 7-1 虹锦社区位置

从区位来看，虹锦社区与市级中心、市级副中心、地区级中心的时距分别为 40 min、20 min 和 5 min，处于各级公共中心的有效服务范围之内，确保各级设施研究的全面性。

为了揭示流动人口与本地居民的公共设施使用特征差别，选取与虹锦社区比邻的桂林苑 1-3 号、冶金小区的本地居民作为参照样本，使用同样的问卷对两地居民进行同样的调查。桂林苑 1-3 号、冶金小区居住着典型上海市普通居民，他们的公共设施使用状况可以代表上海市的普通人群。

7.2.2 数据获取

分别于 2008 年 5 月和 9 月对虹锦社区流动人口及桂林苑 1-3 号、冶金小区居民使用各类型、等级设施的基本情况(消费频率、单次消费额等内容)进行了两轮问卷调查，通过居委会随机发放问卷 650 份，有效回收 534 份，有效回收率为 82.15%；其中流动人口样本 382 份，本地居民 152 份。

7.2.3 样本基本属性分析

从性别与年龄结构来看，本地居民男女比例基本持平，年龄结构以中年为主，呈正态分布。与之相比，流动人口男性居多，约占 54%；且以青年为主(37.60%)，中青年(28.80%)和中年(27.30%)次之，而中老年的比例极低。相对本地居民而言，流动人口的年龄结构更为年轻化。从文化程度来看，流动人口以初中为主，约占样本的 47.9%；其次为高中或中专，占 32.20%；低学历者约占 12%；高学历者则不足 8%。而本地居民中，大学及以上学历者超过 1/4。对比显示，流动人口的文化程度总体上低于本地居民，尤其是高学历群体差异显著。从收入情况来看，50%以上的流动人口人均月收入处于中低收入水平(750～1 700 元/人・月)，中等收入(1 700～3 000 元)占 26.20%，更有近 12%在最低收入水平线以下，而中高收入以上的仅占 11%。折算均值，流动人口平均月收入约为 1 838.75 元。而本地居民的收入水平主要集中于 1 700～6 000 元/人・月，平均人均收入达 2 638.25 元。从支出情况来看，60%以上的流动人口的家庭人均月支出在 600 元以内，而本地居民家庭人均月支出水平超过 600 元的占近 90%，两者差距显著。折算均值显示，流动人口的平均家庭人均月支出为 692.55 元，仅约合本地居民的一半。综合收支情况，流动人口的收支比约为 1∶0.38；而本地居民为 1∶0.51。

7.3　使用强度的静态差异分析

流动人口，作为"都市里的村民"，始终生存于不同文化的碰撞之中，而其在一定空间范围内的聚集更是加剧了这种碰撞。利用实证调查的统计数据进行双变量交互分类统计，在同一时间维度上探究流动人口使用不同类型、等级的公共设施的基本特征可找出与本地居民存在的差异。

7.3.1　商业设施

商业设施按等级可分为"市级中心—市级副中心—地区中心—社区及以下级商业设施"4 个类型。流动人口使用这些设施的情况如表 7-1 所示。

表 7-1　各级商业设施的使用情况

		市中心	副中心	地区中心	社区及以下
频率(次/人・年)	流动人口 a	3.26	3.50	9.36	13.79
	本地居民 b	8.75	8.32	17.52	3.95
频率之比(流动/本地)$c=a/b$		0.37	0.42	0.53	3.49
年消费额(元/人・年)	流动人口 d	662.33	658.77	1 141.62	760.13
	本地居民 e	4 248.39	3 175.87	3 309.61	332.07
年消费额之比(流动/本地)$f=d/e$		0.16	0.21	0.34	2.29

注：频率单位(次/人・年)，消费额单位(元/人・年)。

7.3.1.1　基本特征

从频率来看，流动人口使用最为频繁的商业设施首先是社区及以下级，其次为地区级，最后是市级副中心和市级中心。可以发现，随着设施等级的提升，流动人口对设施的使用频率越来越低。

从消费额的分配来看，流动人口主要集中于中低等级设施的消费，其中，地区级商业中心占据了日常消费的最大份额，约 35%；而其他三级设施的消费额则较为平均。这是因为通常在高等级设施消费的商品价格高，虽然频率偏低，但总消费额仍占有一定的比例；而社区及以下级设施的情况正相反；地区级设施则介于两者之间，既拥有较高的商品价格又拥有较高的消费频率，因而份额最大。

综合来看，社区及以下级商业设施是流动人口最为倚重的商业设施；地区级商业中心则是流动人口的消费重心所在；而对市级商业中心与副中心的使用偏低。

7.3.1.2 与本地居民的差异

与本地居民的对比显示，无论是使用频率还是消费额，流动人口对市级中心—市级副中心—地区中心商业设施使用强度都低于本地居民，只有社区及以下级商业设施使用超过本地居民。

为了进一步准确度量两大群体在各级商业设施使用上的差距，笔者计算了频度与消费额的流动人口与本地居民的比值，与本地居民相比，除社区及以下级商业设施外，流动人口对商业设施的使用率不足本地居民的一半，且呈现出设施等级越高，差距越显著的特点。而在社区及以下级商业设施的使用上，流动人口则大大超过了本地居民，分别达到了本地居民的 3.49 倍和 1.73 倍，成为这一等级设施的主要使用群体。这表明，流动人口与本地居民在商业设施的选择上存在显著的偏好差异，以流动人口倾向于使用低等级的商业设施为特征。

7.3.2 公益性设施

公益性设施种类繁多，本章根据设施需求刚性的强弱，选取刚性较强的医疗卫生设施、中等刚性的文化设施以及刚性较弱的休闲娱乐设施作为典型，以频率为主要指标[①]，考察这些设施的不同等级的使用情况。

7.3.2.1 医疗卫生设施

总的来说，流动人口对医疗卫生设施的使用较少，使用频率最高的小区诊所也低于人均每年 2 次。而与本地居民的对比(图 7-2)，流动人口对市级、地段、社区卫生中心，小区诊所的使用频度分别仅为本地居民的约 20%、20%、5%和 25%，差异显著。

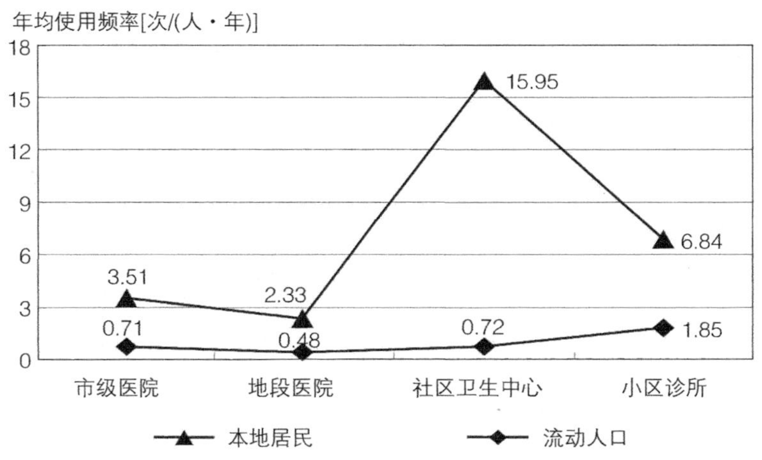

图 7-2 不同户籍的群体使用医疗卫生设施的频率比较

客观上，这是由于流动人口以中、青年为主，健康状况良好，故较少就医。但另一个不可忽视的因素是价格。对流动人口就医方式的调查结果显示，381 例有效样本中有 97 例选择去私人小诊所或直接去药店买药，比例超过了 1/4。可见，相当一部分流动人口在主观上排斥就医，而“就医贵”则成为多数受访者的一致感叹。

7.3.2.2　文化设施

总体情况与医疗卫生设施类似，流动人口很少使用文化设施。这是因为流动人口来沪通常以务工为主，繁重工作几乎占据了他们生活的全部，鲜有热情关注文化生活。而另一个比较特殊的现象是，流动人口对小区级[1.62 次/(人・年)]和市级[1.09 次/(人・年)]文化设施的使用明显高于街道和区级设施，呈现一定程度的分化。

与本地居民的对比(图 7-3)显示，流动人口使用文化设施的频率约为本地居民的 10%；且差距随着设施等级的降低而递增，尤其是小区文化设施的使用仅为本地居民的 5%左右。

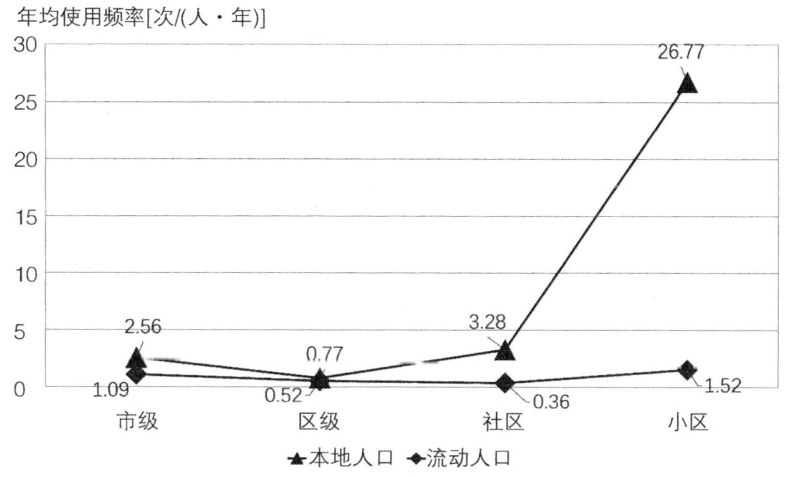

图 7-3　不同户籍的群体使用文化设施的频率比较

7.3.2.3　休闲娱乐设施

流动人口对休闲娱乐设施的使用呈现出设施等级越低使用越频繁的特点，尤其是对小区娱乐设施的使用。这是因为流动人口中，年轻人较多，休闲娱乐的需求较强；而小区内的游戏厅、网吧等几乎是他们日常娱乐的唯一选择：价格低廉，使用方便，且彼此熟知、人际关系好，“玩得有气氛”。而一些市级设施，如大剧院、高档游艺场等，则往往由于高昂的价格使他们望而却步。

而本地居民的情况正相反，一些低端的游艺场所由于环境治安等因素并不受欢迎；而一些专业的影院、歌城等设施因为较高的品质而受青睐。因此，两大群体对各级娱乐设施的使用频率分布呈交错状，如图 7-4 所示。

综合比较这三类设施(表 7-2)，流动人口对公益性设施的使用普遍较少，且不但没有呈现随设施刚性增强使用增加，反而出现减少的特殊现象。所谓刚性，对流动人口来讲，不是绝对的。

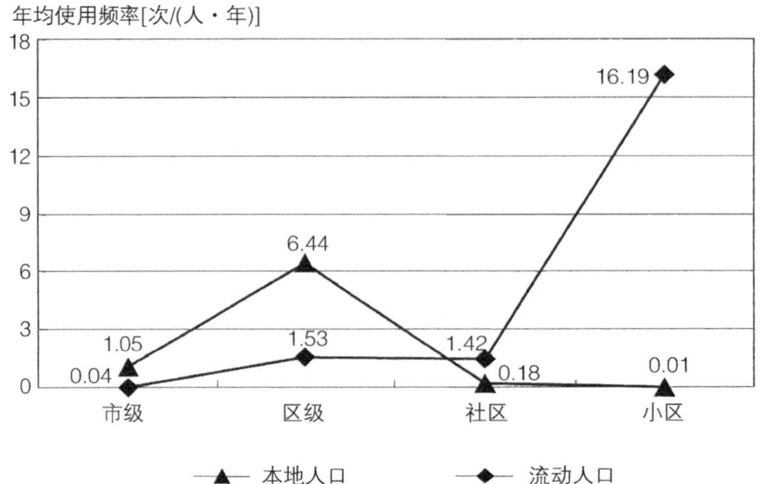

图 7-4 不同户籍的群体使用娱乐设施的频率比较

表 7-2 流动人口使用公益性设施的频率统计

	医疗卫生设施	文化设施	休闲娱乐设施
频率[次/(人・年)]	2.76	3.47	19.18
与本地居民的比值 (以本地居民的频度为 1.0)	0.096	0.101	2.210

7.4 流动人口群内设施使用特征分异

流动人口在整体上是一个具有高度同质性的群体;但时间的推移也使群体内部出现了一定的分异。从收入水平的调查中可发现,约有 11%的流动人口已经达到中高收入的水平,显然,在长期的城市生活中流动人口正不断经历着城市化的过程,对公共设施的使用也出现了一定程度的差异。借鉴政治经济学消费层级理论,构建公共设施使用层级指标体系,以生存型、发展型、享受型三种模式对使用特征加以划分,测度流动人口群内设施使用差异。生存型使用模式用于维持劳动力简单再生产,属于最低级的消费层次,主要包括社区及以下级商业设施;发展型使用模式用于提高人的劳动技能和获取个人进一步发展的机会,是在满足生存资料的基础上实现的,主要包括地区级商业中心/街与文化设施;而享受型使用模式主要是为了提高生活质量,是消费的最高层次,主要包括市级商业中心/副中心与高等级娱乐设施。

7.4.1 基于收入的使用特征变化

以 2007 年上海市人均可支配收入及最低收入保障线为基准,将家庭人均月收入划分为低收入(750 元以下)、中低收入(750～1 700 元)、中等收入(1 701～3 000 元)和中高收入

(3 000元以上)四个等级。通过“使用层级指标体系”计算发现,以 1 700 元/(人・月)为界线,各项指标均出现较大幅度的提高;而享受型指标的另一个更显著的拐点出现于3 000元/(人・月)的收入水平(表 7-3)。这表明,当流动人口的收入达到中等水平时,其对公共设施的使用会有一个明显的加强;而达到中高收入水平时流动人口开始注重对高等级设施的使用。纵向来看,低收入和中低收入群体对公共设施的使用以生存型和发展型为主;中等收入群体对公共设施的使用强度明显高于前两个特征群体,但总体上仍处于生存型和发展型阶段;而中高收入群体对设施的使用则表现出一种“质”的提升,初步具有享受型使用模式的特征。

表 7-3　基于收入水平的使用层级指标体系

月收入水平(元/月)			<750	751～1 700	1 701～3 000	>3 000
A 人均月支出			413	501	894	1 400
B1 享受型	B11 市级商业中心/副中心	频率	1.76	2.89	3.48	6.02
		消费额	206.77	472.51	888.81	2 095.67
	B12 高等级娱乐设施	频率	0.06	0.31	3.54	3.96
B2 发展型	B21 地区级商业中心/街	频率	6.89	8.92	10.32	10.35
		消费额	635.31	961.41	1 519.81	1 532.89
	B22 文化设施	频率	0.5	2.42	1	0.57
B3 生存型	B31 社区及以下级商业设施	频率	17.2	18.85	25.01	32.13
		消费额	737.69	974.35	1 596.6	1 916.68

注：频率单位[次/(人・年)],消费额单位[元/(人・年)]。

7.4.2　基于居沪时间的使用特征变化

将流动人口的来沪时间划分为短期(0.5～1 年)、中期(1～4 年)、长期(5 年及以上)。计算结果显示(表 7-4)：流动人口在居沪的短、中、长期收入和支出水平保持稳步递增的态势;而当流动人口居沪时间超过 5 年后,层级性指标出现一次比较显著的增长,尤其是享受型使用模式的指标几乎翻了一番。这表明,流动人口对城市公共设施的使用有一个逐步转变的过程,而 5 年是一个较为显著的时间节点。但从纵向来看,流动人口的这三个特征群体对公共设施的使用均以生存型和发展型为主导。

表 7-4　基于居沪时间的使用层级指标体系

居沪时间			0.5～1 年	1～4 年	5 年及以上
A1 人均月收入			1 419.15	1 853.43	2 316.07
A2 人均月支出			348.31	388.43	428.57
B1 享受型	B11 市级商业中心/副中心	频率	2.90	2.93	4.48
		消费额	528.30	598.25	1 060.43
	B12 高等级娱乐设施	频率	1.92	0.61	2.52

（续表）

居沪时间			0.5～1 年	1～4 年	5 年及以上
B2 发展型	B21 地区级商业中心/街	频率	8.11	9.50	11.23
		消费额	941.35	1 133.49	1 533.58
	B22 文化设施	频率	1.10	0.47	4.79
B3 生存型	B31 社区及以下级商业设施	频率	16.07	21.21	31.93
		消费额	774.28	1 222.45	1 989.83

注：频率单位[次/(人・年)]，消费额单位[元/(人・年)]。

7.4.3 基于留沪意愿的使用特征变化

根据不同来沪意愿将流动人口划分成“进城务工几年后返乡”的短期过渡群体和“进城务工并打算扎根于城市”的长期发展群体。计算结果显示(表 7-5)：长期发展群体对公共设施的使用强度明显大于短期过渡群体，前者表现出强烈的享受型使用模式，而后者则以生存型使用模式为主导。从层级性指标的比较来看，两特征群体间的差距随着使用层级的提升愈发显著。显然，不同来沪意愿的群体具有不同的生活预期，因而对公共设施的使用表现出较大的差异。

表 7-5 基于来沪意愿的使用层级指标体系

来沪意愿			短期过渡	长期发展
A1 人均月收入			1 729.87	2 339.89
A2 人均月支出			651.69	840.43
B1 享受型	B11 市级商业中心/副中心	频率	3.84	7.13
		消费额	584.26	2 373.36
	B12 高级娱乐设施	频率	0.18	5.16
B2 发展型	B21 地区级商业中心/街	频率	7.11	12.17
		消费额	668.75	1 903.21
	B22 文化设施	频率	1.11	2.81
B3 生存型	B31 社区及以下级商业设施	频率	21.65	31.70
		消费额	973.21	1 827.93

注：频率单位[次/(人・年)]，消费额单位[元/(人・年)]。

通过上述分析发现，在流动人口群体内部存在较为显著的层级性关系：达到中高收入水平、在沪居住时间超过 5 年，并准备长期在沪发展的群体对公共设施的使用带有明显的享受型特征。

7.5 结语

总体上，流动人口对公共设施的使用处于一个较低的水平。

从设施分类来说：①对商业设施的使用表现为：社区及以下级商业设施是流动人口最为倚重的设施，地区级商业中心则是流动人口的消费重心所在，而市级商业中心与副中心对流动人口的日常生活影响不大；②对公益性设施的使用率极低，且呈现出刚性越强使用越少的特殊规律。

与本地居民的对比则显示，整体上流动人口与本地居民的差异十分显著，表现在：①对商业设施的使用上，设施等级越高差异越大，但在社区及以下级商业设施的使用强度上，流动人口超越了本地居民；②对公益性设施的使用上差异更为大。

从流动人口群体内部来说，对公共设施的使用存在一定程度的分异。具有中高收入水平、在沪居住 5 年以上，具有长期在沪发展意愿的特征群体具有较强的享受型特征。换句话说，随着收入、居沪时间的增加以及来沪意愿的长期化，流动人口对公共设施的使用具有向享受型变化的趋势。

城市公共设施的使用特征，在很大程度上是人们消费生活方式的真实写照。通过对流动人口使用公共设施特征的总体把握，可以看出，流动人口的消费生活方式存在以下几大特点：

首先是暂时性。社会保障制度与户籍制度使流动人口在城市中常常处于“被遗忘的角落”：流出地对他们“鞭长莫及”，流入地对他们“近”而远之。他们的社会关系几乎都在农村，与农村千丝万缕的关系客观上妨碍了其融入城市生活。从经济角度看，他们在沪务工收入与“举家迁沪”的成本相差太远，终究还是要回到家乡去。因此，他们中的大多数人选择的是在城市务工、回农村消费，这决定了他们的消费生活方式带有暂时性的特征。这一结果在此次对流动人口留沪意愿的问卷调查中得以印证：超过 70％的流动人口选择“暂时在上海工作，赚些钱就回老家”。

其次是空间局限性。流动人口在日常生活中对低等级公共设施的偏爱，在空间上的“投影”表现为生活场域的局限性——集中于居住地附近。对流动人口日常休闲活动场所的调查结果显示，一方面，55％以上的人选择在小区内活动，而看电视/听收音机、睡觉成为他们最主要的“休闲活动”；另一方面，由于城市正规公共娱乐场所收费高，流动人口往往选择在聚居地打造属于自己的娱乐场所。他们开设了经营、服务、价格都比较适合流动人口需求的娱乐场所，如歌舞娱乐场、网吧、游戏厅等公共聚集场所，满足了流动人口闲暇时间想娱乐但又缺少适合场所的问题。这是流动人口对城市生活方式适应的一种快速反应，但它在客观上“禁锢”了流动人口生活场域。

再次是维持性与最小化性。时间上的暂时性以及空间上的局限性，决定了流动人口的消费只具有短期效应，很难形成长远的消费计划。此外，他们中大多数人的来沪目的就是挣钱养家。因此，其消费生活方式具有显著的维持性与最小化的特点。消费只是为了维持体力和生存需要，即与前文研究所说的“生存型模式”相对应。

最后是多重剥夺。透过上述消费生活方式，可以发现其背后的原因相互影响、环环相扣，存在一种链式的多重剥夺：①生活场所的边缘化与局限性是空间剥夺的体现；②非正规就业由于制度性歧视使流动人口感受劳动时间、制度的剥夺；③而劳动时间的剥夺导致对闲暇活动的剥夺；④居住区位的环境质量反映流动人口聚居区社会资源可达性差，是对流动人口城市社会资源的剥夺；⑤社会交往范围空间的局限，是城市对流动人口社会资本的剥夺，进而导致对向上流动机会的剥夺。正是在这种链式的重重盘剥之下，流动人口身不由己地陷入了“恶性循环”。

面对多重剥夺，城市规划在满足流动人口生活需求的同时，更应通过合理的公共设施配置，引导其走向真正的城市生活。

从商业设施的使用特征来看，流动人口对市级设施的贡献微乎其微，而对社区商业设施则造成了极大的压力。因此，商业设施的规划配置应以改变流动人口的消费行为为目标，注重引导其消费向高等级设施转移，在挖掘消费潜力的同时实现生活水平的改善。具体可分为“两步走”。近期，在规范社区级商业设施的基础上，完善地区商业中心网络的建设。地区商业街是流动人口的消费重心所在，根据此次调查，在375名有效的流动人口样本中，在地区商业街无消费行为的群体人均月消费563.79元，而有消费行为的群体为716.56元，是前者的1.3倍；也就是说，地区商业街可以拉动流动人口近三成的消费量。可见，地区级商业中心在引导消费、提升服务水平方面的作用。远期，提升市级中心、副中心的服务覆盖率，包括空间和内容两个层面。根据使用特征的动态变化规律，达到中等及以上收入水平的流动人口消费能力分别为894元/月和1 400元/月，是中低收入阶层的2～3倍；而具有留沪意愿的群体人均消费水平为840.43元/月，约合短期务工群体的1.5倍。长远来看，在相关政策的指引下，流动人口的收入水平及留沪意愿将随之得到长足的提升，消费转型成为必然。因此，在远期需要提升市级设施的服务能力。

另外，由于公益性设施的种类多，且设施之间的区别较大，因此其规划对策需因势利导：①医疗卫生设施。流动人口对医疗卫生设施的使用极少，且倾向去社区卫生站就医，表明流动人口的集聚对“市级资源紧缺、社区资源充足”的城市医疗资源系统的冲击并不大。因此，近期医疗卫生设施规划的压力较小，而应从医疗保障等相关方面入手，提高流动人口对医疗设施的使用率，在充分发挥低等级医疗设施功效的同时，保障流动人口的身体健康。但从长远来看，随着流动人口经济能力的提升与观念的转变，其对高等级医疗设施的需求将得到释放，城市规划应对此提前做好预案与准备。②文化设施。流动人口对文化设施的使用极少，设施供给的压力主要集中于社区内部。为此，规划须加强社区文化活动室、图书室等相关设施的配置，缓解当前在本地居民需求压力下已难堪重负的窘境。③休闲娱乐设施。目前，流动人口对娱乐设施的使用强度极高，且对社区内部设施偏好十分显著。在近期规划中应加强对低端设施的管理，使之规范化。远期来看，随着经济能力的提升与生活水平的改善，流动人口对娱乐设施的需求将逐步从低端向中高端转移，规划应对此状况加以关注，作好预案。

注释：

① 由于部分公益性设施存在免费使用的情况，故本项调查不使用消费金额指标。

参考文献：

[1] 丁金宏，刘振宇，程丹明，等.中国人口迁移的区域差异与流场特征[J].地理学报，2005(1)：106-114.
[2] 张庆五.我国流动人口发展的历程与对策[J].人口与经济，1991(6)：13-19，12.

[3] 宁越敏.90 年代上海流动人口分析[J].人口与经济,1997(2):9-16.
[4] 蔡昉.中国城市限制外地民工就业的政治经济学分析[J].中国人口科学.2000(4):1-10.
[5] 陈吉元.中国农业劳动力转移[M].北京:人民出版社,1993.
[6] 王桂新,沈继雷.上海市人口迁移与人口再分布研究[J].人口研究,2008,32(1):58-69.
[7] 朱宇.中国劳动力流动与“三农”问题[M].武汉:武汉大学出版社,2005.
[8] 辜胜阻,刘传江.中国人口流动与城镇化的理论思考与政策选择[J].人口研究,1996(3):1-4.
[9] 吴晓,吴明伟.物质性手段:作为我国流动人口聚居区一种整合思路的探析[J].城市规划汇刊,2002(2):17-20,38-79.
[10] 黄怡.居住分异与社会隔离[D].上海:同济大学,2003.
[11] 李梦白,胡欣,等.流动人口对大城市发展的影响及对策[M].北京:经济出版社,1991.
[12] 罗仁朝,王德.基于聚集指数测度的上海流动人口分布特征分析[J].城市规划学刊,2008(4):81-86.

原文作者与期刊:

王德,顾晶.上海市流动人口的公共设施使用特征研究:以虹锦社区为例[J].城市规划学刊,2010(4):76-82.

第 2 篇

慢行行为

第 8 章　休闲步行环境评价

8.1　引言

随着人民生活水平的提高，追求健康和品质生活越来越成为潮流和时尚。休闲步行被公共健康部门作为解决肥胖、“三高”等城市亚健康问题的最为有效的锻炼活动加以提倡[1]。然而，为满足休闲步行需求编制的绿道规划往往局限于区域尺度，即便在城市内部，也主要是串联城市而重点建设的滨水廊道、历史街区、市民公园和商业综合体等公共空间，如何改善与日常生活息息相关的社区休闲步行环境的研究和规划并没有得到足够重视。

既有文献和相关资料从理念层面和操作层面两个视角构建步行环境改善策略。在理念层面提出了完全街道、共享街道等概念[2]，在操作层面也构建了全面的步行环境改善体系[3, 4]，但是缺乏对如何选择改造场地和措施以有效契合实际和日常休闲步行需求的讨论。部分研究[5]提出采用公众参与和成本效益分析法解决以上问题，而其中最为关键的步骤——评估步行环境改善效益，更需要深化研究。

行为偏好的相关研究主要是分析特定要素对步行环境选择行为的影响，国外有一定的研究积累。三分之二的受访者会选择最短步行路径[6]。此外，影响步行环境选择的重要因素还包括社会环境、人行道宽度、建筑立面[7]、环境愉悦感[8]和安全感[9]等，同时，出行目的也在步行环境选择中有一定作用。叙述性偏好法（state preference method，SP）和揭示性偏好法（reveal preference method，RP）是两种在政策研究和评估领域常用的方法。RP 虽然难以量化环境因素对步行行为的影响，但直观真实，数据容易获得，被广泛采用。SP 调查的是虚拟环境而非真实环境中的步行偏好特征，若实验设计合理，可准确测算环境要素对步行行为偏好的影响程度。凯利（Kelly）等首次使用 SP 分析步行环境偏好，发现机动车流量大小、有效通行宽度和卫生状况对步行环境选择影响最大[10]。国内相关研究中，王冬根使用 SP 研究广州市民住房区位选择偏好[11]，潘晖婧使用 SP 研究上海市自行车使用者骑行路径选择行为[12]。

本章采用 SP 研究休闲步行者对于步行环境的偏好机制，辨识各关注要素的影响程度。通过问卷调查获得基础数据，调查区域为杨浦区内环以内的四平路街道周边地区，以及中环和外环之间的近郊居住区新江湾城附近，覆盖步行环境类型和步行人群群体较为全面。在把握休闲步行行为环境偏好的基础上，选择以居住功能为主，并且以适宜步行尺度的四平路街道鞍山新村周边地区为实际案例，评价其现状步行环境，定量判断步行环境改造措施的有效性。

8.2 实验设计

采用SP设计步行环境偏好问卷，在离散选择模型分析的基础上，研判影响步行环境选择的重要因素。实验设计包括选择方案生成和问卷表达。

为生成选择方案，需要在文献梳理[13-19]和预调查的基础上，确定影响休闲步行环境偏好的14项环境要素：大交叉口数量、小交叉口数量、机动车流量、人流量、有效通行宽度、遮阴情况、步行环境界面情况、绿化隔离情况、途经公园、途经街头广场、沿河、折返、有座椅以及步行路径长度，进而定义这些环境要素的水平值(表8-1)。

表8-1　影响步行偏好的主要要素及其水平设定

影响要素	水平1	水平2	水平3
大交叉口数量	没有	一个	一个，有天桥
小交叉口数量	少量(≤2个)	多量(>2个)	
机动车流量	较少	较多	机动车流量大小
人流量	较少	较多	人流量大小
有效通行宽度	较宽(>3 m)	较窄(≤3 m)	
遮阴情况	较多	较少	
步行环境界面情况	绿化围墙	带咖啡座的建筑界面	橱窗建筑界面
绿化隔离情况	有	无	
途经公园	是	否	
途经街头广场	是	否	
沿河	是	否	
折返	是	否	
有座椅	是	否	
步行路径时间	20 min	45 min	60 min

考虑到行人对交叉口的容忍度较低，且不喜欢使用人行天桥，大交叉口数量分成“没有”“一个”和“一个，有天桥”三个等级，小交叉口数量分成“少量”和“多量”两个等级。步行环境界面可粗略分成建筑界面和围墙界面，而橱窗建筑界面和咖啡座建筑界面对于人流停滞时间和人行道有效宽度的影响有所不同，因此步行环境界面分成“橱窗建筑界面”“带咖啡座的建筑界面”和“绿化围墙”三个等级。绿化隔离措施对步行者的安全感有较大影响，分成“有”和“无”两个等级。有效通行宽度指步行道横断面除去建筑前区、绿化带和设施带的部分，分为“较窄”和“较宽”两个等级①。机动车流量大小与行车密度和车速有关，车流高峰时段当车间距小于4辆小汽车长度且车速低于25 km/h(或车辆流量超过1 800辆/h)时②，认为车流量“较多”，其他情况认为车流量“较少”。人流量大小的等级设定跟车流量类似，高峰时段(问卷获得)通行面积大于3.7 m²/人③时，认为人流量“较少”，其他情况认为人

流量“较多”。遮阴情况水平的划分参考林荫道的设定标准④，即四车道及以上的机动车道绿荫覆盖率达 30%以上，四车道以下的机动车道路绿荫覆盖率达 50%以上，人行道及非机动车道的绿荫覆盖率达 90%以上，定义为遮阴情况“较多”，其他为“较少”。步行路径的长度用步行时间来量度，按照 5 km/h⑤ 的步行速度进行计算，既要拉开差距，又要合乎现实情况，故分成“20 min”“45 min”和“60 min”三个等级。其他变量的等级均定义为“是”和“否”。

调查实验设计是影响结论准确性的主要因素[20]。针对影响要素等级的差异组合进行正交设计，可以很大程度上减少选择方案的生成数量，提升问卷调查效率，这是本书的创新点之一。正交设计方法能够保证选项的均好性、代表性和可操作性[21]。问卷表达采用图示法，直观明了，降低作决策的难度，这是本书的另一创新点。

在图 8-1 显示的问卷举例中，要求受访者依据两种步行环境情景的特征来进行选择，或者可以都不选。机动车流量、人流量、绿化隔离情况、有效通行宽度、步行环境界面和遮阴情况等要素尽量用贴近真实的图像来整合表达，其他是否经过交叉口、公园和河流等要素则用图标表达。

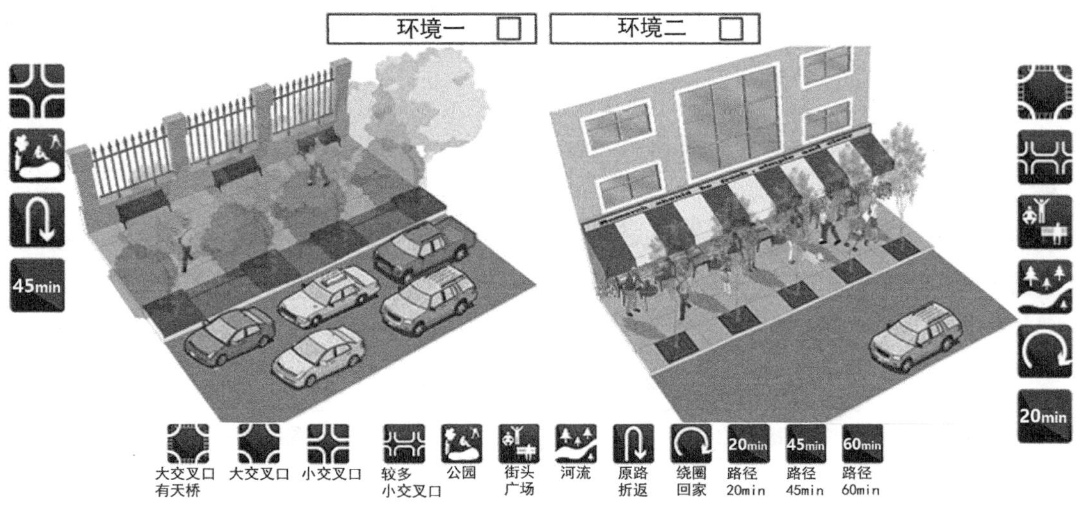

图 8-1　调研问卷举例

8.3　调查实施

实地问卷调查时间为 2013 年 8 月份，在发放的 400 份问卷中有效样本数为 387 份，有效率 97%。受访人群涵盖青年、中年和老年群体。样本中，男女性别比例为 1∶0.78。以中老年人和离退休人群为主，青年和中老年分别占比 40%和 60%。从家庭类型来看，两代同居较多，占比 41%。从居住时间来看，3 年以下、3～10 年、10 年以上的人数分别占比 36%、40%和 24%。样本整体结构较为均衡，基本满足模型分析的要求。

初步分析发现，休闲步行是常见的市民休闲活动之一。与休闲步行直接相关的是散步、快走、跑步、遛狗、逛公园，占比 63%；而使用健身器材、逗留闲坐、带小孩、棋牌活动、球类活动、广场舞健美操和钓鱼都与步行环境的空间节点有关，与休闲步行活动间接相关，因为这些均是步行到一定场地之后的停留活动，也可以看作是休闲步行活动的一部分，占比 37%。

此外，休闲步行活动强度较高。这是通过步行活动频率较高，步行时间上存在高峰时段，以及步行时耗较长所体现的。步行活动的平均次数为 1.205 4 次/天（中位数＝1，众数＝1，标准差＝0.641 04），82%的人每天步行一到两次。休闲步行起始时间分布主要集中在 6:00～7:00 和 19:00 左右两个时间段。休闲步行活动时耗的分布表明其活动强度高峰持续的时间，86%的人步行时间持续 1～2 h 左右。

8.4 行为偏好结果分析

针对 1 268 次虚拟步行环境选择记录进行模型拟合，建立离散选择模型，构建效用函数研判各影响要素权重关系。根据随机效用理论，行人选择对其效用最大的步行环境情景。步行环境效用定义为式(8-1)：

$$V=\sum_{i=1}^{n}\alpha_i X_i \tag{8-1}$$

式中：V 为步行者从步行环境所能获得的总效用，α_i 表示各步行环境变量 X_i 的效用系数。定性变量做虚拟变量处理。

研究发现，部分步行环境变量统计显著性不足，按显著度从大到小的顺序依次去掉不显著的变量，重新建模，直至所有变量都显著为止（显著度小于 0.1），从而精简模型。模型的总体拟合优度(Mc Fadden's LRI)为 0.18，平均预测准确率为 48%（表 8-2）。

表 8-2 模型拟合结果

变量		变量系数值	P_r 显著度
人行道界面	带咖啡座的建筑界面(是＝1)	0.288 74	0.003 9
	橱窗建筑界面(是＝1)	0.261 07	0.006 3
有效通行宽度	较宽(是＝1)	0.317 29	0.000
机动车流量	较少(是＝1)	1.232 99	0.000
人流量	较少(是＝1)	0.318 50	0.000
遮阴情况	较多(是＝1)	0.417 62	0.000
途经公园	是(是＝1)	0.163 21	0.019 6
步行路径长度	步行时间	−0.004 07	0.094 8
对数似然数		−915.582 3	
模型拟合优度		0.187 90	

步行环境要素的影响程度是通过变量系数的绝对值反映的。机动车流量是影响最大的因素，其次是遮阴情况、人流量、有效通行宽度、人行道界面情况和途径公园（图 8-2）。

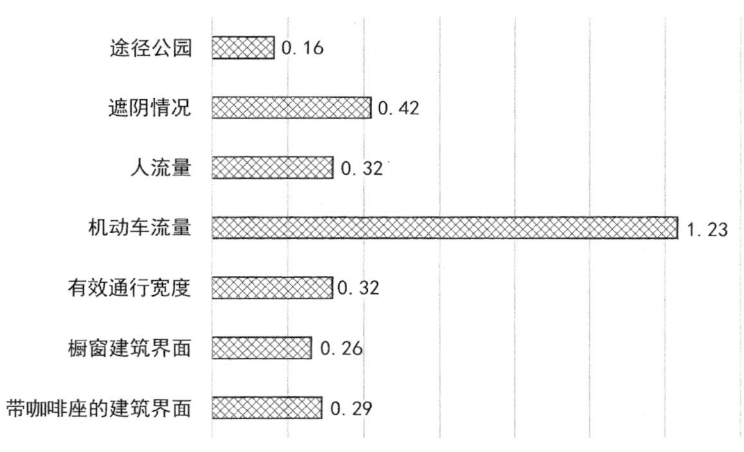

图 8-2 环境要素变量系数值

研究不同人群的休闲步行环境偏好有助于深入理解步行环境选择行为的多样性。从比较不同步行者的性别、年龄和地区三方面的模型结果来看，按年龄划分人群的模型解释能力提高很多，说明年龄对休闲步行环境偏好影响最大。按照年龄进行分类，分别建立青年、中年和老年三个模型（表 8-3），模型的拟合度分别为 0.11、0.26 和 0.34，中年和老年的模型拟合度优于之前的总体样本结果，相比全样本模型解释能力更好，更准确地反映各类人群的偏好特征。

表 8-3 不同年龄休闲步行者行为模型拟合结果

变量		青年		中年		老年	
		变量系数值	P_r 显著度	变量系数值	P_r 显著度	变量系数值	P_r 显著度
人行道界面	咖啡座建筑界面（是=1）	0.99	0.00	—	—	−0.39	0.01
	橱窗建筑界面（是=1）	0.64	0.00	—	—	—	—
有效通行宽度	宽（是=1）	0.46	0.00	—	—	0.23	0.05
车流量	少（是=1）	0.73	0.00	1.67	0.00	1.72	0.00
人流量	少（是=1）	—	—	0.41	0.01	0.67	0.00
遮阴情况	多（是=1）	—	—	—	—	0.79	0.00
途经公园	是（是=1）	0.32	0.00	—	—	—	—
途经街头广场	是（是=1）	0.23	0.04	—	—	—	—
有座椅	有（是=1）	—	—	0.34	0.03	—	—
对数似然数		−364.87		−190.33		−293.93	
模型拟合优度		0.11		0.26		0.34	

注："—"说明变量系数因统计不显著而被剔除。

从模型的系数可以看出，不同年龄的休闲步行者关注的环境要素不同，其偏好程度也有所不同。青年人最偏好带咖啡座的建筑界面，在年轻人的价值观念里面，路边的咖啡座是一种情调以及品质生活的象征，而老年人则认为自己并不会去喝咖啡，咖啡座反而占用了人行道的空间。老年人最在意车流量大小和遮阴情况，而中青年对遮阴情况的偏好并不显著。相对中老年人，青年人更加关注休闲步行活动途经公园和街头广场，可见适当布置步行活动设施对青年的吸引力会增强。另外，不同年龄段的人群都较为关注机动车流量的大小情况，这与全样本模型的结果一致。

8.5　在城市步行空间改善中的应用

选择鞍山新村周边地区作为研究案例，应用模型结果进行分析评价。不考虑居住小区内部的步行道，只涉及居住小区外部的城市道路人行道步行环境的评价和优化。以相同水平的步行环境的最长可能路段为基本单元，进行分段并编号。

8.5.1　休闲步行环境现状评价

评价休闲步行环境，要在量化步行环境要素的基础上，结合离散选择模型，估算步行环境效用。根据生活经验，休闲步行过程中会选择步行环境相对好的一侧，故选择步行环境要素较好的一侧进行评价。鉴于评价是针对各个路段客观物质环境的，步行路径长度和人流量大小两个变量不属于考虑范畴。

以理论的最优路段效用和最差路段效用作为极大值和极小值，平均划分四个取值区间，将步行环境分成“优秀”“良好”“中等”“较差”四个等级，对于步行环境进行整体评价（图 8-3）。

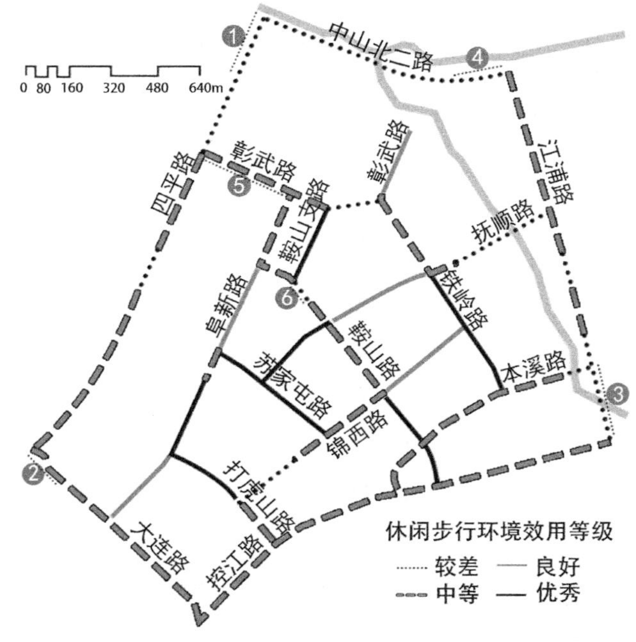

图 8-3　步行环境现状评价

鞍山新村周边地区步行环境整体状况较好。大约一半的道路步行环境等级为“优秀”或者“良好”。最为典型的是苏家屯路，车流量不大，人行道有效通行宽度充足，遮阴状况很好，这与实际观察结果一致。

步行环境等级为“中等”水平的路段较多，包括大连路、控江路全部路段，四平路、铁岭路、阜新路、鞍山路、彰武路、本溪路、锦西路、抚顺路、江浦路和打虎山路的部分路段。其中，四平路和大连路为城市主干道，车流量较大，不适宜步行。江浦路和控江路是城市次干道，虽然是橱窗建筑界面，遮阴情况不错，但是路边摩托车和自行车停车对步行空间影响较大；彰武路问题类似，而且部分建筑的车行出入口穿越人行道带来人车关系混乱；而本溪路、阜新路、鞍山路、铁岭路、抚顺路和锦西路车流量较大，人行道有效通行宽度不足，情况较为类似。

步行环境等级为“较差”的路段为江浦路、中山北二路等外围交通性干道，以及锦西路、抚顺路和彰武路等部分路段。交通性干道车流量较大且速度较快，交通噪声和空气污染造成步行舒适性不足，且部分路段没有遮阴行道树，加之连续围墙的街道界面也非常令人乏味。此状况与生活经验相吻合。

8.5.2　改善措施效果评价

基于模型中的步行环境要素参数，以“行人效用提升最大化”为目标，可以估计步行环境改善措施的实施效果。

以彰武路部分路段为例，现状步行环境效用为 0.68，评价等级为“中等”，存在的主要问题是车流量过大和有效通行宽度不足。针对以上问题，具体措施有两个：一是减少过境交通量，引导车流量分流；二是增加有效通行面积，自行车竖向集中停车。考虑行人步行环境偏好，改造措施优先采取前者，这时步行环境效用为 1.91，评价等级为“良好”，因此需要进一步采取集约有效停车措施提升步行环境质量，改造后步行环境效用为 2.23，评价等级为“优秀”。

选取步行环境现状“较差”和“中等”的路段进行改造，研究区域外围交通性道路步行环境改造目标为“中等”，内部生活性道路的步行环境改造目标为“优秀”。判断步行环境的核心改善措施，并估算改善效果。四平路、大连路、控江路、江浦路、彰武路、鞍山路、锦西路、本溪路和中山北二路的部分路段，使用单一改造措施不能达到预期效果，故进一步采取其他措施改善步行环境。步行环境改善之后，鞍山新村周边地区内部大部分路段步行环境达到“优秀”，外围交通性道路步行环境均达到“中等”(图 8-4)。可见，有针对性地选择最大化效用提升的改造措施能够有效提高步行环境水平。表 8-4 选择典型路段举例详细说明改善措施和实施效果。

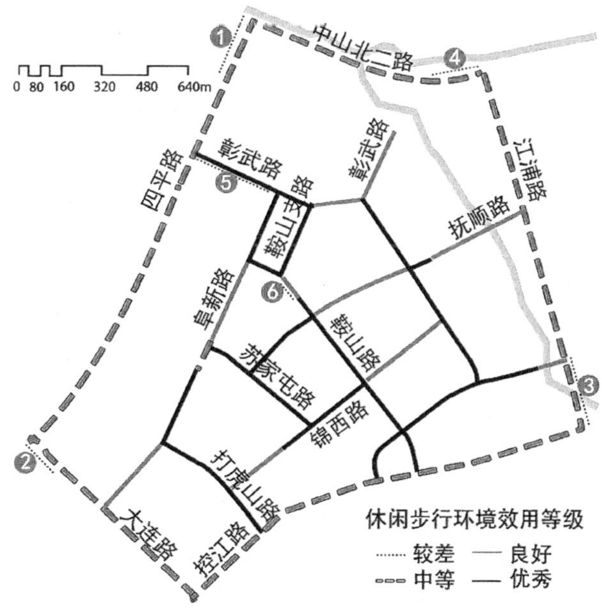

图 8-4　改善措施实施后步行环境评价

表 8-4　典型路段步行环境改善措施及效果举例

路段编号	所属道路名	现状环境效用	步行环境现状评价	优先改善环境要素	改造措施举例	改善后环境效用	改善后环境评价	效用变化
1	四平路	0.42	较差	有效通行宽度	行道树树池铺设便于通行的盖板	1.02	中等	0.60
2	大连路	0.68	中等	有效通行宽度	集约有效停车	1.28	中等	0.60
3	江浦路	0.26	较差	遮阴情况	增设遮阴措施	0.97	中等	0.71
4	中山北二路	0	较差	遮阴情况	增设遮阴措施	0.71	中等	0.71
5	彰武路	0.68	中等	机动车流量＋有效通行宽度	引导车流量分流＋集约有效停车	2.23	优秀	1.55
6	鞍山路	0.42	较差	机动车流量	引导车流量分流	1.97	良好	1.55

实际操作中，不同措施的实施难度也有所不同。因此步行环境的改善措施优先次序宜综合考虑实施效果与改造难度来综合判断。

8.6　结语

本章以调查问卷为基础，应用 SP 设计虚拟步行环境选择行为调查，探索步行环境偏好特征。本章中 SP 的两点应用创新包括：对环境要素的水平差异组合进行实验设计，大大减少选择方案的生成数量；采用图文并茂的问卷表达形式，利用图片细致入微地表达步行情景所包含的要素及其水平，直观易懂，并辅以文字准确传达图片信息。在此基础上，构建离散选择模型进一步定量探讨行人对于休闲步行环境的偏好机制，结果表明，步行者最为关注的步行环境要素是机动车流量大小，其次是遮阴情况、人流量大小、有效通行宽度、人行道界面情况和步行环境是否途经公园。该研究将步行环境改善效果的定量评价方法应用于案例地区，为针对性地改善步行环境提供了一种行为视角的新思路。

注释：

① *Abu Dhabi Urban Street Design Manual* 中指出，人行空间至少要宽 1.8 m。我国《城市步行和自行车交通系统规划设计导则》规定，在居住区支路人行道单侧宽度为 2.5～4.5 m。本书认为 3 m 是人行道宽窄感知的分界点。

② 机动车流量大小与步行环境的舒适程度呈负相关，带来安全、噪声和空气污染问题。机动车车流量计量方式有平均日交通量、小时交通量、高峰小时交通量等。《上海市第四次全市性综合交通调查报告》指出，2009 年上海市早晚高峰出行时间段出行量占总量比重为 31.7%。采用高峰小时机动车流量作为评价标准。机动车车流量通过观察难以衡量，需要借助其他数据作为评价标准。《交通拥堵与道路服务水平》中"拥堵"的其中一个界定指标是行车密度小于 4 辆小汽车的车身长度。此外，*Abu Dhabi Urban Street Design Manual* 提出社区的机动车速应降低到 25 km/h 以下。

③ Better Streets，Better Cities：A Guide to Street Design in Urban India 中，人行道服务水平的相关研究将行人空间、流量和速度作为衡量标准，认为当行人面积大于 3.7 m^2/人时，有足够的面积可供行人自由选择步行速度、绕行其他行人和避免与其他行人冲突。

④ 参考《上海市林荫道评定办法(试行)》中规定的林荫道的标准,即人行道及非机动车道的绿荫覆盖率达 90%以上,四车道以下的机动车道路绿荫覆盖率应达 50%以上,四车道及以上的机动车道绿荫覆盖率应达 30%以上。

⑤ *Pedestrian Characteristics Study in Singapore* 等文献指出,正常人的平均步行速度为 5 km/h。

参考文献:

[1] MANLEY A F. Physical activity and health: a report of the surgeon general[M]. New York: DIANE Publishing, 1996.

[2] COUNCIL A D U P. Abu Dhabi urban street design manual[J]. Version, 2010(1).

[3] San Francisco Planning Department. San Francisco better streets plan [S]. San Francisco: SFPD, 2010.

[4] Transport for London. Streetscape guidance 2009: a guide to better London streets[S]. London: TfL, 2009.

[5] Utah Department of Health. Utah bicycle & pedestrian master plan design guide[S]. Utah: CRSA, 2011.

[6] GUY Y. Pedestrian route choice in central Jerusalem[J]. Department of Geography, Ben-Gurion University of the Negev, Beer Sheva (in Hebrew), 1987.

[7] BROWN B B, WERNER C M, AMBURGEY J W, et al. Walkable route perceptions and physical features: converging evidence for en route walking experiences[J]. Environment and Behavior, 2007, 39(1): 34-61.

[8] BOVY P H, STERN E. Route choice: wayfinding in transport networks[M]. Hinham: Kluwer Academic Publisher, 1990.

[9] WEINSTEIN A A, SCHLOSSBERG M, IRVIN K. How far, by which route and why? a spatial analysis of pedestrian preference[J]. Journal of Urban Design, 2008, 13(1): 81-98.

[10] KELLY C E, TIGHT M R, PAGE M W, et al. Techniques for assessing the walkability of the pedestrian environment[C]// International Conference on Walking and Liveable Communities, 8th, 2007, Toronto, Ontario, Canada.

[11] WANG D, LI S. Socio-economic differentials and stated housing preferences in Guangzhou, China[J]. Habitat International, 2006, 30(2): 305-326.

[12] 潘晖婧.基于路径选择行为的自行车出行环境研究[D].上海:同济大学,2013.

[13] HOCHMAIR H. Decision support for bicycle route planning in urban environments[C]// Proceedings of the 7th AGILE Conference on Geographic Information Science. Heraklion: Crete University Press, 2004: 697-706.

[14] ASPINALL P A, THOMPSON C W, ALVES S, et al. Preference and relative importance for environmental attributes of neighbourhood open space in older people[J]. Environment and Planning B: Planning and Design, 2010, 37(6): 1022-1039.

[15] CERIN E, LESLIE E, OWEN N, et al. An Australian version of the neighborhood environment walkability scale: validity evidence[J]. Measurement in Physical Education and Exercise Science, 2008, 12(1): 31-51.

[16] KONDO K, LEE J S, KAWAKUBO K, et al. Association between daily physical activity and neighborhood environments [J]. Environmental Health and Preventive Medicine, 2009, 14

(3): 196-206.

[17] OWEN N, HUMPEL N, LESLIE E, et al. Understanding environmental influences on walking: review and research agenda[J]. American Journal of Preventive Medicine, 2004, 27(1): 67-76.

[18] VAN DYCK D, CARDON G, DEFORCHE B, et al. Environmental and psychosocial correlates of accelerometer-assessed and self-reported physical activity in Belgian adults[J]. International Journal of Behavioral Medicine, 2011, 18(3): 235-245.

[19] TANABORIBOON Y, HWA S S, CHOR C H. Pedestrian characteristics study in Singapore[J]. Journal of Transportation Engineering, 1986, 112(3): 229-235.

[20] 赵鹏,藤原章正,杉惠赖宁.SP 调查方法在交通预测中的应用[J].北京交通大学学报,2000,24(2): 29-32.

[21] 王方,陈金川,陈艳艳.交通 SP 调查的均匀设计方法[J].城市交通,2000,13(5):69-72.

原文作者与期刊:

刘珺,王德,朱玮,等.基于行为偏好的休闲步行环境改善研究[J].城市规划,2017(9):58-63.

第 9 章　社区可步行性评价

步行作为一种绿色无污染的出行方式在机动化时代的地位不仅没有式微，反而正逐渐回归。莱昂·克里尔(L. Krier，1977)在《城中城》一书中指出，居民可以在步行距离之内进行日常生活、工作和休闲，这就是城市的本质[1]。然而，机动化发展对城市尺度、规模、空间布局的影响决定了机动化时代的步行已不同于传统的步行时代，而应该是机动化交通支持下的步行，其在社区尺度下的意义尤其凸显[2]，可以说步行是每个市民的日常生活[3]，研究社区尺度的步行显得十分必要。

步行和其他出行方式一样，其过程包含了起讫点以及路径，起讫点作为步行出行的出发地和目的地，其种类和空间分布决定了步行出行的可能性，而步行路径中的环境因素则决定了出行的便捷性和舒适性[4]。对于后者的研究国内外已有相当丰富的成果[5-9]，而目的地的重要性近年来也被越来越多的学者所认识，国外已经开展了相关研究[10, 11]，但国内在该研究领域还较为薄弱。

日常服务设施是步行出行的主要目的地，其种类和空间布局会直接影响人们是否选择步行出行，只有满足某种出行目的的设施在步行范围内，人们才有可能选择步行出行。合理的设施布局能有效增加步行出行的可能性，从而使日常生活更低碳。那么，在日常生活中，人们以步行的方式经常使用的设施有哪些？可以接受的步行距离是多少？只有把握了需求特征，才能使供给更加合理有效。本章以居民步行使用日常服务设施的特征为基础，探讨目的地对步行出行的影响规律，并进一步构建基于设施布局的可步行性评价方法。

9.1　研究设计与数据来源

9.1.1　研究设计

本章遵循自下而上的需求导向思路，以调查问卷获得的一手数据为基础，从设施使用频率、使用多样性、使用的距离衰减规律 3 个方面分析日常服务设施的步行使用特征，并总结各类设施的需求特征，以把握设施布局对步行出行的影响规律，进一步构建基于设施布局的可步行性评价方法。并以杨浦区江浦路街道为例应用该方法对其可步行性进行评价，并提出设施布局优化建议(图 9-1)。

9.1.2　数据来源

采用问卷调查的方法获得基础数据，调查时间为 2012 年 3 月中旬到 3 月底，采用了实

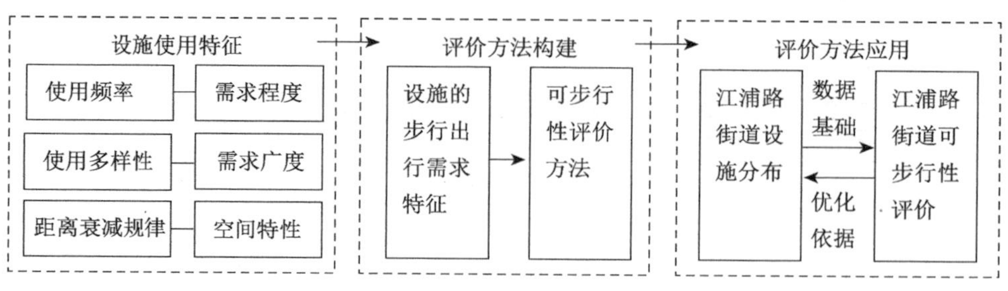

图 9-1　技术路线

地调查、社区委托调查和网络调查① 相结合的方式，分别获得样本量 162、226、178 份，有效样本总数 466，有效率 82.33%。调查区域为杨浦区中环以内地区，该地区设施配套较齐全，能较好地满足居民日常生活需求，调查人群覆盖青年、中年、老年等。调查内容主要包括设施使用类型、使用频率、使用多样性、使用的距离衰减规律等。

样本中，男女性别比例为 41.6∶58.4，以上班族和离退休人群为主，青、中、老年分别占 38.8%、34.5%和 26.6%。

9.2　设施的步行使用特征

9.2.1　设施使用频率

日常服务设施种类繁多，本章根据实际使用频率和需求意愿，确定了 20 类设施为研究对象，包括：公交站、地铁站、菜场、水果店、便利店、中小超市、小吃店（点心、饮料等）、饭店、幼托和小学、书店和阅览室（书报亭等）、娱乐设施、公园、绿地、运动健身场馆、综合型大卖场、商场和百货店、沿街服装店、银行和邮局、理发和洗浴店（按摩、美容等）、医院（大型医院、社区诊所等）、药店。

根据使用频率将设施分为 3 类：高频使用设施（一周大于 1 次）、中频使用设施（一个月大于 1 次）和低频使用设施（一个月不足 1 次）（图 9-2）。

图 9-2　设施使用频率

对于不同种类的设施，人们在日常生活中的需求度不一，有的设施一个星期要使用多次，如菜场（3.89）、公园和绿地(3.06)、公交站(2.35)等,有的设施一个月使用都不到一次,如商场和百货店以及药店等。高频使用设施需求度大,需优先布局;低频使用设施需求相对较低,布局的优先度较低。

9.2.2　设施使用多样性

使用多样性是由设施多样性引起的,它是指同类设施的不同设施个体之间提供的服务所具有的差异性,从而引起人们对某类设施选择的多样化。如不同便利店提供的商品差异性较小,而不同饭店提供的服务差异较大。使用多样性反映了人们对设施的需求广度,即基本满足需求的该类设施的数量,设施多样性越好,满足该类需求所需的设施数量越多,人们的选择就越多样化。

使用多样性还受到人的主观因素的影响,但由于主观因素随机性较大,故重点关注客观因素的影响。研究制定 3 个假设:①人们以满足需求为目标对设施做出选择;②在需求满足度相同的情况下偏向于选择较近的设施;③经常使用的多个设施被选择的机会均等。基于以上假设,统计分析多个同类设施对该类需求的承担比例,距离近的设施承担比例最高,距离增加,承担比例递减。承担 90%以上该类需求的由近及远的设施数量即为该类设施的使用多样性取值。

分析 20 类设施的使用多样性,得到各类设施多样性取值(表 9-1)。

表 9-1　距离由近及远的若干个设施需求承担比例

设施分类	距离由近及远的若干个设施编号										多样性取值
	1	2	3	4	5	6	7	8	9	10	
公交站	65.93%	26.21%	4.90%	2.12%	0.54%	0.20%	0.11%				2
地铁站	71.86%	21.07%	3.69%	1.21%	0.99%	0.59%	0.59%				2
菜场	70.79%	22.66%	5.30%	0.85%	0.40%						2
水果店	68.20%	23.32%	5.57%	2.20%	0.56%	0.15%					2
便利店	69.05%	22.89%	5.76%	1.16%	0.76%	0.17%	0.11%	0.11%			2
中小超市	76.71%	18.74%	3.89%	0.51%	0.14%						2
小吃店	61.41%	23.86%	8.28%	3.43%	1.39%	0.58%	0.46%	0.25%	0.19%	0.15%	3
饭店	53.03%	25.38%	12.33%	4.15%	2.72%	0.86%	0.82%	0.45%	0.13%	0.13%	3
幼托、小学	98.77%	0.92%	0.15%	0.15%							1
书店、阅览室	79.70%	14.31%	3.82%	0.56%	0.56%	0.35%	0.35%	0.35%			2
娱乐设施	80.41%	13.97%	4.88%	0.45%	0.28%						2
公园、绿地	85.01%	13.08%	1.63%	0.27%							2
运动健身场馆	92.02%	5.35%	1.72%	0.91%	0.62%	0.54%	0.31%	0.31%			1
综合型大卖场	72.05%	23.08%	3.47%	0.83%	0.20%	0.18%	0.10%	0.10%			2
商场、百货店	66.22%	24.26%	6.59%	1.55%	0.60%	0.60%	0.18%				2
沿街服饰店	55.24%	26.13%	10.15%	4.45%	3.58%	0.23%	0.23%				3

（续表）

设施分类	距离由近及远的若干个设施编号										多样性取值
	1	2	3	4	5	6	7	8	9	10	
银行、邮局	74.74%	19.96%	3.96%	0.89%	0.45%						2
理发、洗浴店	87.76%	9.29%	1.52%	1.12%	0.28%	0.04%					2
医院	81.05%	17.84%	0.61%	0.44%	0.05%						2
药店	90.52%	5.56%	2.02%	0.84%	0.40%	0.22%	0.22%	0.22%			1

注：灰色底纹表示由近及远满足 90%以上需求的某类设施数量。

不同设施的使用多样性存在明显差异，小吃店、饭店、沿街服饰店等设施多样性较好，需要至少 3 个设施才能满足大多数需求，其空间配置除了考虑有无还需考虑配置的数量；公交站、地铁站、菜场等设施多样性取值为 2，需要至少 2 个设施才能基本满足需求；而幼托和小学、运动健身场馆、药店等设施只需配置 1 个即可满足需求。

9.2.3 设施使用距离衰减规律

距离衰减规律反映了人们步行到达设施的可能性随其距离增加而减小，从而导致设施需求的空间差异性。一般来说，使用频率高的设施就近布置的要求越迫切；设施距离越近，步行可能性越大，随着距离的增加，可能性将减小，若距离达到一定程度，可能性接近于零，几乎没有人愿意选择步行到达该设施。

以容忍时间[③]为基础，分析设施使用的距离衰减规律。容忍时间分为 5 min、10 min、15 min、20 min、30 min、45 min、60 min。调查发现，平均容忍时间集中在 10～20 min 的区间；不同设施容忍时间差异显著，便利店、小吃店、水果店等设施的容忍时间较低，而商场和百货店、公园和绿地、综合型大卖场、医院等设施的平均容忍时间则相对较长，接近 20 min(图 9-3)。

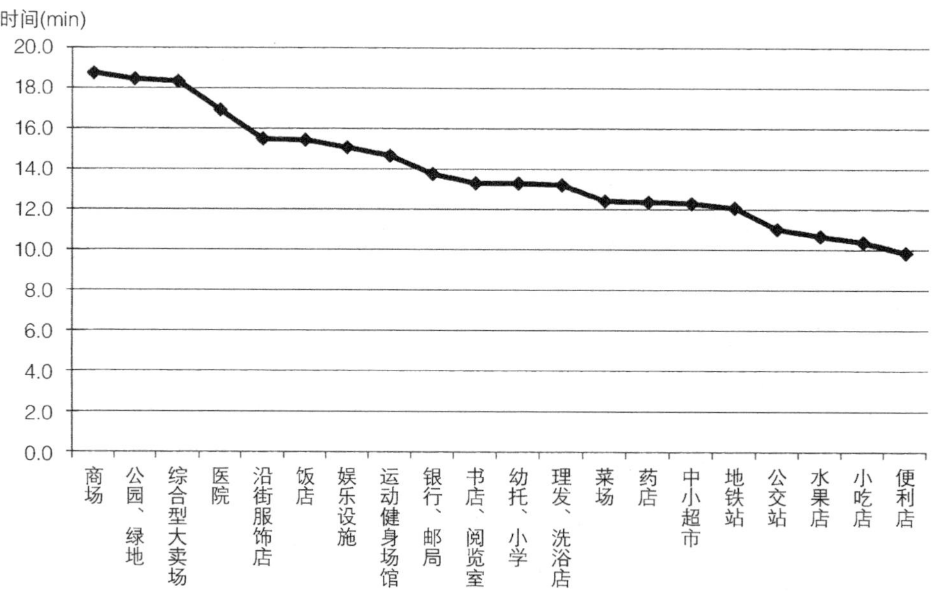

图 9-3　设施平均容忍时间

根据容忍时间得到各类设施的距离衰减曲线(取 1 m/s 的步行速度),横轴为步行距离,纵轴为距离衰减系数(图 9-4,当距离小于 300 m 时,距离衰减系数为 1,即不发生衰减)。不同设施的距离衰减规律存在差异性。高频使用设施普遍衰减速度较快,当距离达到 1 800 m 时距离衰减系数小于 0.1,其中公园和绿地是特例,3 600 m 之后才衰减至 0.1 以下,这主要是受老年群体对公园和绿地的偏爱及其充足自由的时间的影响;中频使用设施的距离衰减规律较一致,且相比于高频使用设施,变化稍缓,普遍在 2 700 m 处衰减至 0.1 以下;低频使用设施使用时对距离的敏感度较低。

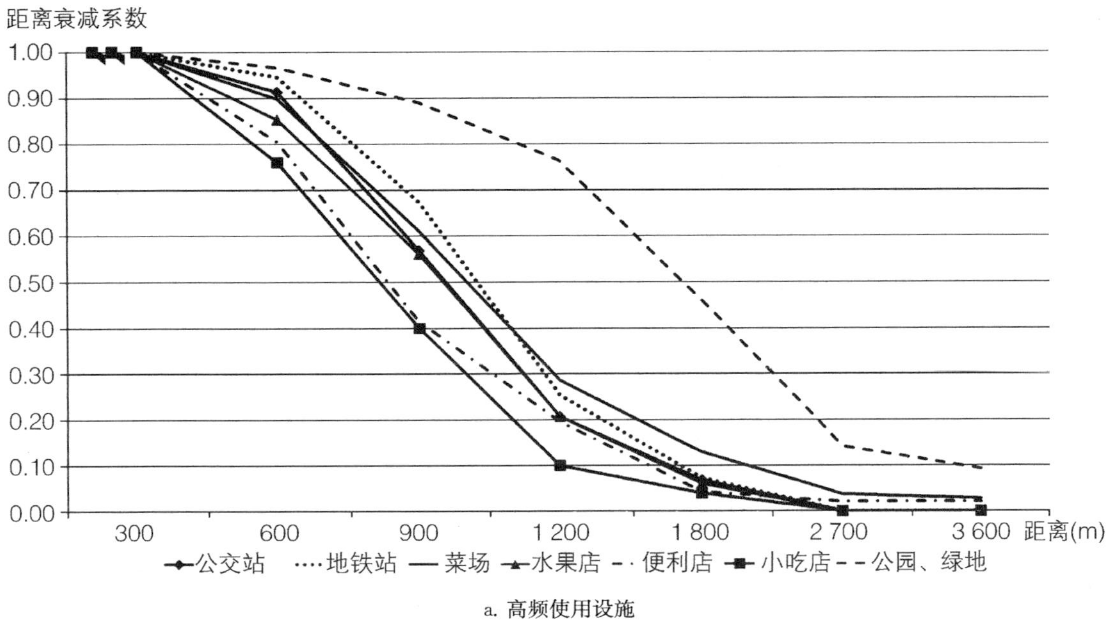

a. 高频使用设施

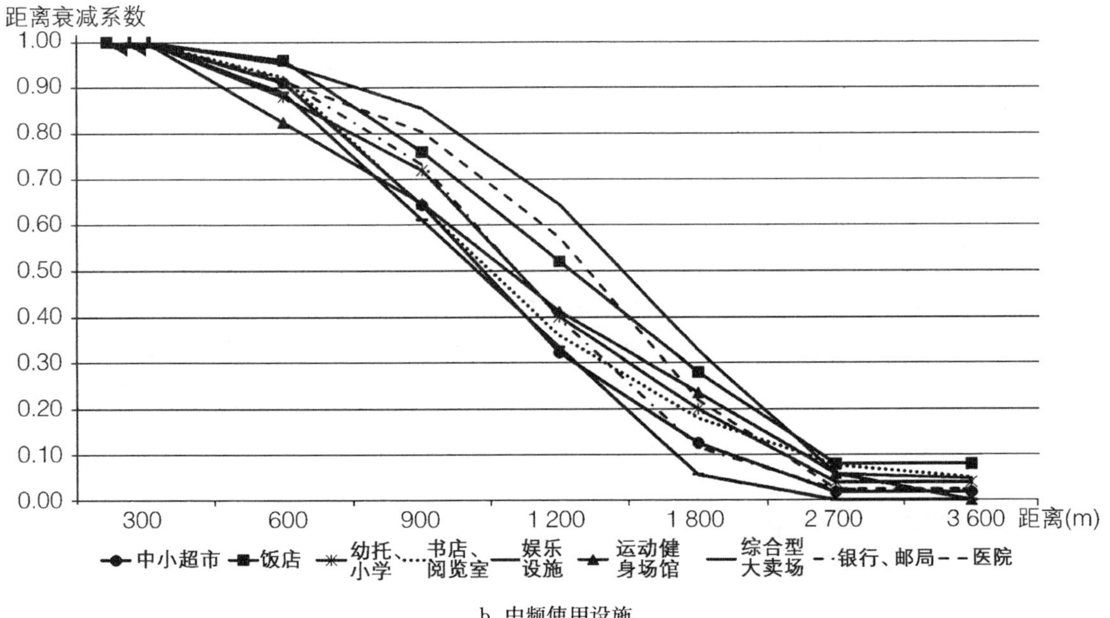

b. 中频使用设施

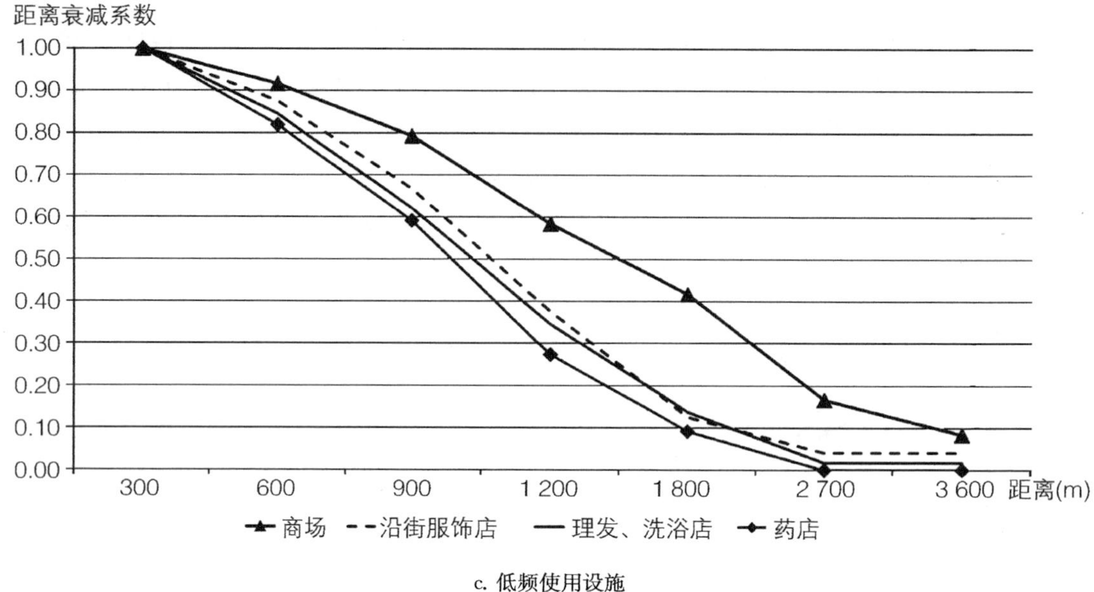

c. 低频使用设施

图 9-4　设施使用距离曲线

9.3　可步行性评价方法构建

可步行性是表征设施对步行出行需求的满足度。构建可步行性评价方法必须以设施的需求特征为基础。以设施的步行使用特征为依据，从分类需求和多样性需求两方面分析设施的需求特征。

9.3.1　设施需求特征

9.3.1.1　分类需求特征

分类需求特征反映了人们对各类设施的需求程度，根据设施使用频率得到。以所有设施的使用总频率作为步行出行需求总量，得到各类设施对需求的满足度(分类需求满足度)。

9.3.1.2　多样性需求特征

多样性需求特征反映了人们对各类设施的需求广度，将分类需求满足度按照需求承担比例分配到满足多样性要求的若干设施中，得到设施分类需求满足度的多样性需求分配(表 9-2)。以公交站为例，满足多样性要求的较近的 2 个公交站，其对步行出行需求总量的满足度分别为 8.23%和 3.27%；而配置一个公交站和一个菜场则最多可以满足 22.64%的步行出行需求。

将设施的需求特征和距离衰减规律相结合，就可以得到各类设施的可步行性在空间上的变化规律，即设施的空间布局对可步行性的影响规律。

表 9-2　设施多样性需求分配表

设施类型	分类需求满足度	多样性取值	多样性需求分配			设施类型	分类权重	多样性个数	多样性权重		
公交站	11.51	2	8.23	3.27		娱乐设施	1.52	2	1.30	0.23	
地铁站	7.39	2	5.71	1.68		公园、绿地	14.94	2	12.95	1.99	
菜场	19.02	2	14.41	4.61		运动健身场馆	1.67	1	1.67		
水果店	7.62	2	5.68	1.94		综合型大卖场	2.54	2	1.92	0.62	
便利店	4.88	2	3.66	1.21		商场、百货店	0.65	2	0.47	0.17	
中小超市	4.50	2	3.61	0.88		沿街服饰店	0.85	3	0.51	0.24	0.09
小吃店	8.39	3	5.51	2.14	0.74	银行、邮局	1.49	2	1.18	0.31	
饭店	3.06	3	1.79	0.85	0.42	理发、洗浴店	1.18	2	1.07	0.11	
幼托、小学	4.05	1	4.05			医院	1.32	2	1.09	0.24	
书店、阅览室	3.23	2	2.74	0.49		药店	0.21	1	0.21		
						总计	100		100		

注：这里分析的设施在空间上都是处于普遍容忍的步行距离内，即设施的需求满足度都是理想状态的极大值，是初始的可步行性，将随设施距离的增加而减小。

9.3.2　可步行性评价方法

可步行性评价是对地区现状设施布局对步行出行需求满足度的评价，可以反映该地区可步行性的整体水平，同时也能揭示可步行性较差的设施，从而提出设施优化布局的建议，以提高地区的可步行性。根据评价对象的空间尺度，可以分为点和面两个评价层面。

9.3.2.1　点的评价

点的评价是对单个小区可步行性的评价，将小区主入口作为评价点，不考虑小区内部的设施影响，评价过程如下所示：

(1) 以评价点为中心，根据设施多样性要求找到相应数量的各类设施；

(2) 计算评价点到各个设施的距离(这里采用经过道路折算的直线距离)；

(3) 根据距离衰减曲线得到距离衰减系数，对相应的初始可步行性得分进行衰减，得到各类设施的最终可步行性得分；

(4) 将各类设施的最终可步行性得分累加得到该小区的可步行性得分 w (图 9-5)，式(9-1)。

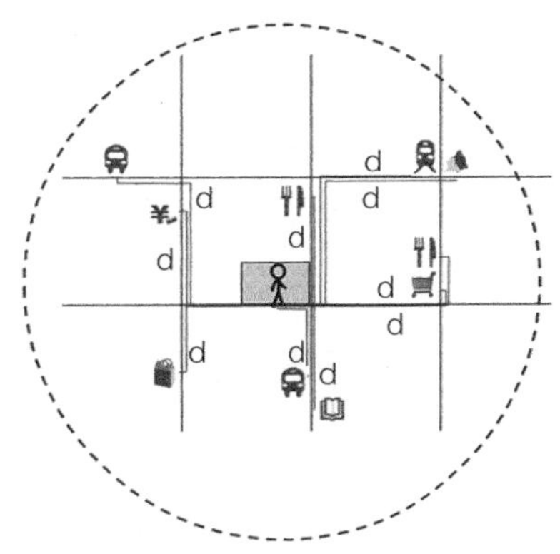

图 9-5　点评价方法

$$w = f(p, d) = \sum_{n=1}^{n\in[1,40]} (p_n d_n) \tag{9-1}$$

式中，P_n 为设施 n 的需求满足度，n 是考虑了设施种类和数量的设施个数；D_n 为距离衰减系数。

点评价的结果可以直观反映出某个小区周边设施对步行出行需求的满足情况，可用于多个小区设施服务水平的比较分析；但由于设施配置具有区域统筹的特点，其对设施布局优化的指导意义较局限。

9.3.2.2　面的评价

面的评价主要是对区域可步行性的评价，如街道、区县、城市等。具体评价过程为：

(1) 用一定间距的格网划分区域（根据不同的空间尺度选取合适的间距）；

(2) 每个格网视为一个点并计算每个格网点的可步行性得分 w_i；

(3) 将区域内 n 个格网点的得分取均值，得到区域的可步行性得分 W_s（图 9-6），式(9-2)。

$$W_s = 1/n \sum_{i=1}^{n} w_i \qquad (9-2)$$

面评价的结果反映了一个区域的可步行性情况，有效表征区内设施对区域各点步行出行需求满足度的情况，可用于指导设施在区域范围内的优化布局，以提高区域的可步行性。

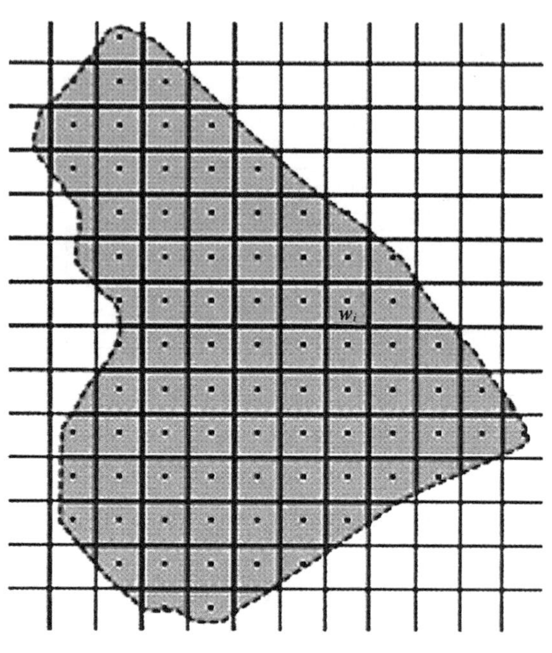

图 9-6　面评价方法

9.4　可步行性评价方法应用

笔者选取杨浦区江浦路街道为应用案例，对其可步行性进行评价。江浦路街道位于上海市杨浦区西南侧，属内环以内地区，街道居民 16 442 户，53 756 人，总面积 1.05 km²（图 9-7）。

9.4.1　设施分布概况

采用实地调研的方法得到江浦路街道及其 1 000 m 缓冲区内 20 类设施的空间分布情况。高频使用设施在街道北部分布较密，北部和西南侧缓冲区内也形成了集聚区块；中频使用设施空间分布较均衡，集聚特征不明显；低频使用设施数量较多，分布松散，基本覆盖了整个街道（图 9-8—图 9-10）。江浦路街道整体的设施种类配置和空间分布水平较高，属于日常服务设施配置较为完善的地区。

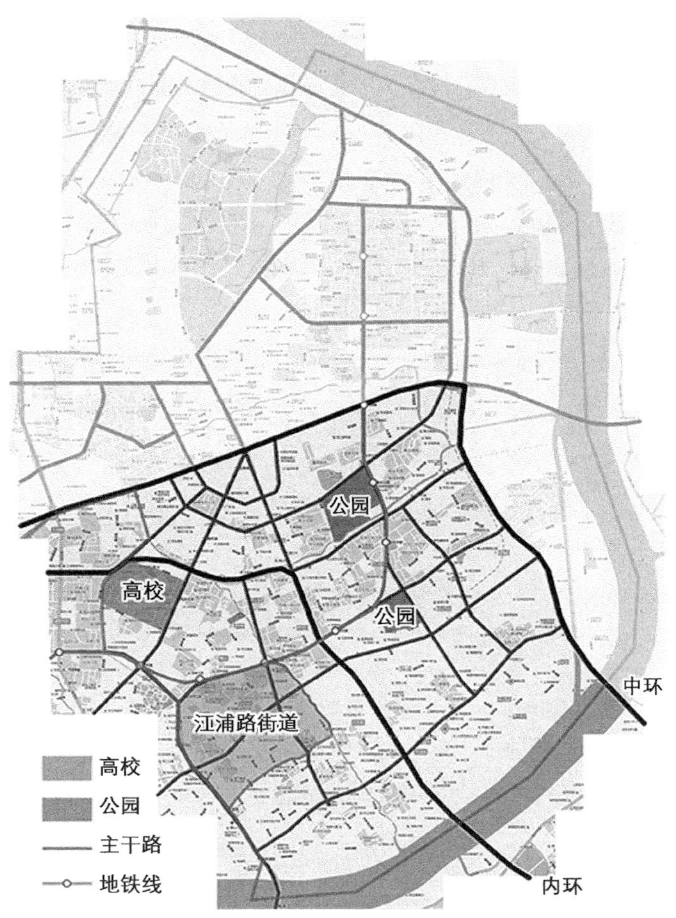

图 9-7 江浦路街道区位

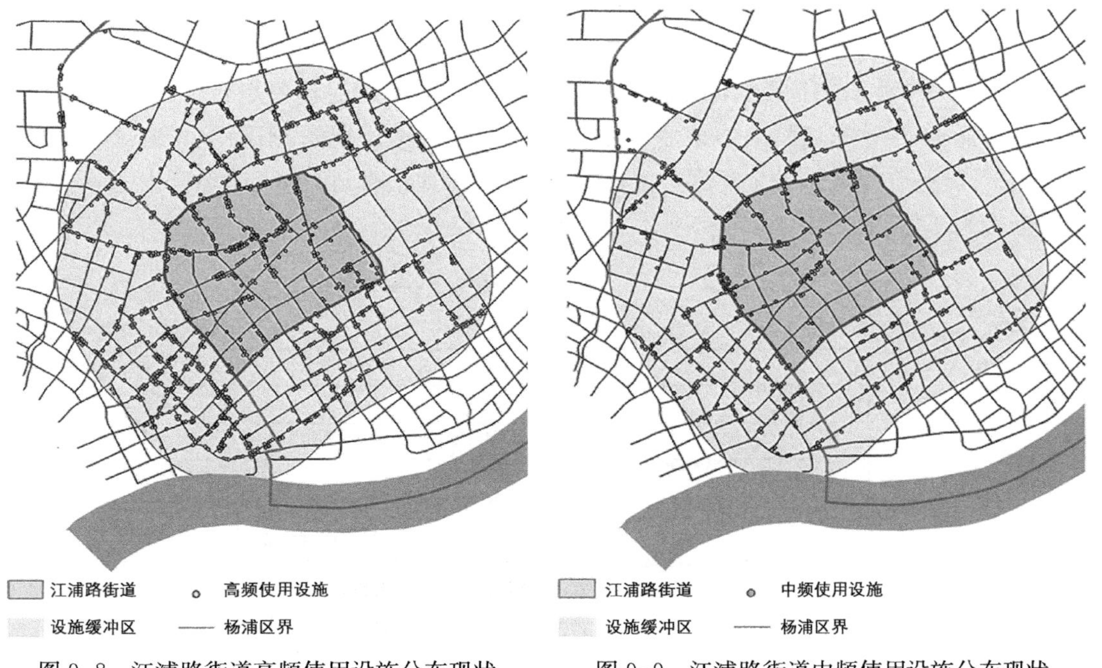

图 9-8 江浦路街道高频使用设施分布现状

图 9-9 江浦路街道中频使用设施分布现状

图 9-10　江浦路街道低频使用设施分布现状

9.4.2　评价结果

9.4.2.1　点的评价

选取江浦路街道的耀浦苑、宝地东花园和合生高尔夫公寓 3 个小区进行点的可步行性评价，耀浦苑可步行性得分最高(91.5 分)，宝地东花园次之(81.9 分)，合生高尔夫公寓相对较低(74.1)。说明 3 个小区中，耀浦苑周边的设施能较好地满足居民步行出行需求，居民日常生活较低碳；宝地东花园周边菜场和水果店可步行性得分较低，不能很好地满足这两类步行出行需求；合生高尔夫公寓周边地铁站和公园、绿地缺失，可能对该小区内老年人的日常生活带来不便(图 9-11)。

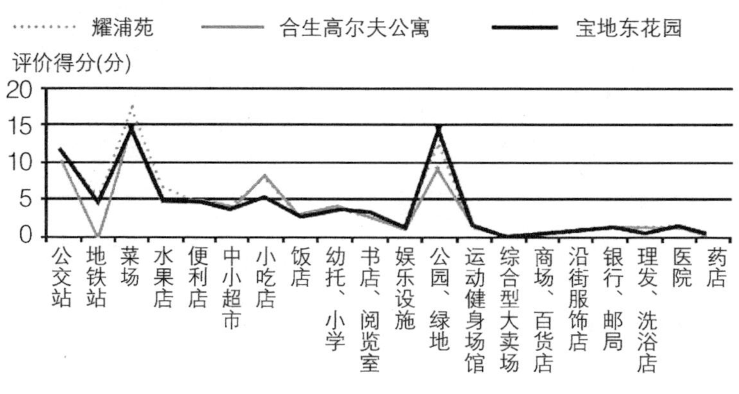

图 9-11　点的评价结果

9.4.2.2 面的评价

将江浦路街道划分成 100 m×100 m 的网格，计算得到江浦路街道的可步行性得分为 83.2 分，可步行性良好。从江浦路街道整体可步行性水平看，街道北部的可步行性优于南部。区内存在 3 个高可步行性地区和 1 个较低可步行性地区：①8 号线鞍山新村站附近，因为地铁站吸引各类设施的集中，分类设施的可步行性均较好，从而整体可步行性较好；②新华医院南侧，虽没有可步行性特别好的设施，但也不存在可步行性差的设施，各类设施可步行性水平相对均衡，因此综合可步行性也较好；③江浦公园昆明路地区，公园和兰州路滨河绿地提供了舒适的健身场所，沿昆明路两侧的菜场、小吃店、小型零售商店的集合极大地方便了日常生活，因此可步行性较好；④上海市烟草公司附近，该地区周边有建筑体量较大的烟草公司和烟草专卖局，各类设施比较缺乏，因此可步行性较低(图 9-12)。

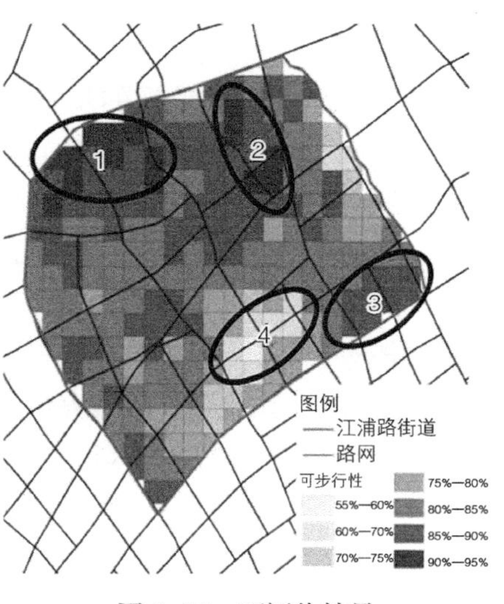

图 9-12 面评价结果

根据分类设施对该类需求的满足率将分类设施可步行性水平分为四个等级：>90%，70%～90%，50%～70%，<50%(图 9-13)。基本满足江浦路居民日常步行出行需求的设施有：公交站、水果店、便利店、中小超市、小吃店、饭店、幼托、小学、书店、阅览室、娱乐设施、沿街服饰店、银行、邮局、理发、洗浴店、医院、药店等；部分满足的设施有菜场、公园、绿地、运动健身场馆等；基本不能满足的设施有：地铁站、综合型大卖场、商场、百货店等。分析结果与直观感受相一致，可步行性一定程度上反映了各类设施的服务水平。

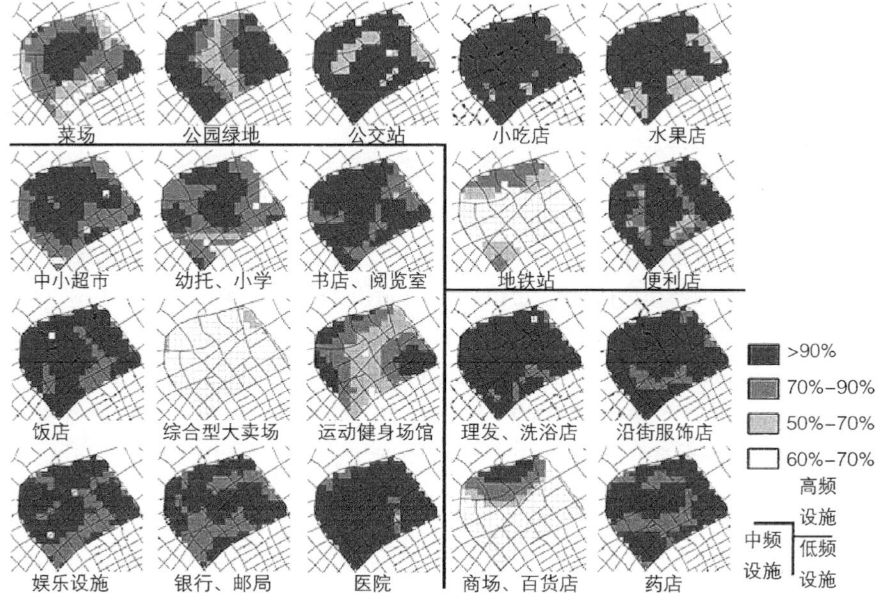

图 9-13 江浦路街道分类设施可步行性分级图

因此，对江浦路街道而言，存在可步行性提高空间的设施主要是菜场、公园和绿地、运动健身场馆、地铁站、综合型大卖场、商场和百货店六类，同时结合各类设施需求权重，可以得到设施优化配置的优先顺序为菜场、公园和绿地、地铁站、综合型大卖场、运动健身场馆、商场和百货店④。

9.5 结语

本章从日常服务设施的步行使用特征入手，分析了设施的步行出行需求特征，提出了可步行性概念用以表征设施布局对步行出行需求的满足度，进一步构建了可步行性的评价方法，并以江浦路街道为实证，得到以下结论：①可步行性评价方法一定程度上反映了设施的服务水平。②可步行性的评价可以为设施的优化布局提供依据。

研究成果虽有一定的实践意义，但也存在不足。在构建可步行性评价方法时用容忍时间推导距离，用道路折减系数简单反映道路宽度、过街信号灯等因素的复杂影响，一定程度上影响了评价的准确性；在面评价过程中，采取格网化取均值的方法得到面的可步行性，忽略了不同地块用地性质、人口密度等因素的影响，从而使评价结果可能与人的真实感受存在一定偏差；此外，从步行目的地的角度对步行进行研究，而步行除了起讫点还包括移动的路径，因此，全面地对步行问题进行研究，指导步行化建设实践是进一步研究的方向。

注释：

① 网络问卷地址：http://www.sojump.com/jq/1333750.aspx。

② 联合国世界卫生组织提出的年龄分段：44 岁以下为青年人，45 至 59 岁为中年人，60 至 74 岁为年轻老年人，75 至 89 岁为老年人，90 岁以上为长寿老人。

③ 容忍时间是指人们能够接受的到某类设施的最远步行时间。

④ 由于江浦路街道以居住用地为主，因此评价过程未考虑用地性质的影响，在较大尺度用地多样化的区域，应对用地性质尤其是工业用地等有所考虑。

参考文献：

[1] KRIER L. The city within the city[J]. A+U, 1997(11): 69-152.

[2] BARNOTT J. An introduction to urban design[M]. NY: Harper&Row, 1982.

[3] 孙靓.机动化时代的城市步行化：基于城市设计视角的研究[D].上海：同济大学，2008.

[4] 任春洋.高密度方格路网与街道的演变、价值、形式和适用性分析[J].城市规划学刊，2008(2)：53-61.

[5] PETRITSCH L, LANDIS B, MCLEOD P, et al. Level-of-service model for pedestrians at signalized intersections[J]. Journal of Transportation Research Board, 2005, 1939: 55-62.

[6] MURALEETHARAN T, HAGWARA T. A study on evaluation of pedestrian level of service along sidewalks and at intersections using conjoint analysis[EB/OL]. [2010-5-2]. http://www.civil.hokudai.ac.jp//egpsee.alumni/abstracts/Muralee.pdf.

[7] 边扬，高海龙，王炜.基于道路环境的人行道行人服务水平评价方法[J].公路交通科技，2007(9)：696-698.

[8] 赵晋纬.人行空间综合评估指标建立之研究[D].台北：台湾大学，2004.

[9] 王啸啸.混合交通条件下信号交叉口行人服务水平研究[D].北京:北京交通大学,2010.

[10] Walk score methodology[R/OL],http://blog.walkscore.com/research/,2010.

[11] FRANK L D, DEVLIN A, JOHNSTONES, et al. Neighborhood design, travel, and health in metro Vancouver: using a walk ability index[R]. Health and Community Design Lab, 2010.

原文作者与期刊:

卢银桃.基于日常服务设施步行者使用特征的社区可步行性评价研究:以上海市江浦路街道为例[J].城市规划学刊,2013(5):113-118.

第 10 章　公共自行车使用行为

10.1　概述

在低碳可持续发展的背景下，公共自行车作为一种低碳、高效、健康的出行方式，近几年来受到了全世界的关注。虽然欧洲早在 20 世纪 60 年代就建立了第一代公共自行车系统[1]，但在世界范围内的大规模发展才 10 余年，其与中国的公共自行车快速发展密不可分。据沙希(Shaheen)等人统计[2]，全世界目前有公共自行车 6 万多辆，其中中国就占据了一半。因此，在中国发展公共自行车、研究公共自行车对于这种低碳出行方式未来在全世界的发展都具有重要的意义。

我国自 2008 年始，先后在杭州、武汉、上海、烟台、广州、北京等地建立了公共自行车系统，国内相关研究也相继出现(详见朱玮等的文献研究)，内容包括国内外公共自行车系统经验介绍、公共自行车系统规划布局方法探讨、公共自行车使用行为和满意度调查等。本章关注于公共自行车使用行为，也是研究城市居民使用公共自行车决策系列研究的一部分，并以上海闵行区公共自行车系统为对象。

上海闵行公共自行车系统建立于 2009 年，稍晚于杭州以及武汉。针对杭州和武汉的公共自行车系统的使用行为研究已经有一定的开展[3-7]，而对上海公共自行车系统的使用行为研究无论从数量和全面程度上仍比较有限[8]。同时，闵行区公共自行车系统又是上海多个公共自行车系统中运行情况和市民口碑广有的一个，因此及时把握 3 年来闵行居民使用公共自行车的行为特征，对于总结经验、发现问题、指导建设和管理都具有现实意义。

10.2　背景情况及数据来源

10.2.1　闵行区公共自行车系统

闵行区公共自行车系统于 2009 年 7 月启动，由闵行区政府进行最初 5 年投资，由上海永久自行车有限公司(以下简称“永久公司”)提供该项服务。居住在闵行区的居民可以凭本人居住证、户口证、房产证等指定证件到居委会申请、验证，办理使用卡，通过诚信积分方式免费使用该系统的公共自行车(图 10-1)。至 2010 年底，网点数达到 563 个，锁柱数量增加到 2.1 万多个，车辆数达 1.9 万多辆。除了华漕镇以外，其他闵行区的其他街道、镇、工业区都已设有公共自行车网点。使用者可以在任意的网点存取车辆，提高了出行的灵活性和可达性。

图 10-1　闵行区公共自行车系统

10.2.2　数据来源

分析所采用的数据主要有 2 个来源。一部分来自永久公司提供的 IC 卡数据，即用户用车过程中，在借还车时于闸机或桩点的刷卡记录。通过随机抽样，选取了 500 个用户 2009 年 7 月到 2009 年 12 月的使用数据，包括借车时间、还车时间、借车网点、还车网点、用户卡号、所使用自行车的辨识号(ID)等信息，总共有 137 412 条。在此基础上，可以了解使用者的借还车时间、骑行时耗、借还车地点、骑行方向、各个网点使用时间特征等信息。

另一部分数据来自问卷调查。调查在莘庄镇、七宝镇、梅陇镇、江川路街道、莘庄工业园、浦江镇这些典型地区展开，在地铁站、购物中心、市场、小区入口以及工业区公共自行车站点周边设调查点。发放时间总共 9 d，分别为 2009 年 9 月 18、24 日、26 日，以及 10 月 2 至 7 日，包括 7 个非工作日和 2 个工作日。采取当面发放、当面回收的方式。调查的对象是闵行区的常住居民(不包括暂住半年以下的人员以及办事、旅游等过往人员)，分为使用公共自行车和不使用的两大类人群，针对性地设计了两种问卷。总共回收有效问卷 451 份，包括公共自行车使用者的 232 份和不使用者的 219 份。

问卷包括三部分内容：(1)日常出行链。(2)虚拟收费情景下的使用意愿。(3)被调查者个人信息。其中出行链部分是重点，记录了被调查者在公共自行车系统实施前后的出行过程变化，形式如“出发点—步行 5 min—到达 A 网点借车—公共自行车骑行 15 min—到达 B 网点还车—步行 8 min—目的地”，通过前后对比来考察公共自行车对出行行为的影响。

10.3　网点使用特征

10.3.1　网点分布情况

闵行区公共自行车网点集中分布在闵行的中部和南部地区，这与人口、经济密度高度相关(图 10-2)。形式上以几个街道为集中区，向四周发散，莘庄镇和江川路街道是网点密度最高的两个镇(表 10-1)。

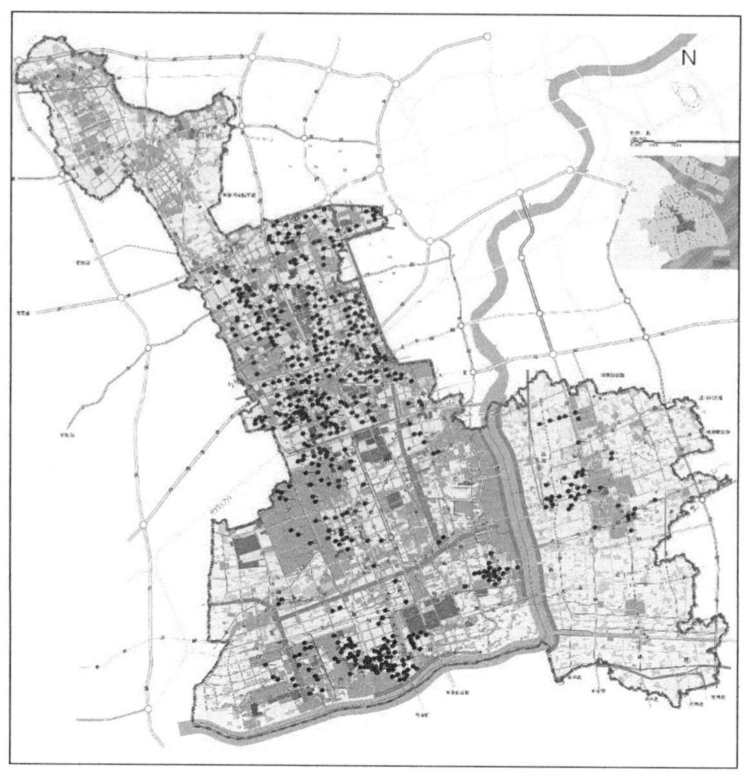

图 10-2　闵行区公共自行车网点分布

表 10-1　闵行区公共自行车网点分布

分布区域	网点总桩数	网点数	网点密度(个/km²)	借车次数	人均借车次数
莘庄镇	6 154	124	7.25	42 269	0.37
江川路街道	5 152	115	4.23	28 913	0.23
梅陇镇	3 607	61	2.00	6 053	0.06
七宝镇	1 552	56	2.83	2 703	0.03
古美路街道	1 728	44	6.77	466	0.01
虹桥镇	1 973	44	3.35	697	0.02
浦江镇	2 442	43	0.59	4 721	0.09
工业园	1 686	39	2.64	3 402	0.18
吴泾镇	712	22	0.77	317	0.01
颛桥镇	390	15	0.40	1 084	0.02
马桥镇	90	4	0.13	2	0.00

从网点所在地的用地类型来看，主要分布在居住用地、商业用地，小商业街和居住小区周边是网点分布最密集的地点，这些网点中的车桩数量从十几辆到几十辆不等。大型轨道交通站点也是比较重要的网点设置点，网点规模较大，采取闸机通行的方式，车桩数达到几

百甚至上千个，以满足上下班通勤高峰的需求。部分工业用地也设有网点，但网点间距较大。此外，在医院、学校、政府等单位亦有网点设置。

10.3.2　网点运行特点

10.3.2.1　各地区的运行差异

根据用户刷卡数据分析，各街道/镇之间公共自行车使用强度不均衡。从表 10-1 可见，莘庄镇和江川路街道的总借车次数和人均借车次数均明显高于其他地区。

莘庄镇是闵行区政府所在地，城市居住功能占主要部分，商业相对发达。其中居民工作地大多在市区，因此主要使用公共自行车来接驳地铁，以及用来在区内购物、办事。

江川路街道属于老闵行地区，居住和就业相对平衡，通勤距离较短。此外，江川路街道直达市区的公交线路比较完善，市内通勤较少通过公共自行车来接驳。因此，该街道公共自行车使用者多为日常购物的中老年人，典型模式为 15 min 内的短途购物出行，往返于大型超市的公共自行车购物出行最多。

浦江镇与其他镇类似，有很多零散的村用地和农田，网点主要分布在镇中心居住小区，在村民居住地周边几乎没有网点分布。镇中心居民的出行模式和莘庄镇类似，而在周边村居住的村民及流动人口出行时更多使用电瓶车或私人自行车。

莘庄工业园区的网点密度较低，人们使用公共自行车不多。一方面是因为用户资格的限制，在工业园内上班的非闵行区户籍居民不符合办卡条件。另一方面是一些工厂设有班车，或是提供厂内住宿，因此员工对公共自行车的需求不大。

10.3.2.2　不同用地类型网点的运行特征

将网点根据所在地用地类型分为社区、商业、机关、交通、其他 5 类(表 10-2)。其中社区类网点数量最多，其次是商业类，该两类网点数量远高于机关和交通类网点。而根据用户刷卡数据，交通类网点借还车次数最多。在借车次数排名前 10 的网点中，交通、商业、社区分别占前三位。网点的使用时间特点与用地类型关系密切。由于交通类网点主要服务于居民通勤，使用时间分布呈现明显的早晚双峰特征，这在地铁站附近的网点尤为明显，如莘庄地铁闸机网点(图 10-3a)使用高频时段在 6:00～8:00 和 17:00～19:00 前后。社区和机关类的网点使用时间特点类似，也具有较明显的双峰特征，如康城南门网点(图 10-3b)和莘北路人保局内网点(图 10-3c)。由于社区居民早上出行时间相对集中，因此早高峰比晚高峰更加强烈；而机关单位还具有服务功能，造成上下班高峰间的若干小波峰。商业类型的网点与居民购物出行紧密相关，因此使用时段分布较为均衡。如莘松路世纪联华网点(图 10-3d)设置在联华超市前广场上，从上下班高峰时段开始，持续到 21:00。

表 10-2　各街道不同用地类型的网点数量

镇/街道	商业	社区	机关	交通	其他	总数
莘庄镇	78	14	27	5	0	124
江川路街道	71	13	7	7	17	115

（续表）

镇/街道	商业	社区	机关	交通	其他	总数
梅陇镇	2	52	4	4	0	62
七宝镇	8	35	8	5	0	56
虹桥镇	4	24	9	7	0	44
古美路街道	2	36	4	2	0	44
浦江镇	9	17	6	11	0	43
莘庄工业区	13	14	11	1	0	39
吴泾镇	4	11	7	0	0	22
颛桥镇	2	5	3	5	0	15
马桥镇	2	2	0	0	0	4
总数	195	223	86	47	17	568

数据来源：永久公司。

网点的使用情况除了与所在地用地性质相关以外，往往同时受到周边出行吸引点的影响，使得网点使用时间分布趋于均衡。如莘东路世纪名苑网点（图 10-3e），虽然属于社区类，但是由于靠近龙之梦大型购物中心和闵行区中心医院这两个大型建筑，因而呈现出与单纯社区类网点的不同时间使用特征。

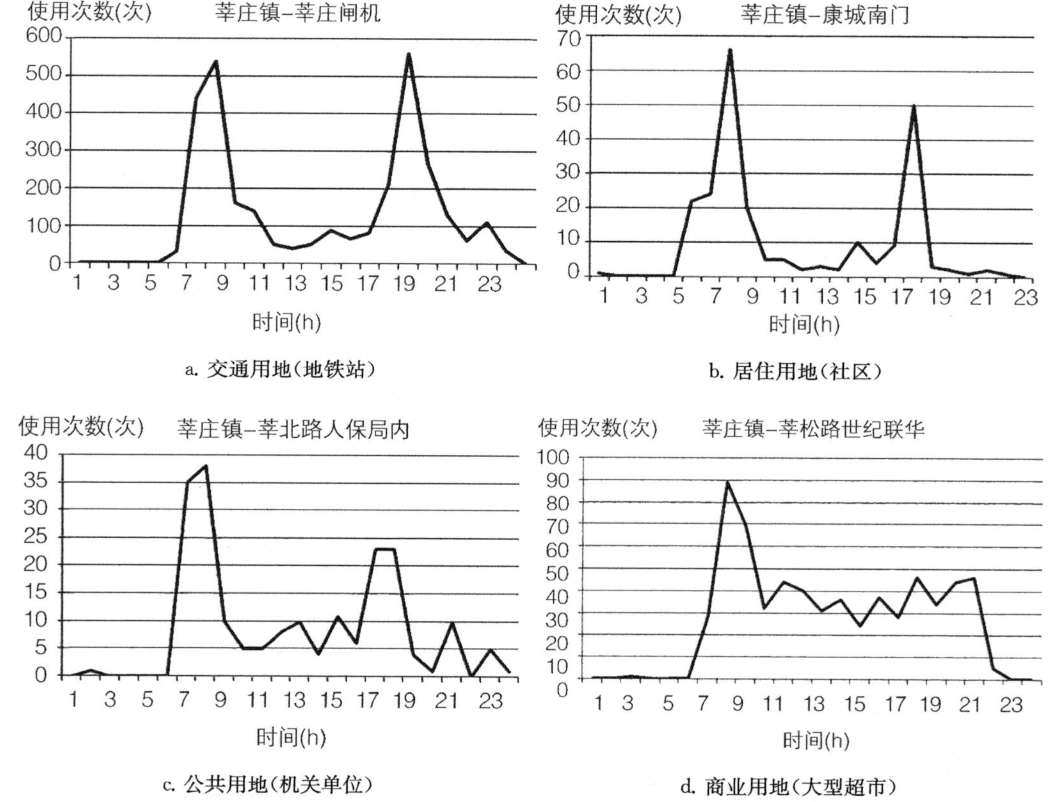

a. 交通用地（地铁站）

b. 居住用地（社区）

c. 公共用地（机关单位）

d. 商业用地（大型超市）

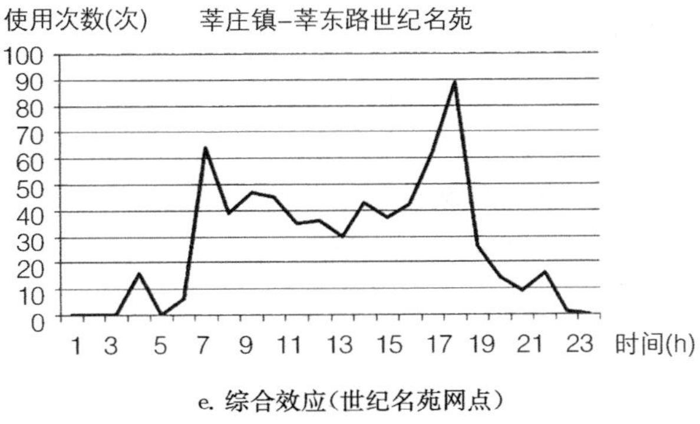

e. 综合效应(世纪名苑网点)

图 10-3 不同用地类型网点的分时段使用强

10.4 居民出行特征

10.4.1 使用者的基本特征

根据问卷调查样本，表 10-3 显示了公共自行车使用者的基本社会经济特征。可见性别比例接近；年龄相对集中在 26～35 岁以及 46～65 岁，老年使用者很少；收入以中低为主；学历偏高；拥有机动车的占少数；拥有私人自行车的略多于没有自行车的。

表 10-3 被调查者的属性特征

属性	值				
性别	男性	女性			
	51.1%	48.9%			
年龄(岁)	16～25	26～35	36～45	46～65	≥66
	15.7%	32.3%	19.7%	29.7%	2.6%
月收入(元)	≤2 000	2 001～5 000	5 001～10 000	>10 000	
	27.4%	51.6%	15.8%	5.1%	
受教育程度	初中	高中	大学	研究生	
	14.3%	29.9%	52.2%	3.6%	
拥有小汽车	是	否			
	31.2%	68.8%			
拥有助动车/摩托车	是	否			
	29.1%	70.9%			
拥有自行车	是	否			
	59.1%	40.9%			

10.4.2 出行的目的及频率

被调查者回答了3个最常使用公共自行车的出行目的，统计后发现：通勤(61.2%的使用者选择)与购物(51.7%)是使用公共自行车出行的主要目的，办事目的比例居中(29.3%)，休闲(10.8%)、会友(9.1%)和锻炼(4.7%)为次要目的。

使用公共自行车的平均频率为8.4次/周(标准差=7.2，每次出行计为一次使用)。90%的频率少于14次，即每天2次。通过直接询问被调查者出行频率相较公共自行车系统运营前的变化，得到平均变化为1.8次/周(标准差=3.1)，应该说增加并不明显。将休闲与会友合并为休闲目的，将锻炼与旅游合并为锻炼目的，得到休闲目的受公共自行车的激发最多，平均频率增加3.2次/周(标准差=3.3)；通勤目的位居第二(平均=2.1，标准差=4.0)；购物(平均=1.5，标准差=1.9)和办事(平均=1.5，标准差=2.5)并列第三；锻炼目的的变化最小(平均=0.6，标准差=0.9)。

10.4.3 出行时空特征

根据刷卡数据分析，人们使用公共自行车的时间分布与以上网点使用的时间分布相似，工作日使用时间集中，早晚波峰明显，早高峰的使用强度大约高出晚高峰1倍。相比之下周末非常平缓，而且使用时段相比工作日也更加集中，早高峰滞后约1 h，晚高峰提前约1 h(图10-4)。

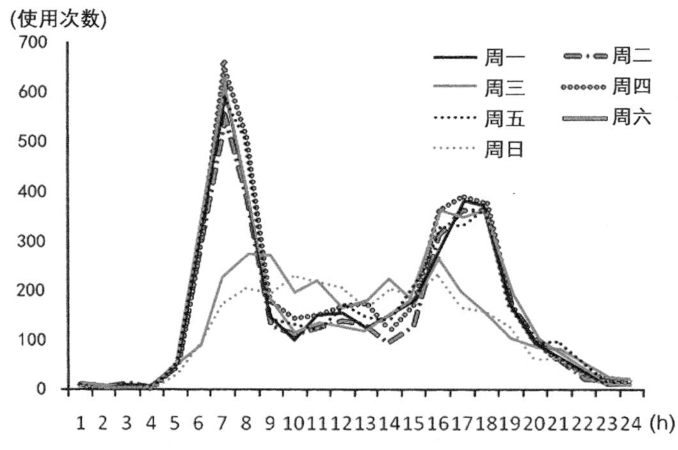

图10-4 借还车辆的时间分布

这也造成了使用行为在空间上的钟摆特征。以莘庄镇为例，做出不同时段借还车网点之间的连线(图10-5)。时段按居民总体出行时间的两个波峰划分成4段，分别为5:00～9:00早高峰段，9:00～16:00中间平缓段，16:00～20:00晚高峰段，以及20:00～23:00晚平衡段，23:00以后出行非常少。5:00～9:00大量通勤者骑公共自行车向莘庄地铁站集聚，16:00～20:00则由地铁站为中心向四周发散回到住区。这经常导致公共自行车的供不应求及无处归还，需要通过调度车辆来缓解。9:00～16:00以及20:00～23:00的网点的连线方向性不明显，使用区域集中在商业地段。

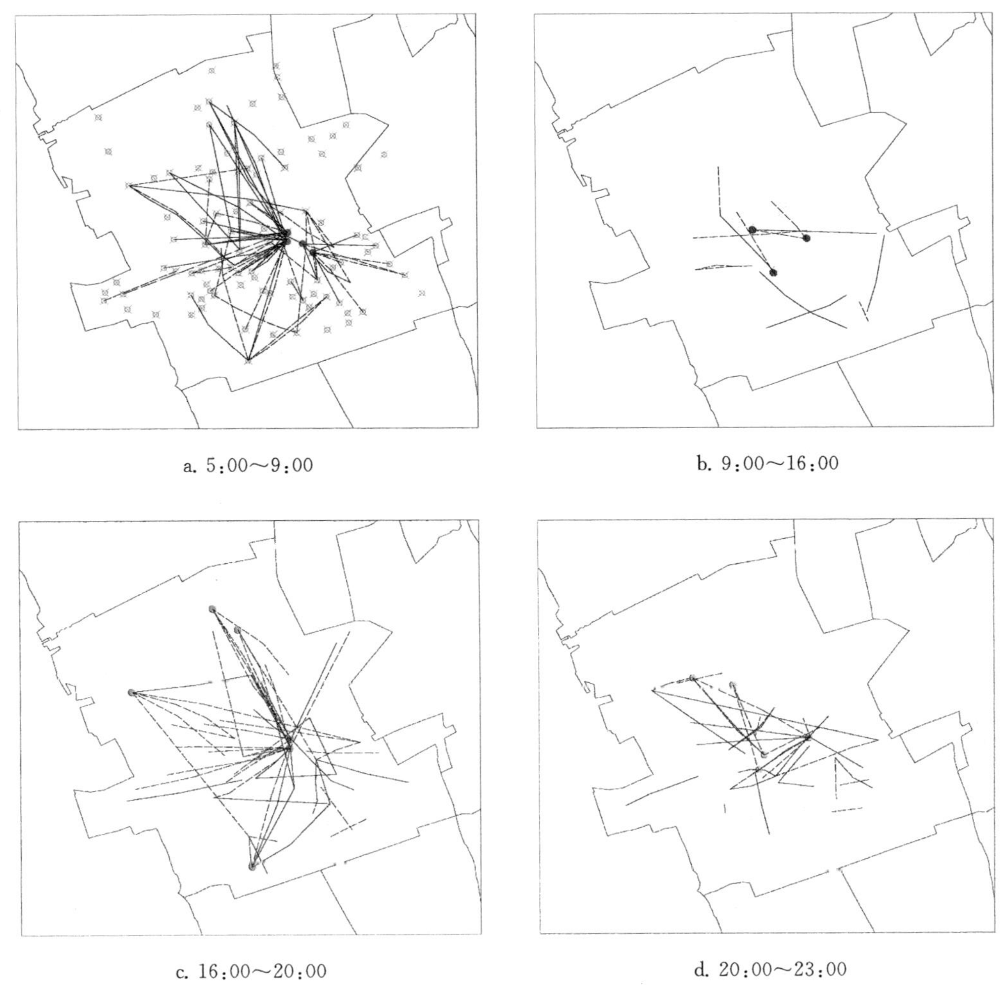

图 10-5 不同时段莘庄公共自行车借还网点连线图

人们使用公共自行车出行的时耗可以通过出行链来推算。该时耗包括骑行时耗以及在借车前和还车后的步行时耗。平均时耗为 16.7 min(标准差=8.5),按行车速度 12 km/h 计算,骑行距离大约为 3 km。结合出行目的来看:通勤(平均=16.9 min,标准差=9.2)、购物(平均=16 min,标准差=7.3)、办事(平均=16.4 min,标准差=7.4)以及休闲(平均=17.2 min,标准差=9.1)的时耗非常接近;而以锻炼为目的的出行时耗明显较多(平均=24.6 min,标准差=13.3)。

比较公共自行车使用者的前后出行总时耗发现,使用公共自行车的平均出行时耗节省微乎其微(0.33 min,$t=-0.45$,$Sig.=0.6562$),可见省时应该不是人们选择公共自行车的主要理由。就出行时耗节省的样本单独来看,平均节省 7.9 min,统计显著($t=-16.25$,$Sig.<0.001$);以往出行的平均时耗为 35.4 min(标准差=26.7),相比于使用公共自行车后时耗增加的以往出行平均时耗(19.5 min,标准差=20.9)显著较多($t=6.07$,$Sig.<0.001$),说明只有在出行时耗较长时,公共自行车才能体现省时的优点。

10.4.4 出行方式转换及原因

公共自行车使用者的出行方式转换可以通过比较系统实施前后的出行链变化得到：47.3%的出行转换自步行，25.9%来自公交，18.3%来自私人自行车，4.4%来自小汽车，2%来自助动车/摩托车，1.4%来自班车，0.7%来自“黑摩的”。步行在所有出行方式中被公共自行车替代得最多，可以说该系统成功解决了“最后一公里”出行问题。然而，步行、公交、自行车这些通常意义上的绿色交通方式成为公共自行车最大的替代品，是否因此质疑公共自行车对绿色出行的贡献，需要更深入的研究。来自小汽车和助动车/摩托车的低转换率说明环境非友好的出行方式没有那么容易在公共自行车方式面前淡出。

总体上“方便”是公共自行车使用者最为认同的原因，比例达到 80.1%，远高于其他原因。方便的含义比较丰富，包括存取便利、不用担心维护与保存、灵活性高、可达性好等。节省时间(32.5%)位居第二，说明公共自行车相较其他方式的时间优势不明显，这与之前的时耗分析一致。锻炼身体位居第三，28.1%的使用者认为骑车有益健康。尽管出行成本通常是交通方式选择决策中的重要因素，但调查发现公共自行车使用者并不看重成本节省(排位第六)，可能因为大多数出行转自步行以及公交这些成本已经很低廉的方式。不同出行目的下使用者关注的原因略有差异，而方便仍是主导原因。对于相对功利性的目的来说(通勤、购物、办事)，节省时间位列第二；而对于功利性弱的目的来说(休闲、锻炼)，锻炼身体居第二位。

对于非公共自行车使用者，他们同样选择方便为最重要的原因(34.1%)，尽管意见不如使用者那样集中，小汽车拥有者选择该项的比例尤为突出(57.4%)。位居第二的原因是申请不到诚信卡(24.8%)，可见公共自行车的潜在用户不少。位居第三的原因是附近缺少服务点(15%)。

10.4.5 出行模式

使用公共自行车出行的模式可分为 3 种：第一种为“全程模式”，即使用者将公共自行车作为唯一的出行工具，占据 78%的出行，通常是“家—公共自行车—目的地”。这种模式一般用于 3 km 内的短距离出行，主要目的是购物(43.1%)、通勤(32.4%)及办事(16.4%)，取代了居民的步行、短途公交、私人自行车和私家车出行方式，平均骑行时间为 11.8 min(标准差=6.5 min)。全程模式一般发生在区内，有时是直接抵达目的地(图 10-6a)，有时是多点连续的出行，在中间短暂停留以购物或办事，具有多种目的性(图 10-6b)。

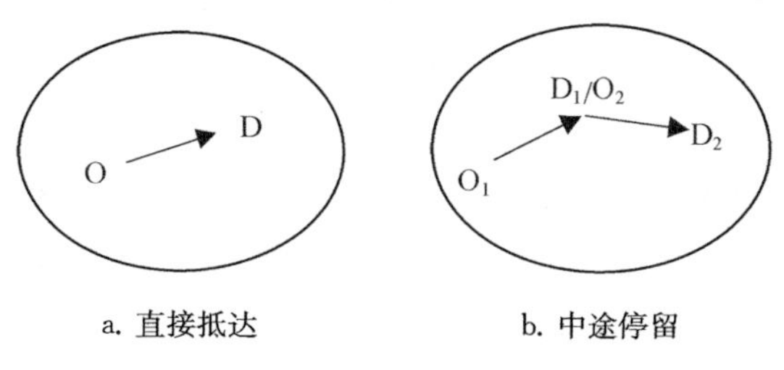

图 10-6 全程模式

第二种为“换乘模式”，使用者多数在公共自行车与公共汽车间换乘，20%的出行可以归为此类，通常是“家—公共自行车—地铁站/公交站—(公共自行车)—单位”的模式。该模式的平均骑行时间为 10.9 min(标准差=6.4 min)，通勤占 89%。按到达点是否有公共自行车网点分布(本案例中即为是否在闵行区范围内)，可以分为“区内—区外”(图 10-7a)和“区内—区内”(图 10-7b、图 10-7c)两种子模式。区内的出行在出发点和到达点的两头都可以使用公共自行车进行换乘(图中实线)，而区外的出行则只能在出发点或者到达点使用公共自行车进行换乘。

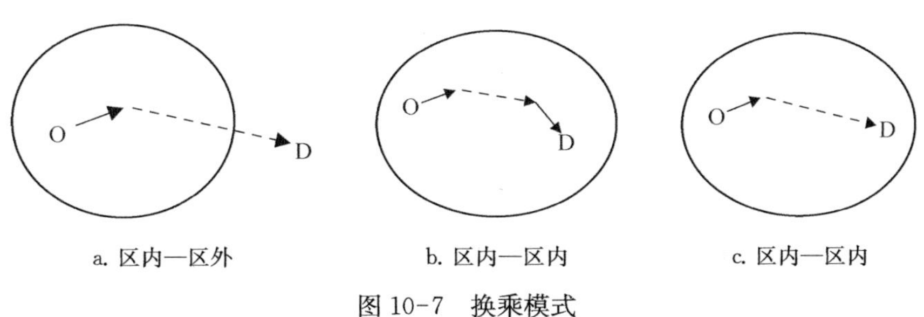

a. 区内—区外　　b. 区内—区内　　c. 区内—区内

图 10-7　换乘模式

第三种为“往返模式”，使用者在同一服务点借还公共自行车，仅 2%的出行属于此类型，通常采取“起点—公共自行车—起点”的方式，中间可能有停留，也没有固定的目的点和路线，属于非功利性出行。该模式的平均骑行时间为 22.5 min(标准差=9.6 min)。

10.5　收费后使用意愿分析

在 2011 年闵行区公共自行车项目预算听证会上，10 名公众代表呼吁改变现有公共自行车全免费模式，并提出了办卡低收费的设想来提高公共自行车使用率，“收费意味着享受这项公益服务的门槛提升，那些办卡不用，甚至仅用自行车买菜办事的人便会自动退出”。采取收费政策能在多大程度上影响居民的出行选择？问卷的第二部分调查人们在公共自行车虚拟收费情景下的使用意愿。收费幅度为 0.5 元、1 元、2 元，被调查者根据相应收费，选择是否愿意使用公共自行车完成某种目的的出行。此外还假设骑行距离超过 3 km 以后，将返还使用者 0.5 元或 1 元，以此模拟对长距离公共自行车出行的鼓励政策。

对于当前的公共自行车使用者，收费将显著减少他们继续使用公共自行车的意愿。如收费 0.5 元，74.6%的人将继续使用公共自行车(图 10-8)；如收费 1 元，继续使用者占 62.8%；如收费 2 元，仅 42%的当前使用者愿意继续使用公共自行车。办事出行显得较为刚性，在所有收费情景下，其继续使用的人数比例在所有出行目的中最高；购物和通勤分列第二位和第三位。对于休闲和锻炼出行，收费造成使用比例的下降最多，可能因为这些活动的重要性相对低。将被调查者对收费情景的反应与他们的社会经济属性交叉分析及卡方检验后，并没有发现不同社会经济属性下的反应差别，说明收费的影响基本上对所有人一致。

在费用返还的情景中，如返还 0.5 元，目前非公共自行车使用者中的 25.7%表示愿意使用，其中办事出行最多(12.2%)，购物次之(10.8%)。如返还 1 元，总体上愿意使用的比例提高到 32.3%(图 10-9)。对被调查者的社会经济属性的交叉分析同样没有显示显著差别。

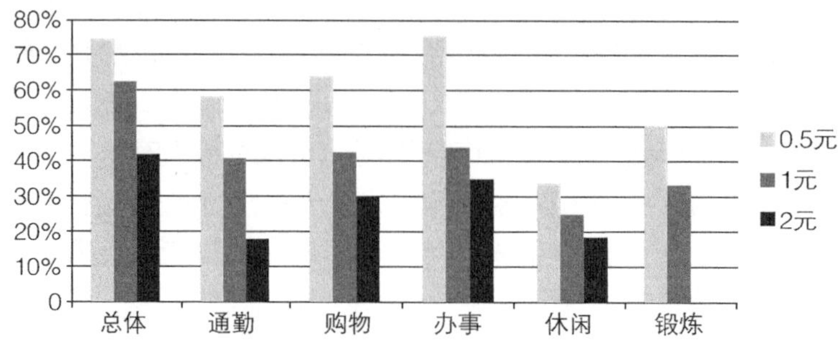

图 10-8 收费情景下继续使用公共自行车的使用者比例

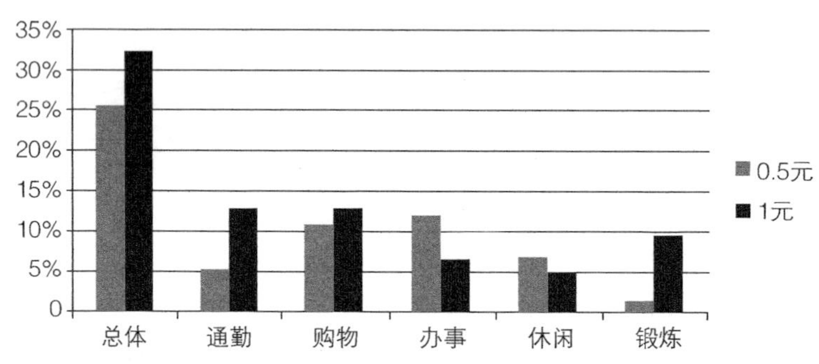

图 10-9 费用返还情景下转向公共自行车的非使用者比例

这个结果似乎与之前使用公共自行车的原因分析相矛盾，即人们并不看重公共自行车对出行成本的节省。一个解释是人们对收入和付出的评价是非对称的，这已被心理学研究证实，即人们在获得一定量收入后再等量付出就比较难。应用到这里，由于人们可以免费使用公共自行车，而其所节省的交通费用也有限，所以导致人们对节省费用不看重。而当要实实在在地支付使用费时，部分人对成本的评价要高于之前的免费带来的好处，导致放弃公共自行车。另外，收费也在一定程度上导致公共自行车相较其他交通方式竞争力下降，但具体的影响程度有赖于更深入的量化研究。

10.6 结语

本章以上海闵行区公共自行车系统为例，较系统地考察了该系统自实施以来，对闵行区居民出行产生的影响。研究以使用者的刷卡数据样本以及实地问卷调查获得的样本为数据基础，从网点运行特征、居民使用特征以及收费情景下的使用意愿分析 3 方面展开。

在网点运行特征方面，主要发现不同用地类型网点的使用时间分布有所差异：交通用地、居住用地、公共用地类型的网点都具有双峰式的使用时间分布特征，其中交通用地网点的双峰强度接近，而居住和公共用地网点的晚高峰略弱于早高峰；商业用地网点使用仅有早高峰，没有晚高峰。这可以作为公共自行车调配的参考。

在居民出行特征方面，通勤和购物是人们使用公共自行车的主要出行目的，由于这些目的需求相对刚性，人们使用公共自行车的频率不高，平均每天 2 次。因此，今后对公共自行车出行的推动重点可以放在休闲、锻炼目的出行，这需要在骑行环境改善方面予以配合。人们在工作日对网点的使用时间分布整体上也呈现双峰规律，早高峰强度多于晚高峰约 1 倍；但在周末就没有明显的使用高峰时段。与之对应，在时空上也存在钟摆式的特点，交通用地网点尤为突出。公共自行车使用者从前的交通方式主要是步行、公交和私人自行车，转换自小汽车的数量非常少，其低碳效果还值得深入研究。方便是人们使用公共自行车的最主要原因，远高于位列第二的节省时间，而实际上的时间节省也确实不显著。人们使用公共自行车模式可分为全程、换乘、往返 3 种，以全程模式为绝大多数。所以公共自行车的发展应当保持、加强这种灵活便利的优点，通过网点布置和用地布局的统筹，促进人们使用公共自行车进行多目的出行。

在虚拟收费的情景下，人们继续使用公共自行车的意愿随着费用的提高有明显的下降。其中，办事、购物、通勤这些需求刚性较强的出行目的使用意愿下降程度低于休闲、锻炼这些需求刚性较弱的目的。这说明人们尽管对目前免费之下的出行成本节省不在意，对公共自行车收费依然相当敏感。因此，在收费政策出台之前，很有必要系统、科学地研究公共自行车的综合效益。

参考文献：

[1] 龚迪嘉，朱忠东.城市公共自行车交通系统实施机制[J].城市交通，2008，6(6)：27-32.

[2] SHAHEEN S A，GUZMAN S，ZHANG H. Bikesharing in Europe，the Americas，and Asia：past，present，and future[J]. Transportation Research Record，2010，2143：159-167.

[3] 戴菲，刘婕，胡剑双.全国第一个设立免费公共自行车系统的城市：武汉市公共自行车系统研究[J].建设科技，2010(17)：42-46.

[4] 钱俭，郑志锋，冯雨峰.杭州公共自行车设施现状调查与思考[J].规划师，2010，26(1)：71-76.

[5] 王丽莉，宇泉锟，黄彬.杭州公共自行车系统发展现状及其优化[J].现代城市，2010，5(4)：39-42.

[6] 崔梦蕾.基于顾客满意度的城市居民对公共自行车出行分析：以武汉市为例[J].现代商贸工业，2011(9)：125-126.

[7] 刘璐，李杨，徐国虎.武汉市公共自行车服务满意度实证研究[J].物流工程与管理，2011(5)：116-117.

[8] 汤諹.公共自行车与轨道交通结合的机动性创新项目：上海市城市外围地区案例[J].城市交通，2010，8(6)：34-39，43.

原文作者与期刊：

朱玮，庞宇琦，王德，等.上海市闵行区公共自行车出行特征研究[J].上海城市规划，2012(6)：102-107.

第 11 章　公共自行车对居民日常出行的影响

为了达到减少源自机动车出行的能源消耗、排放及污染，不仅需要采取限制小汽车出行的措施，同时要鼓励低碳交通方式，并改善出行环境。在这些低碳交通方式中，自行车开始回归到人们的视野，其中公共自行车又备受关注。

公共自行车通常由可供公众重复使用的自行车加上服务站点构成，用户可以在服务点存取公共自行车。除了低碳减排的相对优势，公共自行车还具有很高的灵活性、高效的设施共享、低被盗可能等好处，因此近年来在我国得到快速发展。武汉、杭州、烟台、广州、北京、上海等地先后建立了公共自行车系统，据估计，全中国的公共自行车数量达 61 400 辆，几乎是全世界公共自行车总数的一半[1]。因此，中国的公共自行车实践将很大程度上影响公共自行车领域未来的发展，其经验对于意向建立类似公共自行车系统的地方具有一定的参考借鉴。

通过案例研究，关注公共自行车系统影响下人们出行的变化以及这种变化之后的机制，后者在国内外相关研究中尚属先例。目前，国内相关研究大致可归为三种类型：第一种类型的研究数量较多，主要借鉴西方国家的公共自行车实践和经验，为我国刚起步的公共自行车建设提供参考[2-6]；第二种类型的研究关注于公共自行车系统建设的方法和技术[7-11]；第三种类型的研究开展相对较少，内容与本书研究类似，对我国公共自行车系统实践的运行效果进行实证研究[12-14]，总结公共自行车用户的社会经济属性、使用行为特征、出行方式的转化以及影响公共自行车使用的因素。现以上海闵行区公共自行车系统为案例，首先对公共自行车使用行为特征作基本分析。汤諹对闵行公共自行车系统进行了初步的研究[15]，本书的分析则更为全面、深入。其次是采用选择模型方法系统考察居民出行方式变化的机制，定量估计各相关要素对选择公共自行车出行方式的影响，这对于理清要素之间的关系、评估公共自行车系统的效果、预测公共自行车的需求等理论探索与实践操作都具有一定的意义。国外研究者已经采用该方法考察人们在自行车与其他交通方式之间的选择[16-20]，但尚未涉及公共自行车。中国台湾学者用 SP 研究人们对虚拟公共自行车系统的偏好[21]。本书是首个应用选择模型方法研究真实公共自行车选择行为的案例。

此外，本章在简要介绍闵行区公共自行车系统开展研究的数据收集的基础上，对公共自行车用户的属性和使用行为特征作基本分析，着重于系统实施后出行行为的变化，并辨识影响人们选择公共自行车出行的原因，其中包括归纳被调查者陈述的原因、建立选择模型、估计公共自行车带来的出行福利改善，最后归纳总结并作研究展望。

11.1 数据收集

11.1.1 闵行公共自行车系统

闵行区公共自行车系统发展迅速，为了平衡供给与需求，永久公司逐渐放开公共自行车使用权限，闵行户籍居民可申请公共自行车诚信卡，用于借还车辆。截至 2011 年年底，已发放 23 万张诚信卡，但根据永久提供的数据，仅 60%的卡被经常使用，剩下的被称为“休眠卡”。结果是，平均每一辆闵行公共自行车每天被使用的次数为 4.2 次，而在巴黎该数为 10～15 次，里昂为 5～8 次，巴塞罗那为 6～12 次。

11.1.2 问卷调查

问卷调查的主要意图是收集闵行居民在公共自行车系统影响下出行行为的变化。因此，问卷的第一部分记录被调查者在公共自行车系统实施前后的出行链。例如，被调查者当前的出行链可能如此：从家里出发，步行 5 min 到公共自行车服务点 A，租用自行车→骑行公共自行车 15 min→到达公共自行车服务点 B，归还自行车，步行 2 min 到地铁站→乘坐地铁 20 min→到达目的地地铁站，步行 10 min 到单位。在公共自行车系统实施前的出行链可能是用公共汽车来接驳地铁。调查也收集了非公共自行车使用者的出行情况，对于他们，仅记录当前的出行链。在这之后，被调查者回答是哪些原因促使或者限制他们使用公共自行车。问卷最后记录被调查者的社会经济属性以及自行车、助动车、摩托车、小汽车的拥有情况。

调查由同济大学城市规划系的学生于 2011 年夏季的 10 d 内完成。他们在地铁站、购物中心、市场、小区入口以及工业区公共自行车站点周边设调查点，随机邀请被调查者参与。每份问卷耗时 15～20 min，最终收集有效样本 451 份，其中 232 份为公共自行车使用者，219 份为非公共自行车使用者。

11.2 公共自行车使用行为特征

11.2.1 使用者与非使用者的属性特征

所有被调查者的主要属性特征见表 11-1。通过比较使用者和非使用者两个群体中各属性的分布结构并结合卡方检验，可以初步推断这些属性对使用公共自行车的影响。

使用公共自行车的男女比例均衡，与非使用者的分布差异不显著。年龄分布存在显著差异：以 35 岁为界，使用者年长者居多，非使用者年轻人居多。收入水平对使用公共自行车没有显著影响，而受教育程度影响显著：高学历的人(大学以上)比低学历人更倾向于使用公共自行车，这可能反映了环境意识的作用。小汽车拥有情况不对使用公共自行车产生显著影响，拥有助动车/摩托车的人相较不拥有的人使用公共自行车的可能性低。而这一关系在自行车拥有情况中相反，可能是因为不拥有自行车的人不会骑车的可能性较高。

表 11-1　被调查者的属性特征

属性	是否使用公共自行车	值					卡方检验显著度
性别		男性	女性				0.127
	使用	51.1%	48.9%				
	不使用	58.5%	41.5%				
年龄(岁)		16～25	26～35	36～45	46～65	≥66	0.042
	使用	15.7%	32.3%	19.7%	29.7%	2.6%	
	不使用	20.9%	40.3%	16.1%	19.0%	3.8%	
月收入(元)		≤2 000	2 001～5 000	5 001～10 000	>10 000		0.638
	使用	27.4%	51.6%	15.8%	5.1%		
	不使用	30.0%	49.0%	13.5%	7.5%		
受教育程度		初中	高中	大学	研究生		0.005
	使用	14.3%	29.9%	52.2%	3.6%		
	不使用	23.5%	33.3%	36.8%	6.4%		
拥有小汽车		是	否				0.678
	使用	31.2%	68.8%				
	不使用	28.9%	71.1%				
拥有助动车/摩托车		是	否				0.044
	使用	29.1%	70.9%				
	不使用	38.3%	61.7%				
拥有自行车		是	否				0.01
	使用	59.1%	40.9%				
	不使用	46.4%	53.6%				

11.2.2　使用行为特征与变化

11.2.2.1　公共自行车出行时耗

人们使用公共自行车出行的时耗可以通过出行链来推算。该时耗包括骑行时耗以及在借车前和还车后的步行时耗。平均时耗为 16.7 min(标准差＝8.5)，按行车速度 12 km/h 计算，骑行距离大约为 3 km。这已经超过了闵行区政府解决“最后一公里”出行问题的目标。大约 50%的出行少于 15 min；90%的出行少于 30 min。结合出行目的来看：通勤(平均＝16.9 min，标准差＝9.2)、购物(平均＝16 min，标准差＝7.3)、办事(平均＝16.4 min，标准差＝7.4)以及休闲(平均＝17.2 min，标准差＝9.1)的时耗非常接近；而锻炼目的的出行时耗明显较多(平均＝24.6 min,标准差＝13.3),这也符合常理。

比较公共自行车使用者的前后出行总时耗发现,使用公共自行车的平均出行时耗节省微乎其微(0.33 min,$t=-0.45$,$Sig.=0.6562$),可见省时应该不是人们选择公共自行车的主要理由。就出行时耗节省的样本单独来看,平均节省 7.9 min,统计显著($t=-16.25$,$Sig.<0.001$);以往出行的平均时耗为 35.4 min(标准差＝26.7),相比于使用公共自行车后时耗增加的以往出行平均时耗(19.5 min,标准差＝20.9)显著较多($t=6.07$,$Sig.<0.001$),说明只有在出行时耗较长时,公共自行车才能体现省时的优点。通过回归分析表明,当以往出行时耗超过 26.6 min 时,每增加 10 min,使用公共自行车可省时 1.7 min($R^2=0.1$)。

11.2.2.2　出行模式

使用公共自行车出行的模式可分为三种：第一种为“全程模式”,即使用者将公共自行车作为唯一的出行工具,囊括了 78%的出行。由于闵行区以外的周边地区尚没有公共自行车服务,该类出行仅发生在区内,相应出行距离较短(少于 3 km),以购物为主要目的(43.1%),通勤(32.4%)和办事(16.4%)其次;大多数为单次骑行,少量多目的出行包含多次骑行。

第二种为“换乘模式”,使用者多数在公共自行车与公共汽车间换乘。20%的出行可以归为此类,其中 89%以通勤为目的。由于公共自行车服务点一般就近设置于地铁与公交站,使得公共交通的服务范围从 800 m 增加到 2 km。该出行模式又可进一步细分为两个子类型。第一种子类型从家出发使用公共自行车,然后换乘公交后到达目的地。第二种子类型在出行的开头以及结尾使用公共自行车,中间乘坐公交,意味着发生两次换乘。

第三种为“往返模式”,使用者在同一服务点借还公共自行车。仅 2%的出行属于此类型,以休闲和锻炼为目的。

11.2.2.3　出行方式转换

公共自行车使用者的出行方式转换可以通过比较系统实施前后的出行链变化得到,结果如下：47.3%的出行转换自步行,25.9%来自公交,18.3%来自私人自行车,4.4%来自小汽车,2%来自助动车/摩托车,1.4%来自班车,0.7%来自“黑摩的”。步行在所有出行方式中被公共自行车替代得最多,可以说该系统成功解决了最后一公里出行问题。但是对于达到减少“黑车”的目标可以说是失败的,因为使用“黑车”的多为收入、出行能力较低而居住较偏远的外来人口,他们尚无资格使用公共自行车。

如何评价公共自行车替代公交和私人自行车需要更深入的研究。公交通常被认为是一种高效的绿色交通方式,那么用一种绿色方式替代另一种绿色方式似乎显得没有意义。但是更严谨的评价必须考虑两种交通方式的排放、生产和运营成本、运输能力、设施使用效率等客观指标,以及出行者感受到的灵活性、便利性、舒适性等主观指标。对于私人自行车问题同样如此。尽管用公共自行车代替私人自行车看上去无意义,但公共自行车在设施共享方面比私人自行车供车主独享更高效是不可否认的;公共自行车也更节省存储空间与维护成本。

来自小汽车和助动车/摩托车的低转换率说明环境非友好的出行方式没有那么容易在公共自行车方式面前淡出。舒适、速度、便利和私密感都是令这些方式受人喜好的主要原因。因此，可能需要其他更有力的措施（如拥堵收费和牌照控制）与更好的公共自行车服务配合才能有效减少私人机动车出行。

11.3 出行方式转换模型

11.3.1 使用或不使用公共自行车的原因

通过总结被调查者陈述的三个影响其使用或不使用公共自行车最重要的原因，为建立出行方式转化模型做准备。表 11-2 按照被调查者对每项原因的赞同比例将各项原因排序。总体上"方便"是公共自行车使用者最为认同的原因，比例达到 80.1%，远高于其他原因。方便的含义比较丰富，包括存取便利、不用担心维护与保存、灵活性高、可达性好等。节省时间（32.5%）位居第二，说明公共自行车相较其他方式的时间优势不明显，这与之前的时耗分析一致。锻炼身体位居第三，28.1%的使用者认为骑车有益健康。尽管出行成本通常是交通方式选择决策中的重要因素，这里发现公共自行车使用者并不看重成本节省（排位第六），可能因为大多数出行转自步行以及公交这些成本已经很低的方式。不同出行目的下使用者关注的原因略有差异，而方便仍是主导原因。对于相对功利性的目的来说（即通勤、购物、办事），节省时间位列第二；而对于功利性弱的目的来说（休闲、锻炼），锻炼身体居第二位。

表 11-2 使用公共自行车的原因排序

原因排序	方便	节省时间	锻炼身体	时间掌控性好	不用担心被偷	节省成本	低碳环保	不用挤车	喜欢骑车	其他
总体	1	2	3	4	4	6	7	8	9	10
	80.1%	32.5%	28.1%	23.8%	23.8%	22.1%	20.3%	11.3%	10.0%	2.6%
通勤	1	2	5	3	5	4	7	8	9	10
	76.8%	38.0%	22.5%	31.0%	22.5%	24.6%	19.7%	12.7%	9.9%	2.8%
购物	1	2	3	4	5	7	6	8	8	10
	82.4%	34.5%	31.1%	25.2%	22.7%	20.2%	21.0%	10.1%	10.1%	1.7%
办事	1	2	4	3	4	4	4	8	9	10
	80.9%	32.4%	22.1%	26.5%	22.1%	22.1%	22.1%	10.3%	5.9%	1.5%
休闲	1	6	2	9	3	4	4	7	7	10
	87.5%	17.5%	37.5%	12.5%	30.0%	25.0%	25.0%	15.0%	15.0%	2.5%
锻炼	1	3	2	6	3	6	6	9	3	10
	81.8%	27.3%	63.6%	18.2%	27.3%	18.2%	18.2%	9.1%	27.3%	0

对于非公共自行车使用者，他们同样选择方便为最重要的原因（34.1%），尽管意见不如使用者那样集中，小汽车拥有者选择该项的比例尤为突出（57.4%）。位居第二的原因是申

请不到诚信卡(24.8%),可见公共自行车的潜在用户不少。位居第三的原因是附近缺少服务点(15%)。

11.3.2　模型设置

将出行方式的转化看作人们在从前的出行方式和新引入的公共自行车之间进行选择,从而应用二项逻辑特模型(binary logit model)来解释这一转化的机制并估计相关要素对决策的影响。

这里并不是简单地模拟选择交通方式,而是将包含或者不包含公共自行车的出行链一并作为出行选择对象。对于公共自行车使用者,当前的出行链包括公共自行车,备选项包括当前的出行链和从前没有公共自行车的出行链。对于非公共自行车使用者,假定其当前不包含公共自行车的出行链与从前的出行链一致,然后根据公共自行车使用者的行为,推断不使用公共自行车者的包含公共自行车的出行链来作为假想的与当前的出行链对应的备选项。据此,人们选择包含公共自行车的出行链的概率定义为式(11-1):

$$P_B = \exp(V_B)/[\exp(V_B) + \exp(V_N)]$$
$$V_M = \sum_i \beta_i x_{iM} \quad M = B,\ N \tag{11-1}$$

式中,V_B 是包含公共自行车的出行链的可见效用,V_N 是不包含公共自行车的出行链的可见效用。效用函数采用常用的线性函数,其中的要素如下:

(1) 出行时耗(min):完成出行链的总时耗;

(2) 自行车时耗(min):使用自行车(包括公共自行车和私人自行车)的时耗,其中包括借车前和还车后的步行时耗加上骑行时耗;

(3) 步行时耗占自行车时耗的比例:该要素部分表征公共自行车的方便性,到服务点的步行距离越短,使用者感到越方便,因此预计该要素的模型参数应为负值;

(4) 公交时耗(min):使用公交的时耗,同样包括乘车时耗和步行到公交站的时耗;

(5) 步行时耗占公交时耗的比例:类似于要素(3);

(6) 其他出行时耗要素,包括步行时耗、助动车时耗和小汽车时耗;

(7) 换乘:在不同交通方式间换乘的次数;

(8) 交通方式特征要素(哑元变量):表征每种交通方式的特点的"常数效用",包括步行、公共自行车、私人自行车、公交、地铁、小汽车等,只要该方式包含在出行链内,其效用就计入效用函数。

11.3.3　模型结果

模型所拟合的数据有 640 条选择记录,包括公共自行车使用者的选择(含当前的以及愿意使用公共自行车的人,481 条)和非公共自行车使用者的选择(159 条)。结果显示,并非所有的要素都具有统计显著性,因此笔者仅保留了显著度在 0.1 以下的要素(表 11-3)。模型的总体拟合优度(McFadden's r^2)为 0.34,对应于平均的预测准确率为 70%,说明模型对数据的解释程度较好。模型对于公共自行车使用者的选择行为的平均预测准确率为 80%,

对非公共自行车使用者的平均预测准确率为 40.4%，说明模型对于自行车使用者的解释力更高。

模型参数的符号符合预期。出行时间延长会增加负效用，而当使用自行车时，将根据骑行时间增加额外的负效用。但是如果骑的是公共自行车而非私有自行车，则该负效用可以一定程度上被公共自行车的特征效用补偿，说明公共自行车的特点受使用者欢迎，方便应该包括在其中。两个步行时间占比要素呈现负值，说明人们偏好更短的步行至公共自行车服务点或者公交站的距离。进一步从参数的大小来看，人们对步行到公共自行车服务点的距离相对敏感，因此公共自行车站点设置应该比公交站更密集。

表 11-3　模型拟合结果

要素	估计值	*T* 值
出行时耗	−0.049 9	−4.117 1
自行车时耗	−0.045 7	−3.934 0
步行时耗占比自行车时耗	−3.756 3	−6.256 2
步行时耗占比公交时耗	−3.110 2	−3.322 9
公共自行车特征要素	3.404 2	9.241 0
对数似然数(Log-likelihood)	−294.11	
McFadden's r^2	0.34	
平均预测准确率	70%	

在此模型的基础上估计公共自行车带来的出行效用变化，可以一定程度上作为该新交通方式的出行福利增加指标(表 11-4)。对于公共自行车使用者，平均出行效用增加了 1.69(标准差=1.1)，相当于节省出行时耗 34 min(标准差=22.1)，应该说是一个非常显著的改善(以无变化作 t 检验：$t=-4.59, p<0.01$)。而对于非公共自行车使用者，如果使用公共自行车可以平均增加效用 0.44(标准差=1.21)，相当于节省出行时耗 9 min(标准差=24.22)，这就解释了这些人为何对公共自行车比较冷淡。从不同的出行目的来看，办事出行的平均出行时耗节省最多(36.4 min)，锻炼出行其次(35.7 min)，购物出行第三(34.6 min)。但综合每种目的的人群数量后，通勤出行的总出行时耗节省最多(占总时耗节省的44.1%)，购物出行其次(31.6%)，办事出行第三(14%)。可见公共自行车对出行福利改善效果最大的还是在较功利性的出行上。

表 11-4　以出行时耗为度量的公共自行车使用者的出行效用变化

	平均(min)	标准差(min)	总合(min)	占比
总体	33.8	22.1	16 109	100%
通勤	33.2	23.2	7 109	44.1%
购物	34.6	18.8	5 091	31.6%
办事	36.4	21.4	2 260	14.0%

（续表）

	平均(min)	标准差(min)	总合(min)	占比
休闲	30.4	28.3	1 399	8.7%
锻炼	35.7	21.5	250	1.6%

11.4 结语

笔者以上海闵行区公共自行车系统为案例，着重于公共自行车系统影响下人们的出行行为变化。经过统计分析后发现：人们使用公共自行车后，出行频率略有增加，出行距离长于预期，平均达到 3 km，但是时间节省效果总体不明显。多数公共自行车使用者将公共自行车作为步行、公交以及私人自行车的替代方式；仅少量出行转换自小汽车、助动车/摩托车或者“黑车”。因此，需要更加深入地研究并比较公共自行车系统和其他交通方式的社会、经济和生态效果，同时要采取私人机动车限制措施以及向低出行能力群体放开公共自行车使用权限来发挥公共自行车的社会效益。

统计被调查者陈述的使用或不使用公共自行车的原因后发现：方便是人们转换到公共自行车的最主要原因，其认可度远高于位列第二的节省时间和位列第三的锻炼身体，而通常认为应该起作用的出行成本在这里并不被看重。以包含和不包含公共自行车的出行链为备选项的选择模型取得了良好的拟合优度，印证了人们所陈述的原因：公共自行车特征要素对出行选择决策的影响力显著，而出行时耗以及服务点与出发点和目的地的接近程度也是重要的因素。在模型的基础上估计公共自行车使用者的平均出行效用增长相当于节省出行时耗 34 min，而通勤出行的总出行时耗节省最多。

总体上看，闵行公共自行车系统较大程度地改善了当地居民的出行质量，且潜在需求巨大。未来的研究将扩充数据，优化选择模型，纳入人们的社会经济属性，应用模型预测不同公共自行车系统建设情景下的使用需求；结合调查中的虚拟收费实验，评估多种收费方案的效果；研究公共自行车相较其他方式的竞争力，为优化城市交通出行结构提供借鉴。

参考文献：

[1] SHAHEEN S A, GUZMAN S, ZHANG H. Bike sharing in Europe, the Americas, and Asia: past, present, and future[J]. Transportation Research Record, 2010, 2143: 159-167.

[2] 高莹.城市旅游中的公共自行车租赁系统分析[C].上海：中国环境科学学会学术年会，中国环境科学出版社，2010.

[3] 耿雪，田凯，张宇，等.巴黎公共自行车租赁点规划设计[J].城市交通，2009(4)：21-29.

[4] 龚迪嘉，朱忠东.城市公共自行车交通系统实施机制[J].城市交通，2008(6)：27-32.

[5] 韩慧敏，张宇，乔伟.里昂公共自行车系统[J].城市交通，2009(4)：13-20.

[6] 王志高，孔喆，谢建华，等.欧洲第三代公共自行车系统案例及启示[J].城市交通，2009(4)：7-12.

[7] 曹萍，陈峻.自行车与轨道交通换乘站选址及需求预测[J].交通科技与经济，2008(3)：87-89.

[8] 李黎辉，陈华，孙小丽.武汉市公共自行车租赁点布局规划[J].城市交通，2009(4)：39-44，38.

[9] 李正浩.城市公共自行车租赁站远期发展规模分析[J].交通节能与环保.2010(2):44-46.
[10] 姚遥,周扬军.杭州市公共自行车系统规划[J].城市交通,2009(4):30-38.
[11] 朱强,郭晟.广州市公共自行车交通系统实施策略研究[J].黑龙江交通科技,2009(8):199-200,202.
[12] 戴菲,刘婕,胡剑双.全国第一个设立免费公共自行车系统的城市:武汉市公共自行车系统研究[J].建设科技,2010(17):42-46.
[13] 钱俭,郑志锋,冯雨峰.杭州公共自行车设施现状调查与思考[J].规划师,2010(1):71-76.
[14] 石晓风.基于杭州经验的集约型城市公共自行车系统规划发展思路[D].杭州:浙江大学, 2011.
[15] 汤諹.公共自行车与轨道交通结合的机动性创新项目:上海市城市外围地区案例[J].城市交通,2010(6):34-39,43.
[16] DE DIOS O J, IACOBELLI A, VALEZE C. Estimating demand for a cycle-way network[J]. Transportation Research Part A, 2000, 34(5): 353-373.
[17] MOUDON A V, LEE C, CHEADLE A D, et al. Cycling and the built environment, a US perspective[J]. Transportation Research Part D, 2005, 10(3): 245-261.
[18] RODRIGUEZ D A, JOO J. The relationship between non-motorized mode choice and the local physical environment[J]. Transportation Research Part D, 2004, 9(2): 151-173.
[19] TAYLOR D, MAHMASSANI H. Analysis of stated preferences for intermodal bicycle-transit interfaces[J]. Transportation Research Record, 1996,1556: 86-95.
[20] WARDMAN M, TIGHT M, PAGE M. Factors influencing the propensity to cycle to work[J]. Transportation Research Part A, 2007, 41(4): 339-350.
[21] 余书玫.公共自行车租借系统选择行为之研究[D].台北:台湾交通大学,2009.

原文作者与期刊:

朱玮,庞宇琦,王德,等.公共自行车系统影响下居民出行的变化与机制研究:以上海闵行区为例[J].城市规划学刊,2012(5):76-81.

第 12 章 自行车出行环境评价

低碳城市涉及交通节能、建筑节能和产业节能等领域，城市交通在城市碳排放中占很大比例[1]。发展城市低碳交通是时下的热点，自行车交通方式具有碳零排放、低能耗的优点，是发展绿色交通的重要方面。我国自行车交通发展经历了一个从起步到迅速发展、再到趋于饱和与逐渐衰退的过程[2]，造成其逐渐衰退的一个重要原因是迅速增长的机动车使用和机动车交通空间挤压了自行车出行空间，导致自行车出行环境不断恶化，城市中自行车出行的比例迅速下降[3]。

为了鼓励自行车出行，需要制定合理的自行车发展策略，而提供良好的自行车出行环境是其中的一个重要方面[4-5]。目前，针对我国日趋恶化的自行车出行环境，还缺少系统的评价和改善方法。而在建立这些方法的过程中，核心的问题是：(1)什么样的自行车出行环境是好的？(2)如何以此为目标进行出行环境改善？自行车使用者是对自行车出行环境最具发言权的群体，本章即从骑行者出行环境偏好的角度，探索评价和改善自行车出行环境的方法。

12.1 研究综述

国内外围绕自行车出行环境偏好展开了大量的研究，探究道路出行环境与骑行舒适度之间的关系，了解骑行者对出行环境要素的感知，从而提出为提高自行车服务水平应对哪些环境要素进行改善。现有研究中探讨了多种影响要素，包括：(1)骑行时间；(2)自行车道特征，包括自行车道的类型、自行车专用道的连续性；(3)道路基本特征，如道路等级、红绿灯数量、交叉口数量、坡度、路面材质、路面是否平坦；(4)道路功能特征，如机动车车流量、限制车速、道路景观；(5)机动车路边停车，包括停车方式、停车周转率、停车面积、停车面积占道路的比例[6-9]。

从研究方法来看，主要有打分评价和行为研究两大类。打分评价法主要是让受访者直接对出行环境要素进行重要度打分[10-14]。行为研究主要分析路径选择行为与道路环境偏好之间的关系，根据调查方法的不同，又分为两种，一是研究实际选择路径的道路环境要素特征[15-17]；二是让受访者在虚拟路径中选择一条最愿意骑行的路径，应用选择模型分析其环境偏好[18-20]。这几种研究方法各有优劣：打分评价法较容易实施，受访者较容易理解，但主观因素起着较大的影响，且由于对环境要素打分或排序并非平时自然的思维活动，受访者对尺度把握容易产生偏差，尤其当要素数量较多时，评价会变得更加困难；相比之下，路径选择行为调查法将受访者置身于更加自然和客观的决策环境中，结果的可靠性更好，但在调查设计上比较复杂。因此，本章采用路径选择行为调查和研究方法，具体采用 SP 进行虚拟路径选择行为调查。该方法通过实验设计产生选择情境供受访者选择，以揭示受访者对替选方案的偏好。相比于 RP，SP 能够进行有效的实验控制，拉开要素水平的差距，减少要素之间的相关性，更准确地揭示决策者的偏好。

以上简要的文献回顾表明，骑行环境改善的理论研究和实践方法在我国还比较缺乏。本章希望达到两个主要目的：一是辨识我国骑行者关注的出行环境要素，探究相关环境要素对人们评价骑行环境的影响，建立相应的数学模型；二是在骑行者出行环境偏好模型的基础上，探索评价、改善城市道路自行车出行环境的方法。

本章介绍了骑行者路径选择行为调查，应用多项逻辑特模型（multinomial logit model）分析其环境偏好规律，以及不同出行目的人群的环境偏好差异；基于分析结果，评价上海杨浦区某区域内自行车出行环境现状，进而提出改善建议；最后归纳总结并作研究展望。

12.2 自行车路径选择偏好分析

12.2.1 自行车出行环境要素及其水平确定

自行车出行环境要素的确定综合了既有研究、上海市道路的实际情况和骑行者调查的情况。从已有文献可知，自行车出行环境要素很多，如果将所有要素纳入 SP 调查可行性低。因此在选取研究要素时本着可操作性、可度量性、代表性和前瞻性等原则，确定预调研中采用的 15 个环境要素，每个受访者要求从中选择 10 个对骑行环境评价影响最大的要素。对 50 个受访者的预调研结果如图 12-1 所示，但考虑上海市道路的实际情况，路面不平坦的道路很少，评价拉不开差距，因此去除；道路景观又可分为自然景观和街道景观两种。最终确定的 10 项要素及其水平见表 12-1。骑行时间取值根据每个受访者平日一般骑行时间在调查当场确定，目的是使得虚拟路径更贴近受访者平日的骑行行为。

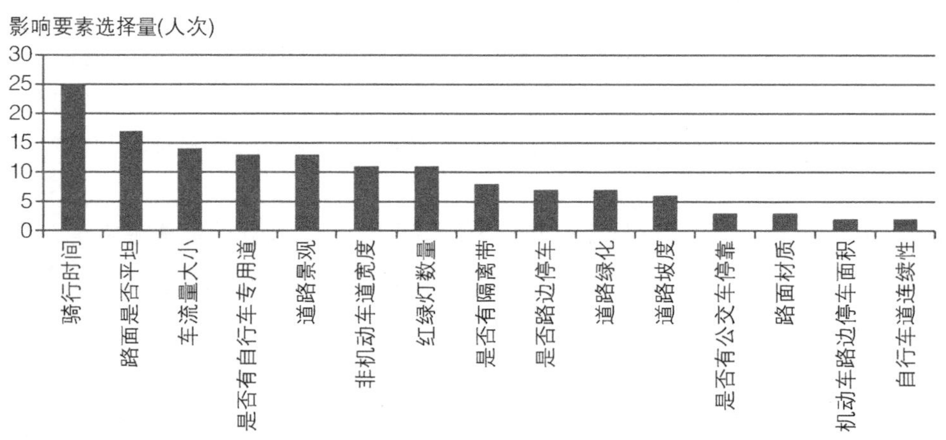

图 12-1 环境要素重要程度预调研结果

表 12-1　自行车出行环境影响要素及其水平

编号	影响要素	水平 1	水平 2	水平 3	水平 4
1	骑行时间(min)	如果 $t<15, t-5$； 如果 $15<t<30, t-10$； 如果 $t>30, t-15$	实际骑行时间 t	如果 $t<15, t+5$； 如果 $15<t<30, t+10$； 如果 $t>30, t+15$	
2	机动车车流量	小	适中	大	
3	车道类型	自行车专用道	与助动车混行	与汽车、助动车混行	
4	机非隔离设施	绿化隔离带	栏杆	划线	无
5	机动车路边停车	否	是		
6	自行车道宽度	可容 3 辆以上车骑行	可容 2 辆车骑行	仅容 1 辆车骑行	
7	红绿灯数量	1～2 个	3～5 个	>5 个	
8	道路绿化	茂盛	稀疏		
9	自然景观	沿河流和公园	途经公园	无	
10	街道景观	整洁优美	整洁	脏乱	

12.2.2　SP 调查设计和实施

SP 调查实验设计包括路线生成、选择方案生成、问卷生成 3 个步骤。第一步，由环境要素及其水平组合成路线，每条线路的特征由 3～4 个要素的水平来定义；第二步，从中选择若干条路线形成选择方案；第三步，在多个选择方案中进行均衡分配，形成 10 种类型的问卷，每类问卷包含不同要素与水平组合的选择题。与一般 SP 调查设计用纯文字表达方式不同的是，本次调查的问卷表达采用图文并茂的方式，尽量用直观易懂的形式帮助受访者理解(图 12-2)。

最愿意骑行的路线为____；其次为____；最不愿意骑行的路线为____				
	骑行时间(min)	道路绿化	自然景观	街道景观
路线一	20	茂盛	经过公园	整洁优美 
路线二	10	茂盛	经过公园或河流	脏乱 
路线三	10	稀疏	经过公园	整洁 

图 12-2　调查问卷样例

问卷的发放采用网络和面填两种方式，其中网络问卷通过“问道网”[①]平台发放，有效问卷量为 105 份；面填问卷在超市、大卖场、地铁站、居住小区等发放，有效问卷量为 95 份。要求每个受访者假设在平时主要的自行车出行目的下，每一次在 3 条或 2 条可选择的骑行路线中，根据自身的偏好，综合考虑各类环境要素，对路线进行排序（3 个选项）或选出最愿意骑行的路线（2 个选项）。

12.2.3 自行车路径选择模型建构

在路线选择行为调查所获数据的基础上，建立多项逻辑的模型以求得各要素间的权重关系和效用函数。模型的理论基础是随机效用理论，据此假定骑行者选择对其效用最大的路线。路线的效用定义如式（12-1）：

$$\begin{aligned} V_{ij} = {} & \alpha_1 \mathrm{time}_j + (\alpha_2 \mathrm{vol1}_j + \alpha_3 \mathrm{vol2}_j + \alpha_4 \mathrm{type1}_j + \alpha_5 \mathrm{type2}_j + \alpha_6 \mathrm{sp1}_j + \alpha_7 \mathrm{sp2}_j + \\ & \alpha_8 \mathrm{sp3}_j + \alpha_9 \mathrm{car}_j + \alpha_{10} \mathrm{width1}_j + \alpha_{11} \mathrm{width2}_j + \alpha_{12} \mathrm{red1}_j + \alpha_{13} \mathrm{width2}_j + \\ & \alpha_{14} \mathrm{green}_j + \alpha_{15} \mathrm{nat1}_j + \alpha_{16} \mathrm{nat2}_j + \alpha_{17} \mathrm{art1}_j + \alpha_{18} \mathrm{art2}_j) \mathrm{time}_j \\ P_{ij} = {} & \exp(V_{ij}) / \sum_j \exp(V_{ij}) \end{aligned} \tag{12-1}$$

式中：V_{ij} 为骑行者 i 从路径 j 所能获得的总效用，P_{ij} 表示骑行者选择某条路线的概率，α 表示环境要素的单位时间效用，也就是骑行者在一分钟的骑行时间内享受到的环境效用，即为模型所要拟合的系数。由于除了时间以外的变量都是定性变量，因此作了虚拟变量处理。

用统计软件 R 对选择记录进行模型拟合，模型拟合优度为 0.09，可见人们的选择规律性不明显，多样性较高。但大多数要素仍呈现统计显著性，符号符合预期，与常识一致。具体的拟合结果见表 12-2。

表 12-2　自行车路径选择行为全样本模型拟合结果

变量			变量系数	显著度	
骑行时间	骑行时间	时间	−0.018 6	1.07E-01	***
机动车	适中	vol1	−0.036 2	2.62E-09	***
车流量	大	vol2	−0.070 1	1.33E-15	***
车道类型	和助动车混行	type1	−0.049 1	2.67E-15	***
	和汽车、助动车混行	type2	−0.072 9	4.89E-14	***
隔离设施	栏杆	sp1	−0.016 3	0.010 307	*
	划线	sp2	−0.013 1	0.077 315	.
	无	sp3	−0.047 1	1.44E-05	***
机动车路边停车	机动车路边停车	car	−0.034 8	9.07E-11	***

（续表）

变量			变量系数	显著度	
车道宽度	可容 2 辆车骑行	width1	—	—	—
	仅容 1 辆车行驶	width2	−0.022 8	0.000 762	***
红绿灯数量	3～5 个	red1	−0.010 4	0.079 937	.
	大于 5 个	red2	−0.028 5	0.000 2	***
道路绿化	道路绿化	green	−0.011 7	0.032 77	*
自然景观	途经公园	nat1	—	—	—
	无	nat2	−0.016 7	0.013 609	*
街道景观	整洁	art1	−0.022 6	0.000 189	**
	脏乱	art2	−0.084 7	<2.20E−16	***
	对数似然数	−1 213.2			
	模型拟合优度	0.09			

注：* * * 显著度≤0.00001，* * 显著度≤0.0001，* 显著度≤0.001，. 显著度≤0.1，“—”表示变量系数因统计不显著而被剔除。

变量系数的绝对值大小反映了自行车骑行者对不同环境要素和等级的相对偏好程度。骑行者最关注的环境要素为自行车道类型、机动车车流量、机非隔离设施、机动车路边停车和街道景观；骑行者特别在意机非之间是否有隔离设施，但对于是何种隔离设施偏好差异性不大；骑行者不愿骑行沿途红绿灯特别多和自行车道很窄的路段；对整洁优美的街道景观和茂盛的道路绿化需求相对较低。

12.2.4　不同出行目的骑行者的出行环境偏好

研究不同人群的自行车出行环境偏好有助于深入理解自行车路径选择行为的多样性。从比较骑行者的出行目的、性别及年龄 3 方面的模型结果来看，按出行目的划分人群的模型解释能力提高最多，说明出行目的对骑行环境偏好影响最大。将出行目的中的上下班/学和外出办事归为通勤目的，将休闲娱乐、健身和其他归为休闲目的，从而将调查样本分为通勤人群样本、购物人群样本、休闲人群样本分别建立模型，模型拟合优度均优于之前的全样本模型，将 3 个模型的拟合优度进行换算得到整体模型拟合优度为 0.174，相比单一的全样本模型解释能力更好，更准确地反映各类人群的偏好特征（表 12-3）。

表 12-3　不同出行目的骑行者行为拟合结果

变量		通勤人群		购物人群		休闲人群	
		变量系数	显著度	变量系数	显著度	变量系数	显著度
骑行时间	骑行时间	−0.060 67	***		−0.032 03	—	—
机动车车流量	适中	−0.027 93	***	−0.028 21	*	−0.040 82	
	大	−0.053 62	***	−0.058 24	***	−0.073 54	

（续表）

变量		通勤人群		购物人群		休闲人群	
		变量系数	显著度	变量系数	显著度	变量系数	显著度
车道类型	与助动车混行	−0.048 48	***	−0.058 39	***	−0.043 12	***
	与汽车、助动车混行	−0.067 67	***	−0.101 46	***	−0.042 2	**
隔离设施	栏杆	—	—	—	—	−0.017 8	*
	划线	—	—	—	—	—	—
	无	−0.040 32	**	−0.115 99	**	−0.060 95	*
机动车路边停车	机动车路边停车	−0.025	***	−0.035 85	***	−0.040 39	***
车道宽度	容 2 辆车并行	—	—	—	—	—	—
	仅容 1 辆车行驶	—	—	−0.042 98	***	—	—
红绿灯数量	3～5 个	−0.015 39		—	—	—	—
	大于 5 个	−0.038 19	**	—	—	—	—
道路绿化	道路绿化	—	—	—	—	−0.014 27	**
自然景观	途经公园	—	—	—	—	−0.019 32	*
	无	—	—	−0.026 21	*	−0.020 27	**
街道景观	整洁	−0.014 37	*	—	—	−0.062 08	***
	脏乱	−0.086 46	***	−0.037 77	**	−0.136 06	***
	对数似然数	−648		−309.07		−135.56	
	模型拟合优度	0.094		0.104		0.210	
	整体模型拟合优度	0.174					

注：“—”表示变量系数因统计不显著而被剔除。

从中可以看出，通勤人群最看重骑行时间，休闲人群最不在意骑行时间；通勤人群对沿途经过红绿灯的数量关注度也最高，其他两类人群不在意红绿灯的数量。而从其他的出行环境要素系数来看，通勤者对环境的偏重低于购物和休闲人群。购物人群对机非间是否有隔离设施、自行车道宽度的偏好高于休闲人群，可能是由于购物人群的车篮重量增加，车辆摇摆性增加，车道过窄和机非间无隔离会造成骑行的不安全感；休闲人群对机动车车流量、车道类型、机动车是否路边停车、道路绿化、自然景观、街道景观的关注度更高，可见休闲人群更注重骑行的安全性和景观性。

12.3 自行车出行环境评价及改善

利用 SP 调查和选择模型分析所得的骑行者对出行环境的偏好，可对一定区域内自行车出行环境进行评价、改善，为规划决策提供依据。

12.3.1　研究区域选定

研究区域如图 12-3 所示，面积为 13.8 km^2，适宜自行车 3～5 km 的出行距离。该区域包括上海市杨浦区的殷行街道和新江湾街道的部分区域，这两个街道建设时间、环境品质和道路建设标准存在明显差异。

图 12-3　研究区域示意图

12.3.2　自行车出行环境现状评价

以改善自行车出行环境为目标，首先对区域内的现状出行环境进行评价，以路段为统计单元，使用 ArcGis10.0 将各项要素指标通过模型分析得到的效用函数进行综合，得到路段现状综合评分，再以理论上最优（效用最高）和最差（效用最低）路段评分作为参照，将自行车出行环境划分为"好、较好、一般、较差、差"5 个等级，在 ArcGis10.0 中做出评价图，颜色越浅道路出行环境评价越高，颜色越深则评价越低。

研究区域内自行车出行环境现状评价如图 12-4 所示，区域评价最低的为“出行环境较差”。西北部新江湾城片区的自行车出行环境明显优于殷行街道，这与新江湾城整体优美的生态环境和高标准的道路建设密切相关。得分最低的是翔殷路，该道路为城市快速路——中环路的地面部分，机动车车流量很大但没有非机动车道，根据现行的交通管制，翔殷路是禁止自行车骑行的，但仍有很多骑行者铤而走险，在机动车流中穿梭；倒数第二的为白城路，其东侧沿路布置有小商品市场临时疏导地、垃圾中转站、运输公司等，很多单位将运输物品堆放在道路沿线，造成街道景观脏乱，严重影响了该路段的出行环境；国庠路、国济路、政衷路也是出行环境较差的路段，这些道路均为城市支路，机非混行，且机非之间无任何隔离设施，沿路还有很多机动车停靠，且道路绿化也不茂盛，综合以上多项要素造成出行环境较差。

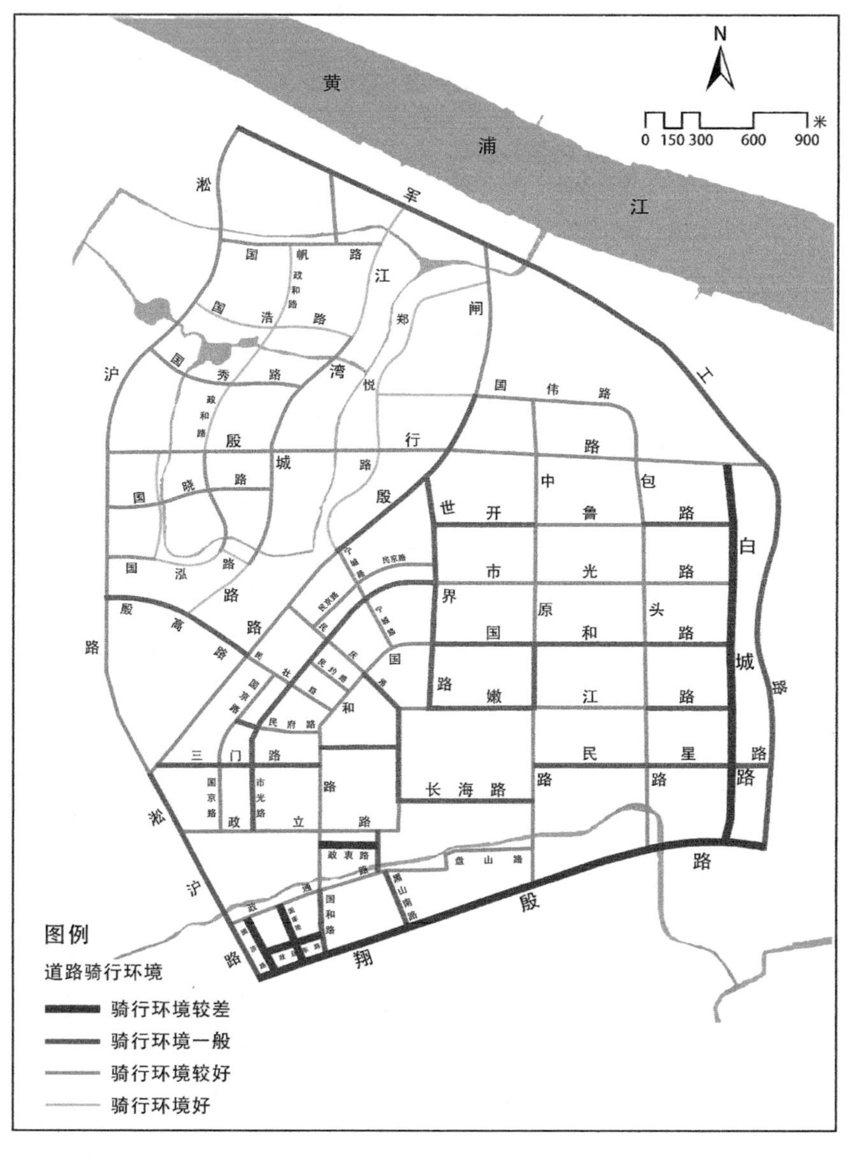

图 12-4　自行车出行环境现状评价

“出行环境一般”的道路主要是军工路和一些道路的部分路段。军工路两侧多分布老式仓库，来往卡车多，造成其当量交通量大。而淞沪路（翔殷路至闸殷路段）、国和路（翔殷路至政通路段、白城路至世界路段）、殷高路（淞沪路至闸殷路段）、闸殷路（国伟路至中城路段）等路段虽和其他路段出行环境差异很小，但由于这些路段在高峰时期机动车车流量较大，加之骑行者对机动车车流量较敏感，从而造成了这些路段出行环境低于其余路段一个等级。

其余路段自行车出行环境为“较好”或“好”，是比较适合自行车骑行的。其中政悦路、国浩路、政和路等出行环境评价得分最高，除了道路的高标准建设和优美的街道景观外，途经河流公园的自然景观也为自行车出行环境添色不少。

12.3.3　自行车出行环境改善

骑行者对不同出行环境要素的评价不同决定了相应出行环境的改善措施也应有所侧重。借助选择模型中相关要素的参数可以定量地估计不同环境要素的改善效果。在模型中，环境变量不同水平之间的效用差值即表示不同水平之间变化的相对效果。如街道景观“脏乱”与“整洁”之间的效用差值 0.062 大于自行车道类型“自行车和汽车、助动车混行”与“自行车和助动车混行”之间的效用差值 0.024，那么针对一条街道景观脏乱、汽车助动车自行车混行的道路，整顿其脏乱的街道景观对于改善自行车出行环境有较好的效果。以研究区域内长海路为例，该路出行环境现状存在的主要问题为：道路绿化稀疏，自行车道类型为自行车与助动车混行，自行车道宽度仅容 1 辆车骑行。针对以上问题可进行 3 方面的改善：改善措施一，增加行道树，改善道路绿化；改善措施二，在非机动车道上铺设自行车专用道，禁止助动车骑行；改善措施三，拓宽自行车道宽度，可容 3 辆自行车骑行。改善措施分别提升环境效用 0.012、0.024、0.023，显而易见，铺设自行车专用道的改善效果最佳。

通过这种方法对研究区域内 6 条出行环境较差的路段进行一项出行环境改善的调查，发现除了翔殷路，其他 5 条路段的出行环境评价均发生从“较差”到“一般”的较大提升。通过一项出行环境改善的调查，区域内除了翔殷路其余路段的出行环境水平均在“一般”及以上，整体来说是比较适合自行车出行的区域。可见，有针对性地进行效用最大的改造能提高区域的整体出行环境改善的效率（表 12-4）。

表 12-4　重点道路出行环境改善措施及效果

路段名	现状环境评价	现状环境效用	优先改善措施	改善后环境效用	改善后环境评价	效用变化
翔殷路	较差	−0.264	机非间增加隔离设施	−0.230	较差	0.034
白城路	较差	−0.247	整顿脏乱的街道景观	−0.184	一般	0.062
国济路	较差	−0.229	限制机动车路边停车	−0.194	一般	0.035
国庠路	较差	−0.229	限制机动车路边停车	−0.194	一般	0.035
政旦东路	较差	−0.217	机非之间划线	−0.183	一般	0.034

（续表）

路段名	现状环境评价	现状环境效用	优先改善措施	改善后环境效用	改善后环境评价	效用变化
政衷路	较差	−0.217	机非之间划线	−0.188	一般	0.034
黑山南路	一般	−0.194	机非之间划线	−0.160	一般	0.034
清源环路	一般	−0.194	机非之间划线	−0.160	一般	0.034
世界路	一般	−0.188	减少机动车车流量	−0.151	一般	0.036
淞沪路(翔殷—闸殷)	一般	−0.187	划定自行车专用道(助动车禁行)	−0.138	较好	0.049
国和路(世界—白城)	一般	−0.184	限制机动车路边停车	−0.149	一般	0.035
国和路(翔殷—政通)	一般	−0.170	减少机动车车流量(交通安宁措施)	−0.137	一般	0.034
军工路	一般	−0.170	减少过往卡车数量	−0.134	较好	0.036
市光路等	一般	−0.148	限制机动车路边停车	−0.113	较好	0.035

12.4 结语

问卷旨在基于骑行者对骑行路线的选择行为，探索评价和改善自行车出行环境的方法。运用SP对骑行者进行虚拟路线选择调查，并用多项逻辑特模型量化道路环境对骑行者路径偏好的影响。结果表明，骑行者最关注的环境要素为自行车道类型、机动车车流量、机非隔离设施、机动车路边停车和街道景观。不同出行目的人群的环境偏好差异显著，通勤人群最在意时间成本，购物人群更在意机非间是否有隔离设施和自行车道宽度，休闲人群对机动车车流量、车道类型、机动车是否路边停车、道路绿化、自然景观、道路景观的关注度更高。分人群的模型拟合优度明显提升，说明出行目的对环境偏好影响大，需要在规划中加以利用。

对案例区域的现状骑行环境评价和改善探索了这种基于骑行者环境偏好分析的可用性，显示出定量细化分析的优势。结合GIS的分路段现状评价可以高效地辨识每个路段存在的问题，进而便于有针对性地改善路段环境。效用模型方法提供了一种明确的改善骑行环境的标准，据此优先考虑效用提升最大的环境要素进行改造，有助于提高投入产出效率。

今后的研究将通过改善实验设计以及更充足的实证来加强评价模型的拟合优度和可信度；在此基础上开发骑行环境评价的软件，为自行车系统规划和建设提供科学、高效的手段。

参考文献:

[1] 陈飞,诸大建,许琨.城市低碳交通发展模型、现状问题及目标策略:以上海市实证分析为例[J].城市规划学刊,2009(6):39-46.

[2] 中国城市科学研究会,住房和城乡建设部城乡规划司,同济大学建筑与城市规划学院.中国城市交通规划发展报告,2010[M].北京:中国城市出版社,2012.

[3] 李伟.步行和自行车交通规划与实践[M].北京:知识出版社,2006.

[4] 李伟.哥本哈根自行车交通政策(2002—2012)[J].北京规划建设,2004(2):46-51.

[5] 安德鲁.伦敦自行车革命[J].交通建设与管理,2010(11):107.

[6] CHEN C, CHEN P. Estimating recreational cyclists' preferences for bicycle routes-evidence from Taiwan[J]. Transport Policy, 2012(1): 1-8.

[7] STINSON M, BHAT C R. A comparison of the route preferences of experienced and inexperienced bicycle commuters[C]. Compendium of Papers CD-ROM, 2005.

[8] HUNT J D, ABRAHAM J E. Influences on bicycle use[J]. Transportation, 2007, 34(4):453-470.

[9] PROVIDELO J K, SANCHES S D. Roadway and traffic characteristics for bicycling [J]. Transportation, 2011, 38(5SI): 765-777.

[10] EPPERSON B. Evaluating suitability of roadways for bicycle use: toward a cycling level-of-service standard[J]. Transportation Research Record, 1994, 1438(1438): 9-16.

[11] ANTONAKOS C L. Environmental and travel preferences of cyclists [D]. The University of Michigan, 1993.

[12] DIXON L B. Bicycle and pedestrian level-of-service performance measures and standards for congestion management systems[J]. Transportation Research Record: Journal of the Transportation Research Board, 1996, 1538: 1-9.

[13] LANDIS B W, VATTIKUTI V R, BRANNICK M T. Real-time human perceptions: toward a bicycle level of service[J]. Transportation Research Record: Journal of the Transportation Research Board, 1997, 1578: 119-126.

[14] LI Z, WANG W, LIU P, et al. Physical environments influencing bicyclists' perception of comfort on separated and on-street bicycle facilities [J]. Transportation Research Part D: Transport and Environment, 2012, 17(3): 256-261.

[15] AULTMAN-HALL L, HALL F L, BAETZ B B. Analysis of bicycle commuter routes using geographic information systems: implications for bicycle planning [J]. Transportation Research Record: Journal of the Transportation Research Board, 1997,1578: 102-110.

[16] HOWARD C, BURNS E K. Cycling to work in Phoenix: route choice, travel behavior, and commuter characteristics[J]. Transportation Research Record: Journal of the Transportation Research Board, 2001,1773: 39-46.

[17] MENGHINI G, CARRASCO N, SCHÜSSLER N, et al. Route choice of cyclists in Zurich[J]. Transportation Research Part A: Policy and Practice, 2010, 44(9): 754-765.

[18] BOVY P H L, BRADLEY M A. Route choice analyzed with stated-preference approaches [M]. Transportation Research Record Journal of the Transportation Research Board, 1986, 1037(1037):

1-11.
[19] STINSON M A, BHAT C R. Commuter bicyclist route choice: analysis using a stated preference survey[J]. Transportation Research Record: Journal of the Transportation Research Board, 2003, 1828: 107-115.
[20] SENER I, ELURU N, BHAT C. An analysis of bicycle route choice preferences in Texas, US[J]. Transportation, 2009, 36(5): 511.

原文作者与期刊:

潘晖婧,朱玮,王德.基于路径选择行为的自行车出行环境评价和改善[J].上海城市规划,2014(2):12-18.

第 3 篇

居住、就业与通勤行为

第 13 章　居住偏好与新城人口吸引策略

13.1　引言

多中心的空间结构对于上海市交通状况、生态绩效、住房价格、城市运行效率等方面都具有重要的积极作用，上海向多中心转型发展是合理选择，新城作为远郊人口、产业集聚发展地区，是多中心空间结构的重要组成部分[1-3]。然而，当前上海市新城发展没有达到预期的人口导入效果，近十年间新增常住人口最多的空间是外环线周边，与规划设想相背离，这就需要深究新城人口导入背后的原因机制[4]。

既有研究一般遵循从现状上海新城发展情况分析入手，总结新城发展的困难与问题，探究其原因，进而提出相应的改善策略的研究路径。俞斯佳等（2009）从当前的制度环境视角，提出未来上海新城发展应该重点集中于各个新城清晰的定位与目标，形成并落实有针对性的配套政策等方面[5]。郑德高等（2011）从区域空间结构的视角，认为未来上海市新城发展应该充分考虑政府和市场两种力量，构建“中心城—边缘城市—综合新城—产业新城”的空间体系[6]。顾竹屹等（2014）从政策视角出发，认为应该从政策目标制定、体制机制创新、分类指导差别化发展、市域城乡空间格局建构等方面推进上海新城未来发展[7]。但是，对于现状问题的分析以定性描述或基于统计数据的定量描述为主，缺乏对其微观机制的深入探究；对于新城发展的策略与建议，普遍集中在规模、定位、交通、设施、体制机制等方面，且以定性阐述为主，缺乏精细化的定量测度，以及对于策略和建议实施效果的评价；而这些都离不开对于居民居住行为偏好机制的深入剖析[8]。

国外对于居民居住偏好机制已经有较为成熟的研究框架和研究内容。理论层面，阿隆索（Alons，1964），米尔斯（Mills，1967）和穆斯（Muth，1969）建立的经典空间结构解析模型（AMM 模型）认为，居民的居住区位选择行为是在预算约束下对住房成本和通勤成本进行权衡，追求效用最大化的过程[9-11]。通过对美国长岛地区费尔菲尔德镇（Fairfield）居民的住宅选择进行 SP 调查，恩哈特（Earnhart D，2001）发现住宅的占地面积与室内面积对购买决策的影响最大，人们更喜欢面积大、近水景的住宅，建筑风格、房屋年龄、价格等因素的影响较小，而地面景观类型、洪水影响、卧室数量则对选择没有显著作用[12]。亨特（Hunt J D，2010）邀请加拿大埃德蒙顿市超过 1 200 位居民参与 SP 调查，结果表明人们在选择住宅时，住宅类型、交通噪声、市政税费的影响最大，对不同属性的人群来说拥有独立住宅、不受交通噪声干扰都是最重要的，家庭偏好的典型特征是为了获得独立住宅和更少噪声而宁愿忍受更长的出行时间、支付更多的交通费用[13]。相比低收入家庭，高收入家庭更容易选择大户型、精装修的房屋，因为有更高的预算。而且，具有相同收入水平和购房预算的家庭，也有可能因其房屋户型偏好不同，购房选择出现差别。类似的研究还有莫林(Molin E，1996)使用 SP 方法对低密度与高密度住宅的支付意愿调查[14]。国内相关实证研究多是基于调查统计的面上分析，对于住房选择影响因素相对重要程度的定量测度研究较少。

本章通过调查居民住房选择行为与偏好，进行决策行为量化实证研究。首先，采用问卷调查与实地访谈的方法，对上海市居民住房选择行为进行调查，定性了解不同人群居住现状、住房选择过程及其影响因素。在此基础上，采用 SP 和离散选择模型，调查分析上海市居民住房选择偏好，定量测度居民住房选择影响因素作用程度及其相互关系。在把握住房选择行为与偏好的基础上，以上海市为例开展规划应用，提供一种行为视角的新城人口吸引策略制定与评价的新思路。

13.2 研究设计

问卷包括个人基本情况和虚拟住房情景选择行为调查两个部分。个人基本情况包含被调查者个人及家庭情况、住房及通勤情况、购房意愿、目的及影响因素等信息。虚拟住房则采用 SP 法设计居住偏好调查，结合离散选择模型分析，测度各影响因素作用程度及其相互关系。首先，通过既有研究成果与预调研结果确定影响居民住房选择的因素及其水平；其次，设计虚拟住房情景，生成 SP 选择方案，以表格形式表达选项信息。通过建立离散选择模型对问卷统计结果进行分析，模型拟合的结果可以得到居民对于不同住房情景的相对偏好程度。

根据可操作性、可度量性及典型性等影响因素选取原则，借鉴既有研究成果，初步选出住房选择行为备选影响要素，共涉及设施配置、区位交通、住房条件、价格因素、自然环境及社会环境六大方面，共计 25 项要素(表 13-1)。

表 13-1　住房选择行为影响因素梳理

要素类	要素
设施配置	购物设施
	医疗设施
	文化设施
	体育设施
	娱乐设施
	教育设施
	公园绿地
	社区服务设施
区位交通	距市中心距离
	城市方位象限
	距工作地通勤时间

（续表）

要素类	要素
区位交通	地铁站
	公交站
住房条件	住房面积
	住房类型
	户型设计
	通风采光
价格因素	住房价格
	升值潜力
自然环境	空气质量
	噪声污染
	景观绿化
社会环境	邻里关系
	居住安全
	亲朋联系

进行影响因素的预调研，在居民较为集中的杨浦区五角场地区以及鞍山新村地区进行预调研问卷的发放，让被调查居民选出其认为对住房选择行为影响最大的五个因素，调查结果如图 13-1 所示。

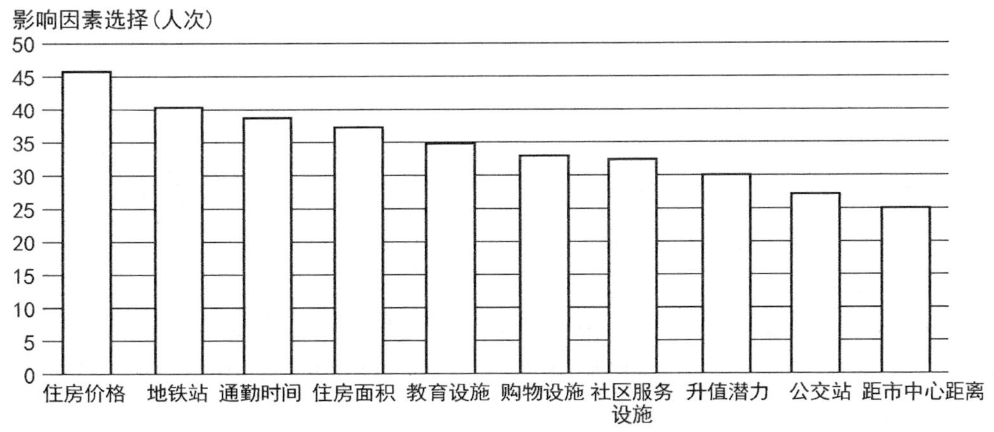

图 13-1　居民住房选择行为影响因素预调研结果

基于预调研结果统计与问卷发放过程中的访谈交流，对于以上备选因素进行保留、合并或调整，综合考虑水平值要能较为全面体现因素现实情况，且水平值之间能够拉开合理梯度，最终确定研究因素及各因素的水平值（表 13-2）。

表 13-2 住房选择行为影响因素及其水平设定

影响要素	水平 1	水平 2	水平 3
住房价格(单价)	40 000 元/m^2	25 000 元/m^2	10 000 元/m^2
通勤时间(单程)	90 min	60 min	30 min
距离最近的地铁站(步行时间)	30 min	15 min	5 min
日常购物设施：菜场或小卖店(1 km内是否完善)	不完善	完善	
地区级购物设施：大型超市或购物中心(3 km 内有无)	无	有	
义务教育设施(质量)	一般	较好	

对住房选择行为影响因素的水平组合进行正交设计，获得虚拟的住房选择方案。多个选择方案均分成几套问卷，便于受访者作答，问卷的表达采用表格文字描述的形式。每道题目比较 2 个虚拟的住房条件，请受访者从 A、B 两方案选择其一，或者都不选(表 13-3)。

表 13-3 虚拟住房选择问题示例

从 A、B 两方案选择其一，或者都不选：

	义务教育设施	距离最近的地铁站(步行时间)	通勤时间(单程)	地区级购物设施：大型超市或购物中心(3 km 以内)	日常购物设施：菜场或小卖店(1 km 以内)	住房价格(单价)
A	较好	30 min	30 min	无	不完善	25 000 元/m^2
B	一般	15 min	30 min	无	不完善	10 000 元/m^2
C	都不选					

13.3 调查实施与初步分析

本章的调查对象为 18 岁以上的成年上海市居民，既包括现有住房者，也包括现无住房者，只要其生活在上海，对于住房选择有一定的理性思考和判断能力，他们的需求和偏好都应该纳入调查范围。

为了确保调查研究具有一定的广度和深度，采取问卷调查与访谈调查相结合的方式，访谈对象为上海市不同区域、不同年龄、不同职业的人群，包括五角场购物休闲人群、鞍山新村房地产中介、江桥拆迁安置居民以及嘉定新城居民等；同时为了尽可能提高问卷调查的样本数量和代表性，本章采取网络问卷与实地问卷相结合的方式，网络问卷通过问卷星(http://www.sojump.com/)发放，范围覆盖上海市域，实地问卷受时间精力等条件限制，选取具有一定代表性的上海市典型区域进行集中发放，包括中心城区的五角场副中心和鞍山新村社区、近郊的江桥片区水岸秀苑小区以及远郊嘉定新城的中信泰富又一城小区。

调研时间为 2015 年 7 月中旬至 8 月中旬，访谈居民约 20 人，调查问卷共发放 600 份，回收有效问卷 545 份，有效率 90.8%。在所获 545 个有效样本中，女性占 51%，男性占

49%;年龄结构中,18~60 岁居民占比高达 97%,说明绝大多数人有能力对住房情况进行基本判断,并且实施合理的住房选择决策行为。收入情况中,个人年收入 5 万元以下人群占比 15%,5 万~10 万元人群占比 40%,10 万~20 万元人群占比 30%,年收入在 30 万元以上人群占比 15%,各收入阶层人群分布较为平均。样本整体结构较为均衡,基本符合上海市人口结构特征,满足分析要求。

从居民住房选择目的来看,刚需型购房目的人群占比 32%,为了改善现有居住条件的改善型需求购房目的人群占比 34%,广义的投资型需求购房目的人群占比 13%(包括为子女购房、为父母购房、投资置业人群占比分别为 8%、1%、4%),暂无购房需求及其他购房目的人群占比 21%。样本整体以刚需型和改善型购房目的为主,基本符合上海市居民住房选择情况。

从居民住房选择影响因素来看,住房价格(93%)是对居民住房选择行为影响最大的因素,且重要性程度远高于其他因素,通勤时间(53%)、1 km 内的日常购物设施完善程度(50%)和到最近的地铁站步行时间(46%)次之,义务教育设施的质量(35%)和 3 km 内的地区级购物设施有无(24%)在整体住房选择影响中占比最低,但是其解决了部分人群特定时段的特定需求,在居民住房选择行为中仍然发挥着重要作用。样本整体来看,房价与通勤因素仍然是对居民住房选择行为影响最大的因素,基本符合预调研与访谈所得结论。

13.4　居住行为偏好模型结果分析

利用 Nlogit 软件对 SP 问卷采集到的 5 436 次虚拟住房选择记录进行模型拟合,从整体模型结果初步解释各要素对居民住房选择行为的影响,并且在支付意愿层面对模型结果进一步解释与分析。

模型中变量系数的绝对值反映了该变量影响效用的大小,系数的符号反映了该变量变化产生的效用是正(+)还是负(-)。整体模型的结果表明,所有 6 个变量均显著影响居民的住房选择,且影响方式符合预期,即当住房价格增加、通勤时间增加、距离最近的地铁站步行时间增加、日常购物设施由“完善”变为“不完善”、地区级购物设施由“有”变为“无”、义务教育设施质量由“较好”变为“一般”时,住房情景效用会降低,从而引起居民选择的概率减小(表 13-4)。

表 13-4　住房选择行为整体模型拟合结果

变量	变量系数
住房价格(单价)	-0.485 63***
通勤时间(单程)	-0.012 43***
距离最近的地铁站(步行时间)	-0.019 34***
日常购物设施:菜场或小卖店(1 km 内是否完善)	+0.555 64***
地区级购物设施:大型超市或购物中心(3 km 内有无)	+0.265 35***
义务教育设施(质量)	+0.322 89***

（续表）

变量	变量系数
Log likelihood function（对数似然值）	−5 141.901
McFadden r-squared（麦克法登 r^2）	0.139 01

注：＊＊＊表示在1％水平上显著。

由于模型中既有连续变量又有离散变量，量纲不同不具有直接可比性，因此需要分别比较两类变量的效用系数。

整体模型中“日常购物设施完善程度”“地区级购物设施有无”“义务教育设施质量”三个变量为离散变量，其中对居民住房选择影响最大的是“日常购物设施完善程度”（0.555 64），其次是“义务教育设施质量”（0.322 89）和“地区级购物设施有无”（0.265 35）。

整体模型中“住房价格”“通勤时间”“距离最近的地铁站步行时间”三个变量为连续变量，其系数的绝对值分别代表住房的单价变化1万元/m^2、单程通勤时间变化1 min、距离最近的地铁站步行时间变化1 min时的效用变化。然而在实际生活中，人们对费用和时间可感知的变化幅度一般在数分钟、数百元等，因此不宜直接以模型拟合的变量系数来衡量变量的重要性，但可以通过计算支付意愿（willingness to pay，WTP）来体现不同变量之间的相互关系。

“住房价格”与“通勤时间”二者系数之比为39.07，表示当住房价格（单价）每降低1万元/m^2时，居民愿意付出通勤时间增加约39 min的代价。

“住房价格”与“距离最近的地铁站步行时间”二者系数之比为25.11，表示当住房价格（单价）每降低1万元/m^2时，居民愿意付出距离最近的地铁站步行时间增加约25 min的代价。

“日常购物设施完善程度”“地区级购物设施有无”“义务教育设施质量”三者与“住房价格”的系数之比分别为1.14、0.55、0.66，表示当日常购物设施由“不完善”变为“完善”、地区级购物设施由“无”变为“有”、义务教育设施质量由“一般”变为“较好”时，居民愿意分别为其付出住房价格（单价）增加11 400元/m^2、5 500元/m^2、6 600元/m^2的代价。

13.5 新城人口导入策略分析

通过居民虚拟住房情景选择调查可以获得居民的居住需求和偏好机制，从微观行为视角提出针对性的改善郊区新城居住吸引力的建议。本章选定上海市作为规划应用对象，首先从圈层尺度分析各类人群到远郊居住合理合算的底线；然后从新城尺度进行问题诊断，提出差异化的改善策略及效用评估。

13.5.1 圈层尺度应用：市域居住圈层吸引力评价与规划建议

目前上海市远郊圈层吸引力较低，住房价格的优势无法弥补通勤与设施的巨大劣势，为了提出具有可操作性的远郊地区人口导入路径（政策组合），需要探究各住房情景因素对于不同人群到远郊居住的合理合算的底线。探寻远郊地区需要达到怎样的情景才会相比中心城区和近郊地区更有吸引力，可以进一步将问题分解为远郊房价要降到什么程度、交通要便捷到什么程度、设施要配置到什么程度才能使吸引力最高，从而探究各住房情景因素对于不同人群到远郊居住的合理合算的底线。

13.5.1.1　圈层划分与住房情景数值设定

对各个圈层的住房情景因素水平进行设定，就目前上海市现实情况来看，各圈层由于所处位置不同，各方面条件存在一定差异(表 13-5)。

表 13-5　各个圈层住房情景因素水平设置

变量	中心圈层	近郊圈层	远郊圈层
住房价格(单价)	50 000 元/m^2	35 000 元/m^2	20 000 元/m^2
通勤时间(单程)	30 min	60 min	90 min
距离最近的地铁站(步行时间)	10 min	20 min	30 min
日常购物设施：菜场或便利店(1 000 m 内是否完善)	完善	完善	不完善
地区级购物设施：大型超市或购物中心(3 000 m 内有无)	有	有	无
义务教育设施(质量)	较好	一般	一般

13.5.1.2　不同圈层工作人群居住效用与选择概率计算

将 545 个调查对象居民样本基于“工作地点”选择差异近似划为中心圈层、近郊圈层和远郊圈层工作人群，各圈层人数分别为 315 人、78 人和 152 人。对工作地点在中心圈层、近郊圈层、远郊圈层的人群分别建立选择模型，计算在各圈层的居住效用和选择概率(表 13-6)。

表 13-6　各圈层工作人群的圈层居住选择概率比较

	中心圈层(居住)	近郊圈层(居住)	远郊圈层(居住)
中心圈层(工作)	48.9%	36.7%	14.4%
近郊圈层(工作)	42.8%	44.4%	12.8%
远郊圈层(工作)	29.6%	36.4%	34.0%

在中心圈层工作的人群有 48.9%的概率选择在中心圈层居住，可能归因于较短的通勤时间和便捷完善的设施配置，近郊圈层因其住房价格的相对优势，尚可接受的通勤时间和设施配置，也吸引了 36.7%的人群选择，远郊圈层虽然住房价格吸引力大，但是通勤时间过长，设施配置较差，所以只有 14.4%的人群选择。

在近郊圈层工作的人群最有可能选择在近郊圈层居住，选择概率高达 44.4%，这可能是由于较短的通勤时间以及较低的住房价格，但中心圈层由于设施配置的完善，对于近郊工作人群也有较大居住吸引力，选择概率为 42.8%，远郊圈层虽然住房价格有优势，但是可能尚不足以弥补设施配置的巨大差距，选择概率只有 12.8%。

在远郊圈层工作的人群最有可能选择的居住地是近郊圈层(36.4%)而非远郊圈层(34.0%),进一步说明了远郊地区房价和通勤的优势不足以弥补设施配置导致的巨大效用差距,远郊圈层对于吸引工作人群就近居住不如近郊圈层,即使相对中心圈层(29.6%)也没有明显优势。

利用模型可以初步解释现状上海市人口分布的原因,在中心城区工作的人群趋向于就近居住,由于近年来中心城区房价的上涨和近郊地区交通等设施的日趋完善,近郊地区由于价格和设施的综合条件较好,既吸引了大量在近郊工作的人就近居住,同时相对较低的房价也吸引了部分无法承受中心城区高房价的就业人群,相对完善的设施配置吸引了部分在远郊地区工作的人群,导致近郊人口高度集聚,是近年来上海市人口密度发展最快的地区,并且可以推断如果继续执行现行政策与规划,中心城区可能会维持较高吸引力,人口疏解难度仍将存在,近郊地区将继续大量集聚人口,远郊地区将继续维持低速缓慢的人口发展。

13.5.1.3 基于住房偏好的远郊地区人口导入情景底线计算

将在中心圈层、近郊圈层、远郊圈层的工作人群分别运用建立选择模型计算其在各圈层的居住效用和选择概率,基于“效用最大化原理”,若要吸引人群来远郊地区居住,需要远郊圈层的吸引力效用高于中心圈层和近郊圈层,从各个住房情景因素角度分析远郊地区吸引力提升到最高所需底线:

住房价格方面,若要吸引在远郊地区(新城内部)工作人群,需要单价再降低1 500 元/m^2 才能实现远郊地区吸引力最大;若要吸引近郊地区工作人群,经过计算,即使远郊房价降低为 0,仍无法使其达到吸引力最大,即通过降低远郊房价单一途径无法实现目标,只有当中心城区房价提升至单价 88 000 元/m^2,近郊地区房价至单价 74 000 元/m^2,同时保持远郊地区现状住房单价时,远郊地区吸引力效用才会最大;若要吸引中心城区工作人群,通过降低远郊房价单一途径同样无法实现目标,只有当中心城区房价提升至单价 76 000 元/m^2,近郊地区房价至单价 55 000 元/m^2,同时保持远郊地区现状住房单价时,远郊地区吸引力效用才会最大。

通勤时间方面,若要吸引在远郊地区(新城内部)工作人群,需要通勤时间再缩短 5 min 才能实现远郊地区吸引力最大;若要吸引近郊地区工作人群,经过计算,即使通勤时间缩短为 0,仍无法使其达到吸引力最大,即通过缩短通勤时间单一途径无法实现目标,只有当中心城区通勤时间提升至 144 min,近郊地区通勤时间至 117 min,同时保持远郊地区现状通勤时间时,远郊地区吸引力效用才会最大;若要吸引中心城区工作人群,通过缩短通勤时间单一途径同样无法实现目标,只有当中心城区通勤时间提升至 103 min,近郊地区通勤时间至 116 min,同时保持远郊地区现状通勤时间时,远郊地区吸引力效用才会最大。

地铁站步行时间方面,若要吸引在远郊地区(新城内部)工作人群,需要到地铁站步行时间再缩短 2 min 才能实现远郊地区吸引力最大;若要吸引在近郊地区和中心城区的工作人群,经过计算,即使到地铁站步行时间缩短为 0,仍无法使其达到吸引力最大,即通过缩短到地铁站步行时间单一途径无法实现目标,而中心城区和近郊地区的地铁站点由于客观存在且应该会日趋便捷,因此无法基于其时间的变化推算可能的情景底线。

设施配置方面，若要吸引在远郊地区（新城内部）工作人群，优化日常购物设施、地区级购物设施和义务教育设施的任何一种即可实现远郊地区吸引力最大，其中日常购物设施优化效果最好，其次是义务教育设施和地区级购物设施；若要吸引近郊地区工作人群，经过计算，必须三种设施全部优化才能实现远郊地区吸引力最大，其中义务教育设施优化效果最好，其次是地区级购物设施和日常购物设施；若要吸引中心城区工作人群，经过计算，必须三种设施全部优化才能实现远郊地区吸引力最大，其中日常购物设施优化效果最好，其次是地区级购物设施和义务教育设施。

综上所述，单一住房情境因素效用有限，应该遵循经济、社会发展的基本规律，综合考虑开发成本与效益，避免采取全面推进或者单一模式推进的策略，选择具有适宜开发建设时序的发展政策组合，同时应注重结合各个新城资源禀赋和发展阶段制定差异化的人口导入模式和策略。

13.5.2　新城案例：新城现状发展评价与差异化改善策略

根据上海市城市总体规划对市域空间结构的发展战略，上海市重点发展嘉定、松江、青浦、南桥、南汇（临港）等 5 大远郊新城（图 13-2），各个新城基于不同的发展阶段和资源禀赋，发展现状有所差异。本章试图探索 5 大远郊新城现状居住吸引力，针对上海总规对各个新城的战略定位，提出针对不同新城差异化的居住吸引力改善策略，预测其改善效果。

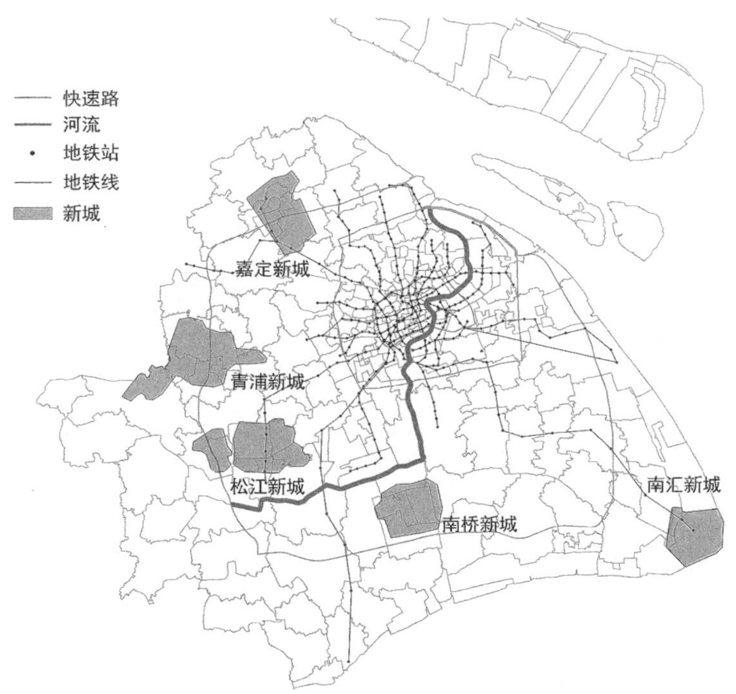

图 13-2　上海市郊区新城规划

13.5.2.1 郊区新城现状住房情景因素水平量化设定

选取上海市 5 个远郊新城开展规划应用，搜集各个新城现状住房情景相关数据(表 13-7)，运用居民住房偏好数据构建模型进行计算。

表 13-7 郊区新城住房情景因素水平设置

变量	嘉定新城	松江新城	青浦新城	南桥新城	南汇(临港)新城
住房价格(单价)	24 000 元/m^2	22 000 元/m^2	18 000 元/m^2	15 000 元/m^2	12 000 元/m^2
通勤时间(单程)中心城/近郊/远郊	70/40/30 min	75/45/30 min	85/55/30 min	80/50/30 min	100/70/30 min
距离最近的地铁站(步行时间)	15 min	15 min	45 min	45 min	15 min
日常购物设施：菜场或便利店(1 km 内是否完善)	完善	完善	完善	不完善	不完善
地区级购物设施：大型超市或购物中心(3 km 内有无)	有	有	有	有	无
义务教育设施(是否完善)	较好	较好	一般	一般	一般

注：通勤时间数字分别代表到中心城区通勤时间/近郊通勤时间/远郊(新城内部)通勤时间。

13.5.2.2 远郊新城居住效用评价

利用中心圈层工作人群、近郊圈层工作人群和远郊圈层工作人群三个分类模型分别计算 5 个远郊新城的居住效用和选择概率，根据计算结果可以获得 5 个远郊新城对分别在中心圈层、近郊圈层和远郊圈层工作人群的居住吸引力效用等级(表 13-8)，定义效用小于−2 为较差，−2 与−1 之间为良好，大于−1 为优秀。

表 13-8 各圈层工作人群的圈层居住选择概率比较

		中心圈层(工作)	近郊圈层(工作)	远郊圈层(工作)
嘉定新城	居住效用	−1.391	−0.103	−0.667
	效用等级	良好	优秀	优秀
松江新城	居住效用	−1.379	−0.112	−0.573
	效用等级	良好	优秀	优秀
青浦新城	居住效用	−2.269	−1.532	−1.983
	效用等级	较差	良好	良好
南桥新城	居住效用	−2.651	−1.806	−2.459
	效用等级	较差	良好	较差
南汇(临港)新城	居住效用	−2.561	−1.790	−1.489
	效用等级	较差	良好	良好

由计算结果可知，嘉定新城、松江新城现状整体发展较好，对于中心圈层工作人群吸引力等级为“良好”，对近郊圈层和在新城内部工作人群吸引力等级为“优秀”，并且在与中心圈层和近郊圈层的竞争中居民的选择概率更高，可能是由于两个新城在空间上距离中心城区相对较近，并且处于重要发展轴线上，已经具有一定发展基础并且得到持续稳定的投入；青浦新城、南桥新城、南汇(临港)新城整体发展一般，对于中心圈层工作人群的吸引力普遍“较差”，对于近郊圈层工作人群的吸引力普遍“良好”，但是居民选择概率都很低，与中心圈层和近郊圈层相比竞争力较差，在对新城内部工作人群的吸引力方面，各新城呈现较大差异，青浦新城由于日常购物设施较为完善，临港新城由于有地铁线路直达，导致二者吸引力效用大大提升，本地工作人群也有更高概率选择在新城内部居住。

13.5.2.3　远郊新城差异化人口发展策略

《上海市城市总体规划(2015—2040 年)纲要》中，提出要科学规划和定位新城功能，鼓励优势互补，充分发挥新城在优化空间、集聚人口、带动发展中的作用。将嘉定新城、松江新城、青浦新城、南桥新城、南汇(临港)新城发展目标定为长三角城市群中具有综合性辐射、服务作用的综合性节点城市，强化枢纽和交通支撑能力，加强其与周边地区的组合、协作发展，提升新城的区域核心功能。

可以将总体规划设定的发展目标转译为嘉定、松江新城提升对于中心城区和近郊区工作人群的吸引力效用，青浦新城、南桥新城、南汇(临港)新城提升对于近郊区和远郊区工作人群的吸引力效用，综合考虑各个新城发展的基础和资源禀赋，进一步分解得到差异化的人口导入目标：嘉定新城、松江新城对中心城区工作人群吸引力等级提升至“优秀”；青浦新城、南桥新城、南汇(临港)新城对中心城区工作人群吸引力等级提升至“良好”。经过计算可以得到 5 个远郊新城实现各自规划人口导入目标最有效的改善措施及改善效果(表 13-9)。

表 13-9　各新城改善措施及效果模拟

新城	现状居住效用	现状居住评价	优先改善因素	改善后居住效用	改善后居住评价	效用变化
嘉定新城	−1.391	良好	地铁＋通勤	−0.850	优秀	0.541
松江新城	−1.379	良好	地铁＋通勤	−0.838	优秀	0.541
青浦新城	−2.269	较差	地铁	−1.549	良好	0.720
南桥新城	−2.651	较差	日常购物＋地铁	−1.425	良好	1.226
南汇(临港)新城	−2.561	较差	日常购物＋地区购物	−1.517	良好	1.044

13.6　结语

本章以居民住房选择行为视角对郊区新城的人口吸引策略进行了研究。基于上海市中心城区人口疏解压力与新城人口吸引困难之间的矛盾现象提出研究问题，通过对郊区新城发展及居民住房选择行为等方面相关文献的梳理，提出了从微观选择行为视角的探讨郊区新城人口吸引力提升的思路。以调查问卷为基础,应用 SP 法设计虚拟住房选择行为调查,探索上海居民居住偏好特征。构建离散选择模型,基于支付意愿(WTP)解释各因素对居住偏好影响程度的差异。在此基础上,应用该模型结果提出人口吸引力引导模拟与策略,包括圈层尺度应用基于住房偏好提出远郊圈层人口导入的情景底线,新城尺度应用提出各新城现状发展评价与差异化改善策略。本章的创新主要在于运用选择模型研究我国城市居民的住房选择偏好,以及从居住偏好视角探讨郊区新城人口吸引策略等方面。

参考文献:

[1] ALONSO W. Location and land use: toward a general theory of land rent[J]. Proceedings of the National Academy of Sciences of the United States of America, 1964, 106(37): 15861-15866.

[2] 陈群民,吴也白,刘学华.上海新城建设回顾、分析与展望[J].城市规划学刊,2010(5):79-86.

[3] EARNHART D. Combining revealed and stated preference methods to value environmental amenities at residentiallocations[J]. Land Economics, 2001, 77(1): 12-29.

[4] 顾竹屹,赵民,张捷.探索"新城"的中国化之路:上海市郊新城规划建设的回溯与展望[J].城市规划学刊,2014(3).28-36.

[5] HUNT J D. Stated preference examination of factors influencing residential attraction[M]// Residential Location Choice. Berlin Heidelberg: Springer, 2010.

[6] 李健,宁越敏.1990 年代以来上海人口空间变动与城市空间结构重构[J].城市规划学刊,2007(2):20-24.

[7] 刘旺,张文忠.城市居民居住区位选择微观机制的实证研究:以万科青青家园为例[J].经济地理,2006,26(5):802-805.

[8] MILLS E S. An aggregate model of resource allocation in a metropolitan area[J]. American Economic Review, 1967, 57(2): 197-210.

[9] MUTH R F. Cities and housing: the spatial pattern of urban residential land use[J]. Land Use, 1969(5): 591-592.

[10] MOLIN E, OPPEWAL H, TIMMERMANS H. Predicting consumer response to new housing: a stated choice experiment[J]. Netherlands Journal of Housing & the Built Environment, 1996, 11(11): 297-311.

[11] 王颖,孙斌栋,乔森,等.中国特大城市的多中心空间战略:以上海市为例[J].城市规划学刊,2012(2):17-23.

[12] 王桂新,沈续雷.上海市人口迁移与人口再分布研究[J].人口研究,2008,32(1):58-69.

[13] 俞斯佳,骆悰.上海郊区新城的规划与思考[J].城市规划学刊,2009(3):13-19.

[14] 郑德高,孙娟.新时期上海新城发展与市域空间结构体系研究[J].城市与区域规划研究,2011,4(2):119-128.

原文作者与期刊:

王昊阳,王德,刘珺.基于居住偏好的上海市新城人口吸引策略研究[J].城市规划学刊,2017(4):97-103.

第 14 章　居住环境评价

14.1　引言

居住环境是城市生活的载体，是满足居民日常生活活动最重要的场所，与居民的生活质量息息相关。近年来经济的快速发展带来了物质生活水平的极大提高，但随之出现的居住分异、环境污染、交通事故、医护可达性等问题，使得城市中不同人群开始关注其实际生活的居住环境质量。居住环境质量评价可以追溯到 1958 年希腊学者道萨迪亚斯(Doxiadis)创建人类聚居科学，自此人们开始对人类生活环境等问题进行了大规模的基础研究。对居住环境的研究主要集中在对居住环境质量的评价上，基于评价结果获得城市环境对人们生活质量的影响，并在此基础上预测居住环境的变化趋势，便于为提高城市的居住环境质量和相关政策制定提供科学的理论依据。

评价研究的焦点集中在评价指标体系构建和指标权重确定两个方面。自 20 世纪 70 年代以来，国内外学者进行了持续的研究，尤其是对指标权重的确定方法进行了大量的探讨。由于居住环境涉及要素众多，评价指标的分级分类必不可少，以分类原则将现有研究划分为两类：基于实际环境的指标(exposure-based indices)，由物质环境指标构成，如噪声水平、居住面积、空气质量、景观等[1-6]；基于生活感受的指标(effect-based indices)，以环境影响的结果划分指标种类，如健康影响、安全性、方便性、舒适性、环境亲切性、可持续性等[7-14]。这两类指标常用在针对个体研究中，研究目的对指标分类起着重要作用[15]。

从指标权重的确定方法来看，已有研究方法可划分为两大类：一类是对现实的居住环境要素的调查，以人们对要素的使用频率、重要程度或满意程度等作为权重值，这种方法基于现实情况，让人们直接对要素的相对重要程度作出判断；另一类是对环境要素进行虚拟组合，让人们从组合方案中选择满意的方案，通过对虚拟方案的偏好来推算环境要素的相对重要程度，即 SP 方法，这种方法起始于市场营销学对消费者的偏好研究[16]，其在环境评价、交通政策、住房选择、休憩活动等领域已有广泛应用。SP 方法是对采用虚拟调查方式的一类方法的统称，其包括选择实验(choice experiment，CE)[17,18]、结合分析(conjoint analysis，CA)[19-21]、假想市场评价法(contingent valuation method，CVM)[22]等方法。SP 方法以更加贴近人们判断和选择的过程来获得要素的权重，相对直接询问权重具有诸多优点，国外在 20 世纪 70 年代[23]便将 SP 方法应用于居住用地政策评价实践中，相关研究可以分为以下三类：①讨论 SP 方法在环境评价和住房选择中的应用[23-28]；②讨论 SP 方法及与其他方法的比较，一方面是对 SP 方法的实现方式，如选择实验、结合分析、假想市场评价法等方法的原理、应用的探讨和方法的比较[8, 17-21]，另一方面是对 SP 方法和其他方法，如与选择模型方法、回归分析等定量方法以及定性描述的比较[29, 30]；③SP 方法在城市规划和政策制定中的应用研究[31]。国内将 SP 方法用于居住环境质量评价研究的不多，如张文忠对使用经济价值评价方法进行居住环境评价的原理进行介绍[12]。

本章探讨 SP 方法在推算居住环境要素权重中的应用，并对居住环境质量要素的相对重要性和不同城市人群的居住环境要素偏好差异进行分析，以期为改善城市居住环境、满足不同群体的环境需求提供一定的理论参考。

14.2 研究设计

本章核心内容是使用 SP 方法推算城市居住环境质量各影响要素的权重。首先基于预调查，针对研究地域构建居住环境质量评价指标体系，并设定要素的属性水平，然后进行 SP 调查设计，通过问卷调查获得分析数据。

14.2.1 研究地域和评价指标体系

本章以上海市杨浦区为例进行问卷调查。杨浦区跨上海的内环线和中环线，在区位上可以看做上海中心城区的扇形空间截面，其历史上是重要的老工业基地，仍遗留较集中的里弄街坊。近年以来杨浦区建设了大量的工人新村和新时代商品房小区，伴随五角场副中心的建设、大学园区及相关产业的扩展，杨浦区呈现出居住环境和居住人群两个方面丰富性和差异性并济的特点，对上海市中心城区具有一定的代表性。世界卫生组织早在 1961 年就将人居环境概括为 4 个方面：安全性、保健性、便利性、舒适性，这种分类得到各国学者的认同[8, 19, 20]。为在诸多影响要素中选出适合上海的影响要素，本章首先选择上海市中心城区的两个街道进行了预调查。从环境对生活的影响角度将影响要素分为生活便利性、休闲便利性、居住舒适性、环境亲切性、生活安全性 5 个一级指标，对应 20 个二级指标和 68 个三级指标(要素指标)。预调查结果显示，生活便利性、居住舒适性、生活安全性 3 个一级指标的选择概率超过 50%，而休闲便利性和环境亲切性选择比例都不足 20%，这一规律存在二级和三级指标中。通过预调查的筛选，构建适合上海的城市居住环境质量指标评价体系(表 14-1)。

表 14-1　要素属性和属性水平

生活质量评价要素		属性水平
分类	属性	
便利性	到达地铁站时间	步行 5 min、步行 15 min、步行 30 min
	到达市级医院时间	步行 5 min、公交 15 min、公交 30 min
	到达中小学时间	步行 5 min、步行 15 min、步行 30 min
	到达商业地时间	步行 5 min、公交 15 min、公交 30 min

（续表）

生活质量评价要素		属性水平
分类	属性	
舒适性	住房面积	40 m^2、80 m^2、120 m^2
	达到公园时间	步行 5 min、步行 15 min、步行 30 min
	到达健身场所时间	步行 5 min、步行 15 min、步行 30 min
	交通噪声	嘈杂
		安静
安全性	交通事故率	每年 2 件及以下　低
		每年 2 件以上　高
	空气污染(尾气)程度	低
		高
	火灾事故率	棚户简屋、工厂区　高
		其他区域　低
	犯罪率	每年抢盗事件 3 件及以下　低
		每年抢盗事件 3 件以上　高

上海城市居住环境质量评价体系分为 3 类评价要素，分别是便利性要素、舒适性要素和安全性要素。便利性要素包括公共交通、医疗设施、基础教育和购物设施，以居住地到这些设施的时间作为便利性评价指标，判断地区的生活便利程度。考虑人们对时间长度感知的差异性和指标可比性，将到达时间分为 3 个属性水平，分别是 5 min、15 min、30 min，公共交通和基础教育设施一般距离较近，则都为步行时间，医疗设施和购物设施中的较远距离采用公交时间，即步行 5 min、公交 15 min、公交 30 min。

舒适性要素方面，本章将影响居住舒适性的因素定义为居住空间的使用性、周边公园绿地的可达性、健身场所的便捷性以及环境的负荷性。对于居住空间的使用性，以住房面积作为代表，为有所区别，其水平值设为 40 m^2、80 m^2 和 140 m^2；公园绿地和健身场所仍然以步行 5 min、步行 15 min 和步行 30 min 来衡量，局部环境负荷以环境噪声的大小作为评价指标①。

安全性要素方面，随着城市机动车的不断增加，大城市的交通事故率居高不下，交通干道尾气污染严重，城市火灾事故频发，某些区域偷盗事件仍然困扰居民生活，各种灾害给城市带来巨大财产损失的同时，也为城市居民的安居乐业埋下了隐患，影响着人们的居住环境质量。

14.2.2　SP 调查设计

本章通过面访式问卷调查获得数据。问卷内容分为两部分：第一部分为调查者基本情况，包括个人基本信息（性别、年龄、文化、职业、收入等）、家庭情况（是否和家人一起生活、人数、家庭收入、是否有小汽车等)以及现居住地。第二部分为 SP 调查问题[2],分为便利性、舒适性、安全性及综合部分,在每部分虚拟问题之前设置了关于实际居住环境的问题,用于对 SP 方法的检验。调查预想在分析时按照不同的个人信息最多将被调查者分 3 类人群进行比较,按照置信度 20%的要求,每类人群样本数应不少于 96 个,因此总样本数应至少达到 288 份。SP 问题部分采用从 2 个选项中选择之一或都不选的形式,即每个问题有 3 个选项,分别是居住地 A、居住地 B 和选项 C,其中居住地 A 和 B 分别是 4 个(综合部分为 3 个)属性不同水平的组合,选项 C 是 A 和 B 都不满意时的选择,是理论上被调查者可以接受的最低居住环境水平。以便利性问题为例,对 4 个属性的 3 级水平进行全方案组合生成,共有 81(3^4)种方案,通过最小正交设计将方案数量减少到 14 种,所有方案两两比较,去除其中有明显偏好的组合,则最终得到 62 种有效的对比组合。同理,舒适性、安全性和综合部分分别得到 14 种、7 种和 8 种(或 9 种)[3]代表方案,经过方案比选,最终分别确定 47 种、9 种、11 种有效的对比组合。为保证每种组合出现概率均等,将便利性、舒适性、安全性以及综合居住环境质量的问卷进行充分的随机组合(表 14-2)。

表 14-2 SP 调查示例

便利性	**居住地 A**	**居住地 B**	**C**
到达轨道站时间	5 min	30 min	都不满意
到达市级医院时间	公交 15 min	公交 15 min	
到达中小学时间	15 min	5 min	
到达商业地时间	公交 15 min	5 min	
舒适性	居住地 A	居住地 B	C
住房面积	80 m^2	40 m^2	都不满意
到达公园时间	5 min	5 min	
到达健身场所时间	15 min	30 min	
交通噪声	嘈杂	安静	
安全性	居住地 A	居住地 B	C
交通事故率	低	高	都不满意
空气污染(尾气)程度	严重	不严重	
火灾事故率	高	低	
犯罪率	低	低	
居住环境质量	居住地 A	居住地 B	C
到达市级医院时间	公交 30 min	公交 15 min	都不满意
到达公园时间	5 min	15 min	
空气污染(尾气)	高	低	

14.2.3　SP 调查实施

笔者于 2011 年 10 月 7—16 日间分多次在上海市杨浦区展开问卷调查。为了覆盖各种居住环境，同时兼顾对象人群的多样性，选择了不同等级的商业中心、公园绿地、不同类别的社区中心、中小学、办公楼等作为调查地点。调查采用随机抽样的方式，通过不同的调查地点，保证尽可能多地采集到不同居住环境下的样本。调查共计发放问卷 332 份，回收有效 305 份，回收有效率 91.87%。其中男性 141 份，女性 164 份，分别占有效问卷的 46.2% 和 53.8%；各年龄段以 26～40 岁的青中年人为主，占 44.3%，企事业负责人和专业技术人员占到 27.9%，办事和商业服务人员占 29.8%。

14.3　模型拟合和解释

14.3.1　要素权重的模型拟合

SP 方法通过居民选择希望居住的环境来获得各环境要素影响程度的相对重要程度，符合离散选择模型的理论基础，在此采用离散选择模型进行数据分析，其模型表达式如式(14-1)：

$$\begin{aligned} &P_j = \exp(V_j) / \sum_{j=A,B,C} \exp(V_j) \quad (1) \\ &V_{A,B} = W^T X_{A,B} \quad (2) \\ &V_C = M^T X_C \quad (3) \\ &U_{A,B} = V_{A,B} + \varepsilon_{A,B} \quad (4) \\ &U_C = V_C + \varepsilon_C \quad (5) \end{aligned} \tag{14 1}$$

式中：j 是要素的选项，即 A、B、C；P_j 是选择某一居住环境的概率；V_j 是选择 A、B、C 中某一个的可见效用；ε 是随机效应；$U_{A,B}$ 是选择某一类环境的效用；U_C 是设定环境所不能满足的期望效用；$X_{A,B,C}$ 指选择结果；W^T、M^T 是模型所要拟合的系数。

用统计软件 SAS 对 305 份有效问卷的分类要素和综合部分分别进行选择模型拟合。同类要素更加便于人们比较相对重要程度，而类别之间的关系则由综合部分代表，并根据分类要素指标的结果对综合部分中每类要素的相对比值进行调整。模型拟合结果见表 14-3。由于便利性、舒适性和安全性内部要素的量纲差异，以及各人思考问题的习惯，人们对不同类之间的要素进行判断时存在一定的困难，因此综合部分模型的误差相对较大。选择前 3 部分模型中最显著的系数(统计意义上，系数的 T 值绝对值越大，代表系数越显著，解释性越强)，即中小学距离、交通噪声和犯罪率分别作为便利性、舒适性和安全性的代表，将综合部分的指标按照这 3 个指标的变动幅度进行修正。4 部分的模型优度指标 McFadden's LRI 分别为 0.234、0.252、0.095 和 0.180。一般认为，McFadden's LRI 值在 0.2～0.4 比较合理，由此可知便利性和舒适性拟合效果较好，安全性结果不佳，综合部分模型结果一般。

表 14-3 模型的拟合结果

居住环境指标		分类模型 系数	总模型 系数
便利性	到达地铁站时间	−0.037 0***	−0.024 6*
	到达医院时间	−0.004 3***	−0.002 9
	到达中小学时间	−0.037 5***	−0.024 9*
	到达商业地时间	−0.003 7***	−0.002 5*
	McFadden's LRI	0.234 4	—
舒适性	住房面积	0.010 6***	0.006 8*
	到达公园时间	−0.012 2*	−0.007 8
	到达健身场所时间	−0.008 4*	−0.005 4*
	交通噪声	−1.395***	−0.894 7***
	McFadden's LRI	0.251 8	—
安全性	交通事故率	−0.694 6***	−1.288 7***
	尾气污染程度	−0.747 8***	−1.387 4***
	火灾率	−0.572 8***	−1.062 7***
	犯罪率	−1.068 3***	−1.982***
	McFadden's LRI	0.094 7	0.180 1

注：1. *代表 $P<0.1$ 的显著水平，**代表 $P<0.01$ 的显著水平，***代表 $P<0.001$ 的显著水平；2.选项“C 都不满意”，在模型中为虚拟变量，在结果中为虚拟系数，C 选项代表本组选择中能够接受的最低效用水平，结果表明此项虚拟系数的效果不理想，故未列出。

14.3.2 模型结果的解释

由离散选择模型推算出的模型系数便是各属性的权重，通过对 3 类要素中单位和量纲相同的要素权重值比较发现，便利性和安全性要素比舒适性要素对居住环境质量的影响程度更大；考虑量纲差异，为表达指标之间关系，对一定居住环境质量下各指标之间的替代关系进行分析。从便利性指标的替代关系来看，人们愿意牺牲乘公交到达医院的时间增加 23 min，或步行到达中小学时间增加 9 min，或乘公交到达商业中心的时间增加 17 min 来替代到达地铁站的时间减少 10 min；从舒适性指标之间的关系来看，如果环境负荷（噪声污染）由小变大，必须以住房面积增大 176 m^2，或到达公园时间减少 75 min，或者到达健身场时间减少 46 min 才能弥补居住环境质量的损失；从安全性指标的关系来看，如果交通事故率由无上升到必然发生，那么尾气污染必须下降 58%或火灾概率下降 78%或者犯罪率下降 46%才能平衡人们生活质量的损失。从 3 部分指标之间的关系来看，环境负荷（噪声污染）和交通事故的重要性相当，如果这 2 种要素的发生概率由 0 增大到 1，需要到达轨道站时间减少 40 min，或到达商业中心时间减少 68 min，或者居住面积增大 180 才能平衡居住环境质量的损失[④]，由此，舒适性中的环境负荷要素和安全性类要素条件降低时，维持居住环境质量不变需要的其他要素补偿更大。

14.4　分类人群居住环境偏好比较分析

城市居民特征多样，不同人群对居住环境的需求不同，使用 SP 方法对不同人群的居住环境要素权重进行分析，可以了解人群的需求特征，比较不同人群的居住环境偏好，进而有针对性地为居住环境改善提供规划或政策依据。

14.4.1　基本分析

根据人群的性别、年龄、受教育水平、婚姻、职业和收入 6 个属性对调查样本分别建模，各分类样本数量如下：

为了有效地比较各人群差异，对人群属性进行简化分类，各种属性均最多划分为 3 类，将职业划分为管理技术类人群，商业办事类人群和未就业人群；将月均收入在 6 000 元以下的划为低收入人群，6 000～20 000 元之间的划为中收入人群，20 000 元以上的为高收入人群。在各种分类的情况下，多数人群达到了置信度 10%要求下的至少 96 个样本的数量，但其中存在一些人群样本数较少，如高收入人群样本仅为 28 个，未婚人群 69 个，老年人 79 个，对结果可靠性可能产生一定影响。

14.4.2　模型拟合与比较

不同人群对空间环境的认知和使用存在很大差异，以一定效用水平下，到地铁站距离由 5 min增加到 15 min 对应于到医院（或购物中心）的变化程度绘制等效用无差异曲线，比较不同人群的曲线斜率和端点纵坐标值。斜率绝对值越小，表示对纵轴值的敏感程度越大；端点的纵坐标值越大，表示容忍程度越高。以人们对医院的等效用无差异曲线（图 14-1）来看，在到

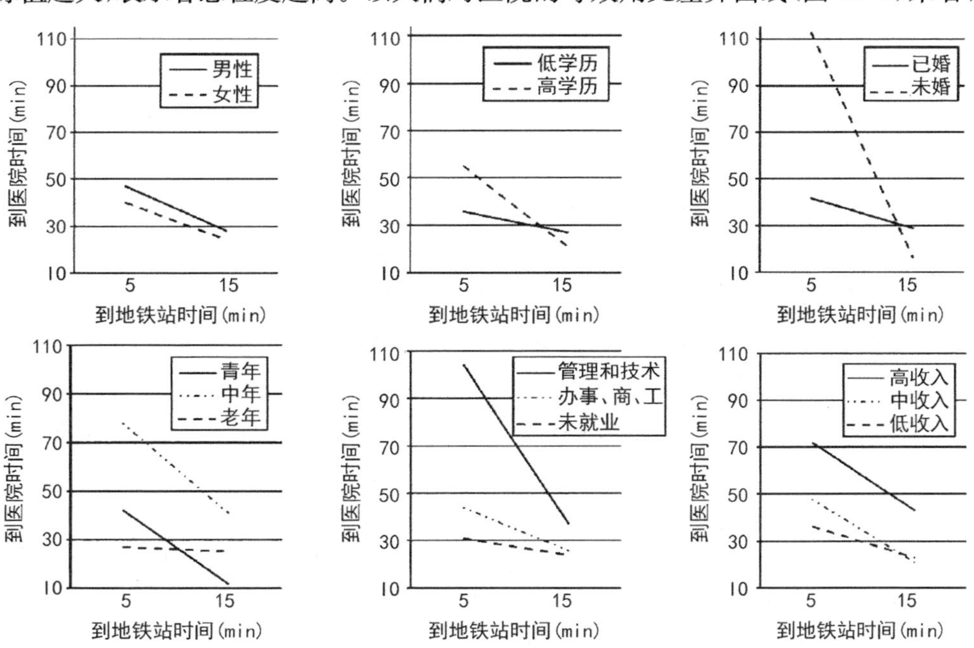

图 14-1　分人群的等效用线

达地铁站时间增加 10 min 情况下，女性愿付出到达医院的时间小于男性，说明女性对医院的距离更加敏感；同样，低学历人群相对高学历人群对医院的距离更加敏感；以地铁站距离和购物地距离的等效用无差异曲线进行研究发现，已婚人群明显比未婚人群对购物地的重视程度高。

分年龄人群的医院和地铁站等效用无差异曲线来看，到达地铁站时间增加 10 min 情况下，老年人对医院距离的敏感程度远远超过青年人和中年人，说明医院距离对老年人远比青年和中年人群重要；而青年人相对中年来看对医院距离的容忍程度较小，且随着到达地铁站时间增加到 15 min，需要紧邻医院才能够平衡其效用。从职业差异来看，未就业人群呈现出对医院距离很强的敏感性，其次是办事、商业和工业职业人群，管理和技术人群最弱，到医院的容忍时长为管理和技术最长，办事、商业和工人职业人群居中，未就业人群最短。同样，从收入水平差异来看，医院距离的重要性对于中高收入人群低于低收入人群，同时，三种人群的最大容忍距离呈现从高收入到低收入逐级降低的趋势。

14.5 结语

本章将城市居住环境质量评价体系中的 12 个指标按照对生活的不同影响划分为便利性要素、舒适性要素和安全性要素，通过分类要素和综合要素 SP 调查获得数据，使用离散选择模型对调查数据进行分析，得到基于居民偏好的定量模型，对模型结果进行分析和有效度检验可以得到以下结论：

（1）SP 模型的可解释性较好，且有效度较高。在 4 个定量模型中，便利性模型和舒适性模型拟合结果较好（McFadden's LRI 分别为 0.234 和 0.252），安全性模型拟合结果较差（McFadden's LRI 为 0.095），综合模型拟合结果一般（McFadden's LRI 为 0.180）。各模型的系数多数达到显著水平，且系数符号均符合预期，尤其在 3 个分模型中所有系数都达到了显著水平（$p<0.001$），在综合模型中只有医院距离、公园距离 2 个要素的系数不显著（$p<0.1$）。

（2）不同要素之间的重要性存在较大差异。应用 SP 方法和离散选择模型推算的居民生活质量价值判断各要素的相对重要程度，分类要素总体比较，便利性和安全性相比舒适性要素对生活质量影响更大；舒适性中的环境负荷要素和安全性类要素条件降低时，维持生活质量不变需要的其他要素补偿更大；而便利性和安全性内部的补偿关系相对均衡。

（3）不同的人群对居住环境的评价重点不同，社会弱势群体对影响日常生活的基本要素更加敏感。城市作为人们的居住生活空间，并没有完全相互隔离的空间，但是不同的人群对设施的使用水平是有明显差异的。从分人群的等效用无差异曲线分析发现，低学历、女性、老年人、低收入人群对地铁站和医院距离相比，对医院距离相对敏感，对医院距离的容忍值也普遍低于对应的其他人群。总的来说，低学历、女性、老年人、未就业、低收入等人群的共同特点是社会中处于弱势的群体，其对城市设施的使用机会和支配能力有限，因此对影响日常生活的基本要素（如医院、交通噪声等）更加敏感，在基本的生活要素条件降低时维持原居住环境质量水平需要的补偿（其他要素条件改善）更高。

本章使用 SP 方法推算居住环境要素的权重，为了更明确直观地了解方法的设计和应用性，指标体系进行了简化，在以后研究中将尝试等级属性纳入指标体系。

由于在方法设计和调查实施中难以避免一些问题，导致 SP 方法的结果可能出现一定的偏差。在问卷设计中，一些要素的属性水平使用定性描述，可能会掩盖人们对要素所固有的认知差异信息。在调查中，由于问卷内容较复杂，一般先由调查员对问卷进行解释，然后被调查者自行填写问卷或调查员辅助填写问卷，在此过程中，被调查者可能会受到调查员某些定向的信息引导。

SP 方法作为一种新的测度权重的思路，虽然弥补了直接调查现实情况所存在的局限性，但基于虚拟的条件得到的调查结果也存在一定的不确定性，因此需要对 SP 方法结果的有效性进行验证。近年来，人们也尝试将 SP 方法与其他方法结合以提高研究结果的可信度，未来将继续探索提高 SP 调查分析可信度的方法，并在不同人群的偏好分析基础上，结合人群的空间分布对不同区域提出针对性的居住环境提升策略。SP 方法还可用于城市规划调研和方案形成阶段，能够作为公众参与的手段，提高规划的合理性，适应当前规划编制的需求[32]。其完整的理论基础和大量的应用成果，值得我们进一步学习、探索和尝试。

注释：

① 据《2009 上海市综合交通年度报告》数据，道路交通噪声水平等效声级明显高于区域环境噪声水平，交通噪声是上海中心城区重要的噪声污染来源。由于缺乏直接观测数据，在此以到交通干道的距离作为噪声水平的替代数据。

② SP 调查问题中，理论上组合的属性数在 3～6 个时，最有利于人们进行比较选择。在此，直接根据要素的类别划分，前 3 部分每个问题中为同类别 4 个指标比较，综合部分每次从前 3 部分各选择 1 个指标作为代表进行混合，因此为 3 个指标进行比较。

③ 由于综合部分不同组合中属性水平数量的差异，生成 2 种正交设计结果。

④ 本章使用 logit 模型对数据进行模拟。问卷中，住房面积设定为 40 m^2，80 m^2，140 m^2，分别代表小、中、大三个水平，因此在 40～140 m^2 之间的数据是可靠的。上述计算所得的 176 m^2 和 180 m^2 超出了设定范围，数据的精确性存在一定的偏差，但仍可由其数值定性判断与其他指标的相对重要程度。

参考文献：

[1] 朱锡金.居住环境的构成与质量评价[J].城市规划汇刊，1980(4)：37-48.

[2] 陈青慧，徐培玮.城市生活居住环境质量评价方法初探[J].城市规划，1987(5)：52-58.

[3] 宁越敏，查志强.大都市人居环境评价和优化研究：以上海市为例[J].城市规划，1999(6)：15-20.

[4] 陈浮.城市人居环境与满意度评价研究[J].城市规划，2000(7)：25-27.

[5] 巩如英，王飞，王颖，等.济南市城市居住区外部环境空间的评价[J].林业调查规划，2008，33(1)：137-141.

[6] 李卓，陈鸿，刘宏斌，等.我国城市人居环境及其评价指标体系研究：以西安市人居环境评价为例[C]//中国环境保护优秀论文精选.北京：中国环境科学出版社，2006：523-528.

[7] DOI K, KII M, NAKANISHI H. An integrated evaluation method of accessibility, quality of life, and social interaction[J]. Environment and Planning B: Planning and Design, 2008, 35(6): 1098-1116.

[8] 浅见泰司.居住环境评价方法与理论[M].高晓路，张文忠，等译.北京：清华大学出版社，2006.

[9] 罗志军.城市居住环境质量综合评价研究[J].高等函授学报(自然科学版),2001,14(2):36-40.

[10] 徐磊青,杨公侠.上海居住环境评价研究[J].同济大学学报(自然科学版),1996,24(5):546-551.

[11] BONAIUTO M, AIELLO A, PERUGINI M, et al. Multidimensional perception of residential environment quality and neighbourhood attachment in the urban environment[J]. Environ. Psycho, 1999, 19(4): 331-352.

[12] 张文忠.城市内部居住环境评价的指标体系和方法[J].地理科学,2007,27(1):17-23.

[13] 吴文钰.城市便利性、生活质量与城市发展:综述及启示[J].城市规划学刊,2010(4):71-75.

[14] VAN KAMP I, LEIDELMEIJER K, MARSMAN G, et al. Urban environmental quality and human well-being: towards a conceptual framework and demarcation of concepts; a literature study[J]. Landscape and Urban Planning, 2003(65): 5-18.

[15] CICERCHIA A. Indicators for the measurement of the quality of urban life—what is the appropriate territorial dimension? [J]. Soc. ndicators Res, 1996, 39(3): 321-358.

[16] 杨雁翔,连晓霞.联合分析研究文献综述[J].现代农业,2010(5):198-199.

[17] BOXALL P C, ADAMOWICZ W L, SWAIT J, et al. A comparison of stated preference methods for environmental valuation[J]. Ecological Economics, 1996, 18(3): 243-253.

[18] 王利敏.SP调查在离散选择模型中的应用[D].苏州:苏州大学,2010.

[19] 加知範康,加藤博和,林良嗣.汎用空間データを用いて居住環境レベルの空間分布をQOL指標で評価するシステムの開発[J].日本都市計画学会,都市計画論文集,2008,43(3):19-24.

[20] 戸川卓哉.環境・経済・社会のトリプル・ボトムラインに基づく都市持続性評価システム一都市域集約政策への適用[D].名古屋:名古屋大学,2010.

[21] 森田紘圭.既存空間データに基づく地区レベルでの居住環境評価を可能とするシステム開発[D].名古屋:名古屋大学,2008.

[22] 钱欣,王德,马力.街头公园改造的收益评价:CVM价值评估法在城市规划中的应用[J].城市规划学刊,2010(3):41-50.

[23] KNIGHT R L, MENCHIK D M. Onjoint preference estimation for residential land use policy evaluation[R]. Santa Monica, CA: RAND Corporation, 1974.

[24] VAN POLL R. The perceived quality of the urban residential environment: a multi-attribute evaluation[D]. Groningen: Rijksuniversiteit Groningen, 1997.

[25] 张茵,蔡运龙.条件估值法评估环境资源价值的研究进展[J].北京大学学报(自然科学版),2005,41(2):317-328.

[26] MOLIN E, OPPEWAL H, TIMMERMANS H. Predicting consumer response to new housing: a stated choice experiment[J]. Journal of Housing and the Built Environment, 1996, 11(3): 297-311.

[27] WALKER B, MARSH A, WARDMAN M, et al. Modelling tenants' choices in the public rented sector—a stated preference approach[J]. Urban Studies, 2002, 39(4): 665-688.

[28] WANG Dong-gen, LI Si-ming. Socio-economic differentials and stated housing preferences in Guangzhou, China[J]. Habitat International, 2006(30): 305-326.

[29] LOUVIÈRE J, Timmermans H. Stated preference and choice models applied to recreation research: a review[J]. Leisure Sciences: An Interdisciplinary Journal, 1990, 12(1): 9-32.

[30] POWEA N A, GARRODB G D, MCMAHON P L. Mixing methods within stated preference environmental valuation: choice experiments and post-questionnaire qualitative analysis[J]. Ecological Economics, 2005, 52(4): 513-526.

[31] NORDH H，ALALOUCH C，HARTIG T. Assessing restorative components of small urban parks using conjoint methodology[J]. Urban Forestry and Urban Greening，2011，10(2)：95-103.
[32] 刘佳燕.面向当前社会需求发展趋势的规划方法[J].城市规划学刊，2006(4)：35-40.

原文作者与期刊：

赵倩，王德，朱玮.基于叙述性偏好法的城市居住环境质量评价方法研究[J].地理科学，2013，33(1)：8-15.

第 15 章　典型住宅区居民的就业空间

15.1　引言

近年来职住关系与通勤行为特征成为透视城市空间结构的重要视角。就业空间为住宅区居民就业地分布的集合，是通勤研究的其中一环，其不仅与职住分布、交通条件等建成环境相关，也与居民社会属性密不可分，是就业、交通、住房等相关规划在居民行为空间的体现。住宅区因其内部相对均质，具有特定的建成环境与住房属性，成为就业空间分析中的重要单元之一。已有研究表明，转型期中国城市中几类典型住区，如郊区大型住区、老城旧住宅区、保障性住区、单位分配住区等，其居民的通勤活动存在明显的分异[1]。

传统的城市研究与规划实践多从通勤行为展开探讨，涵盖对就业空间的分析，数据的获取主要基于问卷调查方法。①从研究对象出发，相关研究包括若干特殊属性住宅区的通勤特征对比研究[2-4]；单一郊区大型社区的通勤特征分析[5-7]；城市特殊群体，如外来务工人员、动迁居民的通勤特征分析[8, 9]。受传统数据量的限制，研究对象局限在微观层面少数典型群体中，就城市规划而言，难以得出普适性规律及建议。②从就业空间研究内容出发，研究利用大型抽样调查数据探究城市整体通勤特征或相关影响因子[10-13]。③从就业空间形态特征出发，柴彦威等[14]总结北京市住宅区通勤圈形态分布为“圆形＋不同类型扇形”的组合，孙姗珊等[15]分析上海市两个住宅区的就业空间分布形态为哑铃状与大饼状，郭文伯等[16]总结北京市两大居住区域的就业空间分布具有多点分散与单点扩散特征，陈梓烽等[17]把两个住宅区的就业空间分布总结为分散和集中的内城指向型。由于住宅区样本及数据精度的局限性，空间特征研究局限制于少数住宅区，且未达成统一、可信的空间分布类型标准。因此，从就业空间研究对象、就业空间特征角度来看，现有的传统数据研究都因样本量的限制，未能得出普适性结论。

随着大数据时代的到来，公共交通刷卡数据以及微博签到数据也被运用到就业空间的研究中。龙瀛等[18]基于北京市连续一周的公交 IC 卡刷卡数据对来自 3 大典型居住区和去往 6 大典型办公区的通勤出行进行可视化与对比分析。钱志诚[19]结合地铁刷卡数据与问卷调查数据探讨了深圳市过度通勤问题。石光辉[20]通过微博用户数据、签到数据的 POI 分类、签到时间识别深圳市居民居住地与就业地，并对街道层面的通勤特征进行分析。而公交刷卡数据对于脱离公共交通后的人口流向难以判断，其数据精度有待商榷。同时公交刷卡数据、微博签到数据的研究对象仅为公交卡、微博的使用者，其样本的覆盖面受限。

手机数据具有高覆盖率、高持有率的特征，其大样本量、丰富的个体时空行为信息能够弥补传统数据、公交刷卡数据和微博数据在数据数量、广度、精度方面存在的不足，反而为居民通勤行为与城市空间研究提供了新的契机。已有的居民就业空间研究包括就业地识别、通勤行为规律描述及规划评价等方面。就业地识别上，阿哈斯（Ahas）等[21]、恰伊（Csáji）等[22]、亚历山大（Alexander）等[23]构建了就业地的识别方法，为就业空间研究打下了基础；丁亮等[24]根据手机信令数据识别上海中心城的通勤圈。通勤行为规律描述上，阿哈斯等[25]分析了郊区居民的时空分布特征，包括通勤男性、工作女性、家庭主妇的时空分布规律等；Shi 等[26]在社区层面探讨职住空间分布和人类流动模式，确定了 3 种群落空间分布，验证了通勤行为带来了城区及郊区的空间互动；Kang 等[27]通过 8 个城市的手机数据，证实了郊区新城与中心城区的居民通勤行为差异。规划评价上，王德等[28]利用手机信令数据，以上海市宝山区为例，从职住关系、通勤行为和居民消费休闲出行行为视角进行了城市建成环境的综合评价。已有研究多集中在城市整体或区域的宏观尺度上，缺乏中观层面住宅区视角的分析，且研究更多关注通勤行为，较少聚焦就业空间。

而我国城市在政府主导向市场化转型过程中，形成了不同类型的居住区域，包括郊区大型住区、老城旧住宅区、保障性住区、单位分配住区等，这些居住区域往往对应着特定社会经济属性的居民，同时，地域分布与建成环境条件各异，住宅区间存在差异化的就业空间特征。因此，在研究视角上，除从城市或区域宏观、个体微观视角探讨就业空间影响因子的作用机制外，中观层面的居住区域作为建成环境、特定社会经济属性的代表性区域，成为特殊的研究对象，以分析各类住房、交通、产业等城市建设政策的空间效用，为城市的科学发展提供政策建议。

传统的就业空间研究因数据限制，未展开大样本量住宅区的对比，无法得出普适性结论；公交刷卡数据、微博数据、手机数据虽实现了数据量的突破，但仍旧缺乏中观层面住宅区视角的相关研究。本章结合手机信令数据与传统就业空间研究，以住宅区为分析单元，通过个体就业空间“大数据”生成住宅区层面的就业空间“小数据”，系统地比较上海市不同类型住宅区就业空间，总结其分布模式与影响因子，并讨论相应政策的合理制定。研究成果可为上海市住房建设、轨道交通建设、职住关系优化提供参考。

15.2　研究数据和方法

15.2.1　研究数据

15.2.1.1　手机信令数据识别职住地

本章使用的是 2014 年上半年某两周上海移动用户的手机信令数据，每当手机与基站进行通讯连接（如接打电话、接发短信、位置更新等）时，基站会进行记录并产生一条包含基站位置信息的信令数据，上海市域每日平均记录到 1 600 万～1 800 万个不同手机识别号，每日平均信令记录数约 6 亿～8 亿条。

全市共分布几万个基站，基站间的距离在几百米至几千米不等（相对成熟的建成区基站距离较小），在进行位置识别时，以基站位置代表用户实际位置进行估算。研究中，针对每一个用户当天 20:00～次日 6:00 时间段的所有记录点，剔除偏远点，选择与所有点平均距离最小的点为当天的居住地，重复操作得到 14 天可能的居住地点集；同时，利用 9:00～18:00 的记录和同样的流程识别出用户 10 个工作日可能的工作地点集。为保证用户为上海市常住人口，拥有稳定的居住地，通常认为两周内出现等于或少于 4 d 的人口为流动人口，故居住地点集数目至少为 5 个；工作地点集同理。针对每个用户的居住地与就业地点集，再次计算各点集中与所有点的平均距离最小的点为其稳定居住地与工作地，由于基站两两之间距离均存在差异，故与各点平均距离最小点为唯一点，即最终得出唯一的稳定居住地与工作地。

数据共识别出约 1 371 万个具有稳定居住地和工作地的用户，样本量约为上海市第六次人口普查(以下简称“六普”)常住人口的 57%，在街道层面与普查中常住人口数据的皮尔逊相关系数为 0.910，且在 0.01 水平上显著相关，说明手机数据识别人口常住地的方法是可行的。本章以居住地与工作地之间的路网距离作为通勤距离，通勤距离为 0 的用户视为没有通勤出行，不在考虑范围，故筛选出约 716 万个通勤人口数据作为基础数据。

15.2.1.2 住宅区样本选取

基于住宅区典型性与手机数据可靠性进行初步的样本筛选：选择面积 1 km^2 以上、内部及周边均质的住宅区，以保证样本具有一定的数据规模且具有相似的居民社会属性和建成环境；以住宅区内部数据记录量最大的基站点识别的通勤人口作为住宅区通勤人口，必须大于 300 人，以保证手机数据在该样本中的可靠性。在此基础上，考虑地域差异、住房属性、轨道交通便利程度的差异性，在上海市范围内共选取 253 个住宅区，样本分布如图 15-1 所示。在空间分布上，外环以内 123 个，新城内 31 个，其他地区 99 个。所选取的住宅区涵盖了历史住区、一般商品房、别墅、保障性住房、棚户区等典型类型；轨道交通站点 1.5 km 范围内住宅区 158 个，1.5～3 km范围内 49 个，3 km 以上 46 个。

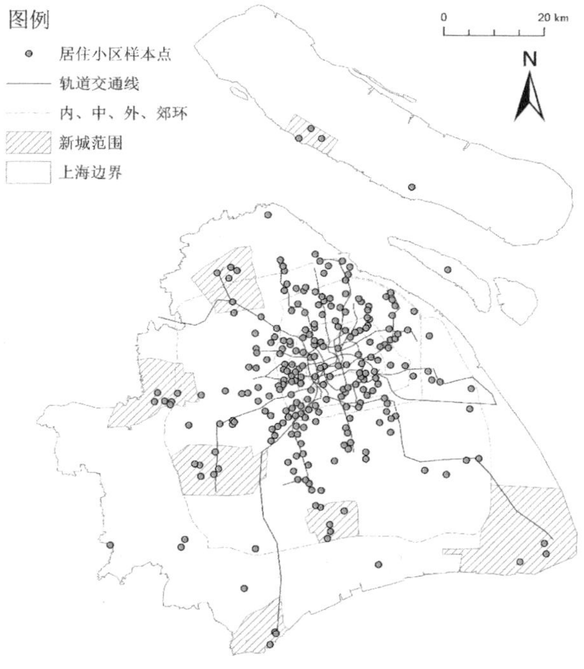

图 15-1　上海 253 个住宅区样本空间分布

15.2.2 研究方法

15.2.2.1 就业空间特征参数

把握 253 个样本就业空间分布的整体趋势与规律，是建立模式分类、进行影响因子研究的基础。因此，根据手机信令数据的空间定位特性，考虑就业中人们普遍关注的就业距离，到达就业地的便捷程度以及就业地与市中心的关系，针对每个样本，统计通勤距离—概率分布、平均通勤距离、5 km 内就业比、轨道交通沿线就业比与内环就业比 5 个就业参数，其定义及作用如表 15-1 所示。

表 15-1　就业空间特征参数

名称	定义	作用
通勤距离—概率分布	以 1 km 为基本通勤距离单元，不同距离的通勤人口分布	反映通勤距离分布特征
平均通勤距离	就业者通勤路网距离的平均值	反映就业远近的整体趋势
5 km 内就业比	住宅区 5 km 范围内的就业者占总就业者的比例	反映就近就业情况
轨道交通沿线就业比	邻近轨道交通线路所有站点 2 km 以内就业人口占住宅区 总就业人口的比例	反映轨道交通沿线就业趋势
内环就业比	在内环范围内的就业者占总就业者的比例	反映市中心就业核心依赖度

15.2.2.2　模式分类准则

对住宅区通勤人口的就业地做核密度分析，得出的就业地空间分布形态为模式划分的主要依据，以通勤距离—概率分布、平均通勤距离、5 km 内就业比的定量标准为辅助数据，对就业空间分布模式进行综合判断：

(1) 空间形态：对住宅区通勤者的就业地在 ArcGIS 中做核密度分析，由于各住宅区样本数不同，甚至存在量级差异，故将核密度分析图的各栅格值 MIN-MAX 标准化① 后乘以 100，以便于住宅区间在同一量级上进行横向对比，核密度图可以反映出住宅区就业分布的空间形态特征及集中程度。

(2) 统计特征：以 1 km 为基本通勤距离单元，统计不同距离段的通勤人口分布，生成通勤距离-概率直方图，反映了通勤人口随通勤距离增加的变化特征，是对就业地空间分布核密度图在距离特征上的提取，辅助判断就业空间分布模式。

(3) 模式分类：根据就业核密度图反映的空间分布的集聚情况，以及通勤距离-概率分布直方图峰值数反映的距离特征情况，可以将住宅区就业空间分布划分为连绵型、双中心及多中心。根据 5 km 内就业比、平均通勤距离可将就业空间连绵分布的住宅区划分为两类：高度集聚的单中心、沿轨交分布的带状。

15.2.2.3　影响因子确定

根据既有研究的经验以及轨道交通沿线就业比与内环就业比等参数在不同住宅区中的表现，可初步确定就业空间的影响因子。通过对影响因子的分析，判断影响因子对于不同模式就业空间的影响，探究差异化就业空间的形成机制。

15.3　就业空间分布模式

15.3.1　模式类型

依据就业地的空间密度分布、通勤距离—概率分布，加上以 5 km 内就业比为主的就业空间因子统计数据，总结出上海市 253 个住宅区样本就业空间分布的 4 类典型模式：单中心、带状、双中心、多中心或分散，以及模式间的过渡类型。

15.3.1.1 单中心

该模式中居民的就业以住宅区为地理空间核心连续分布，随着通勤距离的增加，通勤人数迅速衰减，呈现“近距离、多方向、连续性”的就业特征。

单中心模式往往依附就业中心存在，分为市中心单中心和郊区单中心两类，二者在空间上有所分异，中心城区单中心模式位于内环强大的就业核心区，郊区单中心模式邻近郊区较大规模就业中心。中心城区模式相比于郊区模式而言，就业更加集聚，平均通勤距离 3.5～5.5 km，5 km 内就业比 65％以上；郊区模式平均通勤距离 3.5～7.5 km 不等，5 km 内就业比例 50％以上。

位于内环以内的常华小区与位于郊区的嘉定新城李园一、二村分别为典型的中心城区的单中心与郊区的单中心模式案例。常华小区的就业空间高度依赖内环就业区，在空间分布上呈现住宅区附近的就业单核心（图 15-2），随着通勤距离的增加，就业概率迅速、连续下降，平均通勤距离 4.2 km，5 km 内就业比 78.1％；李园一、二村的主要就业空间集中在新城范围，基本不受中心城区就业影响，相比常华小区而言，就业空间蔓延更大，就业概率随通勤距离下降趋势减缓，平均通勤距离 6.1 km，5 km 内就业比 67.4％。

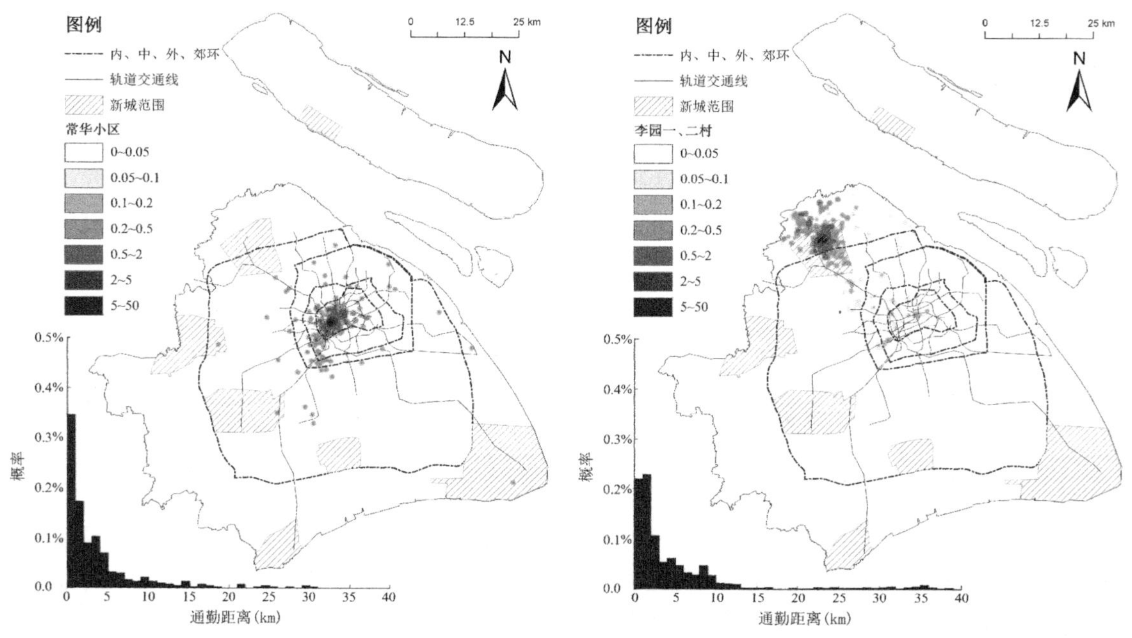

图 15-2 中心城区常华小区、郊区李园一、二村单中心模式就业地核密度分布

15.3.1.2 带状

该模式中居民沿住宅区至中心城区交通沿线带状就业，中心城区就业指向性明显。相比于单中心模式而言，随着通勤距离的增加，通勤概率衰减缓慢，呈现“中远距离、单一方向（向心）”的特征。

带状模式主要分布在中心城区单中心模式外围，即内环就业核心边缘至郊区新城边界区域，往往依附轨道交通线路形成。因此，以单一线路沿线就业趋势强弱为重要参考标准，定义单一轨道交通沿线就业率 50％为阈值，用于区分典型带状模式与弱带状模式；在典型带状模式中，轴向就业趋势明显，就业空间主要沿某单一线路分布，依据就业空间分布的连续与否，分为连续型与间断型两类；弱带状模式中，轴向就业特征存在，但就业空间并非沿单一轨道交通沿线分布。如图 15-3 所示，典型带状模式主要分布在单一直达中心城区轨

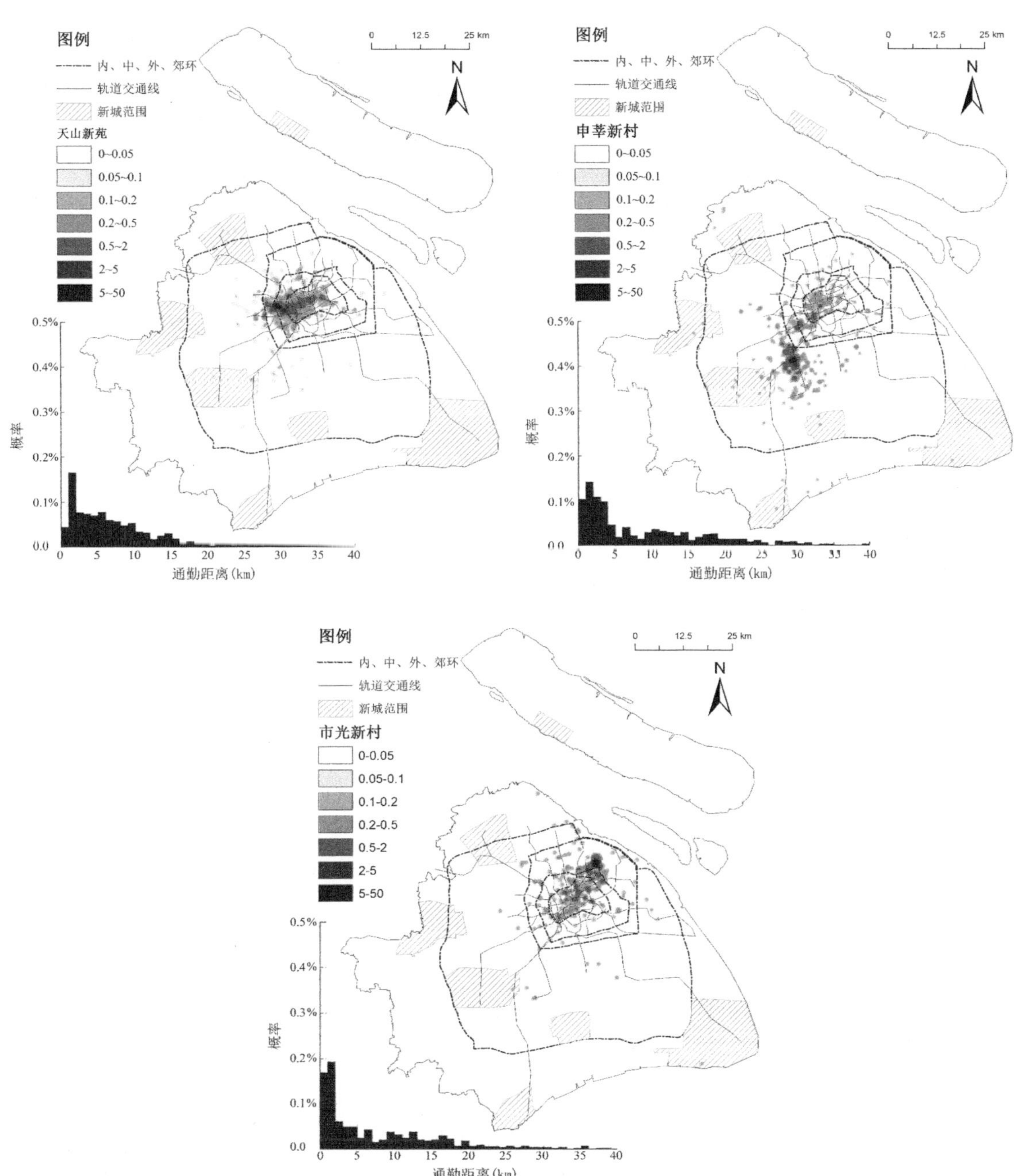

图 15-3　天山新苑连续型、申莘新村间断型、市光新村弱带状模式就业地核密度分布

道交通线路站点附近，这些线路多位于浦西地区，其中间断型带状位于连续型带状外围；弱带状模式的住宅区分布在通往市中心有两条或以上轨道交通线路可选地区，或距轨道交通站点较远地区等。带状模式的平均通勤距离大于市中心单中心模式，典型带状与弱带状模式均为5.5～13 km不等，在典型模式中，连续型模式为5.5～10 km，外围的间断型模式通勤蔓延更大，为8～13 km。

天山新苑、申莘新村、市光新村分别为连续型带状、间断型带状、弱带状的住宅区案例(图15-3)，天山新苑位于内、中环之间，邻近地铁2号线威宁路站，其就业空间沿地铁2号线至内环就业核心呈现带状分布，随着通勤距离的增加，就业概率连续下降，平均通勤距离8.4 km，2号线沿线就业比66%；申莘新村位于外环附近，邻近地铁5号线春申路站，就业空间沿5号线及其相连的1号线至内环就业核心间断型分布，随着通勤距离增加，就业概率呈现波动性下降，平均通勤距离9.4 km，地铁5号线及1号线沿线就业比61%；市光新村位于外环附近，邻近地铁8号线嫩江路站，8号线通往市中心方向与10号线交错，中间区域的地铁线路较为复杂，就业空间整体呈现沿多条地铁线路通往市中心的趋势，平均通勤距离8.3 km。

15.3.1.3 双中心

双中心模式的住宅区居民就业空间存在双核心，除住宅区周边之外，还存在中心城区附近的就业核心，随着通勤距离的增加，通勤人数迅速衰减，至中心城区附近迅速升高，呈现“双峰值”，可以看成带状模式在特殊环境下的变体；双中心模式相比于带状模式而言通勤距离更远，具有“超远距离、单一方向(向心)、间断性”特征。

该模式主要分布在近远郊带状模式的边缘区域，同样依托快速轨道交通产生，一般分布在站点1.5 km以内，就近(5 km以内)及内环附近的通勤人口占总通勤人口的70%以上，平均通勤距离最大，在10～20 km不等。

世博家园为典型的双中心模式住宅区案例，位于外环以外，邻近轨道交通8号线江月路站，其就业空间集中在住宅区周边以及内环核心，中间区域断层现象明显(图15-4)，通勤距离—概率分布具有“双峰”特征，平均通勤距离13.1 km，就近与内环通勤占总通勤人口的72.4%。

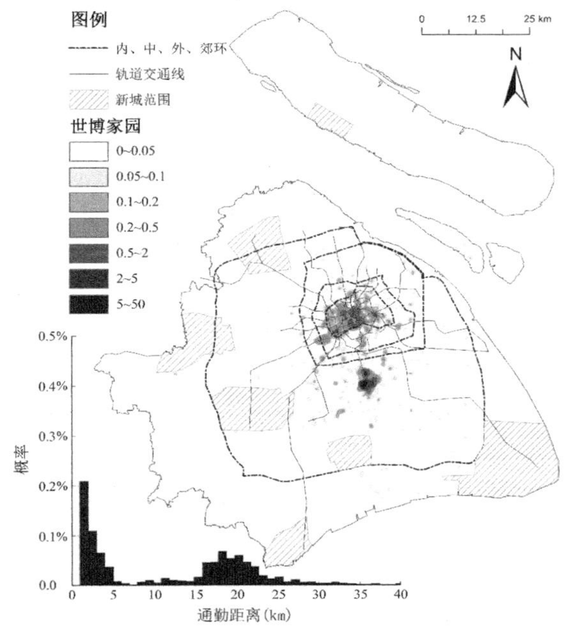

图15-4　世博家园双中心模式就业地核密度分布

15.3.1.4 多中心或分散

该模式下，除就近就业核心外，呈现多个小就业核心或无明显就业核心，通勤概率随通勤距离增加的衰减不规律，通勤距离蔓延较大，呈现“中远距离、多方向、间断性”的特征。

因就业吸引主体及地域差异，多中心及分散模式分为市中心模式与远郊模式两类。前者主要分布在地铁 16 号、21 号线浦东沿线，平均通勤距离 8～13 km 不等；后者分布在郊区新城及周边地区，平均通勤距离 7～13 km。

康桥宝邸和弘泽阳光苑分别为典型的中心城区、郊区多中心或分散模式（图 15-5），康桥宝邸位于浦东外环附近，地铁 6 号线沿线，但是沿地铁线就业趋势不明显，就业空间分布在住宅区周边、市中心、张江高科等地，整体较为零散，平均通勤距离 11.8 km；弘泽阳光苑位于金山区，距离金山新城有一定距离，就业空间分布在住宅区周边、金山新城等地，平均通勤距离 11.2 km。

15.3.1.5　过渡型

主要分布在两种模式转化的空间过渡地带，具有两种模式的中间特征。

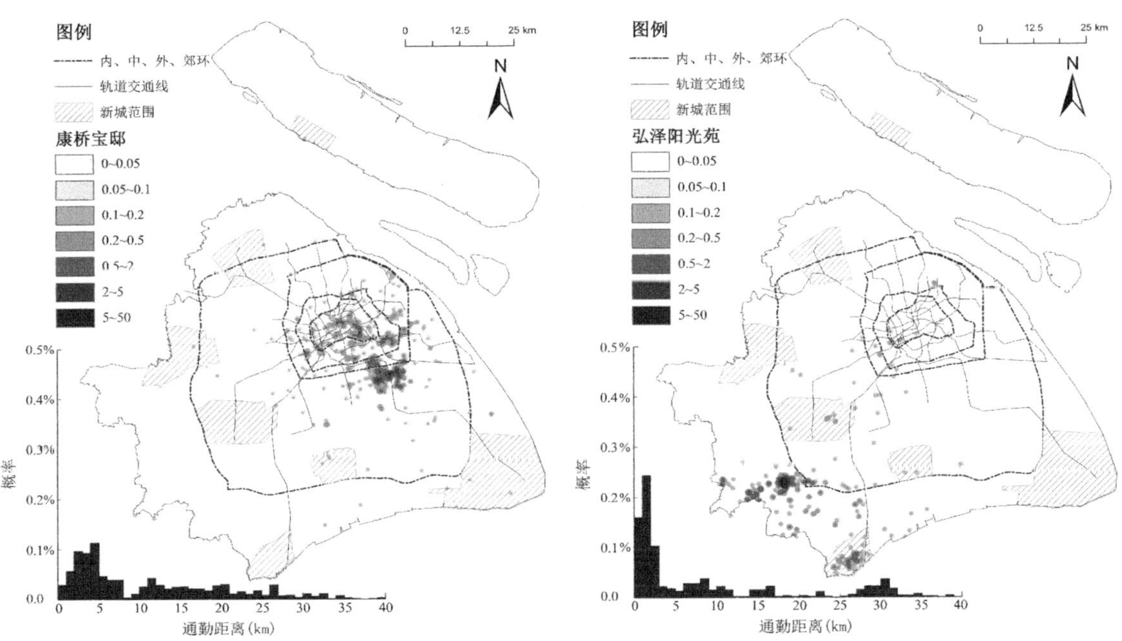

图 15-5　中心城区康桥宝邸、郊区弘泽阳光苑多中心或分散模式就业地核密度分布

15.3.2　特征总结

15.3.2.1　类型汇总

上海市住宅区就业空间存在 4 类典型模式：单中心、带状、双中心、多中心或分散，具体特征如表 15-2 所示。

15.3.2.2　数量分布

就业空间模式大类分布，其中单中心模式与多中心或分散模式因吸引主体构成的不同，分为两个亚类（图 15-6），带状模式因空间分布特征的不同，分为 3 个典型亚类（图 15-7），表 15-3 为各模式大类及亚类的数量统计，在选取的 253 个样本中，带状模式所占比例最大，双中心模式所占比例最小。

表 15-2　就业空间分布模式主要特征

就业空间模式	空间形态特征		通勤数据特征	
	就业分布	就业核心示意	通勤距离-概率	平均通勤距离(km)
单中心	住宅区周边(中心城区)			3.5～5.5
	住宅区周边(郊区新城)			3.5～7.5
带状	住宅区至中心城区			5.5～13
双中心	住宅区周边＋中心城区附近			10～20
多中心或分散	住宅区周边＋其他(中心城区)			8～13
	住宅区周边＋其他(远郊)			7.5～13

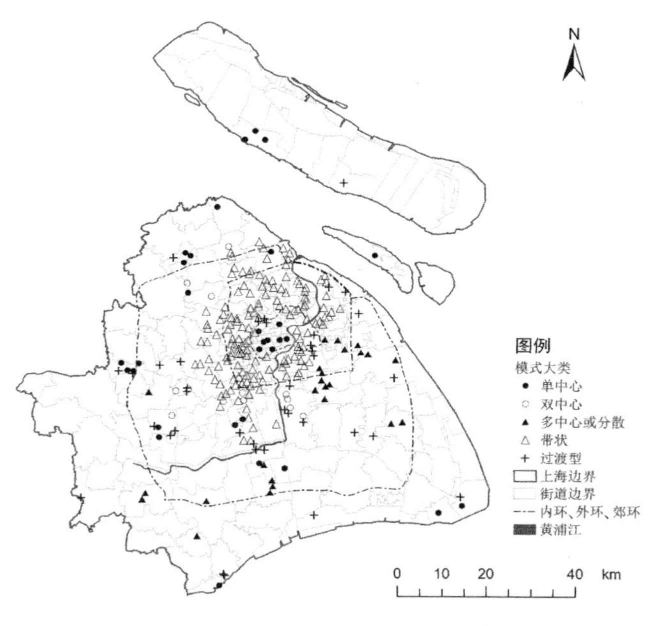

图 15-6　就业空间模式大类

图 15-7　带状模式亚类

表 15-3　模式类型数量

模式大类	样本数(个)	模式亚类	样本数(个)
单中心	31	中心城区型	8
		郊区型	23
带状	147	连续型	54
		间断型	32
		连续—间断过渡型	8
		弱带状	53
双中心	13	双中心	13
多中心或分散	25	中心城区型	14
		郊区型	11
过渡型	37	过渡型	37
总计	253		

15.3.2.3　模式特征

如图 15-8 所示，单中心模式的住宅区，居民整体通勤出行比较集约，呈现近距离、多方向、连续性的特征，通勤方式的选择上可能更加灵活；带状模式的住宅区，单方向向心就业趋势明显，具有中远距离、单一方向的特征，容易形成较大的潮汐交通压力；双中心模式的住宅区同样具有向心通勤趋势，具有超远距离、单一方向、间断性的特征，易形成交通压力，相当比例的居民长距离通勤，是一种异常与不合理的模式；多中心或分散模式的住宅区，居民的通勤方向更加分散，具有中远距离、多方向、间断性的特征，一定程度上分解了单向交通压力，但是平均通勤距离整体偏高，其合理性有待进一步探讨。

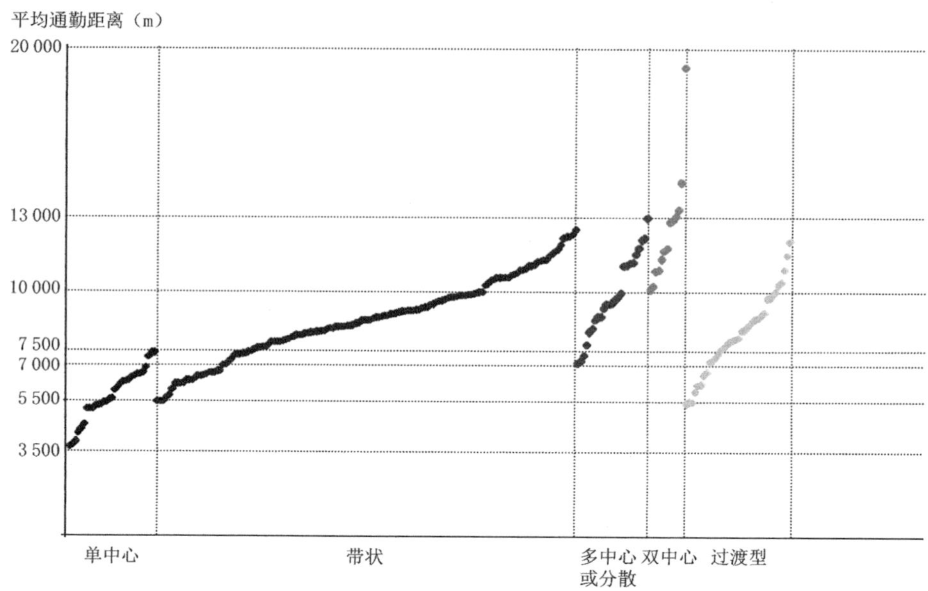

图 15-8 各模式大类平均通勤距离分布

15.4 影响因子与形成机制

15.4.1 影响因子分类

15.4.1.1 就业中心分布

由内环就业比可知，中心城区内环就业核心具有强大的就业吸引力，吸引范围覆盖至远郊住宅区，当就业吸引比例下降到 5%以下时，住宅区的远距离与向心性就业趋势变得不明显，故以内环就业比 5%为阈值，将住宅区以是否依附中心城区就业分为两类。总体而言，在中心城区就业核心影响范围内的内环附近，就近就业情况较好，随着与中心城区距离的增加，远距离向心就业趋势越明显，且这种向心就业往往沿轨道交通线路展开；轨道交通线路对于远距离通勤具有一定的拉动作用，近远郊地区的轨道交通换乘站点或末端站点尤其明显。在非中心城区吸引地区，住宅区的就业偏离与平均通勤距离较小，就近就业比例较高，尤其在新城内部。

对就业空间模式可能产生影响的就业中心包括内环以内就业核心，郊区新城就业中心，以及产生特殊模式的浦东地区就业中心等。为了探究其具体吸引边界，以中心城区内环就业核心为例，基于上海市所有通勤人口记录数大于 300 的 5 436 个基站，统计内环就业人口占总记录通勤人口的比例，借助 ArcGIS 软件使用克里金(Kriging)空间插值法，得到内环就业比例分布，因内环就业比例 5%为空间吸引和模式转变的临界值，故把内环就业比例大于 5%的区域定义为中心城区就业集中作用区，以郊区新城就业中心、浦东地区就业中心相应的规划边界为就业中心范围，重复上述操作，得到各就业中心吸引边界(图 15-9)。在影响范围上，具有“强中心、弱郊区、局部显著”的特征，内环就业核心具有强大的就业吸引力，因便捷的轨道交通不断向外蔓延；新城的吸引力较弱且受中心城区排斥，在吸引边界上，行政区界的影响较大；浦东地铁 16 号、21 号线沿线存在多个零散的就业核心，如张江高科、金桥、康桥工业区等，吸引范围集中在局部地区，成为相对特殊的多中心作用区域[②]。

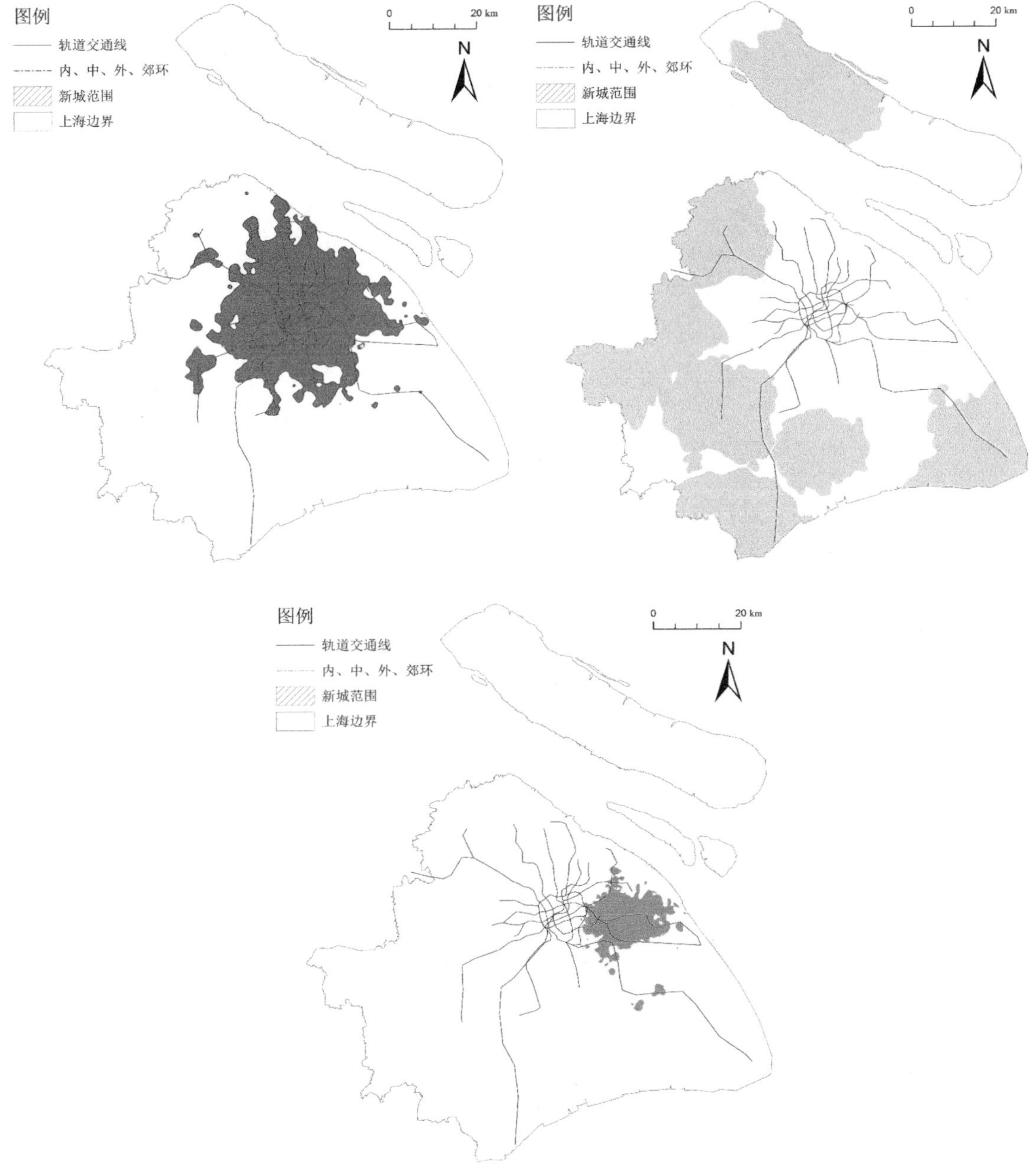

图 15-9　中心城区就业集中作用区、新城就业中心作用区、浦东就业中心作用区

中心城区作用区与新城作用区、浦东多中心作用区存在空间重合，在市中心与新城重合作用区中，市中心方向对模式的影响力更大，主要分布双中心模式；中心城区与浦东多中心作用区，二者的影响均显著，主要分布多中心或分散模式；在单一的市中心作用区，随着就业核心可达性的增加，依次分布着单中心、带状、双中心模式。在单一的新城作用区，分布着郊区单中心、多中心或分散模式，单中心模式主要分布在新城边界之内，多中心或分散模式分布在单中心模式外围。因此，上海市共分为中心城区、中心城区与浦东多中心、新城三类主导区，各作用区内就业空间分布模式如图 15-10 所示。

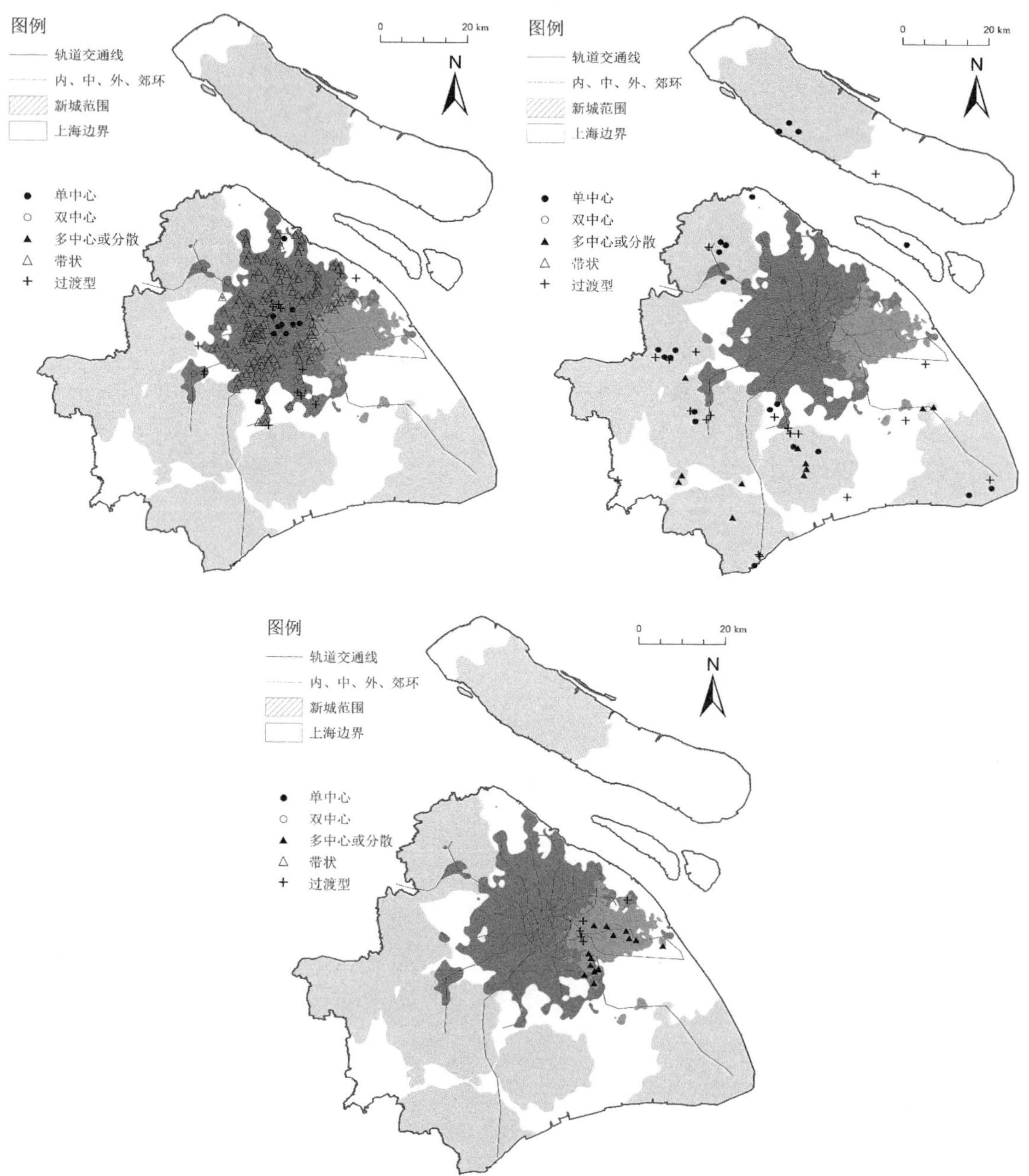

图 15-10　中心城区核心主导区、新城主导区、中心城区与浦东多中心主导区内的模式

15.4.1.2　轨道交通距离

上海市轨道交通线路密集，作为快速公共交通，轨道交通极大程度增加了市中心及沿线的可达性，位于相同地理区域的住宅区距离轨道交通站点越近，通往中心城区的就业比例越高，轨道交通沿线就业比越高，轨道交通站点的影响范围在 3 km 左右，1.5 km 内尤为显著。

轨道交通线路对住宅区就业空间分布模式的影响主要集中在中心城区就业主导区内，是产生带状、双中心模式的重要拉动力，增加了居民对长距离通勤的忍耐度，典型的带状与双中心模式多位于与中心城区直接相连的轨道交通线路站点距离 1.5 km 以内；多条线路的拉动或轨道交通站点距离过远是形成弱带状模式的主要原因。

图 15-11 为位于类似区位的 3 个住宅区：红旗小区、夏朵小城、元吉元翔小区，轨道交

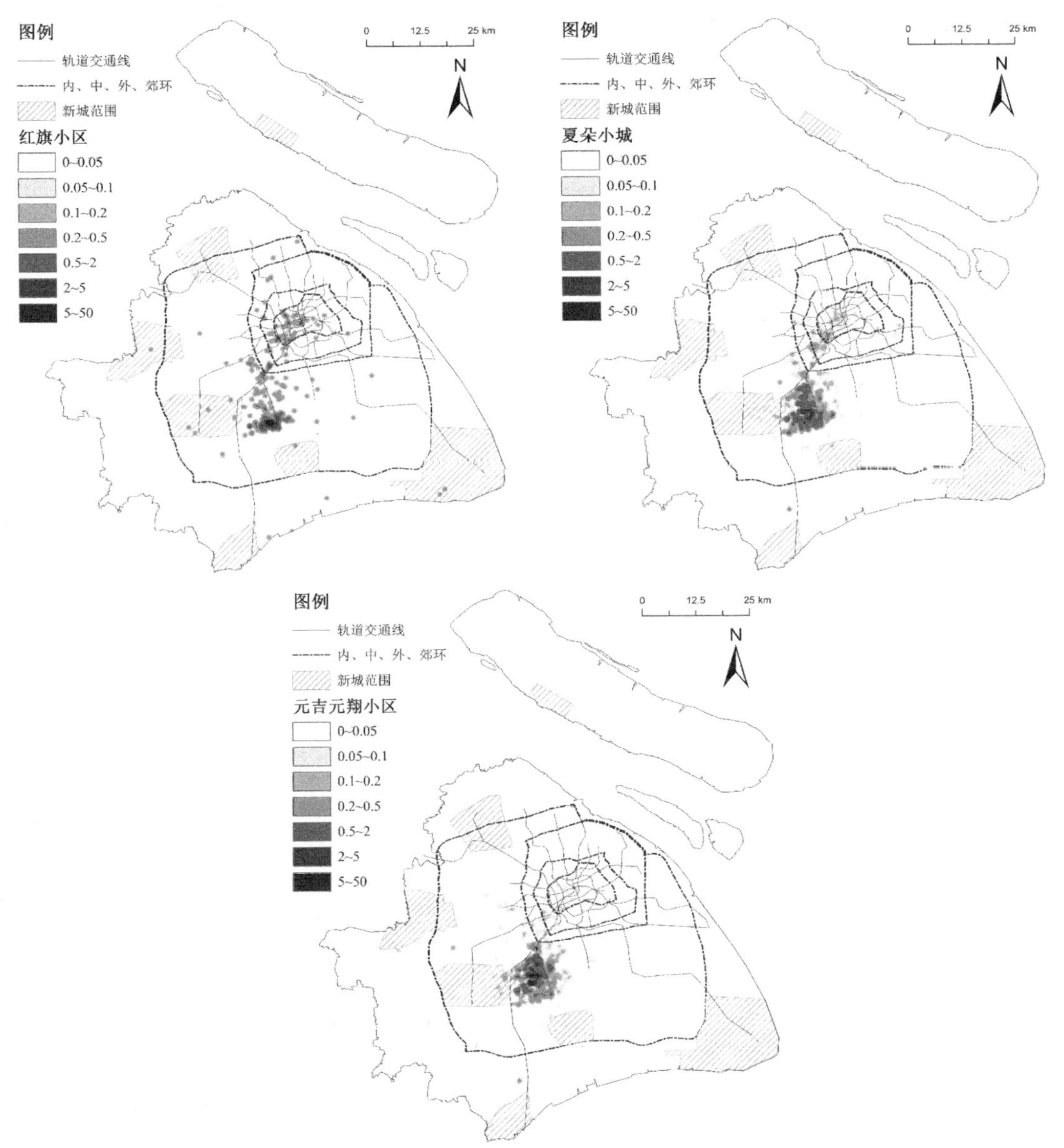

图 15-11　距离轨交站点 1.5 km 以内红旗小区、1.5～3 km 夏朵小城、3 km 以上元吉元翔小区的就业空间分布

通站点距离分别为 1.5 km 以内、1.5～3 km、3 km 以上，内环就业比分别为 9.9%、4.7%、1.5%，轨道交通沿线就业比分别为 74.7%、54.2%、35.9%，平均通勤距离分别为 10.0 km、8.6 km、6.5 km，就业空间模式呈现典型带状模式(间断型带状)向郊区单中心的演变。

15.4.1.3 住宅区属性

上海市中心城区的棚户区、历史住区等住房类型位于就业高度集中区域，并没有在就业空间模式及特征上显示出较大的影响。住房类型对就业空间模式的影响主要集中在外环附近，相关住区属性包括保障性住房与别墅住区。

(1) 保障性住房。在保障性住房中，经济适用房往往空间位置偏远，配套轨道交通，例如新凯家园，为轨道交通 9 号线沿线“飞地式”住宅区，受住房价格与轨道交通双重吸引，部分就业于中心城区的居民选择主动入住，加上轨道交通沿线的就业断层，就业空间分布呈现双中心模式。

在动迁性质的保障性住房类型中，居民大多被动安置，导致就业空间分布与迁入或定居前就业分布关联较大。世博家园与滨浦新苑为类似区位与价位的住宅区，世博家园小区是为配合世博会园区土地前期开发而建设的大型居住社区，居民迁出地邻近中心城区就业核心，滨浦新苑为本地安置住宅区。世博家园居民迁入后仍然保持中心城区就业依赖，便利的轨道交通进一步吸引了中心城区就业者入住，在动迁因子与交通因子双重作用下，形成典型就业空间双中心模式，平均通勤距离 13.1 km，5 km 内就业比 41.5%，内环就业比 30.9%；滨浦新苑整体就业呈现弱双中心模式，本地就业趋势更加明显，平均通勤距离 9.2 km，5 km 内就业比 53.5%，内环就业比 10.4%，二者就业空间分布对比如图 15-12 所示。

由以上分析可知，保障性住房属性往往与轨道交通的吸引，周边就业岗位缺失的排斥力综合作用于就业空间分布。

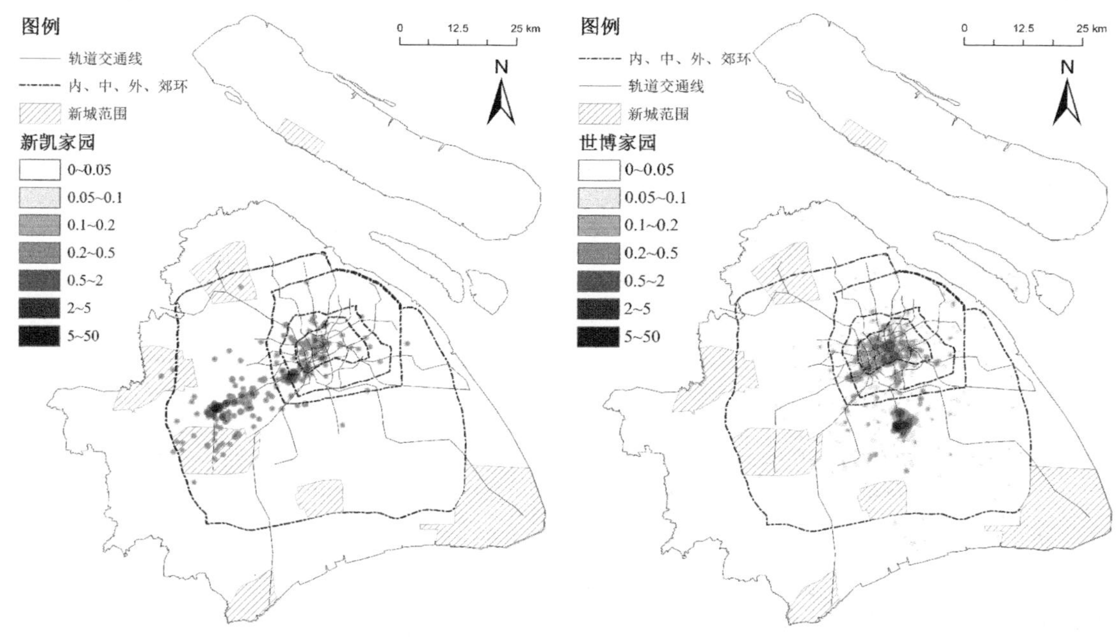

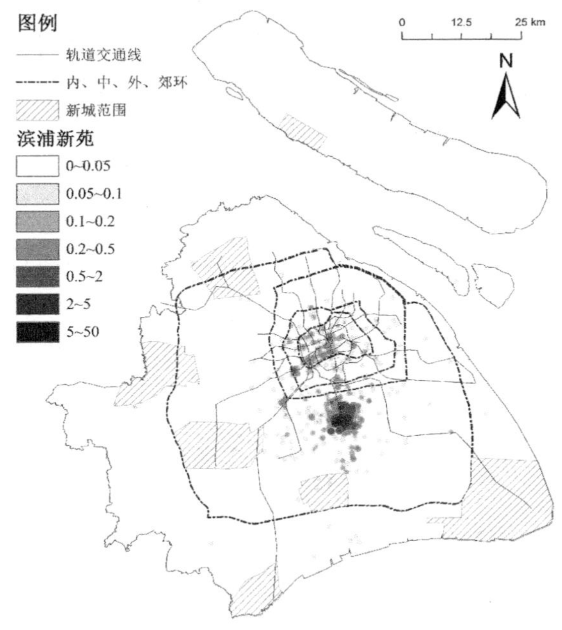

图 15-12　新凯家园、世博家园、滨浦新苑就业空间分布

(2) 别墅住区。郊区的别墅住区并没有在就业空间模式上产生特殊变化，只在就业空间因子特征上与一般商品房显示出部分差异性。万科四季花城与富锦苑为宝山区类似区位住宅区，万科四季花城建成于 2006 年后，建筑类型以小高层、别墅为主，住房品质较高；富锦苑建成于 1995 年左右，为老式砖混结构多层住房。图 15-13 为万科四季花城与富锦苑居民就业空间对比，万科四季花城的居民就业空间分布为弱带状模式，相比于富锦苑更加分散化，平均通勤距离 12.3 km，5 km 内就业比 36.6%，内环就业比 19.5%；富锦苑居民就业空间也呈现弱带状模式，但活动本地依附性更大，平均通勤距离 8.3 km，5 km 内就业比 45.6%，内环就业比 8.3%。

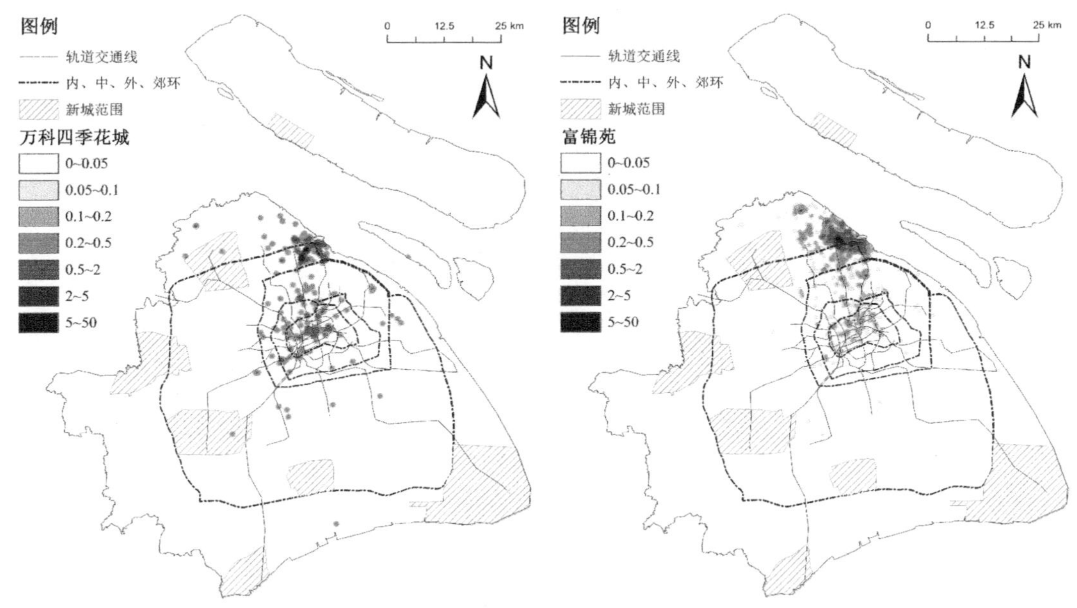

图 15-13　万科四季花城、富锦苑就业空间分布

以别墅区为典型的高价位住宅区往往对应高收入群体，居民就业类型与交通方式更加灵活多样化，对轨道交通的依赖程度相对较小，相比于同区位低价位住宅区，就业空间分布具有就近比例降低，整体更加分散，平均通勤距离增加的趋势。

15.4.2 模式形成机制

综合以上就业空间影响因子分析，就业中心往往与轨道交通综合作用产生影响，为主要因子；住宅区特殊属性则在局部地区产生就业空间特征变异，为次要因子。各模式的主导因子及对应区域如表 15-4 所示，全市共分为 6 类影响因子作用区，具体空间分布如图 15-14 所示。

表 15-4　模式主导因子及产生区域

模式类型	就业中心	轨道交通	住宅区属性	产生区域
单中心	○			内环/新城就业中心核心作用区
带状	○	○		内环就业核心＋轨道交通综合作用区
双中心	○	○	(○)	内环就业核心＋轨道交通＋(住宅区属性)综合作用区
多中心或分散	○			内环就业核心＋浦东多就业中心作用区 新城就业核心＋周边低等级就业中心作用区
模式内变化			○	通常在郊区

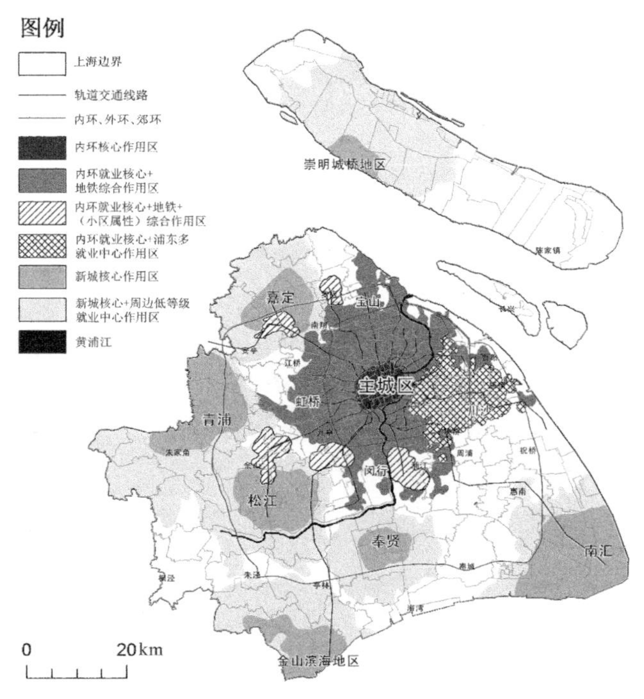

图 15-14　就业空间影响因子作用区结构

高等级就业中心的吸引、轨道交通线路缩短通勤时间、居住区自身属性是导致住宅区就业空间由效益最优的单中心模式转向其他类型的影响因素。单中心与多中心模式主要受就业中心分布影响，双中心模式受轨道交通线路与市中心就业核心双重影响，其中，住宅区的保障住房属性可能对双中心模式的形成具有促进作用。

15.5　结语

上海市居民住宅区就业空间存在单中心、带状、双中心、多中心或分散 4 种典型模式，就平均通勤距离而言，从小到大依次为单中心、带状/多中心或分散、双中心。单中心模式住宅区具有“近距离、多方向、连续性”空间特征，主要分布在内环就业核心与郊区就业中心；带状模式住宅区具有“中远距离、单一方向（向心）”空间特征，主要分布于内环就业核心边缘至郊区新城边界区域；双中心模式住宅区具有“超远距离、单一方向（向心）、间断性”的空间特征，主要分布在近远郊带状模式的边缘区域；多中心或分散模式住宅区具有“中远距离、多方向、间断性”空间特征，主要分布于浦东地铁 16 号、21 号线沿线、郊区新城及周边。

讨论的就业空间影响因子包括就业中心、轨道交通线路、住宅区属性 3 类。上海市就业中心具有“强主城、弱郊区、局部显著”的特征，内环就业核心具有强大的就业吸引力，新城的吸引力较弱且受中心城区作用排斥，受行政区界的影响较大；其他就业中心也受到中心城区作用排斥，吸引范围集中在局部地区。轨道交通线路主要配合中心城区就业核心作用，增加了居民对长距离通勤的忍耐度，轨道交通站点的影响区域集中在 3 km 内，1.5 km 内尤为显著。住房类型对就业空间模式的影响主要集中在外环附近，住区属性包括保障性住房与别墅住区，在保障性住房中的经济适用房和中心城区动迁房属性增加了内环就业比例，其他动迁房居民的就业与迁出地具有较大关联；别墅区居民就业地相比于价位低的一般住宅区更加分散，轨道交通依赖度更低，可能与收入属性相关。

在各模式的形成机制中，就业中心往往与轨道交通综合作用产生影响，为主要因子；住宅区特殊属性则在局部地区产生就业空间特征变异，为次要因子。单中心模式为就业中心导向型，带状模式为就业中心、轨道交通综合导向型，双中心模式受就业中心、轨道交通、可能包含住宅区特性的多因子影响，多中心或分散模式为多就业中心导向型。

同样作为大都市，北京、沈阳与上海的就业空间存在较为明显的差异。北京的就业空间由于中心城区故宫的分隔，主要呈现多中心特征，存在 3 个中心，分别为西北部中关村、东部泛 CBD 地区以及西南部金融街附近。其就业中心的主要吸引范围为就业地周边及向外扇形辐射区域。总体而言，长距离通勤行为并不多，职住相对均衡。但其受轨道交通的影响同样不明显，通勤时间长的原因往往来自大型住宅区建设带来的单向庞大通勤量及高架、环线、轨交的复杂路况，局部空间问题较为显著。而沈阳的就业中心主要分布在中心城区以及铁西区，铁西区工业制造业的大量分布吸引了大量的就业人口，传统的中心城区就业吸引并不如上海显著，铁西区郊区职住比反而较高，总体来说就业相对分散，通勤压力较低。

本章进一步从通勤活动角度验证了上海市“多中心”发展的不足，基于现状就业空间模式及影响因子特征，发现不合理就业空间问题的根本解决方法是打破现有中心城区核心主导的就业空间布局结构，倡导“多中心发展”，在类型和数量上有效引导产业向外围地区转移，同时加强外围地区公共交通系统与保障性住房配套，以实现更集约、高效的发展。

注释：

① *MIN-MAX* 标准化方法是对原始数据进行线性变换。设 $\min A$ 和 $\max A$ 分别为属性 A 的最小值和最大值，将 A 的一个原始值 x 通过 MIN-MAX 标准化映射成在区间[0,1]中的值 x'，其公式为：$X' = (X - \min A)(/\max A - \min A)$。

② 笔者通过对区域就业吸引比例与区域公共交通可达性的关系进行定量分析以及拟合，并综合实际情况，验证了上述结论，由于篇幅的限制不在此展开。

参考文献：

[1] 张艳，柴彦威.基于居住区比较的北京城市通勤研究[J].地理研究，2009，28(5)：1327-1340.

[2] 李强，李晓林.北京市近郊大型居住区居民上班出行特征分析[J].城市问题，2007(7)：55-59.

[3] 孟斌，于慧丽，郑丽敏.北京大型住宅区居民通勤行为对比研究：以望京住宅区和天通苑住宅区为例[J].地理研究，2012，31(11)：2069-2079.

[4] 申悦，柴彦威.基于 GPS 数据的城市居民通勤弹性研究：以北京市郊区巨型社区为例[J].地理学报，2012，67(6)：733-744.

[5] 张萍，杨东援.上海外围大型社区居民属性和出行行为：基于嘉定江桥金鹤新城的实证研究[J].城市规划，2012，36(8)：63-67.

[6] 干迪，王德，朱玮.上海市近郊大型社区居民的通勤特征：以宝山区顾村为例[J].地理研究，2015，34(8)：1481-1491.

[7] 袁君，林航飞.动迁居民通勤出行特征研究：以上海市大型居住社区江桥基地为例[J].城市交通，2013，11(4)：58-65.

[8] 潘海啸，王晓博，DAY J.动迁居民的出行特征及其对社会分异和宜居水平的影响[J].城市规划学刊，2010(6)：61-67.

[9] 刘保奎，冯长春.大城市外来农民工通勤与职住关系研究：基于北京的问卷调查[J].城市规划学刊，2012(4)：59-64.

[10] 冯健，周一星.郊区化进程中北京城市内部迁居及相关空间行为：基于千份问卷调查的分析[J].地理研究，2004，23(2)：227-242.

[11] 周素红，杨利军.广州城市居民通勤空间特征研究[J].城市交通，2005，3(1)：62-67.

[12] 孙斌栋，石巍，宁越敏.上海市多中心城市结构的实证检验与战略思考[J].城市规划学刊，2010(1)：58-63.

[13] 刘望保，侯长营.转型期广州市城市居民职住空间与通勤行为研究[J].地理科学，2014，34(3)：272-279.

[14] 柴彦威，张雪，孙道胜.基于时空间行为的城市生活圈规划研究：以北京市为例[J].城市规划学刊，2015(3)：61-69.

[15] 孙姗珊，朱琛，陈川，等.不同区位大型居住社区居民出行特征对比分析[C]//新型城镇化与交通发展：2013 年中国城市交通规划年会暨第 27 次学术研讨会论文集.北京：中国建筑工业出版社，2014：13.

[16] 郭文伯，张艳，柴彦威，等.基于 GPS 数据的城市郊区居民日常活动时空特征：以北京天通苑、亦庄为

例[J].地域研究与开发,2013,32(6):159-164.

[17] 陈梓烽,柴彦威,周素红.不同模式下城市郊区居民工作日出行行为的比较研究:基于北京与广州的案例分析[J].人文地理,2015,30(2):23-30.

[18] 龙瀛,张宇,崔承印.利用公交刷卡数据分析北京职住关系和通勤出行[J].地理学报,2012,67(10):1339-1352.

[19] 钱志诚.基于地铁刷卡数据和问卷调查数据的深圳市过度通勤研究[D].深圳:深圳大学,2017.

[20] 石光辉.利用微博签到数据分析职住平衡与通勤特征[D].武汉:武汉大学,2017.

[21] AHAS R, SILM S, JARV O, et al. Using mobile positioning data to model locations meaningful to users of mobile phones[J]. Journal of Urban Technology, 2010, 17(1): 3-27.

[22] CSÁJI B C, BROWET A, TRAAG V A, et al. Exploring the mobility of mobile phone users[J]. Physica A: Statistical Mechanics and its Applications, 2013, 392(6): 1459-1473.

[23] ALEXANDER L, JIANG S, MURGA M, et al. Origin-destination trips by purpose and time of day inferred from mobile phone data[J]. Transportation Research Part C: Emerging Technologies, 2015, 58: 240-250.

[24] 丁亮,钮心毅,宋小冬.利用手机数据识别上海中心城的通勤区[J].城市规划,2015,39(9):100-106.

[25] AHAS R, AASA A, YUAN Y, et al. Everyday space-time geographies: using mobile phone-based sensor data to monitor urban activity in Harbin, Paris, and Tallinn[J]. International Journal of Geographical Information Science, 2015, 29(11): 2017-2039.

[26] SHI L, CHI G, LIU X, et al. Human mobility patterns in different communities: a mobile phone data-based social network approach[J]. Annals of GIS, 2015, 21(1): 15-26.

[27] KANG C, LIU Y, MA X, et al. Intra-urban human mobility patterns: an urban morphology perspective[J]. Physica A Statistical Mechanics & Its Applications, 2012, 391(4): 1702-1717.

[28] 王德,钟炜菁,谢栋灿,等.手机信令数据在城市建成环境评价中的应用:以上海市宝山区为例[J].城市规划学刊,2015(5):82-90.

原文作者与期刊:

王德,李丹,傅英姿.基于手机信令数据的上海市不同住宅区居民就业空间研究[J].地理学报,2020,75(8):1585-1602.

第 16 章　典型就业区的通勤行为

16.1　引言

通勤和城市的空间结构、用地布局、交通流向及市民社会生活息息相关，一直是城市研究关注的重点。不同城市用地布局和建成环境下通勤特征的差异是城市规划领域研究通勤的主要内容。通勤特征一般包括了职住空间分布、通勤时间和通勤的交通方式[1]，选取典型的就业区或居住区进行个案或对比分析是常见的研究方式。

由于中国的人口普查数据缺少工作地信息，长期以来通勤问题的研究主要基于问卷调查和出行日志等传统数据展开，其研究成果反而为城市用地和交通规划提供了某种启示。城市化带来的职住分离现象引起了广泛关注，郊区的大型居住区普遍具有通勤距离远和通勤时间长的特征，但单一型的居住区和混合型的居住区在高峰通勤时间、通勤方式和交通流向上都有较大差别[2]；职住混合的区域相较于单一居住或就业中心有较短的通勤距离和通勤时长以及较高的非机动车出行率[3]。可见，区域内的用地构成影响其通勤特征，增加土地混合利用可有效缓解职住分离现象。建成区的空间形态也影响通勤特征，合理规划空间形态能够优化居民通勤结构。孙斌栋等基于对上海市区居民的问卷调查数据发现，提高居住地的人口密度、土地利用混合度和十字路口的比重可以减少小汽车通勤方式的选择[4]；谌丽等基于对北京市居民的 5 000 多份问卷调查发现，大尺度的街区不利于步行出行，而高容积率的住区对小汽车出行有显著的抑制作用[5]。

传统数据的获取工作量大、周期长，近年来国内学者开始利用大数据对通勤问题进行研究。较早被应用的是 GPS 数据和公交刷卡数据，这两种数据精度较高，时空属性相对明确，不乏微观层次的通勤研究。申悦等结合活动日志与 GPS 定位数据，从弹性通勤的角度透视了北京郊区巨型社区居民的通勤特征及复杂模式[6]。龙瀛等利用公共交通刷卡数据，研究了北京市的职住关系与通勤时间和距离特征，并对典型居住区和就业区的通勤特征进行了可视化和对比分析[7]。

近年来，手机数据开始被应用到通勤研究中。手机信令数据为非用户自愿提供数据，动态、连续反映用户的空间位置，具有空间全覆盖、持有率高、反映总体行为规律等特点，但数据本身不直接服务于时空行为研究。初期很多研究都在探索方法和论证可行性，实证上以职住地和 OD 识别最为普遍。交通领域较早引入手机数据，手机数据使得大样本、多层次、持续地观察对象成为可能，但在方法上是巨大的挑战[8]。宋少飞等比较了三种手机信令数据识别居民职住地的方法，证明用手机数据对居民职住地识别的可信性较高[9]。许宁等以深圳市为例基于两种不同的手机定位数据提出了识别居民职住分布的方法，并比较了两者识别结果的差异[10]。钮心毅等利用手机信令数据计算出上海市域范围的通勤分布，发现中心城居民通勤范围集中在中心城区及周边的通勤区，中心城区 97%的居民实现了职住平衡[11]。丁亮等利用手机数据识别日间和夜间在上海中心城区驻留用户，分别计算其通勤范围，发现上海市域空间结构在“中心城区”和“郊区”之间存在一个“中心城区通勤区”[12]。王德等以上海市宝山区为例，利用手机信令数据从职住关系、通勤行为等视角构建城市建成环境的评价框架[13]。

由于手机数据在微观层面时空精度有限，目前国内利用手机数据进行通勤问题的研究大多数是城市宏观尺度，聚焦到某个就业区或居住区的研究很少；微观层面上的研究，在比较了不同地区的通勤特征后缺乏进一步总结。裘炜毅等利用手机信令数据剖析了工业园区的职住平衡关系，发现上海市张江高科技园区和莘庄工业园区的职住分离情况有待进一步完善[14]，是手机数据在微观尺度上通勤特征研究的尝试。总的来说，利用手机数据进行通勤研究还处于起步阶段，尤其缺乏微观尺度的研究，也缺乏与用地以及其他空间要素结合的进一步解释。

开发区是中国改革开放后出现的重要的产业组织形式和城市功能组成部分，聚集了大量的就业，是城市中典型的就业区。开发区内的通勤和职住问题一直是城市规划关注的重点。本章利用上海市 2014 年某两周连续的手机信令数据，以张江高科技园区、金桥经济技术开发区以及陆家嘴金融贸易区三个就业区为例，分别对其就业与居住、通勤空间和时间特征及地铁通勤特征进行对比分析，并尝试基于通勤特征总结出不同的就业区模式和探讨用地以及其他空间要素对不同模式形成的影响。

16.2　数据来源与研究方法

16.2.1　研究区概况

研究对象为张江高科技园区、金桥经济技术开发区（北区）和陆家嘴金融贸易区，在上海市的位置，如图 16-1 所示。它们均为 20 世纪 90 年代初始建的国家级开发区，现在建设发展比较成熟，在上海市开发区综合实力位于前列。同时，它们在区位、规模、产业结构和用地布局上各有不同。因此，将它们作为研究对象有代表性和可比性。

张江位于浦东内外环之间，面积约 28.1 km^2，从业人员约 32 万人。四大主导产业为信息技术、生物医药、文化创意和新能源新材料。金桥（北区）位于浦东北部、外环线以内，面积约为 15.6 km^2，从业人员约 17 万人。主导产业为电子信息、汽车制造及零部件、现代家电、生物医药与食品加工。陆家嘴金融贸易区位于浦东黄浦江畔、外滩对岸，面积约 6.9 km^2，从业人员约 20 万人，主导产业为金融、证券和商贸，是上海市的金融中心。

张江内部用地功能多样，包括办公研发、教育科研和居住配套等。金桥内部以办公研发和工业生产用地为主，功能较单一，南部有公共设施和商业。陆家嘴内部滨江是高层办

图 16-1　研究对象在上海市的位置

公聚集的小陆家嘴①，高层之间有绿地，小陆家嘴以外是大量居住用地，其中有分散的公共设施和商办用地。

16.2.2　数据来源与处理方法

本章的数据为上海市 2014 年某两周连续的手机信令数据。上海市域每日平均记录到 1 600 万～1 800 万个不同手机识别号，每日平均信令记录数约 6 亿～8 亿条。每条信令记录包含用户标识、时间、基站、信令类型 4 个字段信息，每个用户记录时间间隔约 1～2 h，基站位置平均数百米的误差。

本章中采取的居住地的识别方法为：识别凌晨 0:00～6:00 每半个小时用户出现次数最多的位置，求这些位置的平面中心点；再求 10 个工作日的平面中心点的中心点即为该用户的居住地。工作地的识别方法同理，时间范围改为 9:00～17:00。此外设定阈值：多天平面中心点任意两点距离的平均数小于 100 郊区大型住区、老城旧住宅区、保障性住区、单位分配住区等 0 m，认为有稳定的工作地和居住地。通勤距离即为居住地和工作地之间的直线距离。

该方法识别到上海市同时具有稳定工作地和居住地的人数约 750 万人。将手机数据识别到的每个街道的居住人数(图 16-2a)和“六普”常住人口数(图 16-2b)对比，发现两种数据在空间分布上一致性较高，说明虽然手机记录和识别规则都会造成采样误差，但运用手机数据和以上识别方法是可行的。

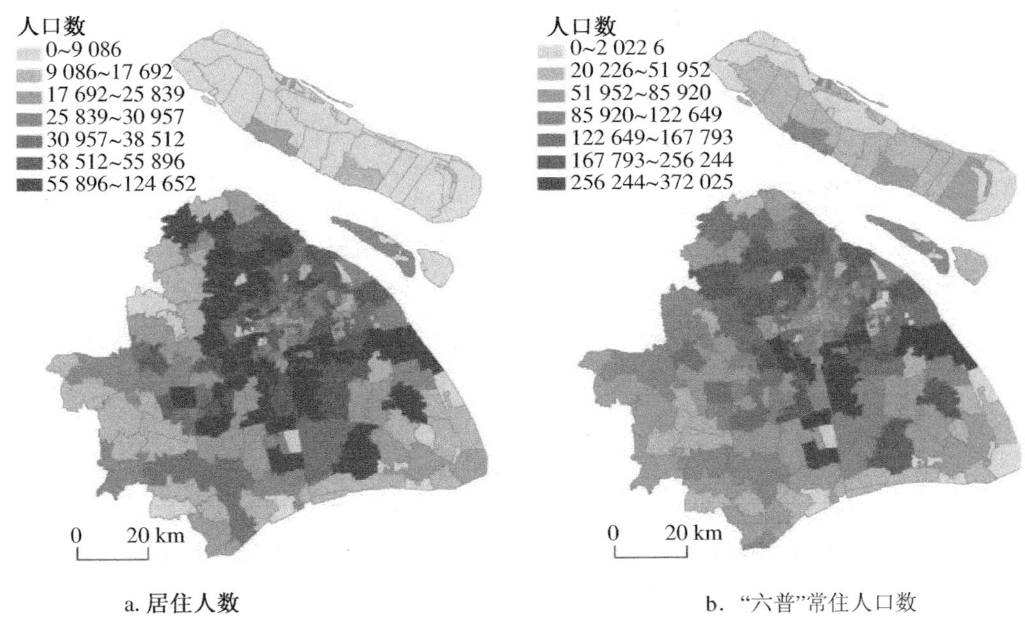

a. 居住人数　　b. "六普"常住人口数

图 16-2　上海市各街道手机数据识别的居住人数和"六普"常住人口数对比

16.2.3　技术线路

本章先从就业与居住、通勤空间特征、通勤时间特征和地铁通勤四个方面对比分析了三地的通勤特征；据此总结出不同就业区模式，并从自身特性因素探讨不同模式就业区的成因。本章的技术路线如图 16-3 所示。

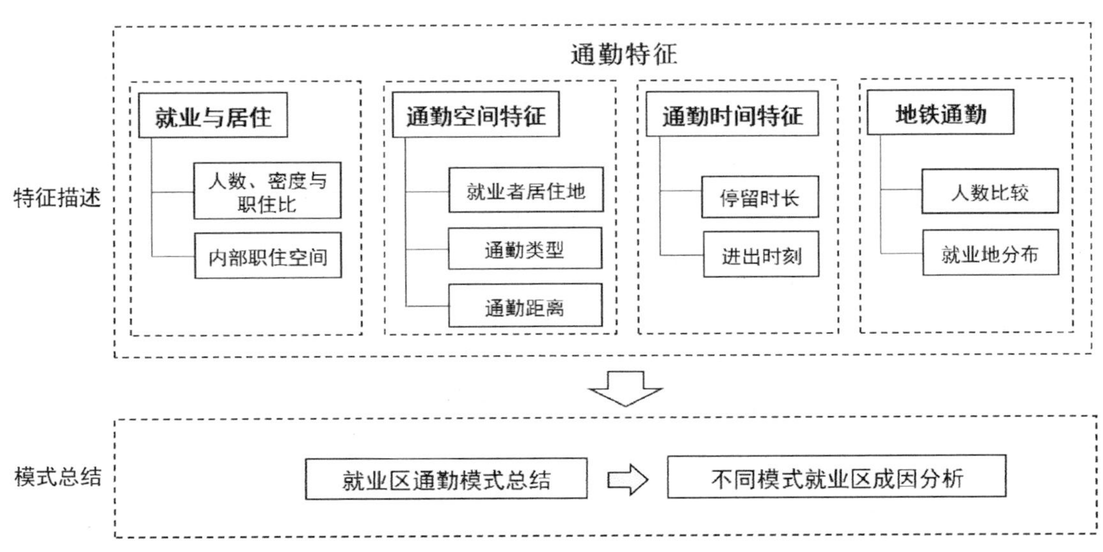

图 16-3　技术路线

16.3 通勤特征结果分析

16.3.1 就业与居住

16.3.1.1 人数、密度及职住比

表 16-1 为手机数据识别到的就业和居住人数，根据识别人数计算的相关指标及与其他途径统计的就业和居住人数的对比。手机识别的就业和居住人数都是张江最多，金桥最少；就业和居住密度均为陆家嘴最高，金桥最低。陆家嘴为就业和居住高密度聚集区，其中小陆家嘴的就业密度约为陆家嘴的两倍，就业最为集中。张江和金桥的就业密度接近，但张江的居住密度是金桥的两倍。手机数据识别结果与其他途径统计人数对比，识别率基本在 20%～40%，但金桥和小陆家嘴居住人数识别率远高于普查常住人口数。这两地内部几乎没有居住用地，但被大量居住用地包围，极可能因基站位置误差将住在边界外的人识别为内部居住的人；此外，金桥应有员工宿舍、人才公寓之类居住配套设施，小陆家嘴有酒店等其他类型住宿，都可能致使手机识别的居住人口增多。

表 16-1 手机识别的就业和居住人数及相关指标

	张江	金桥	陆家嘴	小陆家嘴
就业人数(人)	71 656	36 015	69 203	36 297
居住人数(人)	48 856	12 625	33 435	5 910
就业密度(人/km^2)	2 550.0	2 308.7	10 029.4	21 351.2
居住密度(人/km^2)	1 738.6	809.3	4 845.7	3 476.5
职住比(就业人数/居住人数)	1.47	2.85	2.07	6.14
其他途径统计就业人数(万人)/手机数据识别率	30/24%	17/21%	20/34%	10/39%
普查数据居住人口(万人)/手机数据识别率	12.70/38%	0.55/229%	11.25/30%	0.37/160%

注：手机数据识别率为手机数据识别人数与其他途径统计人数之比。

职住比方面，小陆家嘴最高，其次是金桥、陆家嘴，张江的职住比最小。小陆家嘴的就业岗位最集中；金桥用地以工业为主而缺乏居住，职住比很高；陆家嘴内虽有不少居住，但小陆家嘴的就业高度密集，职住比也高。由职住比推断，张江内部的职住平衡程度相对较好，其次是陆家嘴，金桥内部缺乏居住，职住分离情况最为严重。

16.3.1.2 内部就业和居住

手机数据识别的研究对象内部就业者的工作地分布(图 16-4)和居住者的居住地分布(图 16-5)的核密度分析结果表明，三地就业和居住分布空间特征各有不同，与实际用地和建成情况总体相符，但又有差异。

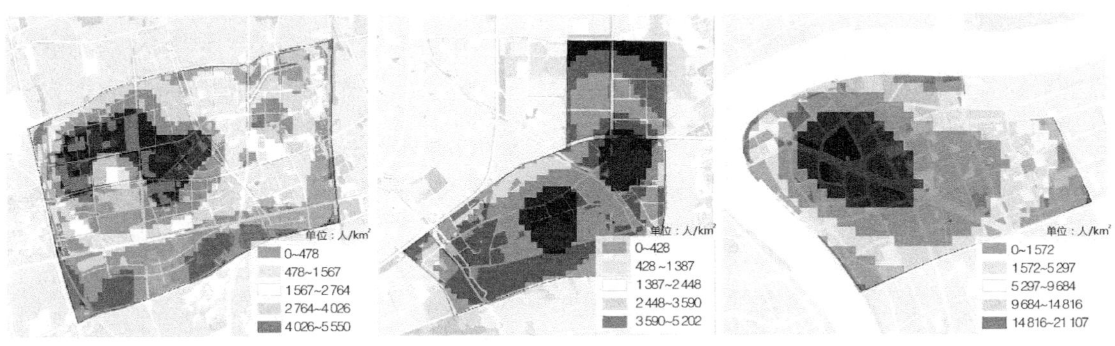

图 16-4　张江、金桥和陆家嘴三地就业人口分布核密度图

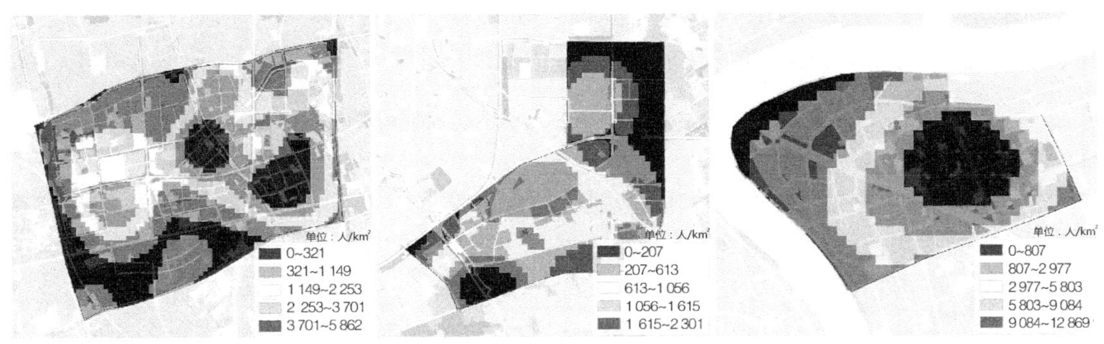

图 16-5　张江、金桥和陆家嘴三地居住人口分布核密度图

张江西北部一期建成的产业园区就业密度最高；张江镇区和拆迁安置区的居住密度最高，新建商品房的居住密度不是很高，如广兰路地铁站北。张江的就业中心和居住中心呈整体上东西分离、局部混合的状态，例如，张江镇区为就业和居住的中心，大学校区的就业和居住密度都较高。此外，张江有就业和居住空间混合发展趋势，如中部二期建设的产业区和居住用地靠近。

金桥内部基本是已建成的工业用地，但就业密度并不均质，就业集中在偏南部中心位置，有两个密度最高的就业中心。居住密度总体较低，南部边界处居住密度相对较高，难以排除因基站位置误差把住在边界之外的人识别为内部居住，故认为金桥无明显居住中心。金桥以单一就业为主，就业集中在园区南部。

陆家嘴的就业中心在小陆家嘴，居住中心在东部住宅区，东南居住片区的就业密度不低，可见其中有分散的商业办公、公共设施及楼宇经济，但小陆家嘴的居住很少。陆家嘴的就业和居住中心是明显单中心聚集，空间上东西分离，但就业有向居住片区渗透的趋势。

16.3.2　通勤空间特征

16.3.2.1　就业者居住地分布

图 16-6 是三地就业者的居住地分布的核密度分析结果。张江的就业者大部分在浦东

居住，园区内居住密度最高，浦西沿内环线有少量居住但没有集中的点；金桥的就业者绝大部分居住在浦东，以园区南部及园区外东西两侧的居住密度最高，浦西居住很少；陆家嘴的就业者居住集中在中心城区以就业区及周边居住密度最高，浦东沿江和浦西内环内也有大量居住。

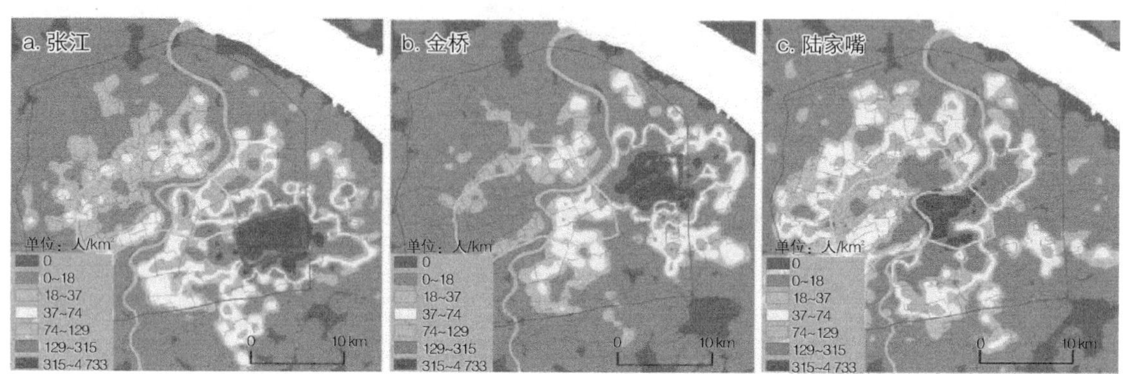

图 16-6　张江、金桥和陆家嘴三地就业者居住地分布核密度图

居住分布与轨道交通线的关系上，张江就业者居住地沿地铁 2 号线分布明显，有沿地铁 6 号线分布的迹象；金桥就业者居住没有沿地铁 6 号线向南延伸和沿地铁 12 号线向浦西跨江，沿着地铁线分布不明显；陆家嘴的就业者居住地沿地铁线分布特征明显，但没有沿地铁 2 号线向浦东东部拓展趋势。计算居住在地铁站点 1 km 缓冲区内三地就业者的比例，张江、金桥和陆家嘴的比例分别为 40%，36%，84%。可见陆家嘴的就业者居住地的交通条件最好，张江和金桥则一般。

将就业者居住地分布划分为三级通勤圈：按分位数分类法将核密度分析的结果分类，包含 25%的就业者居住地分布范围为核心通勤圈，包含 50%为次级通勤圈，包含 75%则为边缘通勤圈。图 16-7 是三级通勤圈层划分的结果，表 16-2 统计了三级通勤圈面积。

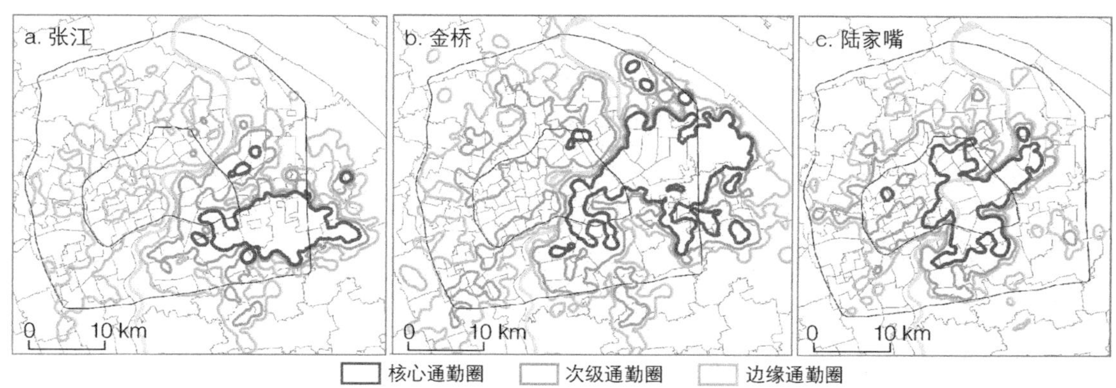

图 16-7　张江、金桥和陆家嘴的三级通勤圈层

表 16-2　张江、金桥和陆家嘴不同层级通勤圈的面积(km^2)

通勤圈	张江	金桥	陆家嘴
核心	63	131	70
次级	79	215	113
边缘	278	312	104

张江的核心和次级通勤圈的面积都最小，居住聚集在园区内和紧邻的周边非常明显；金桥的三级通勤圈的面积都最大，说明金桥的就业者居住地分布整体上最分散；陆家嘴的核心和次级通勤圈的面积中等、边缘通勤圈的面积最小，说明陆家嘴的就业者的居住分布虽然不像张江那样聚集在园区中，但是总体集中在中心城区，尤其是内环线以内。

就业者居住地的选择受到多种因素影响，交通、周边住房供给和收入水平是四个重要因素。张江区位较偏，地铁 2 号线从内部穿过，园区内有较多层次居住配套，就业者多为电信与医药行业技术人才，有一定购(租)房能力，故显现出张江园区居住密度最高、主要沿地铁 2 号线浦东分布的特征；金桥位于浦东北部中外环之间，地铁线从绕其外围，就业者有企业管理层和普通工人，收入水平高低不一，地铁 6 号线沿线住宅定位较高，而园区以东是大片农村地区，故显现出园区东西密度最高、居住较为分散、沿地铁线分布不明显的特征；陆家嘴在上海市的中心，交通便捷，就业者大多为金融从业者，住房支付能力和出行能力都较强，显示出居住分布在市中心，沿地铁分布明显的特征。

16.3.2.2　通勤类型

根据居住地和工作地与研究对象的空间关系，将通勤类型划分为两类：居住地和工作地均在研究对象内为内部通勤，工作地在研究对象内部而居住地在外为内向通勤。表 16-3 为三地不同通勤类型就业者比例。

表 16-3　张江、金桥和陆家嘴三地不同通勤类型的人数比例

研究对象 / 通勤类型	张江	金桥	陆家嘴
内部通勤	54.04%	22.91%	35.63%
向内通勤	45.96%	77.09%	64.37%
总计	100.00%	100.00%	100.00%

三地内部通勤比例差别较大，张江最高而金桥最低；内向通勤比例反之。内部通勤比例的结果与职住比所表明的通勤特征一致，三地中张江的内部职住平衡程度最高；金桥园区内居住缺乏，故内向通勤比例最高而内部通勤比例最低；陆家嘴范围内虽不乏居住，但因地处市中心且职住比高，内向通勤人数多，内部通勤比例居中。

16.3.2.3　通勤距离

表 16-4 统计了张江、金桥和陆家嘴三个研究对象的所有就业者(包括内部通勤和内向

通勤)的平均通勤距离和中位通勤距离。张江的平均通勤距离和中位通勤距离都最小，说明张江不仅是内向通勤比例高且通勤距离近。金桥的就业者的平均通勤距离最大，一是缺乏内部居住导致的极近距离通勤者少，二是小部分远距离通勤者拉大了平均值。陆家嘴的中位通勤距离最大，可见陆家嘴中等距离通勤比张江和金桥多。综合以上比较分析，三个就业区中张江的就业和居住分布在空间上最接近。

表 16-4　张江、金桥和陆家嘴总就业者通勤距离统计(m)

通勤距离	张江	金桥	陆家嘴
平均通勤距离	5 139	6 128	5 190
中位通勤距离	2 683	3 780	4 721

将 0～2 km 作为极近距离通勤，2～5 km 作为近距离通勤，5～10 km 作为中等距离通勤，10～15 km 作为远距离通勤，大于 15 km 作为极远距离通勤，统计各通勤距离段的人数，三个就业区在不同通勤距离段的人数比例分布特征不同(表 16-5)。

表 16-5　张江、金桥和陆家嘴不同通勤距离段人数比例分布

通勤距离	张江	金桥	陆家嘴
极近距离(0～2 km)	45.21%	30.49%	40.06%
近距离(2～5 km)	21.05%	29.37%	17.59%
中等距离(5～10 km)	14.93%	19.62%	25.50%
远距离(10～15 km)	8.91%	9.24%	10.82%
极远距离(>15 km)	9.90%	11.28%	6.03%

极近距离通勤段，张江的人数比例是三地中最高的，张江不仅内向通勤比例最高且极近距离通勤比例也最高，居住和就业在空间上最为接近，其次陆家嘴的极近距离通勤比例也较高。在近距离通勤段，金桥的比例大于另外两地，说明金桥虽然园区内部缺乏居住，但产业区周边的居住区为大部分的就业者提供了居住。在中等距离通勤段，陆家嘴的比例明显高于另两地。在远距离通勤段，陆家嘴的比例高于另外两地。由于陆家嘴区位优越、可达性强，就业者居住地可选择的范围更大，居住在园区内部和周边的比例下降，此外还受到黄浦江特殊地理因素的影响，故表现出中等距离通勤段比例很高、远距离通勤段比例较高的特征。在极远距离通勤段，金桥的比例最高而陆家嘴的比例最低，进一步表明陆家嘴的就业者居住在中心城区聚集。

16.3.3　通勤时间

本章采用工作地停留时长和进出工作地时刻两个指标反映通勤时间特征。由于内部通勤者在研究范围内停留时间长，会对通勤时间特征判断造成干扰，故排除这类人群[②]。

16.3.3.1　工作地停留时长

将某一用户第一次被研究对象范围内基站记录到的时间作为进入工作地的时间，最后一次被记录到的时间作为离开工作地的时间，两个时刻之间的时间段作为用户这一天在工作地的停留时长；计算两周内工作天数大于等于 5 d 的内向通勤人群的多天平均停留时长作为最后的工作地停留时长，分布情况如图 16-8 所示。张江、金桥、陆家嘴的内向通勤人群的工作地平均停留时长分别为 6.75 h，7.75 h 和 6.40 h，停留时长分布众数分别为 6.75 h，6.75 h 和 6.5 h。

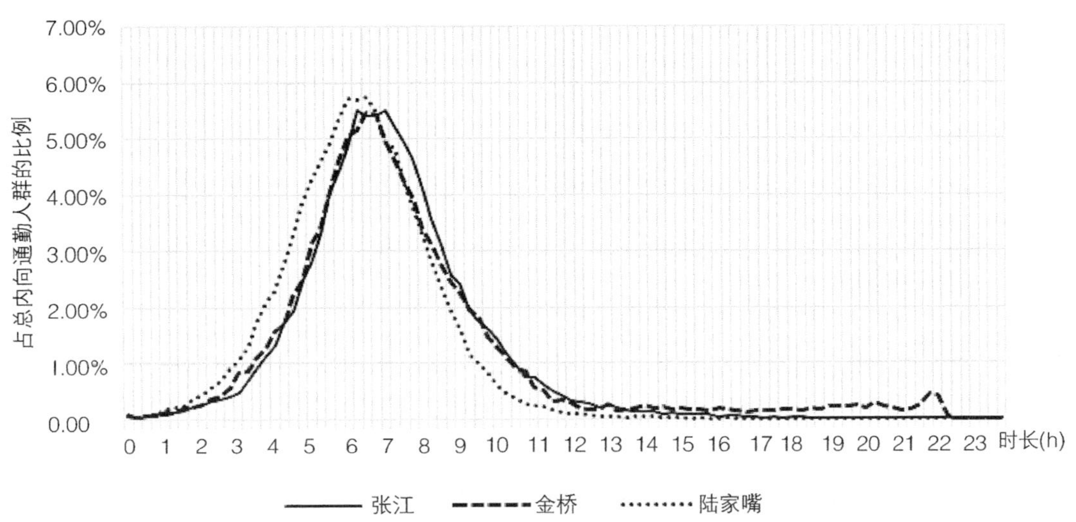

图 16-8　张江、金桥和陆家嘴三地内向通勤人群工作地停留时长分布

工作地平均停留时长金桥最长，张江次之，陆家嘴最短；停留时长众数陆家嘴小于另外两地，张江和金桥相差不大。金桥的工作地停留时长平均值比另两地要明显长，停留时长分布曲线尾端有小部分长时间在工作地的人群，从而拉高了工作地停留时长的均值，推测这部分人是夜班人群或临时在职工宿舍休息的人群。

16.3.3.2　上下班时刻

图 16-9 是张江、金桥和陆家嘴的内向通勤人群两周内 10 个工作日在平均进出工作地的时刻分布。可以看出，到达工作地的高峰时刻金桥最早，张江次之，而陆家嘴最晚；离开工作地的高峰时刻金桥最早，陆家嘴次之，而张江最晚。金桥进入曲线峰度最高，而陆家嘴最为扁平，说明金桥的上班时间严格集中，陆家嘴的上班时间较为自由；金桥的离开曲线最集中，而张江最为扁平，说明张江下班后加班现象更明显。

手机数据识别的通勤时间特征和三地产业类型相符。张江的就业者主要为电信、医药行业技术人员，工作时间较长，上下班时间较准时，下班后有加班的现象；金桥以加工制造业为主，时间特征与另外两地明显不同，上下班时间更早，且严格准时，平均工作地停留时间最长，有一小部分夜班人群和在临时宿舍休息的人群；陆家嘴则以金融业为主，上班时间较晚，下班后很少加班，上班时间也较自由，工作地停留时长最短。

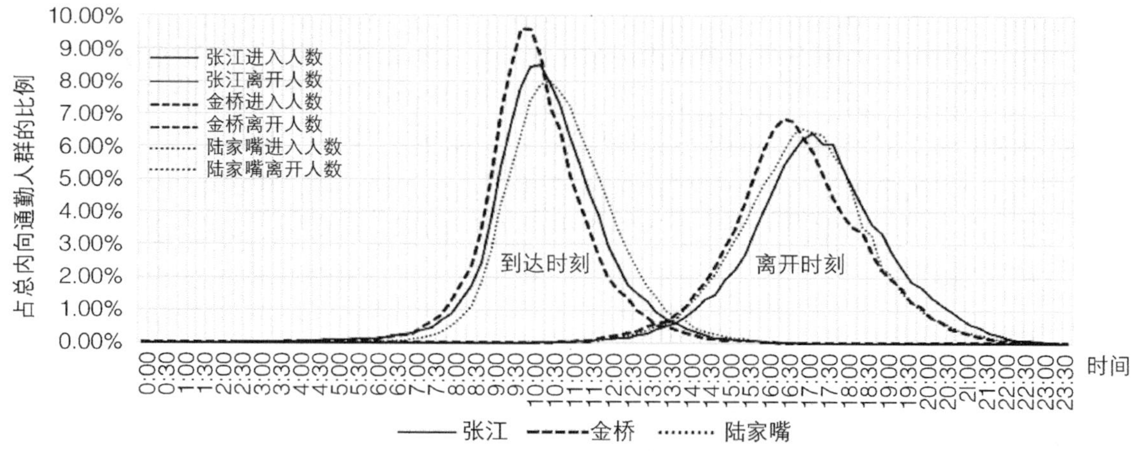

图 16-9　张江、金桥和陆家嘴三地内向通勤人群到达离开工作地时刻

16.3.4　地铁通勤

16.3.4.1　通勤人数

本章将通勤时间段内(7:00～10:00 或 16:00～19:00)被研究对象内的地铁站内的基站记录到的,且 10 个工作日内被记录到的天数大于等于 2 d 的研究对象内的就业者作为地铁通勤人群③。表 16-6 为研究对象范围内乘地铁通勤的就业人数和比例。

表 16-6　手机数据识别到的研究范围内地铁通勤人数和相对比例

	张江	金桥	陆家嘴
乘地铁就业人数	8 875	187	6 092
总就业人数	71 656	36 015	69 203
地铁通勤比例(乘地铁就业人数/总就业人数)	12.3%	0.52%	8.80%

比较三地的地铁通勤比例,陆家嘴地铁站比张江多 2 个,但张江乘地铁通勤的人数和比例都高于陆家嘴,表明张江就业者通勤方式更加依赖地铁,陆家嘴的就业者通勤方式更加多元;金桥的就业者乘地铁上班比例远小于陆家嘴和张江,地铁线只在金桥周边经过而非从中间穿过,可见地铁站点与工作地的步行距离过远会明显降低选择地铁通勤的比例。

16.3.4.2　工作地分布

图 16-10 为三地乘地铁通勤人口分布的核密度图,张江、金桥和陆家嘴分别以金科路站、金海路站和陆家嘴站为中心密度最高。对比张江的地铁通勤就业者工作地分布和总就业者工作地分布(图 16-5a),发现各个就业地块的地铁通勤的就业者比例相差不大,各个就业区块离地铁站的距离也都比较近。虽然地铁 12 号线在 2013 年年底开通,且金桥的就业者沿线居住很少,但地铁通勤就业者工作地靠近地铁 12 号线聚集。虽然陆家嘴范围内有多

条地铁线，但地铁通勤就业者的工作地分布最接近地铁 2 号线的站点。三地地铁通勤就业者的工作地分布都反映了出行换乘的便利程度，特别是交通站点到工作地之间的距离，对于选择地铁作为通勤方式非常重要[15]。

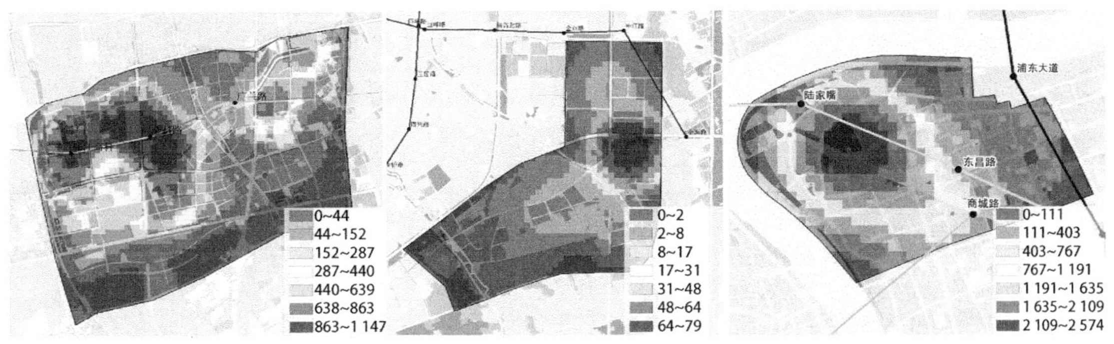

图 16-10　张江、金桥和陆家嘴三地地铁通勤人口分布核密度图(单位：人/km^2)

16.4　讨论

16.4.1　模式总结

以上利用手机信令数据对张江高科技园区、金桥经济技术开发区和陆家嘴金融贸易区的就业与居住、通勤空间和时间特征及地铁通勤的特征进行了比较分析，结果表明：张江的职住比低，内部通勤和极近距离通勤比例高，就业居住空间分布最靠近，内部的就业与居住整体分离、局部混合；就业者在工作地停留时间较长且下班有延迟；就业者居住在地铁站 1 km 缓冲圈内的比例不高，但地铁通勤比例很高，通勤方式很依赖地铁。金桥的职住比高，内部通勤比例最低，园区内部居住少，单一就业聚集，就业者大多居住在产业区周边，近距离通勤的比例高；就业者上下班高峰时刻早且准时严格，有部分人群在非白天常规工作时间工作；地铁通勤比例远小于陆家嘴和张江。陆家嘴的职住比较高，内部通勤比例居中，就业者的居住市中心聚集，尤其在内环以内，中等距离通勤的比重大；内部的就业和居住分离。就业者工作地停留时长最短；地铁通勤的比例比张江低，通勤方式上更加多样化。

表 16-7 总结了三地最主要的通勤特征，并根据不同的通勤特征，将张江、金桥和陆家嘴总结为三种不同的模式：自我平衡型、单一生产型和城市互动型。自我平衡型的就业区内部用地混合，有一定的居住和设施配套，内部通勤比例高，通勤距离近。单一生产型的就业区内部基本为产业用地，且区位不佳交通不便，就业者多选择就近居住，也有部分长距离通勤。城市互动型的就业区的区位较好，就业者在城市中的居住地选择范围广，通勤距离不是很近但通勤便利，用地可能单一或者混合。

表 16-7　张江、金桥和陆家嘴的通勤特征和就业区模式总结

<table>
<tr><th colspan="3"></th><th>张江</th><th>金桥</th><th>陆家嘴</th></tr>
<tr><td rowspan="8">通勤特征</td><td rowspan="2">就业与居住</td><td>职住比</td><td>较低</td><td>高</td><td>较高</td></tr>
<tr><td>内部职住结构</td><td>整体分离、局部交差</td><td>单一就业、中心聚集</td><td>职住分离、就业渗透</td></tr>
<tr><td rowspan="2">通勤空间特征</td><td>就业者居住地分布</td><td>园区聚集</td><td>园区周边,分散分布</td><td>市中心集中</td></tr>
<tr><td>内部通勤比例</td><td>高</td><td>低</td><td>中</td></tr>
<tr><td rowspan="2">通勤时间特征</td><td>通勤距离特征</td><td>极近距离比例高</td><td>近距离比例高</td><td>中等距离比例高</td></tr>
<tr><td>工作地停留时长</td><td>中</td><td>长</td><td>短</td></tr>
<tr><td>地铁通勤特征</td><td>地铁通勤比例</td><td>高</td><td>低</td><td>较高</td></tr>
<tr><td colspan="3">就业区模式</td><td>自我平衡型</td><td>单一生产型</td><td>城市互动型</td></tr>
</table>

16.4.2　形成因素

根据对三个对象特征的比较分析,有以下六个因素对不同模式的就业区的形成有重要影响:

区位:中心城区的就业区可达性高,与城市其他区域联系方便,就业者的居住生活地的选择范围广,内部通勤比例不会很高,中等距离通勤比例增多,就业者大多选择居住在中心城区。且中心城区的就业区规模一般不大,不易与外围产生隔离。中心城区的就业区大多是城市互动型。

园区面积:面积较大的就业区有用地条件建设居住、商业和各种公共设施的配套,实现用地混合,提高内部通勤比例,容易发展成为自我平衡型。面积规模小的就业区不易与城市外围隔离,更可能发展成为城市互动型;规模中等的就业区更容易发展成为单一生产型。

产业类型:产业影响就业区与城市的联系强度,例如,工业区与城市活动联系弱,服务业则强。产业决定就业区建成形态,例如,工业区的容积率低而占地面积大;服务业则一般聚集在高层办公楼,用地集约。产业也关系到就业者收入,例如,高端服务业就业者收入高,购(租)房能力和出行能力强,对居住的位置、环境和品质的选择更多样化;制造业就业者的住房选择受到距离和价格限制大。因此,高端服务业就业区最可能发展成城市互动型,工业区最易发展成单一就业型。

地铁:地铁是就业区与城市其他区域最高效的联系方式。故地铁交通条件好,会致使内部通勤的比例降低和通勤距离增加,但通勤出行便利的,最可能发展成为城市互动型。地铁交通条件差的就业区,内部居住生活配套好,发展成为自我平衡型;内部配套不好,就业者的居住生活依赖园区周边,发展成为单一生产型。

内部用地:内部用地情况直接影响就业区模式。区位较偏的就业区,如果内部用地混合多样,内部通勤比例会很高,就业和居住空间上靠近,最可能发展成为自我平衡型。内部用地单一且区位交通不佳的就业区,就业者的居住生活依赖就业区周边,极可能发展成为单一生产型。

周边用地：就业区周边用地功能混合多样，建设成熟，就业者的居住生活可依赖周边地块，使内部通勤比例降低。如果园区和城市其他区域联系不便，就业者的居住生活高度依赖园区周边，则发展成为单一生产型；如果区位佳，交通便捷，就业者的居住地选择范围广，发展成为城市互动型。周边开发建设不成熟促进就业区向自我平衡型发展。

任何一种就业区的形成都不可能是由单一要素决定的，且这六个要素之间也是相互关联的，这六大要素的综合作用下形成了不同的就业区模式。

16.4.3　规划启示

（1）自我平衡型

自我平衡型的就业区应注重自身功能完备，用地类型应该混合多样，居住配套层次与就业者的住房支付能力匹配，设施配套与人口规模和需求匹配。对于张江，一些新建商品房入住情况差，说明增加配套服务设施的数量和质量比单纯增加住宅建设量更能增吸引人居住。张江就业者通勤高度依赖 2 号线，除进一步提高内部通勤比例之外，也应改善内部交通条件，发展多种交通方式，减少内部通勤对地铁的依赖。此外，张江内还有很多原张江镇居民在此居住工作，原有居民与后迁入居民的就业居住空间关系也需要重视。

（2）单一就业型

单一就业型的就业区面临的通勤挑战比较严峻，内部往往没有足够的用地再增加居住和其他配套设施，应注重在邻近周边建设比较齐全居住和配套设施，并加强就业区与外部的交通联系。对于金桥，应改善其交通条件，包括就业地到地铁站点的可达性和就业地与居住地的公共交通联系。其次，金桥内部有很多低就业密度的工业用地可考虑转型发展，提供一定居住和其他设施配套，增加用地混合程度。再次，周边的居住供给应考虑不同层次就业者购(租)房能力。

（3）城市互动型

城市互动型的就业区与城市联系方便，就业者居住地选择性更多，虽然内向通勤比例不高，通勤距离不是很近，但通勤和居住配套对这一类型的就业区来说不是问题。最需要注意的就业区本身的城市活力问题，避免就业区由于功能过于单一，变成白天工作人员密集夜晚则空无一人。对于陆家嘴，小陆家嘴可增加其商业设施配套和其他的城市公共功能，并增强其步行联系的可达性和宜人性，改单一就业中心为功能多样、环境宜人的城市公共中心。

16.5　结语

本章利用上海市 2014 年手机信令数据对上海市三个典型就业区张江高科技园区、金桥经济技术开发区和陆家嘴金融贸易区的就业和居住、通勤空间和时间特征以及地铁通勤特征进行了比较分析，并根据它们的通勤特征总结出三种不同的就业区模式：自我平衡型、单一生产型和城市互动型。导致不同模式就业区形成的因素很多，区位、轨道交通、规模、产业类型以及园区内外用地这六个要素对就业区产生影响，并提出了相应的规划建议。

手机数据样本量大，反映通勤特征更客观，但数据精度差，在解释不同通勤特征背后的原因上较为薄弱。此外，本章更关注数量方面的特征，对质量方面的差异虽有所揭示，但不全面。例如，虽然内部通勤比例上张江比陆家嘴高，但又发现张江部分住宅入住率低，陆家嘴居住区仍有不少工作岗位，则两地的居住配套质量和用地混合程度都不一样的。又如，金桥近距离通勤比例高，说明金桥区内居住虽少而周边居住多，但园区东西两侧是居住条件不同，地铁交通条件也不如另外两地，手机数据很难反映诸如此类居住配套质量方面的问题。

本章是手机数据在微观层面通勤研究方面的初探，描述性分析较多，着重是空间上的特征，尝试解释造成不同通勤特征的原因，但还不够全面准确。下一步可尝试结合其他的类型数据或模型定量的方法，更全面准确地解释造成这些通勤特征差异背后的原因。

注释：

① 小陆家嘴东起即墨路、浦东南路，西至黄浦江边，南起东昌路，北至黄浦江范围内的区域，面积为 1.7 km^2，是陆家嘴金融贸易区的核心区域，也是中国资本最密集的区域。

② 由于手机信令数据识别记录方式的原因，这里计算出的停留时长和进出工作地时刻并不能表示实际的工作时间，但可以作为三地通勤时间特征比较的依据。

③ 由于地铁基站更新周期长而地铁乘客乘坐时间短，记录到的数据很少，本章识别到的数据不能反映研究对象范围内乘地铁通勤的实际人数和比例，但可用来比较三地乘地铁就业人群相对比例和研究乘地铁就业人群的空间分布情况。

参考文献：

[1] 周素红，杨利军.广州城市居民通勤空间特征研究[J].城市交通，2005，3(1)：62-67.

[2] 孟斌，于慧丽，郑丽敏.北京大型居住区居民通勤行为对比研究：以望京居住区和天通苑居住区为例[J].地理研究，2012，31(11)：2069-2079.

[3] 文婧，王星，连欣.北京市居民通勤特征研究：基于千余份问卷调查的分析[J].人文地理，2012，29(5)：62-68.

[4] 孙斌栋，但波.上海城市建成环境对居民通勤方式选择的影响[J].地理学报，2015，70(10)：1664-1674.

[5] 谌丽，张文忠，李业锦，等.北京城市居住空间形态对居民通勤方式的影响[J].地理科学，2016，36(5)：697-704.

[6] 申悦，柴彦威.基于 GPS 数据的城市居民通勤弹性研究：以北京市郊区巨型社区为例[J].地理学报，2012，67(6)：733-744.

[7] 龙瀛，张宇，崔承印.利用公交刷卡数据分析北京职住关系和通勤出行[J].地理学报，2012，67(10)：1339-1352.

[8] 杨东援.通过大数据促进城市交通规划理论的变革[J].城市交通，2016，14(3)：72-80.

[9] 宋少飞，李玮峰，杨东援.基于移动通信数据的居民居住地识别方法研究[J].综合运输，2015(12)：72-76.

[10] 许宁，尹凌，胡金星.从大规模短期规则采样的手机定位数据中识别居民职住地[J].武汉大学学报：信息科学版，2014，39(6)：750-756.

[11] 钮心毅，丁亮.利用手机数据分析上海市域的职住空间关系：若干结论和讨论[J].上海城市规划，2015(2)：39-43.

[12] 丁亮，钮心毅，宋小冬.利用手机数据识别上海中心城的通勤区[J].城市规划，2015，39(9)：100-106.

[13] 王德，钟炜菁，谢栋灿，等.手机信令数据在城市建成环境评价中的应用：以上海市宝山区为例[J].城市规划学刊，2015(5)：82-90.

[14] 裘炜毅，刘杰，张颖.手机大数据视角下的工业区职住平衡分析方法[M]//中国城市规划学会.新常态：传承与变革——2015 中国城市规划年会论文集(04 城市规划新技术应用).北京：中国建筑工业出版社，2015.

[15] 王丹丹，张景秋，孙蕊.北京城市办公空间通达性感知研究[J].地理科学进展，2014，33(12)：1676-1683.

原文作者与期刊：

田金玲，王德，谢栋灿，等.上海市典型就业区的通勤特征分析与模式总结：张江、金桥和陆家嘴的案例比较[J].地理研究，2017(1)：134-148.

第 17 章　近郊大型社区居民的通勤行为

17.1　引言

改革开放以来，中国城市化进程加快，城市规模日益扩大。尤其是人口规模较大的大城市与特大城市，为了缓解中心城区人口压力，在原有城区的近郊建设了许多新区。这些新区，有些以就业为主，如工业园区、各类经济技术开发区等；有些以居住为主，如上海及北京等城市正大量建设的近郊大型社区。但无论是以就业为主还是以居住为主，这些近郊大型社区都存在着功能单一的现象，既不利于中心城区人口向外疏散，也给新区居民的工作和生活造成了极大的不便，同时还增加了城市的交通负担。因此，针对这一问题，研究近郊大型社区居民居住与就业的特征，了解其通勤需求，揭示需求与现实之间的矛盾，具有很强的现实意义。

西方学者对居住与就业关系的研究开展较早，其中涉及的内容有居住与就业区位、住房市场和劳动力市场、交通行为等，涵盖了经济学、规划学、社会学、交通学和地理学等领域，形成了相对成熟的理论体系。主要包括空间错位假说[1]、居住就业均衡理论[2,3]、家庭责任假说[4,5]、城市形态与通勤[6]等。其中，空间错位假说最初由凯恩(Kain)提出，认为就业岗位的郊区化和种族间的居住隔离是造成内城少数族裔群体失业率较高、收入相对较低和工作出行时间偏长的主要原因[1]。

居住就业均衡的基本内涵是指在一定地域范围内，居民数量和就业岗位的数量大致相等，从而减少机动车尤其是小汽车的使用，降低交通拥堵和空气污染[2]。但对于衡量的尺度及该理论的准确性一直存在争议[7, 8]。除了关注空间因素影响通勤行为外，社会因素对通勤行为的影响也逐步得到重视，所涉及的因子既包括社会经济发展、个人属性等社会因素，也包括城市形态、居住及就业岗位分布等空间因素[3, 5]。20 世纪 90 年代以后，伴随中国大城市居民向郊区迁居趋势的出现以及郊区新城的开发，国内对居住就业及通勤的研究也随之展开。从目前来看，国内多数研究开始综合运用空间分析[9, 10]、多元回归方程[11]、结构方程分析[12]及离散选择模型(discrete choice model)等多种方法，结合居民问卷调查，系统全面地分析居民的通勤特征。

由于视角的不同，不同研究所选取的变量差异性较大，但以客观因素为主，包括空间属性(区位、人口密度、公共服务设施质量等)[10, 14]，交通属性(交通方式、通勤距离、通勤时间)[11, 14]，社会个人属性以及家庭结构[15]等。目前，关注主观因素(如居民通勤意愿[16]、居民就业地偏好[17])，探讨主观因素与客观因素对居住—就业关系以及通勤的共同作用机制的研究还比较缺乏。此外，国内研究大多偏向宏观及微观尺度。宏观层面主要探讨城市结构，虽然能够发掘问题，但由于城市尺度的问题积重难返，难以找到合适的解决方法，且即使宏观层面不存在明显的居住就业偏离，但对就业本身而言，也难以保证合适的通勤距离[18, 19]。而且在宏观层面的研究中，不同社区居民通勤特征的差异，难以衡量出是由于空间差异还是社会阶层差异造成的[12]。微观层面的研究主要是对于社区的问卷调查，虽然能够揭示居民通勤特征的差异，但研究范围有限，难以从整体层面应对某一社区的问题[15]。因此，从中观尺度出发，针对近郊大型社区等特定区域的通勤特征进行研究，具有特定的意义：一是能够发掘出社区内部不同阶层居民存在的通勤特征分化及其原因；二是明确社区居民不同属性对于通勤的作用，以及通勤特征之间的相互影响关系；三是近郊大型社区的空间范围属于中观尺度，有利于针对居民特征以社区为单位探讨相应的通勤策略，实现职住平衡[20]。

本章主要目的在于揭示近郊大型社区居民的通勤意愿特征，着重分析不同居民群体的通勤特征差异，并对通勤特征的相关影响因素进行定量分析，总结近郊大型社区居民通勤行为的一般规律。研究内容主要包括三个方面：①分析近郊大型社区居民的就业地及通勤意愿，其中就业地点不仅包括就业地点本身，还包括与之密切相关的通勤距离及时间，而通勤意愿主要包括意愿通勤时间及通勤满意度；②比较大型社区中不同类型居民群体的通勤特征差异，探索其形成机制；③通过定量模型方法，分析居民通勤距离及通勤满意度的相关影响因素。

17.2　调研社区概况与数据来源

17.2.1　调研社区概况

上海市郊区大型社区的建设始于 2003 年，至 2009 年已规划确定了 15 个有一定建设规模、交通方便、配套良好、多类型住宅混合的大型居住社区，包括以保障性住房为主的近郊 6 个基地和以中低价普通商品房为主的 9 个大型居住社区。在实际调研中发现宝山区顾村发展已较为成熟，商业设施和公共服务设施已经成型，且交通优势突出，有地铁 1 号线及 7 号线经过(图 17-1)。因此，选取宝山区顾村作为研究对象(图 17-2)，能够一定程度上代表近郊大型社区所具备的典型特征。

从大型社区居住群体构成上分析，周素红等[13]将广州社区居民分为保障房住户和商品房住户，对其通勤行为进行对比分析。但通过对顾村大型社区的实际调查发现，顾村大型社区内不仅存在保障房住户和商品房住户，还存在大量租房户。这三类人群的通勤及就业特征存在明显差异；而在保障房住户内部，由上海市区动迁而来的住户以及由于大型社区兴建而进行征地补偿的原当地农村住户，其通勤及就业特征也具有较大的差异性。因此，将人群划分为“购房户”“市区拆迁户”“农村拆迁户”及“租房户”四类人群，能够较为全面地反映近郊大型社区的人员构成。

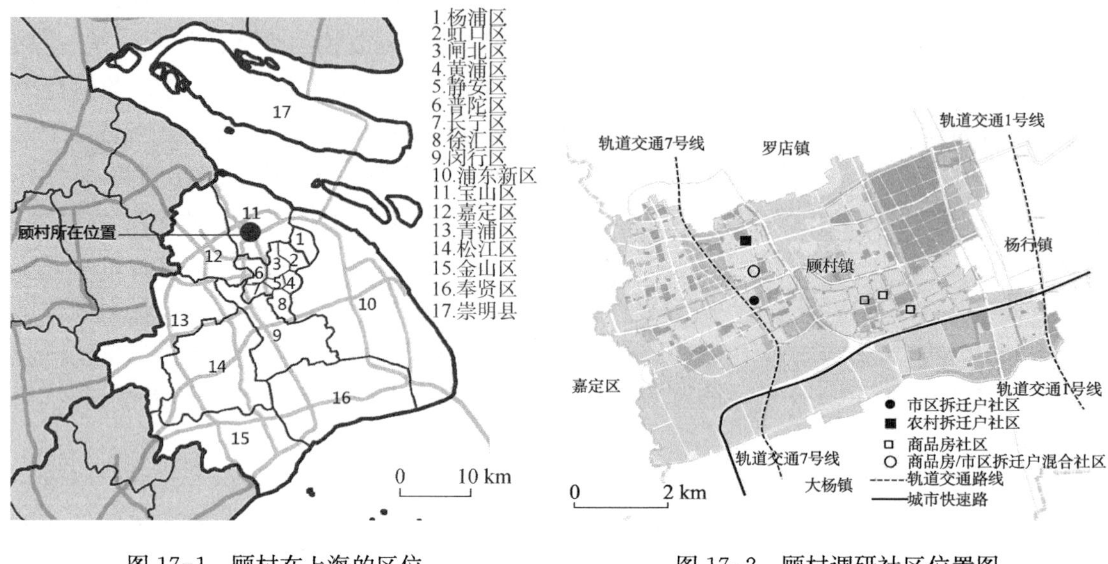

图 17-1 顾村在上海的区位

图 17-2 顾村调研社区位置图

17.2.2 数据来源

数据主要源于 2011 年 7—9 月对顾村大型社区进行的两轮问卷调查。主要对象为居住在顾村,年龄在 18～60 岁之间,处于就业年龄阶段的人群,调查内容主要包括居民基本信息、就业通勤状况以及就业意愿三类。居民基本信息包括性别、年龄、个人月收入、职业、文化程度、户籍及家庭规模等;就业通勤状况包括就业地点、是否有私家车、上班耗时、上下班交通方式、上下班花费、上下班交通满意程度、对上下班交通最不满意的地方、原通勤时间;就业意愿包括能够容忍的上下班时间、认为合适的上下班时间等。选取样本包括大型居住社区内的采菊苑(商品房和市区拆迁房共存小区)和古北陆翔苑(市区拆迁小区),以及虽然不属于大型居住社区,但也在顾村镇辖区范围内的新顾村大家园 A 区(当地农村拆迁)。A 区的建设年代较早,2002 年左右建成的共富新村的 3 个社区(共富二村、富弘苑、共富四村,以商品房为主),基本能够反映顾村大型社区的基本居住状况。调查共发放问卷 230 份,回收 220 份,最终有效问卷为 214 份。

17.3 居民总体通勤特征分析

17.3.1 就业地分析

调研数据显示,居民就业地点主要集中于宝山区,且大多位于顾村镇辖区及周边地区,反映出明显的就近就业倾向。在宝山区以外的就业人群,就业地点主要分布于虹口、杨浦、闸北等上海市中心城区偏北的区域(图 17-3)。

从通勤距离上分析,居民平均通勤距离为 11.1 km,平均通勤时间为 41 min,低于 2010 年上海市居民平均通勤时间 50.4 min[21]。这说明顾村大型社区总体上通勤问题并不显著。

从居民通勤距离分布来看，近距离通勤(0～6 km)的占到 45%。其他距离段通勤的人数分布较为平均，27 km 以上的距离段出现明显衰减。远距离通勤(20 km 以上)的占到 24.0%(图 17-4)，说明通勤距离分布不均衡，虽然以近距离为主，但也存在很多就业距离较远的居民。

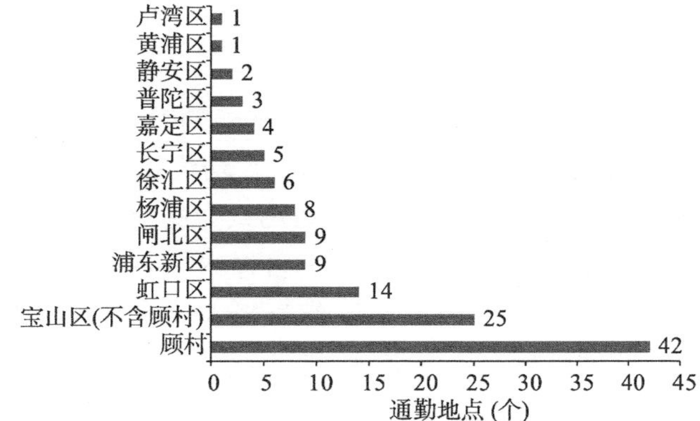

图 17-3　居民通勤地点分布

从居民通勤时间的分布看，居民通勤时间在 30 min 以内的占到 51%，在 60 min 以内的占到 80%，表明通勤时间主要为 1 h 之内。从分布趋势来看，在 0～30 min 时间段，人数分布随时间上升而上升；在 20～30 min 时间段达到最高峰；随后明显下降后缓慢上升；在50～ 60 min 达到另一个高峰后又迅速下降，在 80～90 min 又有所上升(图 17-5)，表现出通勤时间分布的不连续性，这可能与就业空间分布的不均衡性相关。

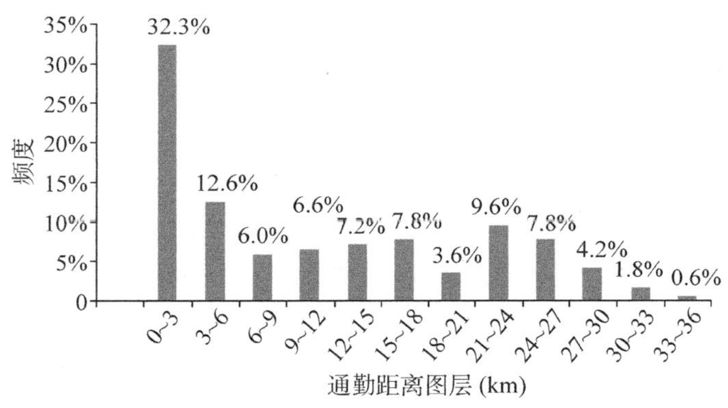

图 17-4　居民通勤距离分布频度累计图

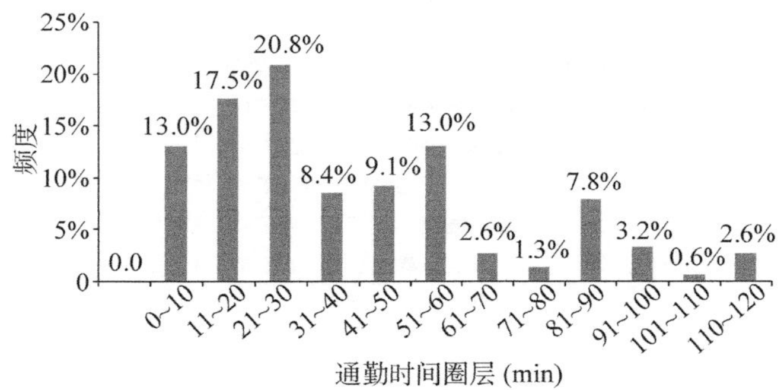

图 17-5　居民通勤时间分布频度累计图

17.3.2 通勤意愿分析

以“可容忍通勤时间”与“合理通勤时间”两个数据作为意愿通勤时间的衡量指标。调查显示：居民“可容忍通勤时间”平均值是 1 h，在样本中选择 60 min 作为“可容忍通勤时间”的占样本总数的 42.4%；居民认为的“合理通勤时间”平均值是 31 min，在样本中选择 30 min作为“合理通勤时间”的占样本总数的 57.0%。这说明居民对于意愿通勤时间的心理预期比较集中，即 30 min 作为“合理通勤时间”，60 min 作为“可容忍通勤时间”，前者的集中程度更高。

结合意愿通勤时间与实际通勤时间进行对比，居民实际通勤时间的平均值是 40 min，处于“可容忍通勤时间”平均值 60 min 之内，但超过了“合理通勤时间”30 min。这说明居民目前的通勤时间处在可接受的范围之内，但有进一步改进的意愿。

通勤满意度分为五级，分别是“很满意”“比较满意”“无所谓”“不满意”及“很不满意”。对居民的通勤满意度分析，居民选择“很满意”和“比较满意”的比例为 46%，选择“不满意”和“很不满意”的比例为 27%，说明将近半数居民对于目前的通勤状态还是能够接受的，这也与意愿通勤时间所反映出的情况一致。

17.4 不同居民群体通勤特征分析

17.4.1 不同居民群体就业地点分析

对比不同居民群体的就业地点差别发现：购房户就业地点较为分散，虽然大部分集中于宝山区内，但在上海市中心城区就业的也不少，遍及浦东、徐汇、虹口、杨浦、长宁、闸北等各区；市区拆迁户，除了就近就业以外，在虹口区及闸北区就业的相对较多，其主要原因在于这部分居民大多由虹口及闸北区拆迁而来；而农村拆迁户绝大部分集中在顾村镇辖区内就业，主要原因是该类群体原本是当地农民，在周围务农或务工，迁居后就业地点基本不变；租房户与农村拆迁户特征相似，就业地点集中在顾村镇辖区内，显示强烈的就近就业倾向（图 17-6）。

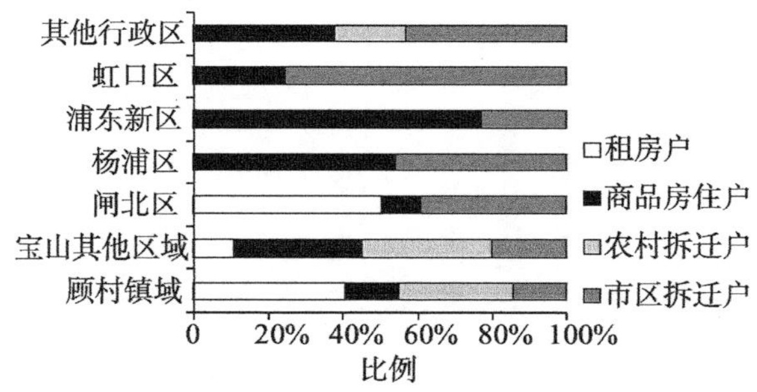

图 17-6 不同居民群体就业地点空间分布

从就业在空间上的集中程度上分析，四类居民群体由分散到集中依次是购房户、市区拆迁户、农村拆迁户、租房户。从不同住区居民在不同通勤距离段中所占比例来看，80%的租房户分布在 2 km 范围内，农村拆迁户中 72%左右分布在通勤距离 6 km 之内，而购房户分布最为分散(图 17-7)。

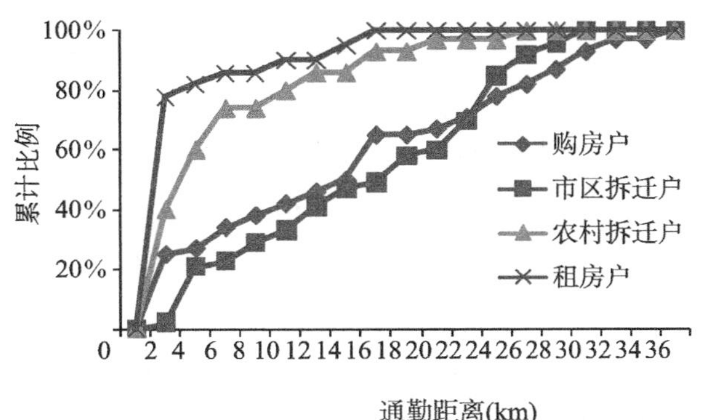

图 17-7　不同居民群体通勤距离频度累计图

对比不同居民群体平均通勤距离和时间，发现购房户和市区拆迁户的平均通勤距离是农村拆迁户和租房户的 3 倍，而平均通勤时间是后两类群体的 2 倍(表 17-1)，说明前两类群体面临着更大的通勤压力。

表 17-1　不同居民群体实际通勤特征对比

住户类型	购房户	市区拆迁户	农村拆迁户	租房户
平均通勤距离(km)	13.8	14.6	5.3	2.6
平均实际通勤时间(min)	48	53	25	22

17.4.2 不同居民群体通勤意愿分析

从不同人群的意愿通勤时间差距分析，农村拆迁户和租房户的可容忍通勤时间及合理通勤时间明显低于购房户及市区拆迁户，但跟实际通勤时间相比，意愿通勤时间差距较小。不同居民群体之间平均合理通勤时间的最大差距(如购房户与农村拆迁户之间的平均合理通勤时间差距为 10 min)，以及平均可容忍通勤时间的最大差距(如市区拆迁户与农村拆迁户的平均合理通勤时间差距为 13 min)，均小于实际通勤时间的最大差距 31 min(表 17-2)。反映出不同人群对于通勤时间的追求具有一致性，但由于受外部条件的限制，实际通勤时间之间差异较大(表 17-2)。

表 17-2　不同居民群体意愿通勤特征对比

住户类型	购房户	市区拆迁户	农村拆迁户	租房户
平均可容忍通勤时间	61 min	61 min	45 min	48 min
平均合理通勤时间	36 min	33 min	26 min	30 min
在可容忍通勤时间内通勤的比例	82%	78%	86%	89%

（续表）

住户类型	购房户	市区拆迁户	农村拆迁户	租房户
在合理通勤时间内通勤的比例	42%	16%	76%	89%
通勤满意比例(很满意和比较满意)	49%	33%	60%	59%

从意愿通勤时间与实际通勤时间的关系分析，大部分人群通勤时间都在可容忍通勤时间范围内，市区拆迁户的比例稍低，但也在75%以上。然而购房户和市区拆迁户在合理通勤时间中通勤的人群比例显著低于农村拆迁户和租房户，分别仅有42%和16%。这表明大多数人群都将自己的通勤时间控制在可容忍的范围之内，但对于购房户和市区拆迁户而言，要达到理想的通勤时间内通勤就比较困难。

从不同类型居民的满意度差别进行分析，发现选择“很满意”和“比较满意”的比例按从高到低的顺序排序依次是农村拆迁户、租房户、购房户、市区拆迁户，表明不同人群通勤满意度的差异主要与通勤距离相关。

17.5 通勤影响因素分析

17.5.1 通勤距离影响因素分析

由于通勤距离是一个连续变量，且相关因素较多，因此主要采用多元回归模型对通勤距离进行定量分析。在国内外的研究案例中，通勤行为的影响因素主要包括居民自身社会经济属性、家庭属性以及空间属性等。由于顾村居民在城市中基本处于同一空间区位，因此主要分析居民的社会经济属性对通勤距离的影响。

根据问卷调查中关于居民自身社会经济属性的调查，选取“年龄”“性别”“个人月收入”“受教育程度”“家庭规模”“职业”“户口类型”“住区类型”“迁居年限”“是否有私家车”作为自变量，将“性别”“受教育程度”“职业”“住区类型”“是否有私家车”作为虚拟变量。在虚拟变量中，①根据顾村镇实际的职业情况，将职业分为“服务业”“公司职员”“机关职员”“技术工人”“司机”“商人”“家庭主妇”和“其他”，以“其他”作为基准变量；②“受教育程度分”分为“小学文化程度”“初中文化程度”“高中(中专)文化程度”“专科文化程度”“大学本科及以上文化程度”，以“大学本科及以上文化程度”作为基准变量；③“户口类型”包括“宝山区”“上海市其他区”和“外地”三类，以“宝山区”作为基准变量；④“住区类型”包括“购房户”“市区拆迁户”“农村拆迁户”和“租房户”四类，以“购房户”作为基准变量。

经检验，逐步剔除不显著的变量，在10%的检验度下，大部分变量显著相关，包括月收入、受教育程度、家庭规模、技术工人、家庭主妇、非上海市户口以及住区类型。模型修正后的 R^2 为0.517，总体拟合度较好。

从“受教育程度”的系数来看，“小学文化程度”样本较少(只有3个样本)，最终被模型剔除以外，通勤距离随着受教育程度的提高而增加。从系数来看，高中和初中文化程度通勤距离相差不大，而专科文化比高中及初中文化通勤距离远3 km左右，而本科以上比专科通勤距离远 6 km 左右。这是因为顾村就业岗位以低端服务业和制造业为主，难以满足脑力劳动者的要求，导致受教育程度较高的人都在距离居住地通勤距离大于 10 km 的上海市中心城区就业（表 17-3）。

表 17-3　通勤距离回归模型参数

变量	B	*T* 值
常数项	23.756	9.002
月收入	0.769**	2.212
职业(家庭主妇)(0,1)	−6.83**	−2.15
职业(技术工人)(0,1)	4.44***	2.492
初中文化程度(0,1)	−9.429***	−4.352
高中(中专)文化程度(0,1)	−10.704***	−6.232
专科(0,1)	−6.835***	−3.83
家庭规模	−2.384***	−3.561
非上海市户口(0,1)	3.533*	1.899
市区拆迁户(0,1)	4.788**	3.342
农村拆迁户(0,1)	−5.298**	−3.042
租房户(0,1)	−9.9***	−4.185

注：* $p<0.1$，* * $p<0.005$，* * * $p<0.001$。

月收入越高，就业地点就越远，具体表现月收入平均每增加 1 000 元，平均通勤距离增加 0.77 km。这种现象反映出顾村周边地区就业的居民收入水平较低，收入高的就业岗位仍集中在上海市的中心城区。

通勤距离随“家庭规模”增加而降低。可能由于当家庭规模增大后，家庭劳动的负担和强度增加，而较近的通勤距离有利于节省上下班时间，增加对家庭的投入。另外，当地农村拆迁户的家庭规模比其他人群大，并且就业地点主要集中在附近，也对结果产生了一定影响。

在“职业类型”中，显著度较高的变量是“家庭主妇”和“技术工人”。家庭主妇相比其他群体，通勤距离近 6.8 km，技术工人比其他群体远 4.4 km。这是因为，较近的通勤距离有利于家庭主妇把更多的时间放在照顾家庭上，而技术工人由于专业性较强，在作为大型居住社区的顾村镇内难以找到适合的工作，因此就业距离较远。此外，即使是顾村镇内的工业园区，也位于顾村镇东北方，处于相对偏远的位置；服务业分布较为分散，就业地点灵活，导致从事工业的受访者普遍比从事服务业的通勤距离较远。

从“户口类型”的差别看，持外地户口者比持上海市户口者平均通勤距离远 3.5 km。这可能由于许多外地进沪工作的人员虽然就业地点在上海中心城区，但难以承受中心城区的高额房价，因此只得选择在类似顾村这样处于郊区的社区居住，因此通勤距离较远。

从“住区类型”的差别看，相比购房户，市区拆迁户的通勤距离远 4.7 km，农村拆迁户少

5.5 km，租房户少 9.9 km。进一步验证了前文对不同人群的分析。

被剔除的变量包括“年龄”“性别”“迁居年限”及“是否有私家车”，其中比较特殊的是“是否有私家车”。因为在许多相关研究中，“是否有私家车”是影响通勤距离的重要因素，但在本章的模型检验中不显著。原因主要在于许多市区拆迁户被迫拆迁至顾村，通勤距离较远，却没有私家车；而许多本地农村拆迁户因拆迁获利，家庭收入较高，购买了私家车，但通勤距离较短。

17.5.2 通勤满意度影响因素分析

通勤满意度主要基于受访者的主观意愿选择，受居民个人特性、实际通勤行为等众多主客观因素影响，采用逻辑斯蒂回归模型分析通勤满意度相关影响因素的作用。

问卷中对通勤满意度的判断分为五级，分别是“很满意”“较满意”“无所谓”“不满意”“很不满意”，其中“不满意”和“很不满意”集中反映了通勤需要改善的那部分人的意愿。因此主要分析“对通勤不满意”（包括“不满意”和“很不满意”）的相关因素。将“通勤不满意”作为“1”，“对通勤满意或无所谓”的作为“0”。

根据国内外相关研究，影响通勤感受的因素主要包括社会经济因素、家庭因素、空间因素以及通勤本身的因素。顾村地区居民在城市中基本处于同一空间区位，因此主要分析居民自身社会经济属性及通勤属性对于通勤满意度的影响。对社会经济因素的设定，基本与通勤距离回归模型一致。选取“年龄”“性别”“月收入”“受教育程度”“家庭规模”“职业”“户口类型”“住区类型”作为自变量代入。对通勤因素的设定，由于通勤方式与通勤时间受通勤距离主导，代入的通勤变量选用通勤距离。此外，由于通勤满意度属于心理感受的一部分，在模型中尝试加入意愿通勤时间，分析二者之间的关联。最终，将“实际通勤时间是否在可容忍时间之内”代入模型。在 10%显著性下，通过检验的自变量包括“月收入”“通勤距离”以及“通勤时间是否在可容忍时间之内”。模型 R^2 达到了 81.2%，说明模型拟合较好。

表 17-4　通勤满意度逻辑斯蒂回归模型参数

变量	B
月收入（千元）	−0.279*
实际通勤时间是否在可容忍通勤时间之内（0，1）	1.972**
通勤距离	0.118***
常数项	−1.95

注：* $p<0.1$，* * $p<0.005$，* * * $p<0.001$。

如表 17-4 所示，通勤距离越远，对通勤的不满意度越高，说明随着通勤距离的增加，在通勤上耗费的精力及时间也随之上升，必然导致通勤满意度的下降。而月收入越高，通勤满意度越高，说明高收入者可以容忍更长的通勤距离，从高收入中获得了长距离通勤所带来的回报，且由于收入较高，能够选择相对舒适的通勤方式，例如私家车通行。从个人月收入变化幅度与通勤距离变化对通勤满意度的效用看，个人月收入下降 1 000 元对通勤满意度所产生的影响，相当于通勤距离上升 0.42 km。

从通勤满意度与可容忍通勤时间的关系分析，当把可容忍通勤时间作为连续变量代入时，变量在模型中并不显著，而将“实际通勤时间是否在可容忍通勤时间之内”这一非连续变量代入时，系数在模型中显著，说明可容忍通勤时间与通勤满意度之间是一个阈值的关系。当实际通勤时间逐渐延长，超过可容忍通勤时间后，通勤满意度将显著下降。对于实际通勤时间超过可容忍通勤时间的人群，对通勤不满意的人群比例高达 64%；反之，比例仅有 20%。

模型剔除了除“月收入”以外的许多经济社会属性变量，包括“年龄”“性别”“受教育程度”“家庭规模”“职业”“户口类型”“住区类型”等。其中，“住区类型”被排除，主要由于与通勤距离相关程度较高，例如租房户和农村拆迁户通勤距离较短，而市区拆迁户和购房户通勤距离较长，因此其对通勤满意度的影响被通勤距离所替代①。这进一步说明不同住区居民通勤满意度的差异主要跟通勤的实际状态相关，与职业、文化程度以及人群类型等因素关系较小。

利用该模型，可衡量不同收入条件之间通勤满意程度的差别。以通勤不满意概率作为纵坐标，通勤距离作为横坐标，设定四种月收入人群，分别是 2 000 元、4 000 元、6 000 元及 8 000元，作四类收入人群的通勤满意程度曲线。由于在模型中有“通勤时间是否在可容忍通勤时间之内”这一虚拟变量，模型中做简单处理。由于大部分人的可容忍通勤时间为 60 min 左右，因此选取通勤时间在 50～70 min的受访者，发现其平均通勤距离为 18.6 km；在模型中，如通勤距离超过 18.6 km，视为通勤时间超过可容忍通勤时间，该虚拟变量开始起作用，因此该曲线为非连续曲线，有断裂点存在。

从不同收入水平的差别分析，低收入群体对通勤的不满意程度显著比高收入人群高，但在较短通勤距离段内（4～16 km），低收入群体较为敏感，曲线斜率较高；而在较远通勤距离段（18～25 km）内，高收入群体较为敏感，曲线斜率高（图 17-8）。这可能与高低收入群体采用不同的通勤方式有关。

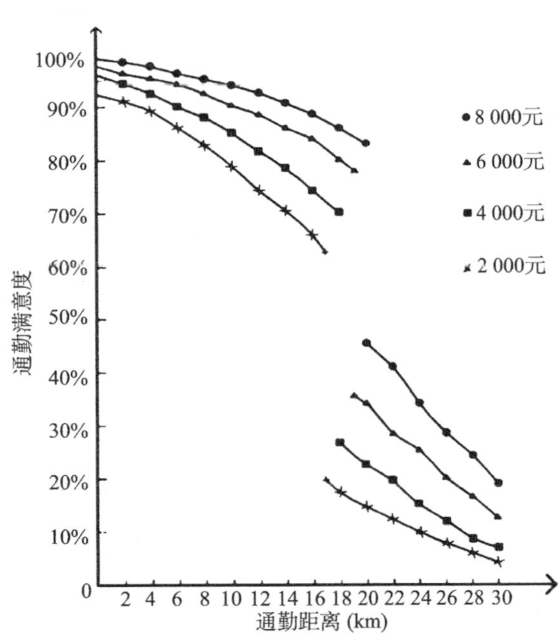

图 17-8　不同收入条件下通勤满意度曲线

17.6　结语

通过实地调查，以顾村大型社区为例，从就业地点和通勤意愿两个维度，对上海市郊区大型社区内部不同居民群体通勤特征进行了分析，总结并挖掘规律，得出以下结论：

顾村居民倾向于就近就业，大部分人群通勤距离和时间处于可接受的范围之内，通勤满意度也比较高，但处于“合理通勤时间”之外，仍然有可改进的余地。部分人群通勤时间及距离较长，处于“可容忍通勤时间”之外，这部分居民通勤满意度显著低于“可容忍通勤时间”之内的人群。

从四类“住区类型”差异来看，不同居民的就业地和通勤意愿都有显著差距。其中农村拆迁户和租房户普遍就业地距离以及意愿通勤距离要小于购房户和市区拆迁户，但通勤意愿的差别，小于实际通勤时间差别。

为衡量居民通勤行为的相关因素影响，主要通过回归模型对通勤距离以及通勤满意度两个具有典型性的通勤特征进行定量研究。从居民通勤距离影响因素来看，主要的个人经济社会相关因素包括“职业”“受教育程度”“家庭规模”“月收入”“户口类型”“住区类型”等，这些居民自身的客观条件与上海市就业岗位分布的特点相结合，共同对居民的就业及通勤产生影响。通勤满意度的逻辑斯谛回归模型的结果，反映出影响居民通勤满意度的因素包括个人经济社会属性中的“月收入”“通勤距离”以及“意愿通勤时间”，其中“通勤距离”起决定性作用，但不同收入人群对于通勤的满意度具有明显的差异性。结果表明，居民通勤行为受自身社会经济条件影响很大，不同的社会经济条件导致居民选择就业类型的不同，而不同类型的就业岗位在地域空间上存在一定的水平分工趋势，导致居民出现通勤距离及其通勤特征的差异。针对以上结论，有如下思考：

首先，虽然学界对近郊大型社区的就业问题有较多的质疑，但从顾村调查的结果看，近郊大型社区的通勤问题并不突出，需要指出的是，由于顾村地处近郊，且有轨道交通与城市中心区连接，才使得中高端人群的远距离通勤问题得到解决。大量外来打工人群的入住又使得就近工作比例增加，使得顾村实现了低水平的职住平衡。

其次，在城市规划中，为解决近郊大型住区的通勤问题，大多通过在周边建立类似产业园区的就业中心，以期达到职住平衡，但从顾村案例来看效果并不明显。这是因为大型社区内部，通常存在着不同类型的居民，由于居民自身社会经济条件的不同，其就业及通勤选择有着极大的差异性，单一类型的产业园区并不能满足需求。

最后，顾村属于处于中心城区联系密切的近郊，因此居民就业地点基本集中在附近或中心城区内。而对处于城市远郊，与中心城区联系不便，如松江、青浦、金山、奉贤等地区的大型社区的通勤特征，需要进一步的调查和研究。

注释：

① 尝试分别用四类人群建立回归模型，但受限于样本量，模型的优度及变量显著度都较低，因此，未进一步分析不同人群的模型结果。

参考文献：

[1] KAIN J F. Housing segregation, negro employment and metropolitan decentralization[J]. Quarterly Journal of Economics, 1968, 82(2): 175-197.

[2] CEVERO R. Jobs-housing balance and regional mobility[J]. Journal of the American Planning Association, 1989, 15(4): 331-337.

[3] HAMILTON B. Wasteful commuting[J]. The Journal of Political Economy, 1982, 90(5):

1035-1053.

[4] HANSON S. The determinants of daily travel-activity patterns: relative location and socio-demographic factors[J]. Urban Geography, 1982, 48(3): 179-202.

[5] NEBIYOU T, LEVINSON D. The determinants of daily travel-activity patterns: work and home location: possible role of social networks[J]. Transportation Research Part A, 2011, 45(4): 323-331.

[6] FRIEDMAN B, GORDON S P, PEERS J B. The effects of neo-transitional neighborhood design on travel characteristics[J]. Transportation Research Record, 1994(14): 63-70.

[7] PENG Z. The jobs-housing balance and urban commuting[J]. Urban Studies, 1997, 34(8): 1215-1235.

[8] GIULIANO G. Is jobs-housing balance a transportation issues? [J]. Transportation Research Record, 1991, 13(5): 305-312.

[9] 周素红,闫小培.城市居住——就业空间特征及组织模式:以广州市为例[J].地理科学,2005,25(12): 664-670.

[10] 潘海啸,刘贤腾,ZACHARIAS J,等.街区设计特征与绿色交通的选择:以上海市康健、卢湾、中原、八佰伴四个街区为例[J].城市规划汇刊,2003(6):42-48.

[11] 李峥嵘,柴彦威.大连市民通勤特征研究[J].人文地理,2000,15(6):67-73.

[12] 张文佳,柴彦威.基于家庭的城市居民出行需求理论与验证模型[J].地理学报,2008,63(12): 1246-1256.

[13] 周素红,程璐萍,吴志东.广州市保障性住房社区居民的居住:就业选择与空间匹配[J].地理研究,2010,29(10):1735-1745.

[14] 李雪铭,杜晶玉.基于居民通勤行为的私家车对居住空间影响研究:以大连市为例[J].地理研究,2007,26(5):1033-1042.

[15] 申悦,柴彦威.转型期深圳居民日常活动的时空特征及其变化[J].地域研究与开发,2010,29(4): 67-71.

[16] 周素红,闫小培.基于居民通勤行为分析的城市空间解读:以广州市典型街区为案例[J].地理学报,2006,61(2):179-188.

[17] 郑思齐,符育明,刘洪玉.城市居民对居住区位的偏好支付意愿梯度模型的估计[J].地理科学进展,2005,24(1):97-104.

[18] 刘志林,张艳,柴彦威.中国大城市职住分离现象及其特征:以北京市为例[J].城市发展研究,2009,16(9):110-117.

[19] 孙斌栋,石巍,宁越敏.上海市多中心城市结构的实证检验与战略思考[J].城市规划学刊,2010(1): 58-63.

[20] 李强,李晓林.北京市近郊大型居住区居民上班出行特征分析[J].城市问题,2007(7):55-59.

[21] 国家统计局上海调查总队.上海市民出行状况调查报告[EB/OL].(日期不详)[2011-10-01]. http://wenku.baidu.com/view/6edee3cc050876323112126e.

原文作者与期刊:

干迪,王德,朱玮.上海市近郊大型社区居民的通勤特征:以宝山区顾村为例[J].地理研究,2015,34(8): 1481-1491.

第 18 章　居住地、工作地变迁

18.1　引言

城市规模的不断扩大带来日益严重的交通拥堵等问题，对城市居民的交通出行产生了巨大的影响，居民为追求生活的便利，往往会自发寻求通勤关系的改善，这样一个过程可视为居民通勤“自平衡”的表现。

“职住平衡”其基本内涵是指在某一给定的地域范围内，职工的数量与住户的数量大体保持平衡状态，大部分居民可以就近工作。这是城市规划用来表达居住与就业分布合理性而定义的一个状态指标，而职住趋于平衡或者不平衡是因为人的主动行为还是因为居住用地和产业用地的空间分布而被动改变的一直没有明确的结论，居民通勤“自平衡”的基本内涵就是居民在主动或被动的变迁过程中主动寻求通勤时间、通勤距离等状态改善的行为。研究论证居民在变迁过程中存在职住“自平衡”特征对于了解规划布局之外职住平衡的形成机制有一定意义，而探究通勤“自平衡”行为与城市空间结构及居民变迁行为的关系则能更好地了解城市居住就业空间自发形成变化的过程和特征，对于在城市规划中更加合理地调控城市居住就业空间、促进城市整体职住关系的平衡提供自下而上的视角，也具有良好的研究意义与应用价值。

在现有相关文献的总结梳理过程中，可以发现国内与通勤行为相关研究起步较晚，20 世纪 90 年代后，随着中国城市的发展、郊区化迁移的产生，加之相关理论方法的引进，与居住就业以及通勤行为相关的研究才开始增多[1]，对于通勤的研究涉及与职住空间错位的关系[2, 3]，与居住区区位的关系[4-7]，与城市空间结构的关系[8-10]等多种角度，结合中国城市的转型期发展、郊区化、空间快速扩展等背景对通勤行为的研究越来越系统全面。

而对城市迁移人群的通勤行为研究中，单独针对就业地变迁的相关研究较少，目前国内外学者多为研究迁居人群的通勤行为特征，例如乌塔 · 鲍尔(Uta Bauer)[11]研究中发现迁居后的居民普遍存在通勤距离增加的问题，这引起了通勤方式的变化，即小汽车出行频率的增加。施耐尔(Scheiner J)[12]分析了居民迁居一周内的活动变化特征，发现他们在迁入郊区后，随着通勤距离的增加，超过一半的居民会增加小汽车使用。潘海啸、袁军等[13, 14]则分析了不同迁居类型居民在通勤上的不同特征，分析了主动搬迁、选择搬迁、被动搬迁三种典型动迁居民在通勤时间、交通方式、通勤费用等方面的差异。冯建、孟斌等[15, 16]则基于大量问卷调查数据，通过对比分析迁居前后居民的通勤状况，研究迁居对居民出行时间、通勤满意度等方面产生的影响。

近年来大数据的兴起给很多学科的研究带来了新的角度与契机，对于通勤行为的研究同样是如此，手机信令数据在城市规划、地理学、城市交通领域的应用相较于其他类型的数据来说更加常见，其中对于通勤行为研究的以国内学者的研究为主。丁亮等[17]用手机信令数据通过识别用户白天的驻留地以及晚上的驻留地来提取白天和晚上留在中心城区内部的用户，分别计算白天和晚上的驻留地分布密度识别出上海的通勤圈。钮心毅等[18]利用手机信令距离获取就业密度与通勤联系数据，从就业密度集聚区与通勤势力范围的重合度的角度对若干个郊区新城进行发展状况的评价。田金玲等[19]利用 2014 年两周的手机信令数据通过就业与居住关系、通勤时空间特征等角度对张江、金桥、陆家嘴三个就业地进行特征分析。钟炜菁等[20]利用手机信令数据分析了城市人口的空间分布与活动的动态特征，发现通勤等活动会产生人口空间分布的动态变化。黄洁、王姣娥等[21]通过研究 2011—2017 年北京市地铁刷卡数据发现“45 分钟定律”：若地铁内通勤时间小于 45 min，居民倾向于延长通勤时间进而获取更好的就业机会或者居住环境；反之，居民搬迁职住地时会以缩短通勤时间为目标之一。

总的来说，城市居民的通勤行为变化特征研究对于更好地了解人的行为演变机制以及城市发展的内在动力机制有着重要的意义，“自平衡”特征的研究是一个不错的切入点，目前用手机信令数据研究通勤行为的文献中，缺少对通勤变化特征的总结，且所用的多是一年的手机信令数据，并没有两个不同年份的手机信令数据的对比研究，因此利用短时间跨度的手机信令数据对城市居民的通勤变化特征进行跟踪研究既是一种创新，也是对现有研究的必要补充。

18.2　研究目的、数据与方法

18.2.1　研究目的和意义

本章利用手机信令数据的跟踪分析，对居住地就业地发生变迁的居民通勤变化呈现出的“自平衡”现象进行探究与验证，从而更好地理解人的行为演变机制以及分析城市结构对其产生的影响。

本章通过对同一运营商 2011 年和 2014 年手机用户的跟踪分析，研究了短时间跨度变迁居民的通勤行为变化，既识别了全市范围内就业地发生变迁的居民群体，又深入探究了变迁居民在经过短时间跨度后的通勤“自平衡”变化特征，是对现有手机信令数据的研究内容、研究视角尤其是研究方法的一种的创新和尝试。另外，对于了解规划布局之外职住平衡的形成机制以及城市就业与居住空间的自发形成机制也具有一定的研究意义。

在应用方面，研究结果能够对城市人口变迁所产生的动态通勤量预测以及在城市规划中更加合理地调控城市居住就业空间等方面提供参考应用的价值。

18.2.2　研究对象和数据

本章研究的对象为上海市域范围内通过手机信令数据追踪识别出的两年都有稳定居

住地以及就业地且居住地、就业地发生变迁(2011 年至 2014 年就业地的地理位置改变)的居民人群,共识别出符合条件的人群 551 003 人。

所用的数据为 2011 年和 2014 年各两周的上海移动手机信令数据,后续的识别以及人群的筛选都是基于 2011 年和 2014 年各两周 14 d 的数据来进行的。

经计算,2011 年和 2014 年记录到的用户数约为 2 400 万～2 500 万人(“六普”上海常住人口 2 301 万人,上海 2014 年常住人口 2 425.68 万人),2011 年以及 2014 年在 14 d 中至少有 7 d 有记录的用户数分别占总用户数的 73%和 68%,说明两年数据用户的跟踪情况都较为稳定,能够为后续的分析提供可靠的基础。本章使用基站的位置分布大致代表手机信令数据的位置分布。

需要说明的是,由于手机信令数据的识别码为手机的 SIM 卡,当同一用户更换 SIM 卡时,会被识别为不同的人,在用两年手机信令数据进行对比分析时,跟踪寻找的是 MSID 相匹配的数据,因此所识别到的两年都有数据的用户数量会明显小于任意一年识别出的用户数量以及实际用户数量。这样的识别误差是无法避免的,可以看作是对于居民样本做了抽样处理。另外,由于 2014 年的手机信令数据在嘉定区的白鹤镇以及青浦区的重固镇两个区域有数据缺失,因此这两个镇的数据会有较大偏差。

18.2.3 分析框架构建

研究整体分析框架如图 18-1 所示,首先对所识别的变迁居民(包含居住地变迁与就业地变迁)的通勤特征进行分析,计算同一人群在不同年份的通勤指标,通过平均通勤与过剩通勤率两方面指标论证通勤“自平衡”现象的存在;其次分别从居住变迁居民以及就业变迁居民两类人群的视角来分析通勤“自平衡”特征与其原通勤距离的关系,从通勤距离变化和通勤距离缩短人数占比两方面具体论证原通勤关系越差,自平衡特征越明显;最后结合城市典型的居住区案例来对前面所得相关结论进行验证讨论。通过对总体特征以及分人群特征的分析论证,形成对于上海市居住地就业地发生变迁的居民通勤变化呈现出的“自平衡”现象的新认识,为研究全市居民的通勤特征以及优化城市的职住空间分布提供新的视角和参考。

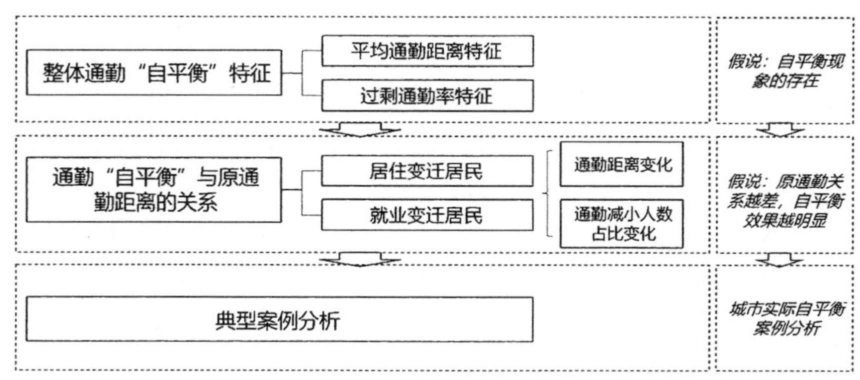

图 18-1 分析框架

18.2.4　数据预处理与研究方法

通过对居家时段 0:00～6:00 以及工作时段 9:00～17:00 每隔半小时的手机众数点进行识别，在连续 10 个工作日中，有识别结果的天数大于等于 3 d，且最终识别点出现的天数占有识别结果天数的比值超过 60%，或者最终识别点到其他天的识别点的平均距离小于 500 m，则认为该点为稳定的居住地和就业地，识别得到 2011 年有稳定居住地与稳定就业地的居民人数为 628 万人，2014 年有稳定居住地与稳定就业地的居民人数为 751 万人。

18.2.5　数据可靠性检验

为证明识别数据的质量与可靠性，本章将手机信令数据的识别结果与上海交通大调查的数据进行可靠性检验。根据 2015 年上海第五次综合交通调查报告，报全市居民的平均出行距离由 2009 年的 6.5 km/次增加至 2014 年的 6.9 km/次。本章识别出两年都有稳定居住地与工作地且居住地与就业地不同地且距离大于 500 m 的上海市通勤居民，2011 年的平均通勤距离为 5 479.99 m，2014 年的平均通勤距离为 5 528.08 m，相当于第五次综合交通调查中 2014 年全市居民 6.9 km/次的平均出行距离的 80%，二者数据较为接近，在可接受的范围内，且 2014 年的平均通勤距离高于 2011 年的平均通勤距离，也与综合交通调查中出行距离的变化趋势相符，考虑到手机数据的不可避免误差，以及采用的是点到点的直线通勤距离要比实际通勤距离小，且综合交通调查数据中的出行距离不仅仅包括通勤出行，可以认为识别计算结果是比较可靠的，可以支撑后续的分析研究。

18.3　整体通勤“自平衡”特征

18.3.1　平均通勤距离特征

18.3.1.1　总体变化

分别计算居住地变迁居民以及就业地变迁居民 2011 年以及 2014 年的总体平均通勤距离，得出居住地变迁居民 2011 年的平均通勤距离为 3 228.40 m，2014 年的日平均通勤距离为 3 255.58 m，居住地变迁后日平均通勤距离增加了 27.18 m，属于微量增加，另外计算可以得到居住地变迁后通勤距离减小的居民人数为 140 144 人，占比 40.7%，而居住地变迁后通勤距离增大的居民人数为 127 994 人，占比 37.2%，也就是说居住地变迁后通勤距离减小的人数要多于通勤距离增大的人数，说明更多的居民在居住地发生变迁后其通勤距离是减小的，但是由于居住地变迁其影响因素更复杂，在总体平均通勤距离的变化上“自平衡”特征表现得不是很明显。

就业地变迁居民 2011 年的日平均通勤距离为 3 991.96 m，2014 年为 3 824.96 m，就业地变迁后平均通勤距离减小了 167 m，平均通勤距离减小明显，另外计算可得就业地变迁居民变迁后通勤距离缩短人数为 201 181，占比 43.3%，就业地变迁居民变迁后通勤增大人数为 187 217，占比 40.3%，通勤距离减小人数要多于通勤距离增大的人数，说明从日平均通勤距离增减这个角度来说，就业地变迁居民的整体通勤关系是呈现改善的趋势。

18.3.1.2 空间分布变化

分别将居住地变迁居民以及就业地变迁居民 2011 年以及 2014 年的通勤距离按照街道统计求平均值，得到居住地变迁居民以及就业地变迁居民各街道的平均通勤距离变化分布图（图 18-2），可以发现，居住变迁居民的通勤变化呈现两个主要特征：第一是远郊区街道的平均通勤距离明显降低，居民偏向找距离就业地点更近的居住点；第二是中心城外环沿线、近郊区街道的平均通勤距离明显增加，居民偏向找离就业地点更远的居住点，不过增加值不会超过 2 000 m，形成类似环状圈层。结合前面所分析的平均通勤距离数值以及通勤距离缩短人数的占比，可以推测，居民进行居住地的迁移目的较为复杂，其中有较大一部分人是为了减小通勤距离、改善通勤关系而选择迁移居住地，而这部分人群可以理解为表现为“自平衡”特征的人群。

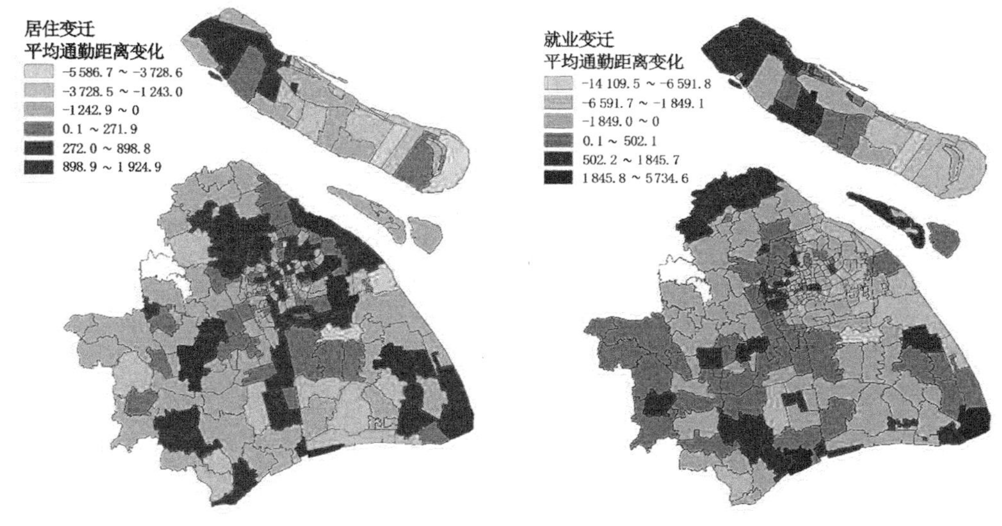

图 18-2 居住变迁与就业变迁分街道平均通勤距离变化（单位：m）

而就业地变迁居民最主要的特征为 2014 年各街道的平均通勤距离相较于 2011 年来说有着一个整体减小的趋势，228 个街道中近 60%的街道平均通勤距离都呈现减小的特征。且中心城及近郊居民偏向找离家更近的就业地点，部分远郊居民选择就近就业，另一部分远郊居民可以接受找离居住点更远的就业地点，不过增加值不会超过 5 800 m。说明就业地变迁居民在变迁后整体的通勤关系有整体改善的特征，可以认为居民在就业地变迁的过程中自我改善通勤的现象显著，即存在着“自平衡”的特征。

居住地及就业地变迁人群的所表现出的“自平衡”特征也在一定程度上反映出上海中心城区及近郊职住大体平衡，远郊区偏向于多中心就近集聚平衡的现状职住关系特征，符合上海一核带多点的多中心空间结构特点。

18.3.2　过剩通勤率

除去直接的平均通勤距离数值变化，职住关系的变化也是反映居民在变迁前后通勤行为变化的一个重要表征，为了更好地衡量居民就业地变迁后的职住关系变化，过剩通勤率是基于目前数据特点较好的选择，用以衡量就业地变迁对于居民职住关系改善作用的效用。过剩通勤的概念最早源于汉密尔顿（Hamilton）所提出的“浪费通勤”，是将城市实际平均通勤距离与理论最小平均通勤距离进行比较，它们的差值即为过剩通勤，通常用百分比表示。理论最小平均通勤距离是基于不考虑居住地与就业地的差异性，居民能够自由改变居住地以及就业地，维持原有城市空间结构下的最优通勤状况。其计算可以通过通勤距离的二元线性矩阵的求得最小值计算得出居住地变迁以及就业地变迁居民 2011 年以及 2014 年的过剩通勤率，结果如表 18-1、表 18-2 所示。

表 18-1　居住地变迁居民 2011 年和 2014 年过剩通勤率

年份	理论最小平均通勤距离(m)	实际平均通勤距离(m)	过剩通勤率
2011	1 080	3 228	66.5%
2014	1 134	3 255	65.2%

表 18-2　就业地变迁居民 2011 年和 2014 年的过剩通勤率

年份	理论最小通勤距离(m)	实际通勤距离(m)	过剩通勤率
2011	1 180	3 992	70.4%
2014	1 345	3 825	64.8%

居住地变迁居民 2011 年的理论最小日平均通勤距离为 1 080 m，过剩通勤率为66.5%，2014 年的理论最小日平均通勤距离为 1 134 m，过剩通勤率为 65.2%，居住地变迁所带来的过剩通勤率变化值为−1.3%。从数值的变化可以认为居住地变迁对于居民的职住关系改善具有正效用，同时也可以认为居住地变迁中通勤成本的重要度有了一定的提升，存在通勤“自平衡”的特征。

2011 年就业地变迁居民的理论日最小通勤距离为 1 180 m，实际日通勤距离为 3 992 m，过剩通勤率为 70.4%，而 2014 年就业地变迁的理论最小日通勤距离为 1 345 m，实际日通勤距离为 3 825 m，过剩通勤率为 64.8%，2014 年相较于 2011 年过剩通勤率减小了 5.6%，反映出就业地变迁对于居民的职住关系改善具有正效用，或者说通勤成本在居民的就业地变迁选择中占据更加重要的位置，另一方面也说明了居民在就业地变迁的过程中自我寻求改善通勤职住关系的趋势特征明显，可能是因为就业与职住通勤的关系更加紧密，并且就业地的变迁相较于居住地来说更加容易，使得人们更加愿意主动去为了减少通勤时间、改善职住关系而进行就业地的变迁。

同时可以发现，无论是居住地变迁还是就业地变迁居民，在发生变迁后，2014 年计算得出的理论最小日平均通勤距离都较 2011 年大，其原因在于理论最小平均日通勤距离是基于当前的居住小区与就业小区不变的情况下得出最优解，如果居住地与就业地分布越散，则理论上最小距离就越大。从前面分析中也可以看出,无论是就业变迁还是居住地变迁,居民在变迁后虽然自身实现了“自平衡”过程,但整体分布更散,符合且印证了前文提到的上海呈现一核多点的多中心空间结构特点。

18.4 通勤“自平衡”与原通勤距离的关系

居民原来通勤行为的状态是否会影响变迁居民的居住地与就业地选择,进而影响居民变迁后的通勤行为变化,需要进一步论证居民的通勤“自平衡”与原通勤状态的关系,本章用居民 2011 年的通勤距离作为其原通勤状态的衡量指标。

18.4.1 居住变迁居民

根据经验以及居住地变迁居民人数的原通勤距离分布,将其按照 2011 年日通勤距离小于 1 000 m、1 000～2 000 m、2 000～5 000 m、5 000～10 000 m、10 000～20 000 m 以及大于 20 000 m 分成六类。

2011 年不同通勤距离的居民在居住地发生变迁后的通勤变化特征可以从平均通勤距离变化、通勤距离缩短人数占比等指标来进行分析。

18.4.1.1 平均通勤距离变化

分别计算各分类居民居住地变迁前后的日平均通勤距离以及平均通勤距离的变化值,结果如图 18-3 所示,反映出居住地变迁后居民日平均通勤距离的变化值随着 2011 年通勤距离的增大而不断减少。原来近距离通勤居民在居住地变迁后通勤距离有所增加,但增加值不超过 2 500 m,反映近距离通勤居民依旧偏向于在就业地一定距离范围内居住。而原来中远距离通勤居民在居住地变迁后的平均通勤距离减小幅度随着原通勤距离的增大而不断变大,表明单从平均通勤距离角度来说,原通勤距离越长的居民居住地变迁后通勤行为改善的程度越好,换句话说就是原来通勤距离越长的居民进行居住地变迁后通勤“自平衡”的特征更加明显。

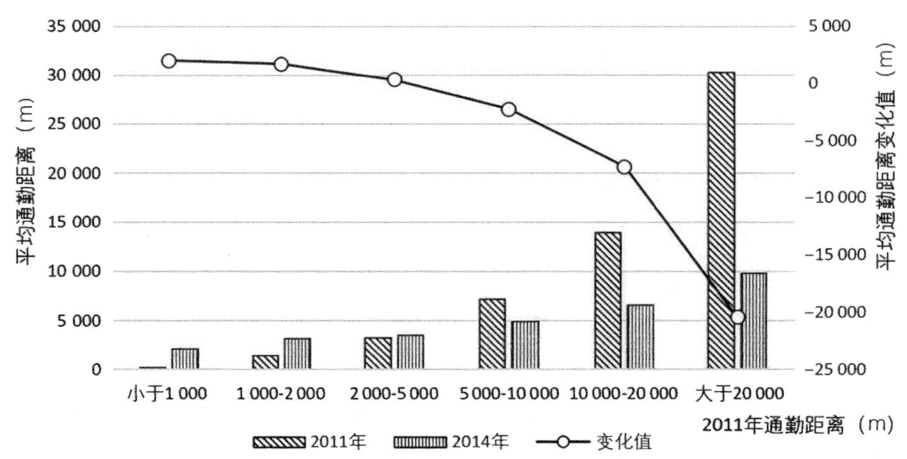

图 18-3　2011 年不同通勤距离迁居居民的平均通勤距离变化

18.4.1.2　通勤距离缩短人数占比

居住地变迁后通勤距离减小的居民人数占比能够反映出该类居民对于改善自身通勤关系的意愿强弱，分别计算 2011 年各通勤距离区段居民迁居后通勤距离减小人数占各分类人数的比重，结果显示(图 18-4)原通勤距离越大，平均通勤距离减小的人数占比越高，2011 年近距离通勤居民的通勤减小比例明显较低，原因在于其原有通勤距离已经达到一个低值，减小通勤距离可能不是其中多数居民进行居住地变迁的首要目的。而 11 年通勤距离越长的居民群体，他们进行居住地变迁以改善通勤状况、减小通勤距离的意愿越强烈，可以认为这是通勤状况不理想的居民自我寻求改善通勤关系的趋势。

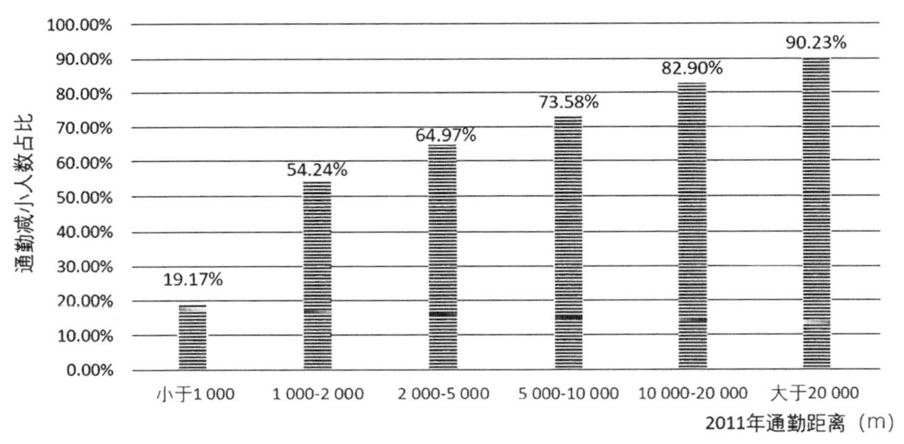

图 18-4　居住变迁中居民原通勤距离与通勤距离缩短人数占比关系

结合以上几个通勤变化指标的分析，可以发现，原通勤距离的长短与居民居住地变迁后的通勤变化特征有较强的联系性，单从所分析的几个指标来看，原通勤距离越长的居民其在进行居住地变迁时，改善通勤、缩短通勤距离在众多的迁居因素中影响程度越高，自我寻求通勤改善的趋势，即通勤“自平衡”的特征也越明显。

18.4.2　就业变迁居民

18.4.2.1　平均通勤距离变化

计算 2011 年不同通勤距离分类的就业地变迁居民的 2011 年以及 2014 年的平均通勤距离，并得出变迁前后的平均通勤距离变化值，结果如图 18-5 所示。可以发现以下几个特征：首先，就业变迁居民 2014 年的平均通勤距离基本随着 2011 年的通勤距离的增大而增大，但是各分类之间的 2014 年平均通勤距离的差值明显比 2011 年各分类之间的平均通勤距离的差值小，或者说 2014 年各分类人群的平均通勤距离差异性更小。其次，从平均通勤距离的变化值来看，原通勤距离较近的两类人群依旧偏向于在居住地一定范围内就业，通勤距离增加值通常不超过 3 000 m，特征与短距离通勤的居住变迁居民类似。其他几类就业地变迁人群的平均通勤距离变化值随着原通勤距离的增大的减小，原通勤距离越大的就业变迁居民群体其变迁后平均通勤距离减小的幅度越大，通勤行为改善的特征更加明显。

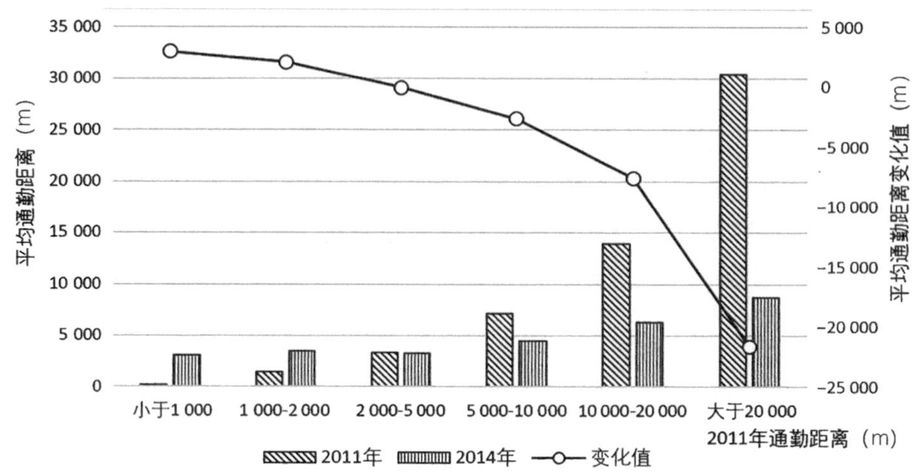

图 18-5　2011 年不同通勤距离就业地变迁居民的平均通勤距离变化

18.4.2.2　通勤距离缩短人数占比

反映居民就业地变迁后通勤行为变化特征的另一个指标就是变迁后通勤距离缩短人数占变迁居民人数的比重。计算原通勤距离各分类居民群体在就业地变迁后通勤距离减小的人数占比，结果如图 18-6 所示，可以直观地看到，居民在就业地发生变迁后通勤距离减小的人数占比随着原通勤距离的增大而增大，说明原通勤状况越差的居民群体在就业地变迁后有更高比例的居民人数通勤状况得到改善，可以认为居民原来的通勤状况越不理想，其追求改善通勤的意愿越强烈。也进一步说明了在变迁的过程中，居民存在着自我寻求改善通勤的趋势特征。

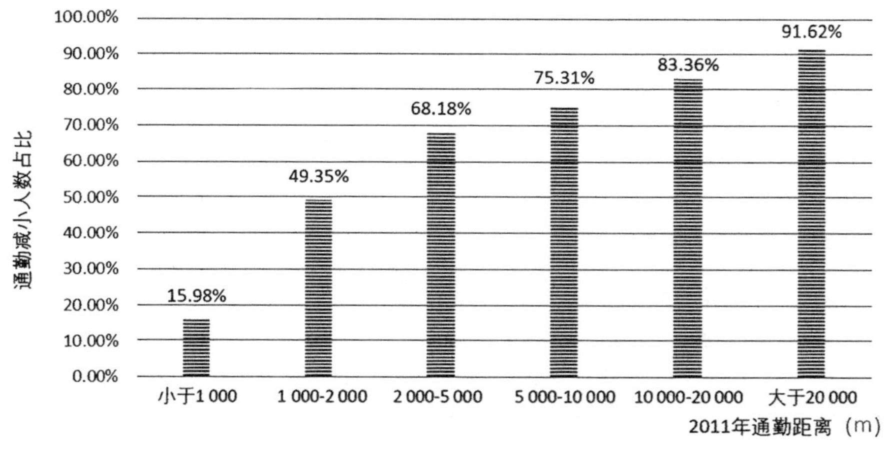

图 18-6　就业变迁中居民原通勤距离与通勤距离缩短人数占比关系

总体来说，就业地变迁居民的通勤变化特征与原通勤距离的联系较为密切，从平均通勤距离变化以及通勤距离缩短人数占比的数值变化来看，原来通勤状况越不好的居民，在进行就业地变迁时，改善通勤关系是占据主导的一个影响因素，就业地变迁居民的通勤“自平衡”特征存在且明显。且与居住地变迁居民的同等指标比较可以看出，就业地变迁居民的通勤“自平衡”特征表现得更加显著，可以推测居民在寻求通勤“自平衡”的过程中，选择就业地变迁的可能性要比选择居住地变迁的可能性大，或者从另一个角度来说，相较于居住地变迁的多样因素，居民在进行就业地变迁时，追求通勤的“自平衡”是其最为主要的原因。

18.5　典型案例分析

周浦镇位于上海市浦东新区的几何中心，有着大量的居住人口，是上海近郊较为典型的居住区域。

选取 2011 年居住在周浦镇且居住地发生变迁的居民作为分析对象，观察其通勤行为的变化，共识别出样本 920 人。

将识别好的居民样本分别根据其 2011 年的居住地与就业地以及 2014 年的居住地与就业地画出每个居民 2011 年的通勤线和 2014 年的通勤线。如图 18-7 所示，2011 年存在较多单一方向的集中远距离通勤线，就业地分布中心城区以及郊区的松江工业园、漕河泾开发区等大型就业区，2014 年集中的长距离通勤线大量减少，形成分布在郊区的大量短距离通勤线，其中松江工业园和漕河泾两处可以看到明显的大量短距通勤线的集合，说明相当一部分周浦镇的迁居居民的居住地在朝着就业地迁移，可认为这是一种多数居民追求通勤关系改善与职住“自平衡”的过程。

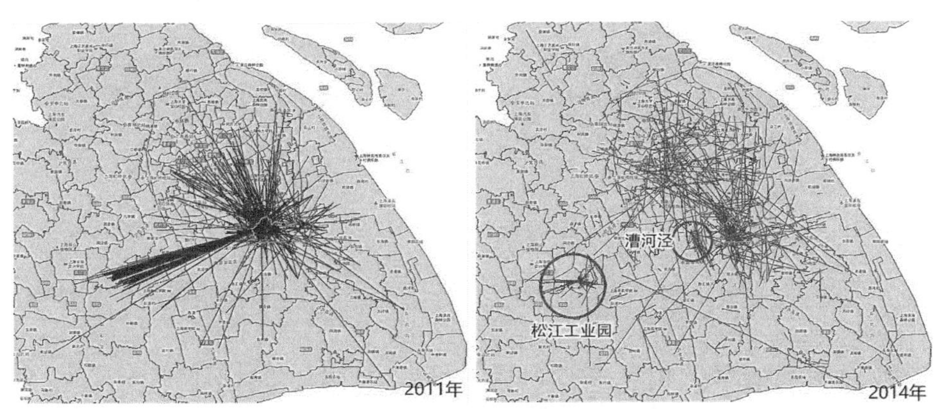

图 18-7　周浦镇居住变迁居民 2011 年和 2014 年通勤线(连线表示通勤关系)

从变迁居民两年居住地、就业地分布图(图 18-8)的对比中可以发现 2011 年周浦居住变迁居民的居住地分布与就业地分布相差较大，就业地分布更加扩散，而 2014 年周浦居住变迁居民的居住地分布与就业地分布显然契合很多，居住地与就业地分布基本吻合。通过对比可以明显发现 2014 年的职住关系更加平衡，居民居住地向松江新城、漕河泾、张江等就业地变迁靠近。

空间上解读了周浦居住变迁居民的通勤变化特征，从通勤数据变化来看(表 18-3)，周浦居住变迁居民在居住地发生变化后平均通勤距离大幅度减小，近距离通勤占比大幅度提

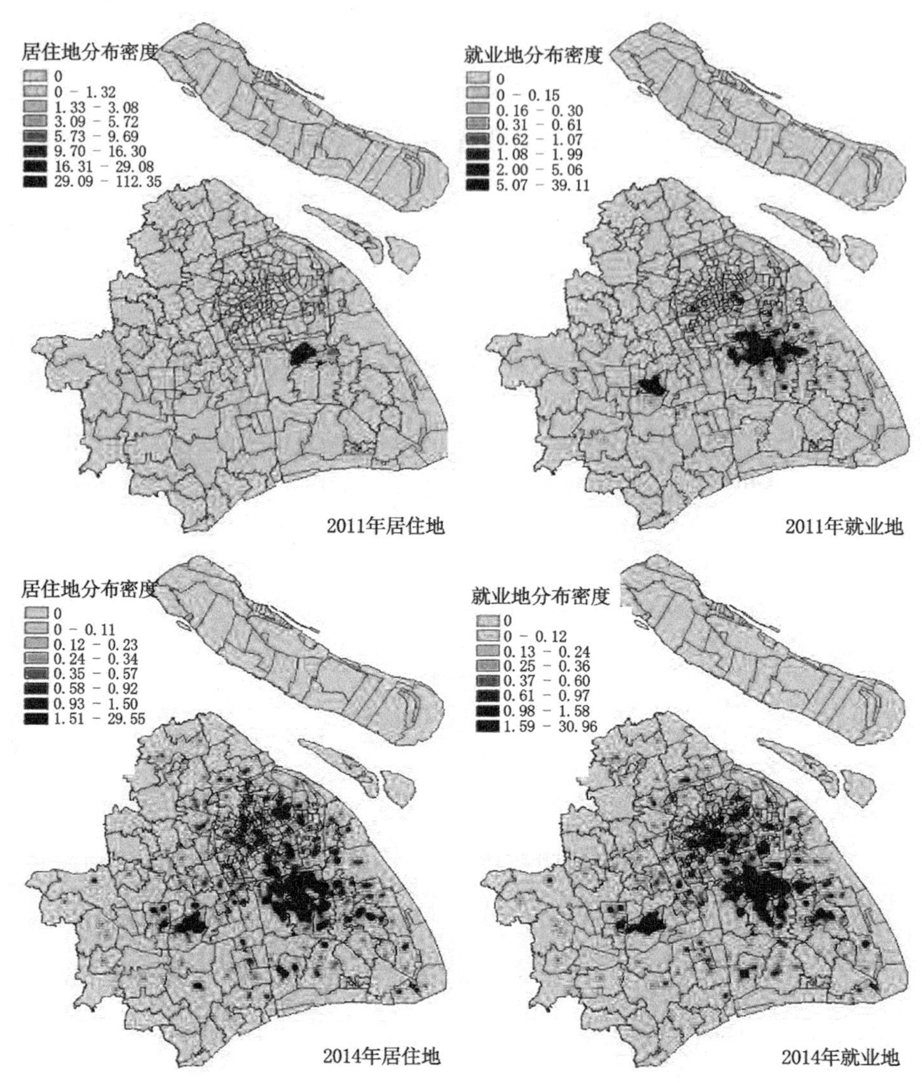

图 18-8 周浦镇居住变迁居民 2011 年、2014 年居住地与就业地分布

高，通勤距离缩短人数占比也较高，说明大部分居民在迁居后通勤空间大幅缩小，而工作地变化占比相较于平均水平来说偏低，说明其中有相当一部分居民是居住地向就业地迁移。通勤数据所反映的变化基本与前面通勤线变化以及居住地就业地分布变化的结论相匹配。

表 18-3 周浦居住变迁居民各项通勤数据变化

平均通勤距离			近距通勤占比			通勤距离缩短人数占比	工作地变化占比
2011 年	2014 年	变化	2011 年	2014 年	变化		
8 450 m	3 027 m	−5 423 m	57.61%	81.96%	24.35%	73.83%	70.33%

由于周浦镇自身的区位以及租金、交通、居住容量等因素的影响，有较多的居住通勤人群，同时因为受到中心城、郊区大型就业中心（松江工业园、漕河泾开发区等）等具备较强吸

引力的就业区的影响，存在大量集中的远距通勤人群，造成通勤成本的增加以及职住关系的恶化，而随着郊区用地混合度的提升以及大型就业中心周边配套设施的建设，诸多远距离通勤居民选择将居住地向就业地所在位置变迁，这就是典型的居住变迁居民通勤“自平衡”特征的表现，同时居民在居住地变迁过程中向多个就业中心集聚也在一定程度上体现出上海的多中心空间结构特征。

18.6　结语

本章分析讨论了变迁居民的通勤“自平衡”特征，从整体上论证了居民在居住地、就业地发生变迁后其通勤关系存在着以通勤距离缩短为主要表现的自我改善特征，基于多个角度对就业地变迁居民的通勤“自平衡”特征与原通勤距离的关系做出进一步解读，很好地总结了居住地、就业地变迁与居民通勤行为变化之间的联系和规律。

通过对居住地以及就业地变迁居民的整体通勤特征变化以及职住关系的改变分析发现，居民在居住地变迁后整体平均通勤距离微增，过剩通勤率减小，可以认为居住地变迁后有相当一部分居民的通勤状况得到了改善。而居民在就业地变迁后平均通勤距离整体性减小，过剩通勤率明显减小，可以认为就业地变迁对于居民的通勤行为以及职住关系有着较为良好的改善作用。因此可以说明居民在进行居住地以及就业地变迁的过程中都存在着较为明显的自我改善通勤关系和实现职住平衡的趋势，即变迁居民的通勤“自平衡”特征是存在的。而进一步分析原通勤距离与通勤变化的关系发现，居住地变迁居民与就业地变迁居民表现出相似的特征，原通勤距离越长的居民，在变迁后平均通勤距离减小幅度随着原通勤距离的增加而不断增大，同时通勤距离减小人数占比也随之不断增加。可以认为原来通勤状况越不好的居民其通过居住地、就业地变迁以改善自身通勤关系的现象越明显。通过对比居住地变迁居民以及就业地变迁居民两类人群的相关指标可以发现，居民在进行就业地变迁时其通勤“自平衡”特征要比居住地变迁时更加显著。最后通过对上海一个典型区域的案例分析，可以更加直观地反映职住关系越不平衡、居住或者就业属性越显著的地域，其中居住地或就业地发生变迁的居民所表现出来的通勤“自平衡”特征越显著，也从另一方面给予城市规划以启发，对于城市的典型居住地以及就业地，通过分析居民变迁的“自平衡”现象，能够对调整职住空间布局以促进局部职住关系的平衡提供重要的参考和依据。

本章利用手机信令数据通过跟踪分析居住地、就业地变迁居民的通勤“自平衡”特征，虽然在数据的运用以及分析方法上有不错的创新。但在研究的过程中依旧存在着很多的不足，主要有以下几点：(1)数据自身的局限性与缺陷。手机信令数据并非一种全样本的数据，只能认为是一种更大比例的抽样，而这种抽样也是会有偏差的，会对后续的分析结果产生一定的影响。(2)手机信令数据自身属性的缺陷。数据中不具有用户信息以及经济社会属性，也缺少出行方式、出行目的等行为信息，会对分析结构造成一定影响。(3)数据的时空精度有限。手机信令数据的空间地理位置其实是基站的位置，而基站之间存在着几百米至上千米的距离，所反映出来的用户的行为轨迹也不可避免地会有空间偏差，且由于数据产生的随机性，其时间间隔差异化也较大，因此对用户活动行为时间的计算研究也可能会与实际有较大的偏差。(4)研究方法的不足。首先，两个年份手机信令数据的追踪会有一定程度用户的损失；其次，在识别阈值的选取上采用高阈值以减小误差的做法不是十分合理；再次，在分析指标的选取上，上海正处于城市轨道里程快速增长、个人机动化水平持续提高的发展趋势下，比出行距离测度更有意义的是时空距离测度，但由于数据的时间属性在计算通勤时间方面产生误差的可能性较大，所以分析指标的选取有局限性；最后，研究结果的解读以及一些识别分类方法具有较强的主观性与经验主义。

就目前大数据研究领域的发展来说，众多数据源的开发以及数据分析方法的探索才刚刚开始，本章也是对于手机信令数据分析方法和内容的一些探索，展望未来，研究可以在众多方面得到优化与进一步深入。例如未来新技术带来的数据源的不断优化以及多元数据的不断融合，会使得研究的基础更为扎实可靠；而随着数据分析技术的不断开发与完善，研究方法必然要进一步升级，例如多指标的混合计算以及机器学习的采用，会使分析的结果更加准确和有意思。在城市规划应用方面，有更加准确的规划分析结果后，充分了解变迁居民的通勤“自平衡”行为特征能够对实施城市规划现状居住与就业用地的评估提供一个新的行为学角度，同时为未来国土空间规划中就业与居住空间的布局优化提供新的佐证与依据，改变目前就空间论空间的困局，更加合理地制定促进城市职住平衡的政策与措施，实现以人为本的规划。在研究拓展方面，上海仍处在外延拓展和经济快速发展的阶段，职住“平衡”与“不平衡”的考量判断需要综合考虑就业机会、居住距离与住房品质价格等各类因素。对于城市空间来说，在特定阶段有可能居民的“自平衡”不足以抵消“新的不平衡”的产生，这也是探究人群通勤行为与城市空间布局的关系时可以深化的方向。

参考文献：

[1] 柴彦威，塔娜.中国时空行为研究进展[J].地理科学进展，2013，32(9)：1362-1373.

[2] 刘志林，王茂军.北京市职住空间错位对居民通勤行为的影响分析：基于就业可达性与通勤时间的讨论[J].地理学报，2011，66(4)：457-467.

[3] 朱秋宇，塔娜.职住建成环境对郊区居民通勤方式的影响：以上海市为例[J].世界地理研究，2021，30(2)：433-442.

[4] 张艳，柴彦威.基于居住区比较的北京城市通勤研究[J].地理研究，2009，28(5)：1327-1340.

[5] 李强，李晓林.北京市近郊大型居住区居民上班出行特征分析[J].城市问题，2007(7)：55-59.

[6] 孙斌栋，潘鑫，宁越敏.上海市就业与居住空间均衡对交通出行的影响分析[J].城市规划学刊，2008(1)：77-82.

[7] 干迪，王德，朱玮.上海市近郊大型社区居民的通勤特征：以宝山区顾村为例[J].地理研究，2015，34(8)：1481-1491.

[8] 郑思齐，曹洋.居住与就业空间关系的决定机理和影响因素：对北京市通勤时间和通勤流量的实证研究[J].城市发展研究，2009，16(6)：29-35.

[9] 刘望保，闫小培，谢丽娟.转型时期广州居民职住流动及其空间结构变化：基于3个年份的调查分析[J].地理研究，2012，31(9)：1685-1696.

[10] 孙斌栋，李南菲，宋杰洁，等.职住平衡对通勤交通的影响分析：对一个传统城市规划理念的实证检验[J].城市规划学刊，2010(6)：55-60.

[11] BAUER U, HOLZ-RAU C. Location preferences, intraregional migration and travel behavior[J]. Spatial Research and Planning, 2005, 63(4): 266-278.

[12] SCHEINER J. Housing mobility and travel behaviour: a process-oriented approach to spatial mobility: evidence from a new research field in Germany[J]. Journal of Transport Geography, 2006, 14(4): 287-298.

[13] 潘海啸,王晓博.动迁居民的出行特征及其对社会分异和宜居水平的影响[J].城市规划学刊,2010(6):61-67.

[14] 袁君,林航飞.动迁居民通勤出行特征研究:以上海市大型居住社区江桥基地为例[J].城市交通,2013(4):58-65.

[15] 冯健,周一星.郊区化进程中北京城市内部迁居及相关空间行为:基于千份问卷调查的分析[J]. 地理研究,2004,23(2):227-242.

[16] 孟斌,湛东升,郝丽荣.基于社会属性的北京市居民通勤满意度空间差异分析[J].地理科学,2013,33(4):410-417.

[17] 丁亮,钮心毅,宋小冬.利用手机数据识别上海中心城的通勤区[J].城市规划,2015,39(9):100-106.

[18] 钮心毅,丁亮,宋小冬.基于职住空间关系分析上海郊区新城发展状况[J].城市规划,2017,41(8):47-53.

[19] 田金玲,王德,谢栋灿,等.上海市典型就业区的通勤特征分析与模式总结:张江、金桥和陆家嘴的案例比较[J].地理研究,2017,36(1):134-148.

[20] 钟炜菁,王德,谢栋灿,等.上海市人口分布与空间活动的动态特征研究:基于手机信令数据的探索[J].地理研究,2017,36(5):972-984.

[21] HUANG Jie, LEVINSON D, WANG Jiao'e, et al. Tracking job and housing dynamics with smartcard data[J]. PNAS, 2018, 115(50): 12710-12715.

原文作者与期刊:

王德,申卓.职住变迁与通勤自平衡[J].同济大学学报(自然科学版),2022,50(12):1778-1787.

第 19 章　手机信令数据助力社区生活圈规划

19.1　引言

我国正处于经济社会发展全面转型的时期，城市发展从规模增长转向注重内涵质量的提升，逐步开始关注城市生活圈的构建以及居民生活品质的提升。“上海 2035”城市总体规划中明确提出，将在上海营造“15 分钟社区生活圈”（以下简称“15 分钟生活圈”），2016 年上海市规划和国土资源管理局出台《上海市 15 分钟社区生活圈规划导则（试行）》（以下简称《导则》），上海市成为国内生活圈规划的先行城市。社区作为城市生活的基本单元，进一步成为城市规划、建设、管理的焦点。

生活圈的研究与规划最早可以追溯到日本，随后扩散到了韩国、我国台湾地区等国家与地区，依据服务的功能及层级，生活圈包含不同尺度的多级结构，但并未形成统一标准。《导则》中“15 分钟生活圈”是指从自家出发步行 15 min，就能到达各类生活所需的文教、医疗、体育、商业等基本服务功能与公共活动空间。这在生活圈规划体系中属于基本生活圈范畴。

“15 分钟生活圈”规划是理想的目标，然而在实际建设中，住宅区居民的生活圈因区位、交通、建设水平等多方面的原因存在多样性，为提高规划的可实施性，需了解居民活动的现状，在对现状生活圈充分把握的基础上，测度现状建设与目标的差距，评估“15 分钟生活圈”建设目标可行性。

在针对生活圈的研究中，生活圈建设导则与建设现状的对比探讨颇少，学者更偏重不同层级生活圈的界定以及生活圈具体的建设方法的研究。肖作鹏[1]总结归纳了国内外生活圈规划研究以及规划实践进展。柴彦威[2]基于时空间行为提出构建以“基础生活圈—通勤生活圈—扩展生活圈—协同生活圈”为核心的城市生活圈规划理论模式，并在北京的实体空间上进行了实践探讨。孙道胜等[3]以北京清河地区为例，采用 Alpha-shape 方法，对 18 个社区进行社区生活圈的实证测度。周碧茹[4]以苏州高新区为例，探究基于生活圈的城市社区公共服务设施布局优化问题。

学界对居民生活空间的研究已有较多的积累，许晓霞[5]、周素红[6]等分别以北京、广州等城市地区为例，研究居民生活空间的特征。但在传统的群体行为研究中，居民生活性活动行为数据的获取多基于问卷调查的传统数据，这些数据由于获取难度大，数据样本量一般较小，只能针对居民个体、个别居住区案例或特定区域进行分析，无法覆盖城市中数量众多的住宅区案例。

随着大数据时代到来，GPS、微博数据、手机信令数据等新数据源包含大量居民生活活动空间的信息，且样本量巨大，能够突破传统数据样本量的制约。但现有研究主要集中在城市宏观活动空间以及居民个体、个别住宅区的微观生活空间上，尚未在中观层面多个住宅区中开展。申悦[7]利用 GPS 数据与市民活动日志相结合，对北京的城市生活空间进行研究。王波、甄峰[8, 9]则利用新浪微博签到数据对南京城市活动空间特征进行研究。手机信令数据具有高覆盖率、高持有率的特征，其对城市功能结构与居民出行活动的描述性解释与分析也被逐渐应用于城市发展的评价。王德等[10]利用手机信令数据，针对郊区新城，以上海市宝山区为例，从职住关系、通勤行为和居民消费休闲出行的微观个体行为视角进行了城市建成环境的综合评价。丁亮、钮心毅[11]利用手机信令数据识别居民游憩—居住功能联系，对中心城区商业中心空间的特征进行研究。

本章利用手机信令数据，以上海市为例，选择 253 个大规模住宅区作为分析样本进行研究。分析生活圈的现状特征，采用活动核心圈指标和“15 分钟生活圈”活动覆盖率指标两种测度方式，描述现状生活圈与规划的“15 分钟生活圈”之间的差距，并进一步对生活圈建设进行评价及分类建设指导，从而助力生活圈规划的编制与实施。

19.2　研究思路及数据来源

19.2.1　研究思路

考虑到周末与工作日行为上的差异，工作日居民活动中通勤占比较大，生活性活动信息较少，活动时间也受工作时间限制，手机信令数据记录到的数据结果不能描述生活圈的特征。而周末活动中通勤活动比重较小，以生活性活动为主，故本章使用周末数据进行研究。将 2014 年上半年某两周上海移动用户的手机信令数据中两个周末数据经过平均，消除偶然性后，作为本章的研究数据。

首先，通过手机信令识别住宅区居民及其生活性活动的停留点，以此描述其生活空间的范围，即现状生活圈。并勾勒现状活动核心圈及次核心圈，描述居民活动的高频日常区域及主要区域，进一步刻画现状生活圈特征。其次，将现状核心圈与目标的“15 分钟生活圈”的面积指标进行比较，并结合现状活动在目标生活圈中的活动覆盖率，判别生活圈达标率。最后，在考虑人口密度的情况下，提出规划建议。

具体步骤如下：

第一，采用手机信令数据识别住宅区对应的居民及居民的活动轨迹。针对手机信令数据每一个用户当日 20:00 至次日 6:00 时间段的所有记录点，剔除偏远点，选择与所有点平均距离最小的点为当天的居住地，对 14 d 数据重复操作得到可能的居住地点集。计算居住地点集中与所有点平均距离最小的点为居民稳定居住地，同理亦可识别用户稳定工作地。通过住宅区内基站点即可提取各住宅区居民的信令数据。

第二，提取各住宅区居民的生活性活动停留点，将停留点的集合作为实际的生活圈。生活性活动是除通勤活动外居民的日常休闲、购物、教育等出行活动的总和。本章所采用的活动为：周末活动停留减去少量加班等通勤活动停留后的活动，不包含家内活动。在实际操作中，如标准周末居民在某地(除居住地、工作地)活动停留超过 20 min，则将该地点标记为活动地。通过 ArcGIS 核密度计算后，较为真实地呈现各住宅区居民的生活圈。

第三，勾勒活动核心圈层、次核心圈层描绘住宅区居民实际的核心、次核心生活圈。

第四，通过比较实际的核心生活圈与目标“15 分钟生活圈”面积的大小以及重合比例，来评价居民现状生活圈达标率，以此判断社区生活圈建设情况。同时，计算目标生活圈内居民的实际生活性活动覆盖率，进一步佐证社区生活圈建设情况。

第五，将生活圈指标与人口密度叠合分析，探究人口密度与生活圈指标的关系。综合分析结果，提出实际可行的规划建议，助力社区生活圈规划。

19.2.2 研究样本选择

为了保证样本能够覆盖上海市不同地区，反映不同住宅区生活圈的多样性，同时保证样本具有可信度、数据高质量，本章选取达到一定规模且内部较均质的住宅区，共选取样本 253 个，这些住宅区分布区位不同，包含上海市住房的所有类型，反映轨道交通不同的便利程度(图 19-1、表 19-1)。

图 19-1　上海 253 个住宅区样本分布图

表 19-1　住宅区特征属性识别

空间分布	与轨交站点距离	居住区类型
内环	<1.5 km	商品房
外环	1.5～3 km	棚户区
郊环	>3 km	普通居民楼
新城		别墅
其他		保障性住房

样本基于如下标准进行初步筛选：面积 1 km^2 以上、内部及周边均质的住宅区；以住宅区内部数据记录量最大的基站点识别的用户，总量大于 300 人。经过筛选，共 253 个住宅区符合条件。

19.3　生活圈的现状：多样性与复杂性

周末住宅区居民停留点的核密度分布图可以反映住宅区活动空间的情况，是生活圈最直接的呈现。通过比较 253 个住宅区样本，可以发现住宅区生活圈具有丰富的多样性（图 19-2），其变化具有规律性。

当住宅区在市中心部（内环以内）时，其生活圈以住宅区为中心单点高度集聚，非常紧凑（见图 19-2a）；随着与市中心的距离的增大，市中心部（外环以内）住宅区生活圈面积开始变大，形态出现由住宅区至市中心指向性集聚分布的特点（图 19-2b）；当住宅区位于外环附近或轨道交通末端时，其形态则呈现强烈的中心指向带状特征（图 19-2c）；位于新城的住宅区，生活圈与市中心部（内环以内）类似（图 19-2d）；其他郊区住宅区，生活圈相对缺乏规律，呈现松散的多点特征，在住宅区周边、市中心、临近新城及临近建设较为成熟区域，形成停留热点地区（图 19-2e、图 19-2f）。生活圈多样性的成因包括活动中心的分布、轨道交通的引导以及住宅区类型的影响等。

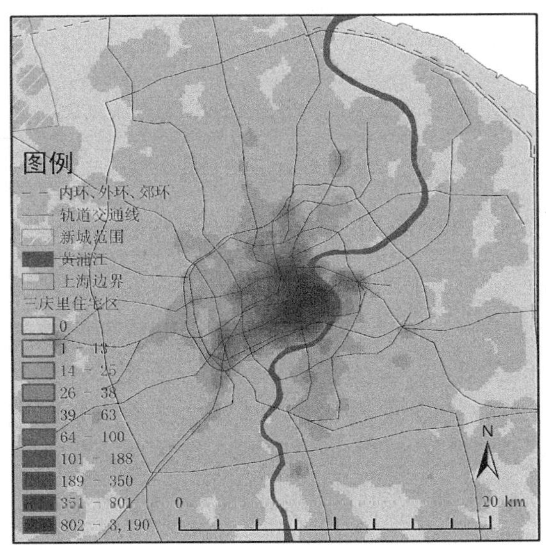

a. 市中心部（内环以内）住宅区：三庆里住宅区

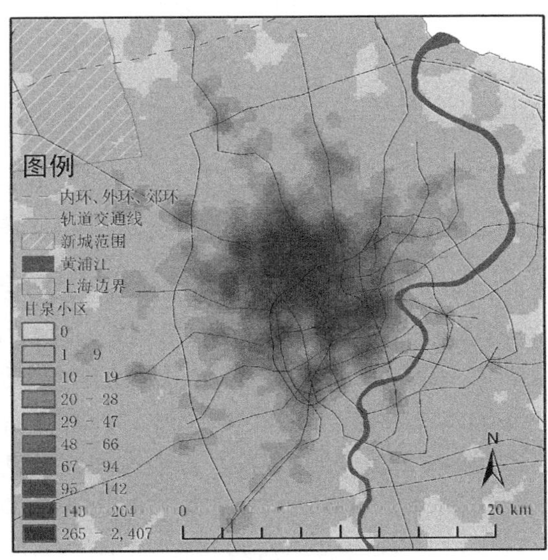

b. 市中心部（外环以内）住宅区：甘泉小区

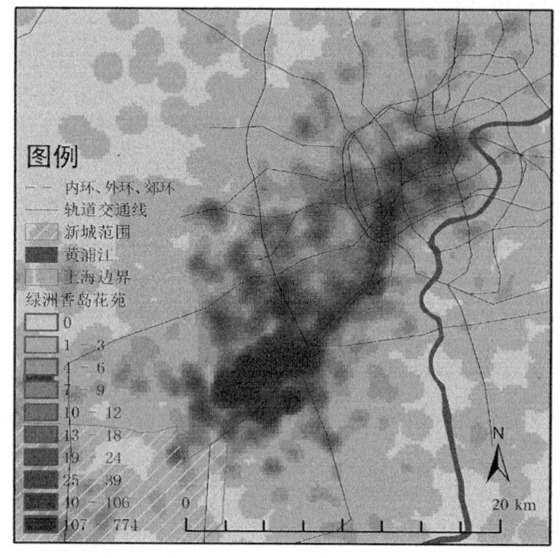

c. 外环附近/轨交末端住宅区：绿洲香岛花苑

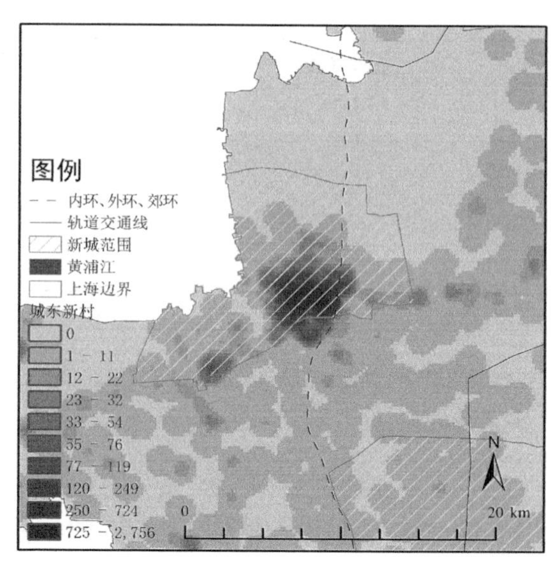

d. 新城住宅区：城东新村

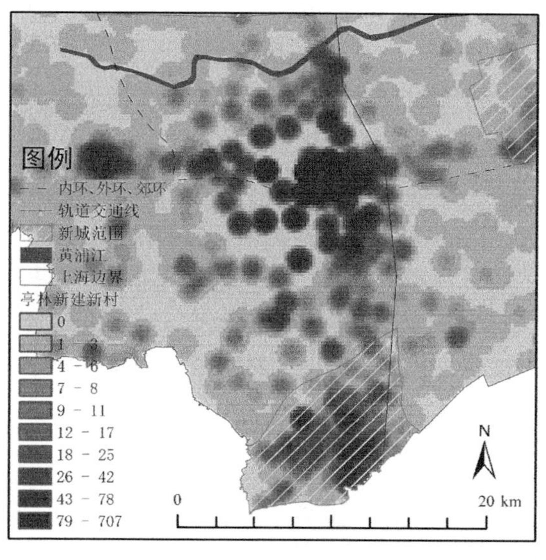

e. 其他郊区住宅区：亭林新建新村

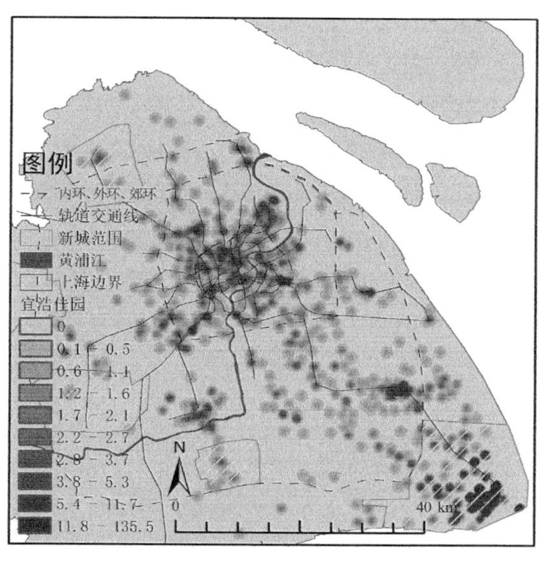

f. 其他郊区住宅区：宜浩佳园

图 19-2　多样的居民生活圈

然而，如此多样化的生活圈类型也具有共同特征，即呈现高频近距离分布规律。即使活动相对分散，其生活性活动在住宅区周边的比例均呈现高值特征，故在住宅区周边形成基本生活圈。换言之，区位、交通、社区建设及住宅区特性等内外部的因素会在一定程度上影响居民的生活空间，使其出现多样化的特征，但居民的日常生活性活动始终依赖于近距离服务，呈现紧密圈层结构，形成基本的生活圈。因此近距离服务的数量及质量将直接影响居民的生活品质。这种高频近距离活动的情况，可从活动核心圈、活动覆盖率视角加以分析，并与“15 分钟生活圈”的目标进行对比。

19.4　生活圈的诊断：现实与目标的差距

19.4.1　住宅区活动核心圈视角

19.4.1.1　核心圈及次核心圈划定

高频近距离的活动空间是居民实际的活动核心地区，也是规划的“15 分钟生活圈”真正想要涵盖的范围，因此需对其进行界定。核心圈是包含居民 50%活动的最小面积区域，为住宅区居民活动最高频的区域，承载居民日常的生活性活动，是居民日常活动空间；次核心圈是包含居民 80%活动的最小面积区域，为住宅区居民相对稳定的活动范围，承载居民大多数的生活性活动，是居民的主要活动空间。

核心圈及次核心圈的形态和面积，可在一定程度上反映生活性活动的空间联系和空间聚集程度，印证地区公共服务设施、服务水平及基本生活圈建设成熟度，判别“15 分钟生活圈”的达标情况。

19.4.1.2　核心圈及次核心圈特征

由相对具有典型性的图 19-3 可以看出，从形态上来说，绝大多数住宅区的核心圈都位于住宅区周围，符合上文所描述的高频近距离、紧密圈层结构的特点。区别在于，实际的生活圈是具有一定方向性的，即指向中心城区等地区。除中心城区及新城住宅区的核心圈在次核心圈的正中，居民生活性活动由住宅区向四周扩散外(图 19-3a)，外环内住宅区的次核心圈则相对存在偏移，指向中心城区(图 19-3b)；外环附近及轨道交通末端住宅区此特征更为明显(图 19-3c)；其他郊区住宅区的次核心圈则不具有连续性，主要在中心城区、临近新城及临近建设较为成熟区域(图 19-3d)。

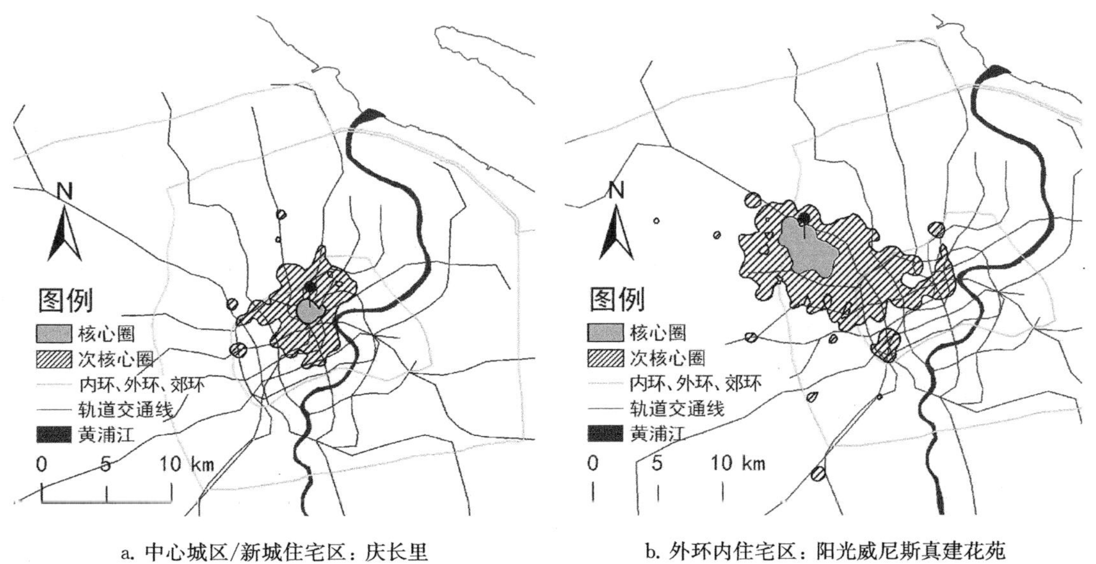

a. 中心城区/新城住宅区：庆长里　　b. 外环内住宅区：阳光威尼斯真建花苑

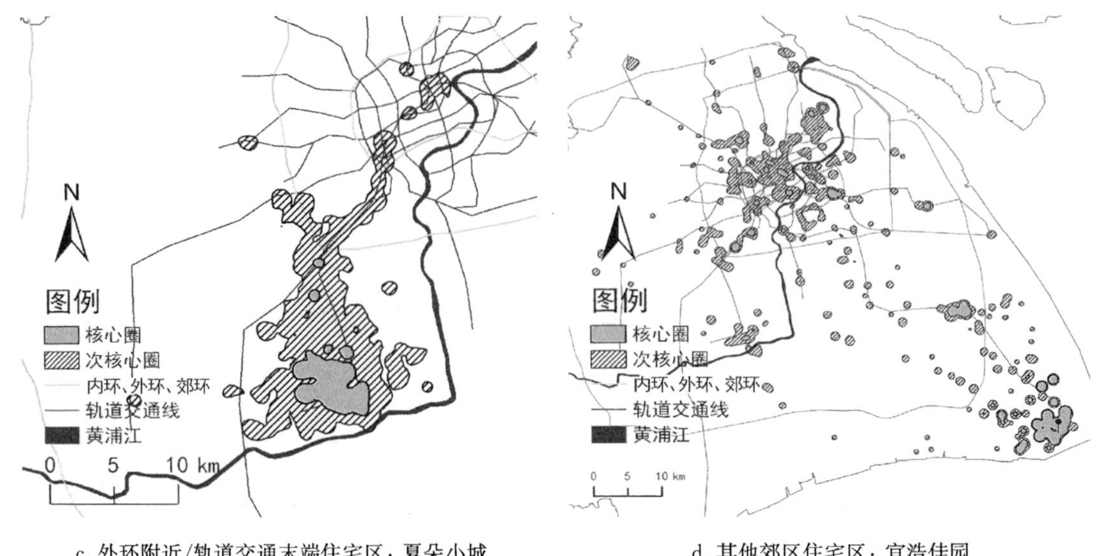

c. 外环附近/轨道交通末端住宅区：夏朵小城　　d. 其他郊区住宅区：宜浩佳园

图 19-3　典型生活性活动核心圈及次核心圈

从面积上来说，核心圈的面积存在较大差异，从最小的 3 km^2 到最大的超过 60 km^2，相差 20 倍，而大部分集中在 10～30 km^2，(图 19-4)。中心城区及新城住宅区核心圈面积多为 15 km^2 以下，普遍比其他区域住宅区小；核心圈面积随着与市中心距离的增大而增大，直至其他郊区，由于交通条件等限制，居民活动相对集中，核心圈面积有所回落；浦东地区核心圈面积普遍大于浦西地区。一般来说，核心圈面积越小，即在较为集中的区域可完成大多数活动，一定程度上意味着生活越便利，实际的生活圈建设越成熟。

图 19-4　活动核心圈面积(单位：km^2)

19.4.1.3　与 15 分钟生活圈的差距

《导则》指出，“15 分钟生活圈”的一般规模在 3～5 km^2，在实际比较研究中，由于基站点间隔在 200～2 000 m 不等，为避免由于基站间隔导致计算中居民活动离家距离增大而引起的错误估计，综合考虑成年人 15 min 步行距离、基站点位置等情况，将以住宅区为中心，半径 1.5 km 的范围设定为“15 分钟生活圈”的范围，其面积约 7 km^2，较《导则》提出的 3～5 km^2 稍大。

从上文计算的活动核心圈面积来看，面积小于 7 km^2 的有 18 个，即仅 7.1%满足规划目标的“15 分钟生活圈”的规模条件，大多数住宅区仍有很大的提升空间。

然而，活动核心圈可能存在“活动飞地”情况，与“15 分钟生活圈”以住宅区为中心的连续区域存在一定差异性，简单地从面积角度衡量现状建设情况，存在一定的不足。因此，引入“15 分钟核心圈比率”，这一指标即核心圈与目标的“15 分钟生活圈”重叠区域面积占核心生活圈面积的比例，可作为辅助指标。

由图 19-5 可知，“15 分钟核心圈比率”的高值区域主要位于中心城区，低值区域主要位于轨道交通末端及其他郊区住宅区，与核心圈面积的分布情况大致相同，但在某些新城出现特例，主要原因是住宅区与新城中心存在偏离。“15 分钟核心圈比率”高于 50%的住宅区占全部样本的 16.9%，比率低于 30%的住宅区占全部样本的 50.1%。

图 19-5　15 分钟核心圈比率

“15 分钟核心圈比率”越高，意味着居民在 15 min 内可到达的核心活动区域越多，也就意味着生活圈建设越成熟。将 15 min 能够到达大多数活动核心圈作为临界点，“15 分钟核心圈比率”高于 50%的住宅区达标，则达标率为 16.9%；比率介于 30%～50%的为基本达标，基本达标率为 33%；比率低于 30%的住宅区不达标，不达标率为 50.1%。现状生活圈不达标率超过半数，有着较大的提升空间。

19.4.2 住宅区 15 分钟生活圈活动覆盖率视角

19.4.2.1 住宅区 15 分钟生活圈活动覆盖率计算方法

“15 分钟生活圈活动覆盖率”是指“15 分钟生活圈”内覆盖了居民活动的比例，即在“15 分钟生活圈”内进行的生活性活动占居民全部的生活性活动之比。一般来说，比例越高，“15 分钟生活圈”建设越为完善，居民的生活越为便利。在实际操作中仍以住宅区为中心，半径1.5 km的范围为“15 分钟生活圈”的范围。

19.4.2.2 住宅区 15 分钟生活圈活动覆盖率特征

通过计算样本住宅区的“15 分钟生活圈”活动覆盖率发现(图 19-6)，活动覆盖率较高的地区相对集中于中心城区，随着与市中心距离的增大，活动覆盖率逐渐减小，新城住宅区活动覆盖率相对高于郊区其他住宅区。

图 19-6 “15 分钟生活圈”活动覆盖率

若以 50%为达标阈值,则有 12 个住宅区的活动覆盖率达标,占总样本量的 4.74%,达标住宅区主要位于中心城区及部分郊区新城;而有 130 个住宅区活动覆盖率低于 30%,属于不达标住宅区,占比 51.4%,这些住宅区大多位于轨道交通末端或郊区;活动覆盖率在 30%～50%的为基本达标,占比 43.86%。总体来说,不同区位住宅区生活圈活动覆盖率存在较为显著差异,整体活动覆盖率不高。

19.4.3　综合评价

活动核心圈指标从活动的高频紧凑区域入手研究现状生活圈的建设情况,而"15 分钟生活圈"活动覆盖率则是从目标生活圈现状利用情况入手,两种测度方式的结果具有一致性。达标地区集中在市中心或新城内,不达标的地区主要为轨道交通末端或其他郊区住宅区。

将两种视角的结果进行综合,任意满足一个视角就算达标,则共有 43 个住宅区达标,生活圈达标率为 16.9%;两个视角出发都不达标的为不达标,共有 107 个住宅区不达标,不达标率为 42.3%;其余为基本达标,占比 40.8%。现状生活圈建设状况并不理想,与目标仍有较大差距。

19.5　生活圈规划对策

19.5.1　生活圈指标与人口密度的关系

生活圈大小与人口密度紧密相关,不仅现状生活圈特征受人口密度影响,未来还要依照人口密度制定生活圈规划策略。

依照《导则》建议,"15 分钟生活圈"的常住人口为 5 万～10 万人,人口密度 1 万～3 万人/km^2。任一住宅区均有其生活出行范围,如出行范围内没有其他住宅区,则其 15 分钟生活圈的人口承载并不能达到 5 万人的下限,15 分钟生活圈从理论上来说是不存在常住人口下限的。然而出于公共服务设施的合理布局的原则,避免浪费或是超负荷使用的情况,《导则》提出其人口规模的建议。根据 2010 年上海市"六普"数据,中心城区密度高达 6 万人/km^2,远郊人口密度低至不足 0.1 万人/km^2,而《导则》中提及的人口密度 1 万～3 万人/km^2 区域主要位于外环与内环之间的环状区域。如果按照千人指标进行设施配置,那么人口密集的中心城区,容易形成紧凑的生活圈,15 分钟生活圈目标容易达成。相反,在人口稀少的远郊,所需设施的数量较少,不易形成便捷紧凑的生活圈。

参照生活圈覆盖率指标(图 19-7),人口密度大于 3 万人/km^2 的地区,其活动覆盖率最高,11.5%的住宅区活动覆盖率在 50%以上;人口密度小于 1 万人/km^2 的地区,其活动覆盖率最低,1.5%的住宅区活动覆盖率在 50%以上;而人口密度 1 万～3 万人/km^2 的地区,7.2%的住宅区活动覆盖率在 50%以上。相对而言,越靠近市中心,活动覆盖率越高。

因此,在人口密度不同的地区,生活圈建设目标应该有所差异。

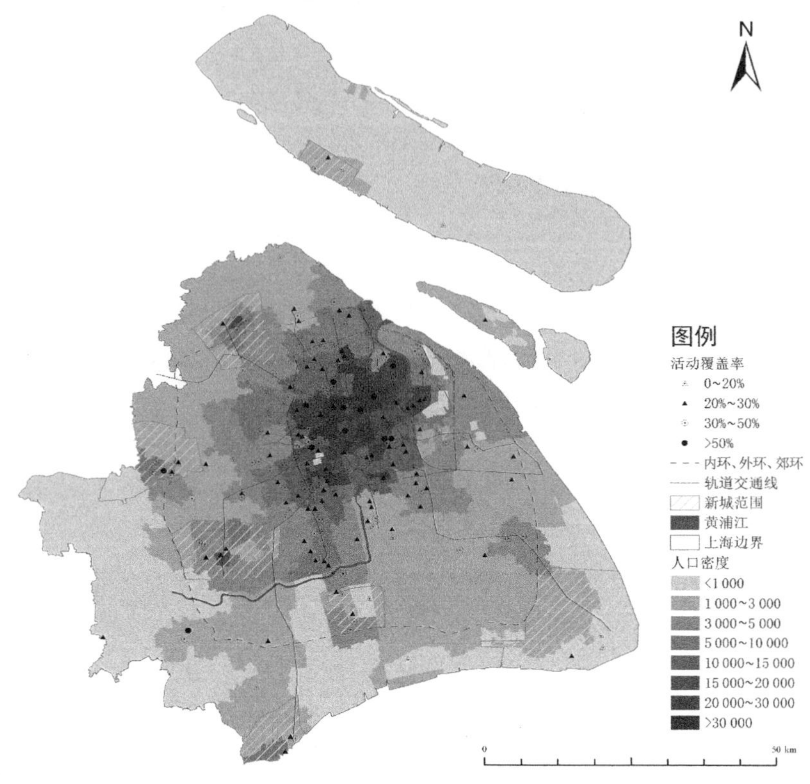

图 19-7　人口密度与活动覆盖率叠合图

19.5.2　分类建设策略

从居民活动核心圈及 15 分钟生活圈活动覆盖率的角度来说，总体上，上海市现状生活圈便利程度以中心城区向外随距离递减，至郊区新城内稍有回升。就 15 分钟生活圈建设而言，现状生活圈达标率为 16.9%，不达标率为 42.3%，与目标有着明显的差距，有着较大的提升空间。

针对不同地区的不同人口密度和设施配置水平，生活圈应因地制宜进行差异化建设，在提升居民生活性活动便利性、满足基本需求的同时合理配套公共服务设施，避免过度建设和低效使用。如图 19-8 所示，对于人口密度大于 3 万人/km^2，活动覆盖率低于 50%的中心城区，建议采用微改造的方式，针对性地建设和完善公共服务设施，提升住宅区生活品质及便利性。对于人口密度 1 万～3 万人/km^2，活动覆盖率低于 30%的靠近外环的环状区域，需对照《导则》，加大社区建设力度，重点提升社区生活圈品质。而对于人口密度小于 1 万人/km^2，活动覆盖率低于 20%的郊区，其建设密度相对较低，在该人口规模情景下如参照中心城区同样的社区建设标准加以规划建设，势必导致公共服务设施的利用率低下，造成过量建设，因此针对郊区活动覆盖率较低地区，建议放宽标准，建设 15～30 分钟社区生活圈(图 19-9)。其他住宅区，作为远期提升地区，近期暂不进行建设。

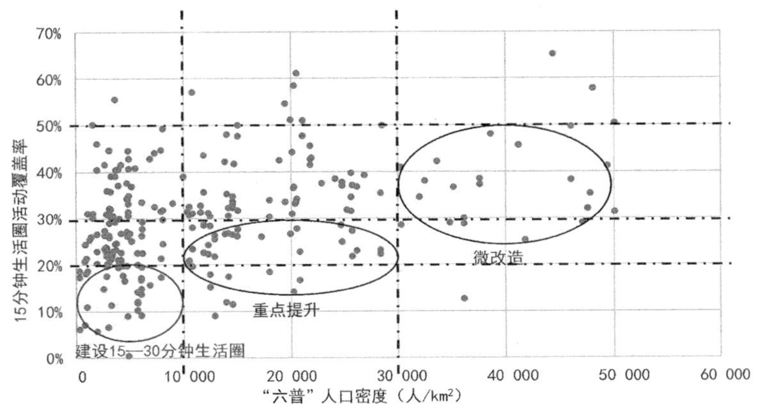

图 19-8　基于人口密度与“15 分钟生活圈”活动覆盖率的分类建设指导

图 19-9　社区生活圈分类建设指导

19.6　结语

本章首先利用手机信令数据对住宅区居民生活性活动出行进行了识别，其活动空间具有高频近距离、紧密结构圈层的共性，在不同地区形态具有多样性和复杂性。同时，定义并描绘了住宅区居民生活性活动的核心圈层和主要圈层，刻画了居民真实的现状生活圈。其次，从“15 分钟生活圈”角度出发，测度现状居民活动情况，将真实的居民活动与规划目标的“15 分钟生活圈”进行对比分析，现状生活圈达标情况不足两成。最后，从人口密度、活动核心圈指标、“15 分钟生活圈”活动覆盖率指标等方面测算，提出不同人口密度的地区的差异化建设以及少数特例地区的针对性指导。

然而，本章对核心圈 50%阈值的设定存在一定的主观性，如能对居民刚性、弹性生活性出行有深入的研究并知晓其比值，则可对阈值加以修正。同时，在剔除家内、工作活动时，选择去除住宅区、工作地基站点 500 m 范围内的活动，虽可大规模减少家内、工作活动的干扰，但也使后续测算的活动核心圈、次核心圈面积偏大，“15 分钟生活圈”活动覆盖率偏低。

参考文献：

[1] 肖作鹏，柴彦威，张艳.国内外生活圈规划研究与规划实践进展述评[J].规划师，2014，30(10)：89-95.

[2] 柴彦威，张雪，孙道胜.基于时空间行为的城市生活圈规划研究：以北京市为例[J].城市规划学刊，2015(3)：61-69.

[3] 孙道胜，柴彦威，张艳.社区生活圈的界定与测度：以北京清河地区为例[J].城市发展研究，2016(9)：1-9.

[4] 周碧茹.基于生活圈的城市社区公共服务设施布局优化研究：以苏州市高新区为例[D].苏州：苏州科技大学，2018.

[5] 许晓霞，柴彦威，颜亚宁.郊区巨型社区的活动空间：基于北京市的调查[J].城市发展研究，2010(11)，41-49.

[6] 周素红，邓丽芳.基于 T-GIS 的广州市居民日常活动时空关系[J].地理学报，2010，65(12)：1454-1463.

[7] 申悦，柴彦威.基于 GPS 数据的北京市郊区巨型社区居民日常活动空间[J].地理学报，2013(4)：506-516.

[8] 王波，甄峰，魏宗财.南京市区活动空间总体特征研究：基于大数据的实证分析[J].人文地理，2014(3)：14-21.

[9] 王波，甄峰，张浩.基于签到数据的城市活动时空间动态变化及区划研究[J].地理科学，2015(2)：151-160.

[10] 王德，钟炜菁，谢栋灿，等.手机信令数据在城市建成环境评价中的应用：以上海市宝山区为例[J].城市规划学刊，2015(5)：82-90.

[11] 丁亮，钮心毅，宋小冬.上海中心城区商业中心空间特征研究[J].城市规划学刊，2017(1)：63-70.

原文作者与期刊：

王德，傅英姿.手机信令数据助力上海市社区生活圈规划[J].上海城市规划，2019(6)：23-29.

第 20 章　养老机构选择行为

20.1　研究背景

在人口快速老龄化背景下，上海老年人口增速显著，老龄化程度日益加深，带来了巨大的养老需求，养老形势十分严峻。如何使老年人安享晚年已成为全社会关注的热点，研究养老问题显得必要而紧迫。受少子化引发家庭养老功能减弱、老年人照护要求提高、养老观念转变等因素的影响，机构养老的地位逐渐提升，养老床位的需求不断扩大。然而，当前养老机构的实际供给还存在很大缺口，远未达到需求规模。据 2013 年统计数据，超过 80% 的 60～79 岁老年人口中，有 11.1%的受访者倾向机构养老，而上海全市养老机构床位仅占户籍老年人口的 2.8%，总计 10.8 万张。

在养老资源如此紧张的情况下，上海出现了市区养老机构"一床难求"、郊区养老机构却"空置率高"的现象①。老人宁可排队等候市区养老机构的一张床位，也不愿入住条件还不错的郊区养老机构，造成养老资源利用的冷热不均。对此，上海市鼓励市区老年人入住郊区养老机构，以缓解市区需求压力，提高郊区养老床位利用率①。

老年人是养老机构的服务对象和使用主体，为实现供需调控，除了政策鼓励外，还应充分考虑老年人的需求。养老机构的区位选址、设施配置、服务水平等条件都可能影响老年人的入住选择，只有当各方面条件综合起来能较好地满足需求时，老年人才会入住。那么老年人看重的养老机构条件有哪些？不同条件如何影响老年人的选择？各种条件如何配置才能更好地满足老年人的需求？只有抓住了这些关键，才能有效破解供需难题。本章总结老年人的养老机构需求规律，揭示造成养老床位"难求"与"空置"对立的原因，并提出相应的规划解决策略。

20.2　相关研究进展

国内在养老机构需求研究方面已有一定的成果。研究发现，老年人对养老机构的选址区位存在偏好[1]，交通条件的便捷性也会影响老年人的选择[2]；未富先老的社会背景下，老年人的收入水平限制了可承受的养老机构月花费[3,4]；养老机构所提供的服务[5]、医疗急救条件[6,7]也是影响老年人选择入住的重要因素；养老机构周边的环境是否优良、空气是否清新同样备受关注[8,9]。然而，国内已有文献大多为定性研究，比较缺乏对影响老年人需求选择的各种因素的量化分析，因而具有一定的局限：一是不能保证研究结论的可靠性，比如难以判断某项养老机构条件是否真的显著影响老年人的需求；二是研究结论对规划应用的指导作用有限，可操作性不强，不易对所提出的规划策略实施效果检验，难以开展相关规划预测。

国外在基于老年人个体选择的需求偏好分析方面成果比较丰富，其中部分研究所采用的 SP 调查值得借鉴[10-15]。相比常规问卷，SP 调查具有两大优势：一方面，受访者需要权衡备选情景或方案的各方面利弊，这一模式更贴近真实的选择场景；另一方面，纳入调查的影响要素既可以是定量要素，也可以是定性要素，二者的影响作用均可以在后期模型分析中加以量化表述，所得结果准确可靠、解释性好，结论更容易应用到规划实践中去。

因此，可在国内既有研究的基础上，结合国外较为成熟的 SP 调查，探讨老年人的养老机构需求特征，以解决养老床位利用冷热不均的难题。

20.3 研究设计与数据来源

20.3.1 研究思路

本章以老年人需求为导向，以 SP 问卷调查数据为基础，构建离散选择模型，总结老年人对养老机构各项条件的偏好特征，从而揭示造成当前养老床位"难求"与"空置"并存问题的原因，根据需求偏好机制提出养老机构的优化配置策略。并以上海浦东新区模拟规划一处新的养老机构为例，评价不同配置方案对疏解市区机构入住需求、提高郊区养老资源利用的作用。

20.3.2 SP 问卷设计

结合文献梳理及前期调研，在兼顾养老机构选择影响要素的全面性与水平变化的精细性前提下，确定 7 项要素纳入 SP 调查，分设 2～4 个取值水平(表 20-1)。"位置"以市中心的人民广场为原点，半径 15 km 以内为市区(与外环线所围区域基本重合)，半径 15～30 km 为近郊区，半径 30 km 以外为远郊区；"离家距离"指养老机构与居住地之间的时间距离；"空气质量"指养老机构周边空气是否清新；"综合医院"指养老机构到最近的综合医院的时间距离；"地铁站"指养老机构周边 1 km 以内是否有地铁站；"养老服务"包括养老机构内部提供的各种服务；"月花费"结合养老机构一般定价标准与老年人普遍收入水平，设定每月收费为 1 500～3 000 元。

表 20-1　养老机构选择影响要素水平设置

编号	要素	水平 1	水平 2	水平 3	水平 4
1	位置	市区	近郊区	远郊区	—
2	步行到家时间	10 min	20 min	40 min	60 min
3	空气质量	清新	一般	—	—
4	去综合医院花费时间	5 min	15 min	30 min	45 min

（续表）

编号	要素	水平 1	水平 2	水平 3	水平 4
5	地铁站	有	无	—	—
6	养老服务	很好	一般	—	—
7	月花费	1 500 元	2 000 元	2 500 元	3 000 元

与既有 SP 调查相比，研究为“多要素多水平”SP 调查，若全部要素、水平同时纳入实验，无论问卷设计还是调查实施，难度都较大。因此为更好地体现 SP 调查的优势，本章对实验流程进行了处理，将 SP 调查拆分为两次实验，分别进行问卷设计、调查实施及模型构建，再通过模型合并方法将两个子模型整合为总体模型。

SP 问卷形式如表 20-2 所示，请受访者在配置条件有所差异的养老机构 A、B 中选择更加满意的一项，若都不满意则选 C“都不选”。

表 20-2　问卷样例

养老机构	月花费	乘车到综合医院时间	步行到家时间
A	2 000 元	5 min	60 min
B	2 500 元	15 min	10 min
C	都不选		

20.3.3　数据来源

本章的调查对象为上海本地居民，主要针对市区有入住养老机构需求而实际尚未入住者。第一次 SP 问卷调查时间为 2013 年 6 月，调查方式为实地发放，回收有效问卷共计 187 份，有效率 93.5%。第二次 SP 问卷调查时间为 2013 年 9—10 月，调查方式为实地发放及网络调查，回收有效问卷共计 106.5 份[②]，有效率 92.6%。两次 SP 调查的受访者个体属性见表 20-3。考虑到养老机构规划既应满足当前老年人的需求，也需顺应今后一个时期新生代老年人的需要，因此受访者既包括 60 岁及以上的老年人，也包括部分 60 岁以下、即将进入老龄期的中年人。

表 20-3　两次 SP 调查受访者个体属性

个体属性		第一次 SP 受访者	第二次 SP 受访者
性别	男	64.3%	46.9%
	女	35.7%	53.1%
年龄	<60 岁	27.0%	38.4%
	60～69 岁	40.5%	50.0%
	70～79 岁	21.5%	8.5%
	≥80 岁	11.0%	3.1%

20.4 养老机构的需求分析

20.4.1 需求偏好特征

在SP问卷数据的基础上构建了选择模型,模型结果反映了受访者在选择养老机构时,确实会受到多方面要素的影响,且不同要素的影响差异明显,即受访者对养老机构各种条件的需求偏好不同(表20-4)。

模型的麦克法登 r^2 系数约为0.27,拟合效果较好。全部要素均在1%的水平上显著,说明纳入SP调查的7个要素均对选择有显著影响。系数的符号正负与预期一致,说明各要素取值水平变化对受访者选择行为的影响符合常识,即当养老机构的位置逐渐远离市区、离家距离增加、周边空气质量变差、到综合医院距离增加、周边1 km内无地铁站、养老服务质量下降、月花费增加时,养老机构对受访者的吸引力降低,受访者愿意选择的概率减小。

表20-4 SP调查的选择模型拟合结果

要素变量		变量系数	标准误	t 值	P_r 显著度
位置	近郊区	−0.519 22	0.075 03	−6.921	0.000 0
	远郊区	−1.582 06	0.092 73	−17.063	0.000 0
步行到家时间	—	−0.012 66	0.002 31	−5.483	0.000 0
空气质量	一般	−0.465 64	0.064 51	−7.218	0.000 0
去综合医院时间	—	−0.028 46	0.00140	−20.345	0.000 0
地铁站	无	−0.529 57	0.062 22	−8.512	0.000 0
养老服务	一般	−0.788 55	0.062 60	−12.596	0.000 0
月花费	—	−0.000 84	0.000 08	−10.377	0.000 0
Log likelihood function(对数似然值)		−3 601.765			
McFadden r-squared(麦克法登 r^2)		0.274 194			

注:近郊区、远郊区为位置要素的两个虚拟变量。

系数的绝对大小反映了要素对选择的影响作用,由于不同要素的量纲不同,需分类比较其系数。“位置”“空气质量”“地铁站”“养老服务”为定性要素,其中养老机构是否位于远郊区对受访者的选择影响最大,位置从近郊变为远郊的效用变化超过了从市区变为近郊;第二重要的是养老服务水平;周边有地铁站的影响略大于空气清新。“步行到家时间”“综合医院”“月花费”为定量要素,其中养老机构到综合医院距离变化1 min所产生的影响最大;离家距离变化1 min的影响大于月花费变化1元的影响。

20.4.2 “难求”与“空置”并存的原因

通常来说,市区的公共设施配置优于郊区,郊区的环境空气质量好于市区,市区养老机构大多营建时间较早、空间较小、条件一般、收费相对较高，郊区新建养老机构空间相对充足、条件较好。对于市区老人来说，郊区养老机构的离家距离明显远于家附近的市区养老机构。假设市区、近郊、远郊养老机构一般配置情况如表 20-5 所示，那么根据模型得出的需求偏好机制，就可计算各养老机构的效用，并比较其对市区老人的吸引情况。

表 20-5　市区、近郊区、远郊区养老机构一般模式比较

要素		系数	市区养老机构	近郊养老机构	远郊养老机构
位置	近郊	−0.519 22	0	1	0
	远郊	−1.582 06	0	0	1
步行到家时间		−0.012 66	10 min	40 min	60 min
空气质量		−0.465 64	一般	很好	很好
去综合医院时间		−0.028 46	10 min	20 min	30 min
地铁站		−0.529 57	有	无	无
养老服务		−0.788 55	一般	很好	很好
月花费		−0.000 84	3 000 元	2 500 元	2 000 元
效用			−4.185 39	−4.224 39	−5.405 03
选择概率			44.3%	42.6%	13.1%

结果表明，养老机构的效用排序为市区＞近郊＞远郊，根据效用反推各养老机构被选择的概率依次为 44.3%、42.6%、13.1%。这充分说明，市区养老机构最受市区老人青睐，其三大优势——良好的就医环境、便利的交通条件、离家近——具有很强的吸引力，超过了空气不佳、服务一般、月花费高所带来的负面影响。因此，造成养老床位市区"一床难求"、郊区"空置率高"的主要原因，就是市区郊区养老机构在医疗交通设施和离家距离上存在着显著的差异。明确了症结所在，就可以有针对性地对郊区养老机构进行改善。

20.5　养老机构优化策略与规划实践

20.5.1　养老机构优化配置策略

在老年人需求偏好机制的基础上，调控郊区养老机构的配置条件，可以实现优化目的。假设将表 20-5 中，近郊养老机构到综合医院的时间缩短 5 min，即"综合医院"取值由 20 min 改为 15 min，则近郊养老机构的新效用值将提高至−4.082 09，超过了市区养老机构的效用。此时市区、近郊、远郊养老机构的被选择概率依次变为 41.6%、46.1%、12.3%，近郊养老机构的吸引力最强。要达到同等的效用提升效果，除了以上策略外，还可以采取靠近地铁站选址或降低月花费等方式，也可以多种方式结合并举。具体选择何种优化策略，可以以策略实施的难度、所需投入的成本等标准来取舍。据此，可以制定出郊区养老机构优化的路径，作为规划工具应用于实践(图 20-1)。

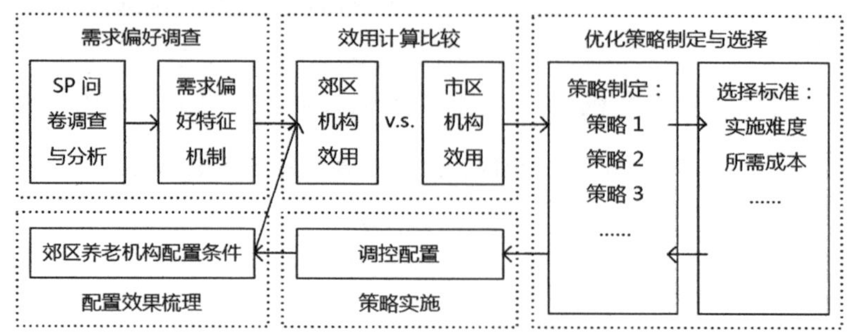

图 20-1　郊区养老机构优化路径

现实中不同郊区养老机构的具体配置情况不同，进行优化的方法及程度也不一，同样以表 20-5 的市区养老机构效用为要优化达到的标准，假设近郊、远郊养老机构的不同现状情景，分别制定优化策略。比如，当近郊养老机构到综合医院时间超过 30 min，且周围没有地铁站时，要想吸引市区老人入住，须保证养老服务质量很好并使月花费低于市区 900 元以上。当近郊养老机构周围有地铁站且希望收取与市区相同的月花费时，须保证养老服务质量很好，并选址在到综合医院时间在 20 min 以内的区域。当近郊养老机构周边地铁站、综合医院情况及养老服务均与市区相同时，须使月花费低于市区至少 550 元。当远郊养老机构要提高月花费时，最多可提高至 2 150 元/月，且须使机构紧邻医院或设置在医院内部，保证周边 1 km 内有地铁站及养老服务质量很好。

近郊养老机构的吸引力虽不及市区，但相比远郊仍有较大优势，达到同等优化效果的难度、成本也会低于远郊，因此可优先对近郊养老机构进行优化。另外，从郊区养老机构不同优化情景，可归纳出各项配置条件可调控的合理范围，作为今后郊区养老机构规划的参考。以表 20-5 的市区养老机构设置为标准，要实现郊区养老机构对市区养老需求的疏解，配置建议如表 20-6 所示。

表 20-6　郊区养老机构配置建议表

<table>
<tr><th>配置指标</th><th colspan="2">近郊养老机构</th><th>远郊养老机构</th></tr>
<tr><td>空气质量很好</td><td colspan="2">●</td><td>●</td></tr>
<tr><td>周边 1 km 以内有地铁站</td><td colspan="2">○</td><td>○</td></tr>
<tr><td>养老服务很好</td><td colspan="2">●</td><td>●</td></tr>
<tr><td rowspan="2">综合医院</td><td>最远</td><td>30 min 内可达</td><td rowspan="2">结合医院设置</td></tr>
<tr><td>最近</td><td>结合医院设置</td></tr>
<tr><td rowspan="2">月花费</td><td>最高</td><td>比市区高 750 元</td><td rowspan="2">约比市区低 1 000 元</td></tr>
<tr><td>最低</td><td>比市区低 1 000 元</td></tr>
</table>

注：●表示应满足，○为宜满足。

面向不同的老年服务对象，根据以上配置建议，还可进一步划分高端养老机构、大众养老机构两种模式(表 20-7)。

表 20-7　高端、大众养老机构配置

	高端养老机构		大众养老机构	
位置	近郊区	远郊区	近郊区	远郊区
空气质量	很好	很好	很好	很好
地铁站	1 km 以内有	1 km 以内有	1 km 以内最好有	1 km 以内最好有
养老服务	很好	很好	很好	很好
综合医院	15 min 内可达	结合综合医院设置	30 min 内可达	结合综合医院设置
月花费	3 000 元及以上	根据自身条件拟定	2 000～3 000 元	2 000 元左右, 根据其他条件调节

20.5.2　浦东养老机构规划实践

除了对已有郊区养老机构进行优化外,还可以利用需求偏好机制,辅助新养老机构的选址决策。本章以上海近郊的川沙新镇新建一处养老机构为例,评价不同规划备选方案吸引老人入住的效果。川沙新镇位于浦东新区。浦东现有 109 个运营中的养老机构,"六普"共计 1 154 个人口小区。川沙新镇建有 3 所综合医院,地铁 2 号线过境,设有 3 处地铁站,并有 4 个养老机构(表 20-8、图 20-2)。

表 20-8　川沙新镇镇区设施情况

设施	编号	名称
综合医院	1	浦东新区人民医院
	2	浦东新区中医医院
	3	上海安平医院
地铁站	4	地铁 2 号线华夏东路站
	5	地铁 2 号线川沙站
	6	地铁 2 号线凌空路站
养老机构	7	万鑫全养老院
	8	川一敬老院
	9	川二敬老院
	10	慈爱敬老院

假设备选方案在非空间要素上情况一致,均为周边空气清新,费用 3 000 元/月,养老服务质量很好。空间要素上除了位置均在近郊,还需确定的主要是靠近综合医院、地铁站的情况,以及离家距离。根据靠近综合医院、地铁站的可能情况组合,得到 4 种选址方案(表 20-9)。在确定备选方案具体位置后,通过测量各备选方案到各人口小区中心点的距离,得到离家距离的数值。

图 20-2　川沙新镇镇区设施分布及备选养老机构方案选址

表 20-9　规划养老机构备选方案

备选方案	特征	乘车到综合医院	周边 1 km 内地铁站
A	近综合医院近地铁站	1.5 min	有
B	近综合医院	1 min	无
C	近地铁站	9.5 min	有
D	到医院、地铁站都较费时	10 min	无

在不考虑机构养老需求占老年总人口比例的情况下，每次将 1 个备选方案与浦东现有 109 个养老机构一起，计算这 110 个养老机构对浦东 1 154 个人口小区的老年人的竞争吸引情况，结果见表 20-10。从吸引老人的数量上，方案 A 不仅总吸引人数最多，且分别吸引市区、近郊、远郊老人的数量也最多，相反方案 D 吸引量均为最少。方案 B 总吸引人数及吸引市区老人数位居第二，均高于方案 C，但吸引郊区老人的数量低于方案 C。从老人的来源结构上，方案 A 所吸引的全部老人中，市区老人占 47.1%，是各方案中比例最高的，方案 B 其次，方案 C 再次，方案 D 最低。

表 20-10　四个备选方案吸引老人的数量

浦东各地区老年人口(人)	备选方案 A		备选方案 B		备选方案 C		备选方案 D	
	吸引数量(人)	占该区老人总数比例	吸引数量(人)	占该区老人总数比例	吸引数量(人)	占该区老人总数比例	吸引数量(人)	占该区老总数比例
合计 705 947	8 161	1.16%	5 040	0.71%	4 896	0.69%	2 890	0.41%
市区 406 531	3 848	0.95%	2 358	0.58%	2 047	0.50%	1 162	0.29%
近郊 197 570	2 962	1.50%	1 804	0.91%	1 869	0.95%	1 086	0.55%
远郊 101 846	1 351	1.33%	878	0.86%	980	0.96%	642	0.63%

4 个备选方案中，方案 A 的配置条件最受老人欢迎，不仅吸纳了最多的郊区机构养老需求，也对市区机构养老压力起到最好的疏解作用。比较方案 B 和方案 C，说明当郊区养老机构配置受限时，应首先选择靠近综合医院的选址。如果 4 个备选方案的建设经营成本相同，则方案 A 的经营效果会最好，回收成本周期最短。

20.6　结语

本章针对上海养老机构“一床难求”与“空置率高”并存的现象，以老年人需求偏好为导向，通过叙述性偏好调查与分析，总结了老年人的养老机构需求特征，揭示了产生问题的原因，并提出了养老机构优化配置的策略，开展了相关应用。主要结论如下：

第一，老年人的养老机构选择受到多种要素影响，影响程度有所不同。当养老机构的位置逐渐远离市区、离家距离增加、周边空气质量变差、到综合医院距离增加、周边 1 km 内无地铁站、养老服务质量下降、月花费增加时，养老机构对受访者的吸引力降低，受访者愿意选择的概率减小。市区郊区养老机构在就医环境、交通条件、离家距离上的差异，是造成养老资源利用冷热不均的主要原因。

第二，基于老年人的需求偏好机制，可以针对郊区养老机构现状，通过调控养老机构的设施、环境、费用等配置条件，制定并选择适宜的优化策略；也可以模拟并比较郊区养老机构配置情景，指导机构规划选址，从而提高郊区养老机构吸引力，疏解市区养老压力。

尽管本章研究尚存在一定的问题与不足，有待后续研究加以改进完善，但对当前的养老机构规划配置仍具有理论与方法上的积极意义。本章所采用的调查方法、实验思路可以在今后的养老机构规划研究中进一步拓展，所提出的养老机构空间配置策略、模式与评价方法可以为规划实践提供一定的参考。

注释：

① “老年人希望怎样养老?”，上海法制报，2011 年 10 月 26 日。

② 由于 SP 问卷难度高于普通问卷，考虑到方便部分老年受访者理解作答，其中一部分问卷平均拆分成了两份小问卷分别调查，以减少受访者答题数量。

参考文献：

[1] ALVES S, ASPINALL P A, THOMPSON C W, et al. Preferences of older people for environmental attributes of local parks: the use of choice-based conjoint analysis[J]. Facilities, 2008, 26(11/12): 433-453.

[2] ASPINALL P A, WARD T C, ALVES S, et al. Preference and relative importance for environmental attributes of neighbourhood open space in older people[J]. Environment and Planning B, Planning & Design, 2010, 37(6): 1022-1039.

[3] BERNHOFT I M, CARSTENSEN G. Preferences and behaviour of pedestrians and cyclists by age and gender[J]. Transportation Research Part F: Traffic Psychology and Behaviour, 2008, 11(2): 83-95.

[4] BROWN D S, FINKELSTEIN E A, BROWN D R, et al. Estimating older adults' preferences for

walking programs via conjoint analysis[J]. American Journal of Preventive Medicine, 2009, 36(3): 201-207.

[5] 陈芊宇.西安养老机构设施、环境现状及需求研究[D].西安:西安建筑科技大学,2007.

[6] CHUNG M H, HSU N, WANG Y C, et al. Factors affecting the long-term care preferences of the elderly in Taiwan[J]. Geriatric Nursing, 2008, 29(5): 293-301.

[7] 郭在军,周应玲.夕阳的忧虑与幸福:基于民办养老院入住老人需求状况的分析[J].湖北师范学院学报(哲学社会科学版),2012,32(1):86-92.

[8] JENNIFER N W, RICHARD E. Preferences of older patients and choice of treatment location in the UK: a binary choice experiment[J]. Health Policy, 2009, 91(3): 252-257.

[9] 蒋奇磊.以需求为导向的上海养老机构发展对策研究[D].上海:上海交通大学,2007.

[10] 李子玉.养老院户外环境设计研究[D].北京:北京林业大学,2012.

[11] 刘同昌.社会化:养老事业发展的必然趋势——青岛市老年人入住社会养老机构需求的调查[J].人口与经济,2001(2):77-80.

[12] LOUVIERE J J, HENSHER D A, SWAIT J D. Stated choice methods: analysis and applications [M]. London: Cambridge University Press, 2000.

[13] 阮凯.上海市城市机构养老服务供需矛盾研究[D].上海:华东理工大学,2012.

[14] VALDEMARSSON M, JEMRNRYD E, IWARSSON S. Preferences and frequencies of visits to public facilities in old age: a pilot study in a Swedish town center[J]. Archives of Gerontology and Geriatrics, 2005, 40(1): 15-28.

[15] 吴敏.基于需求与供给视角的机构养老服务发展现状研究[M].北京:经济科学出版社,2011.

[16] 严冬琴,黄震方.城市老年人养老休闲需求与选择行为研究:以长江三角洲地区老年市场为例[J].江苏商论,2009(5):17-19.

[17] 张文君,张燕芳.上海城市老年公寓的现状调查与展望[J].中国老年学杂志,2002,22(3):166-168.

原文作者与期刊:

宋姗,王德,朱玮,等.基于需求偏好的上海市养老机构空间配置研究[J].城市规划,2016,40(8):77-82,90.

第 4 篇

休闲行为

第 21 章　郊野公园游憩行为

21.1　研究背景

在中国快速城镇化进程中，城市居民对生活品质提出了更高的要求。郊野公园作为加速城乡发展模式转变，优化城市总体布局，满足居民游憩需求的重要空间载体和落实“生态文明”理念的重大民生项目，被列入多个城市的城市绿地系统规划，并受到持续关注。

郊野公园(country park)的概念最早于 1929 年在英国被提出，用于应对英国休闲浪潮对乡村区域的冲击。维基百科解释为“供人们在郊野环境中游憩而设计的地域”①。20 世纪 90 年代后，我国各城市陆续开展了郊野公园的规划建设实践。2013 年上海启动郊野公园建设，全市初步规划了 21 座郊野公园，总用地面积约 400 km^2，其中 10 多座公园已基本完成，自 2016 年起陆续开放。满足上海居民的游憩需求是上海郊野公园的重要功能之一，也是维系公园持续发展的动力；但上海郊野公园规划应解决的土地整理、生态环境维护、公园运营管理方面的现实问题十分繁杂，且缺少既定模式，在保障规划顺利实施方面，需耗费大量的时间和精力，极易忽视对上海郊野公园主要服务对象——上海居民的游憩需求的研究[1]。当前，虽然上海郊野公园规划从土地政策、生态保育、游憩项目策划等方面，均开展了创新性研究与实践，但对郊野公园的服务对象缺少研究，基于上海居民游憩偏好的量化尝试不多。

从研究视角解析，当前国内基于游憩需求调查[2]的郊野公园规划方法缺少；特别缺乏基于游憩偏好调查，从中提取有效信息，为郊野公园规划提供依据和建议方法的实证研究。公园的功能类型、价格制定、区位选择是郊野公园规划的关键要素，虽然居民游憩偏好是这些要素建立的依据，但偏好程度很难提取。游客对某一游憩产品功能类型的偏好程度，是可以通过其对价格、距离等的付出不同而表达出来的[3]，但国内缺少此方面的实证研究。

21.1.1　研究综述

当前我国在郊野公园规划领域的研究多注重生态保育、协调郊野地区用地关系、规划管理提升策略以及提升文化内涵与视觉质量的规划设计方法，对基于使用者游憩需求的公园规划方法涉及不多。代表性研究有：路遥、吴承照等通过上海市居民游憩行为调查，用居民游憩活动类型、频率、到访公园类型，用各指标人数占总样本的百分比等指标，描述了居民的游憩偏好，分析了当前上海城市公园体系存在的问题，提出游憩导向的上海城市公园体系的建构设想[4]；尚风标对国内 8 个城市的居民开展问卷调查，分析其对郊野公园的类型、应提供的管理与服务内容等的需求，提出了构建郊野公园开发体系的 6 个要素[5]；朱江对深圳 2 座郊野公园的游客行为特征进行了问卷调查，通过游客对出行时间、方式、花费、去公园的动机、园内活动类型等指标的选择百分比，描述游客的游憩需求，提出郊野公园游憩设施的概念建议[6]。当前，我国有关使用者游憩行为和需求的调查方法，多适用于已建成环境，对未来要建设的新设施的使用者偏好研究方法缺少；而且，对郊野公园使用者游憩需求的关注局限，大多采用传统方法调查和统计，得出的结论与规划缺少衔接。郊野公园规划设计，游憩环境营造和设施配置，大多参照已有案例，基于本地居民游憩需求，并将需求转化为可指导规划的建议的方法很少。

目前，在城市规划领域，SP 法研究对象多聚焦于以交通为代表的城市基础设施领域，用于游憩领域，以郊野公园为对象的很少。国外将 SP 法用于游憩领域的研究，目前多集中在偏好要素之间关系的影响要素解析、情景模拟与偏好预测方面。例如，合崎英男对郊野公园中居民愿意为不同主题园区参观支付的费用进行了研究。基于居民与市民农场距离、使用经费、指导项目和设施供给需求进行的 SP 法调查结果，对 3 个不同配置的方案进行居民的偏好预测[3]。布洛克(Bullock)为阿卡迪亚国家公园中的凯迪拉克山"公地"管理策略提供了 4 类模拟情景选择，基于游客偏好，预测游客可能选择哪个方案[9]。贝内迪克特(Benedict)等基于旅行者 SP 调查，用模型描述了旅行者对旅行价格、时间的偏好，并细致分析了影响偏好因素之间的关系。从旅游者对价格的敏感性角度，使用 SP 模型分析了确定效用和回答一致性差别的影响要素[10]。范 · 克兰堡(S. van Cranenburgh)对高成本旅行条件下的度假行为进行了解析，在方法优化方面提供了 SP-off-RP 评估步骤。在应用方面，基于 SP 模型，可模拟制定不同策略产生的各类情境后果，为决策提供选择依据[11]。

21.1.2 研究目的

国内将 SP 法用于郊野公园规划研究尚处于起步阶段，可为在公园建成前，基于居民游憩偏好，对其环境类型、区位、项目、票价等关键要素的合理性判断提供一定的思路。本章尝试通过 SP 法，更加精确地把握和了解上海居民的郊野公园游憩偏好特征，为公园类型、吸引人群定位、票价选择、管理措施制定提供居民游憩偏好依据，在公园建成前进行有效预测，避免重复建设，使资源得到更加合理的使用。本章中的 SP 法，是将居民选择公园考虑的关键要素：游憩体验功能类型、门票价格、离家距离和各要素的不同水平标准进行组合；将 2 个组合划分为 1 组选择方案，形成 27 组选择方案。通过人们对方案的选择结果，生成选择偏好模型。基于模型解析，将居民游憩偏好，通过其对方案的选择体现出来，并结合功能定位、门票价格、离家距离，与公园规划中游憩环境营造、可能开展的活动类型、门票价格制定、区位选择对应起来，拟为这些规划中关键要素的选取提供基于居民需求的理性依据。

21.2 研究设计

21.2.1 属性与水平界定

本章中 SP 法的研究路径为：首先，通过预调查，获取空间要素属性与水平；通过正交设计，提取偏好选项，在其基础上形成调查问卷；其次，按照样本选取、发放调查设计方案获取问卷数据，进行数据处理，建立离散选择模型。最后，结合实际问题进行模型解析与应用。

2014 年 7—8 月，通过专家、使用者访谈的方式进行预调查。预调查以发现最关键的可能影响上海居民选择郊野公园的要素为目标，访谈可能涉及该问题的不同群体的代表。专家访谈对象主要为从事公园规划与管理研究的学者、规划师、公园管理人员、公园使用者。访谈对象样本随机选择，均为 3 人。通过预调查选取出影响上海居民选择郊野公园的 3 个关键要素——公园类型、从家到公园花费的时间和门票价格，作为 SP 调查属性。根据该公园提供给使用者的游憩体验，将郊野公园类型细分为原生态、农业、科普教育、文化 4 个类型；用“有”“无”描述公园是否包含这些类型，“包含”“未包含”分别以“1”“0”虚拟变量代替。从家到公园花费时间属性的水平，根据上海最早建设的 5 座郊野公园和上海主要居住区的分布空间关系，参照百度地图公交线路推荐时间，可大致划分为乘坐公共交通 30 min、60 min 和 120 min 抵达 3 个距离层次。门票属性的水平参照现有上海公园的门票价格，划分为 0 元、20 元、50 元和 80 元。通过属性水平的确立，建立评价上海居民郊野公园偏好的评价表(表 21-1)。

表 21-1　上海居民郊野公园游憩偏好 SP 调查的属性与水平

属性	水平			
从家到公园花费的时间	30 min	60 min	120 min	
门票价格	0 元	20 元	50 元	80 元
原生态体验功能	有	无		
农业体验功能	有	无		
科普教育功能	有	无		
文化体验功能	有	无		

21.2.2　问卷设计与调查实施

本章通过问卷调查获得数据。问卷内容分为 3 部分。第一，为提高受访者对 SP 法问题的理解程度，依据 3 个要素和不同水平，设计了传统问卷中经常采用的偏好排序选项，设置传统选项 5 个，用于对 SP 方法的回答辅助和检验。第二，受访者社会背景信息。第三，SP 调查选项：“假如上海要建设 A、B 两个郊野公园，请选择您更想去的公园。如果都不想去，请选择 C。”郊野公园 A 和 B 是分别从 6 个属性的 2～4 个水平，共 2 048[②] 个组合中，通过 SPSS 进行正交设计，选出最有代表性的 32 组选项；再由研究团队人工筛选，去除效用差别非常大的比选项 7 组，保留 25 组选项。选项 C 是受访者对 A 和 B 都不满意时的选择，是理论上比 A、B 标准更高的对郊野公园的要求。为减少由于受访者比选次数过多带来的回答有效率降低的问题，将 25 组选项分散到 3 份问卷中，每份问卷中分别有两个 8 组、一个 9 组选项。研究组于 2014 年 9 月发放 30 份试验性问卷，后又于 2014 年 10—11 月正式发放 210 份问卷。为保证问卷回收效率和准确性，全部以纸质问卷形式发放，现场回收；在杨浦区世界路某居民委员会发放 80 份，同济大学发放 40 份，浦东某外企发放 40 份，华东师大发放 20 份，普陀区发放 30 份；共回收 180 份，其中，有效问卷 176 份。由于年龄是对居民游憩行为影响的突出因素[12]，问卷样本覆盖少年、青年、中年、老年 4 类群体。有效问卷中，少年人群(18 岁以下)2 份，青年人群(18～34 岁)92 份，中年人群(35～60 岁)53 份，老年人群 29 份；男性 88 份，女性 88 份。

21.3 研究分析

21.3.1 模型建构

SP 法通过居民对想去的郊野公园的选择，来获得各要素影响的相对重要程度，符合离散选择模型的理论基础——随机效用理论。根据该理论，郊野公园带给居民的效用是个人进行选择时的判断依据，即进行问卷回答时，受访者会选择对其来说效用最大的郊野公园。本章采用的离散选择模型的表达式为式(21-1)：

$$V_i = \alpha_1 \text{time}_i + \alpha_2 \text{price}_i + \alpha_3 \text{type1}_i + \alpha_4 \text{type2}_i + \alpha_5 \text{type3}_i + \alpha_6 \text{type4}_i \tag{21-1}$$

式中，i 是公园选项，即拟定的不同郊野公园选择方案，V_i 是选择某郊野公园的可见效用，α_{1-6} 为模型所要拟合的系数。P_i 是受访者选择某郊野公园的概率。time 为从家到公园花费的时间(min)；price 为门票价格(元)；type1 ～ 4 为郊野公园可能细分的类型。

根据以上原理，本章建立了郊野公园离散选择模型以求得各因素间的权重关系。用统计软件 *StataSE V*13 对 174 份有效问卷形成的 4 380 次选择记录进行模型拟合，拟合结果见表 21-2，整体样本模型的 McFadden 系数约为 0.23，总体拟合结果较好③。

表 21-2 上海郊野公园离散选择模型拟合结果

变量	系数	$P>\|z\|$
从家到公园花费的时间(min)	−0.0126 672	0.000
门票价格(元)	−0.0293 033	0.000
原生态体验类型	1.103 511	0.000
农业体验类型	0.547 062 9	0.000
科普教育类型	0.781 432	0.000
文化体验类型	0.370 152 5	0.000
都不选	−3.338 894	0.000

21.3.2 模型结果的解释

由离散选择模型推算出的模型系数是各要素的权重。通过对 3 类要素中单位和量纲相同的要素权重值比较可以发现，选择原生态、农业、科教、文化类型公园的权重系数分别为 1.10，0.54，0.78，0.37。离散选择模型中，如果模型系数均为正，则系数越大，受访者获取的效用越大。基于本章模型系数分析，受访者选择原生态类型公园获取的效用最大，文化类型公园获取的效用最小。到公园时间与票价的权重系数均为负数，表示在其他前提相同的条件下，去公园花费的时间和钱越少，效用越大，符合郊野公园使用者偏好的一般规律。

通过本章的模型可分析出：假定选择某一类型公园的效用一定，则花费时间和金钱呈负相关关系。根据模型还能计算出受访者愿意为某类型公园花费的时间和金钱的数量。例如，如果受访者选择原生态类型公园，则其愿意花费 10 min 抵达公园，花费票价 33 元；如果抵达时间增加至 20 min，花费票价则会相应降低，约为 29 元。以此类推，若分别假设去某一种类型的公园花费时间和价钱为 0，可计算出相应去公园花费的最多金钱和时间，进而绘制不同类型公园的等效用线（图 21-1），更加直观地描述花费金钱和时间的这种负相关关系。

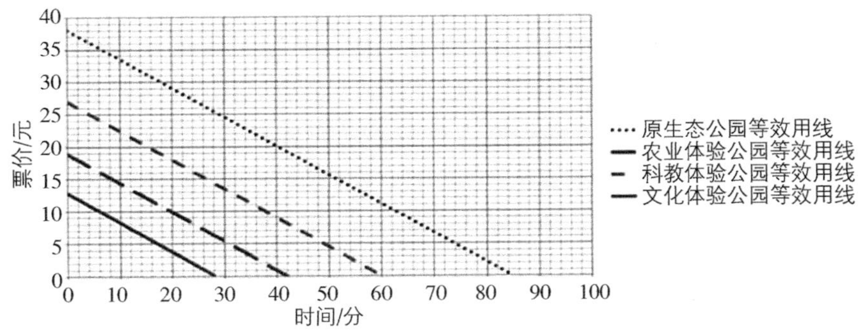

图 21-1　基于 Logit 模型的 4 种不同类型郊野公园等效用线

21.3.3　基于模型应用的选择偏好解释

（1）“受访者愿意最多为不同类型的郊野公园游憩体验花费多少时间和票价？”——最大当量价值计算。

基于离散选择模型，在郊野公园能提供的游憩体验类型一定的前提下，抵达该公园花费的时间和公园票价呈负相关关系。假设抵达郊野公园花费的时间为 0，则可计算出受访者为不同类型郊野公园支付的相应最高票价，其中，愿意为原生态类型郊野公园支付的票价最高为 38 元；其次为科教类型 27 元、农业类型 19 元、文化公园类型 13 元（图 21-2）。同理，假设票价为 0，则可计算出愿意花费在抵达公园上的最长时间为：原生态公园 85 min、农业公园 42 min、科教公园 60 min、文化公园 28 min（图 21-3）。该结论作为郊野公园票价制定、区位的选取提供量化参照依据。

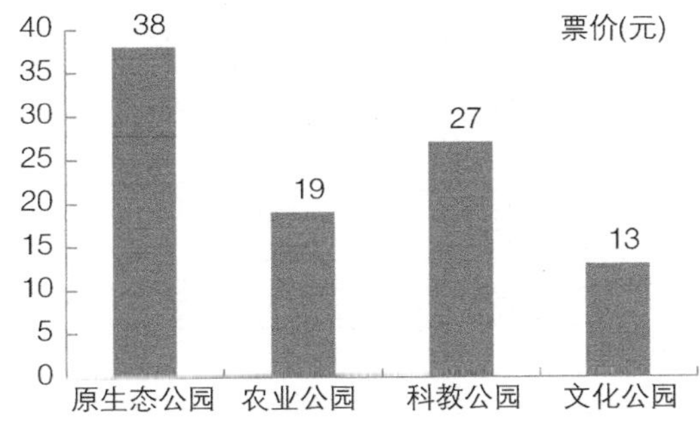

图 21-2　上海 4 个类型郊野公园的当量价格

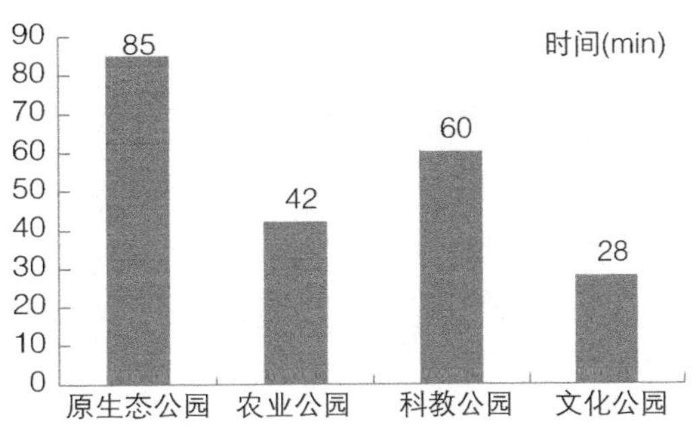

图 21-3　上海 4 个类型郊野公园的当量时间

(2) 不同人群分别倾向选择“离家近票价高，还是离家远票价低的公园?”——特征人群对时间的支付意愿比较。

城市居民特征多样，不同人群对郊野公园的偏好各异。基于离散选择模型，对不同人群的郊野公园选择要素权重进行分析，可以解析特征人群的游憩需求特征。将不同人群进行比较，可有针对性地为郊野公园规划目标人群的界定、选址与类型确立、游憩项目策划与设施引进、管理提供依据。使用统计软件 *StataSE V13*，将样本根据性别、年龄、职业类型、收入进行分类，分别建模，并绘制假设选择原生态类型公园前提下的等效用线。可以看出，不同人群的等效用线均存在一定差异。纵轴上的端点 y 值以花费时间为 0 取值，横轴上的端点 x 值以花费票价为 0 取值，可绘制等效用线；比较不同人群的直线斜率和端点纵坐标值，可发现：分人群等效用线的斜率绝对值反映出该特征人群对时间的支付意愿——斜率绝对值越大，支付意愿越强。以不同性别人群的等效用线来看，男性比女性对时间的支付意愿更强(图 21-4)，即男性对时间更敏感，愿意多花钱抵达公园。如果同样选择原生态公园，从不同年龄人群等效用线来看，青年人(18～34 岁)对时间的支付意愿比中年人(34～60 岁)更强，即青年人更在乎去公园路上花费时间的多少，宁愿多花票价去更近一点的公园。老年人(60 岁以上)的等效曲线反映了效用随花费时间缓慢增长的趋势，虽与总体样本模型、票价、去公园的时间均与获取效用负相关的结论相反，但体现了该人群大多休闲时间充裕，但对公园票价的承受能力有限。在身体健康允许的前提下，偏好选择离家远、票价便宜的公园。对不同收入水平的人群而言，除月收入少于 1 500 元群体外，呈现收入越高，对时间越敏感，对时间的支付意愿越强的明显趋势；即收入越高，越倾向选择离家近但票价高的公园。月收入少于 1 500 元的群体呈现特殊性，与其多为学生群体相关。从职业属性看，全职职员和自主经营者对时间的支付意愿相似，但都低于学生，即学生更倾向选择出行距离近，但票价相对高的公园。

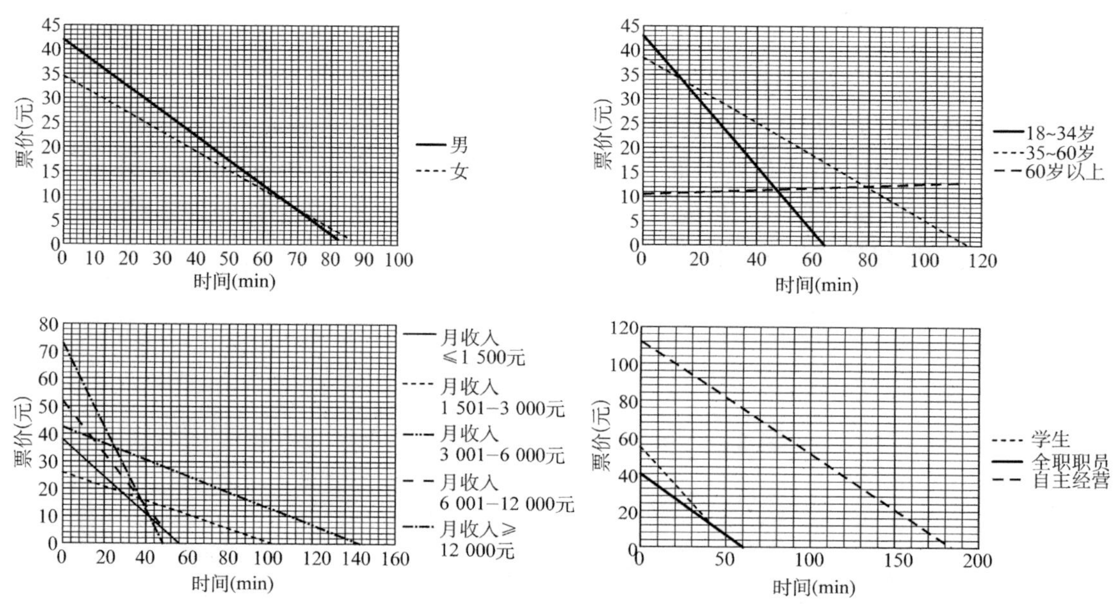

图 21-4　不同社会背景人群的原生态类型郊野公园等效用线

(3)“进公园花的门票钱‘值不值’?”——对现有上海崇明地区公园票价可能得到的评价进行预测实验。

按照郊野公园的区位、环境特征、规模界定要素特征，选择上海崇明东滩湿地公园、东平森林和西沙湿地公园作为类郊野公园的研究对象，可基于上文建立的选择偏好模型，对现有郊野公园票价可能得到的评价进行预测实验。根据 3 个公园中的环境特征和设施配置，将其归类：东滩湿地公园中多为原生态湿地环境，有扬子鳄科研中心、地震站、鸟类救助中心等机构，将其划为原生态、科教类型结合的公园；东平森林公园有观光果园、花卉基地、东平奶牛场等农业基地，并提供烧烤区、阳关浴场、攀岩、滑草、赛车等项目，属于农业与文化类型结合的公园；西沙湿地公园以生态保育为主，属于原生态类型公园。根据 3 个公园所属类型，可绘制其相应的等效用线(图 21-5)。将等效用线与 X、Y 轴围合，可形成三角形区域。根据受访者对时间(横坐标)、票价(纵坐标)组合方案作出的选择，可绘制出一个点；如果选择点落在三角形区域内，受访者认为付出少于得到，即用少的花费“赚”得多的游憩体验；如果该点落在区域外，则受访者感受相反。

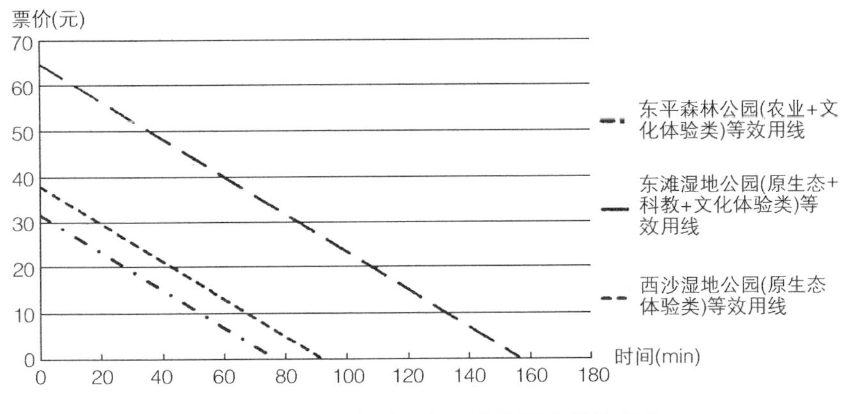

图 21-5　上海崇明 3 个郊野公园的等效用线

由于 3 个公园均已建成使用，根据各公园现有票价与等效曲线的比对，可得出：东滩湿地公园与东平森林公园的价格在等效用线之外；受访者有付出少于回报，票价过高，花费“不值得”的感受。根据 2 个公园功能类型绘制的等效用线，可计算出受访者能承受的东滩湿地公园极限票价为 65 元，东平森林公园为 32 元；可作为公园票价调整的参考依据。如果游客选择西沙湿地公园出游，从家到该公园距离花费的交通时间超过 90 min，就把湿地类型的功能效用抵消了；即该游客花费大于 90 min 到西沙公园后，认为在该公园中获得的湿地游憩体验“不值”。

21.4　结语

本章使用 SP 法，通过对上海居民郊野公园类型、花费时间、票价偏好的调查问卷获取数据，建立离散选择模型。根据模型中各属性的权重比较，得出上海居民的郊野公园类型偏好：原生态类型郊野公园最受欢迎，科教、农业、文化类型公园次之。模型系数显示：如果受访者选择的公园类型相同，其抵达公园付出的时间和票价呈负相关关系。通过分别假设付出时间和票价为 0，则可推算出受访者愿意为各类型公园花费的票价和时间：原生态、农业、科教、文化公园最高票价分别为 38 元、19 元、27 元、13 元，愿意花费在抵达公园上的最长时间分别为 85 min、42 min、60 min、28 min。通过绘制“等效线”描述花费时间和票价的负相关关系，等效线斜率的绝对值能体现受访者对时间的支付意愿。根据人群社会背景属性，分别绘制各人群的等效线，通过斜率的差异，比较其对花费抵达公园时间或票价的敏感程度。基于以上研究分析，为上海郊野公园提出规划建议：多建设原生态类型的郊野公园；公园离上海主要居住区的参考交通时间最多不超过 85 min；对上海青年人与高收入人群较集中的区域，可选择建设距离居住区相对近的原生态公园，为维持公园的环境品质和使用者的游憩体验质量，可适当收取比其他公园高的门票价格。

SP 法与模型的建立是基于对受访者偏好的抽象概括。但由于方法技术的局限，为保证建模的效度，在调查中仅能选取 6 个代表性指标体现受访者的偏好。在使用 SP 法的过程中，对郊野公园类型数量、受访者偏好要素等很多方面均作了简化；且其精度直接依赖于抽样质量和样本数，因此必然与现实存在一定差距。但通过 SP 问卷调查与建模，可以发现受访者偏好中主要的内在规律，从而做到以小见大，为郊野公园规划和管理中，从使用者需求角度出发如何拟定量化依据方面，提供一定的思路。本章的初步结果表明，这样的方法在技术上是可行的，其可靠程度有待于郊野公园建成投入使用后进一步验证。

注释：

① 维基百科的英文原文是“A country park is an area designated for people to visit and enjoy recreation in a countryside environment”。

② 根据 6 个属性两两相交为原则，共生成 23×24×21×21×21×21=2 048 次组合。

③ 经验认为 0.15 可以接受，0.2 已属于较好标准。

参考文献：

[1] 方家，吴承照.美国城市公园与游憩部的地位和职能[J].中国园林，2012(2)：114-116.

[2] 方家，吴承照.美国城市开放空间规划方法的研究进展探析[J].中国园林，2012(11)：62-67.

[3] 合崎英男.農業農村の計画評価：表明選好法による接近[M].东京：農林統計協会，2005.

[4] 路遥.大城市公园体系研究：以上海为例[D].上海：同济大学，2007.

[5] 尚凤标，周武忠.基于游憩者需求的郊野公园发展分析和体系构建[J].西北林学院学报，2009(1)：199-203.

[6] 朱江.我国郊野公园规划研究：以香港、深圳、北京、上海四城市的郊野公园为例[D].北京：中国城市规划设计研究院，2010.

[7] LOUVIERE J J, HENSHER D A, SWAIT J D, et al. Stated choice methods: analysis and applications [M]. Cambridge: Cambridge University Press, 2000.

[8] 赵倩，王德，朱玮.上海市杨浦区的生活空间质量评价研究[J].上海城市规划，2012(6)：90-95.

[9] BULLOCK S D. Managing the “commons” on cadillac mountain: a stated choice analysis of Acadia National Park visitors preferences[J]. Leisure Sciences, 2008, 30(1): 71-86.

[10] BENEDICT G, DELLAERT C. Variations in tourist price sensitivity: a stated preference model to

capture the joint impact of differences in systematic utility and response consistency[J]. Leisure Sciences, 2003, 25(1): 81-96.

[11] VAN CRANENBURGH S, CHORUS C G, VAN WEE B. Vacation behaviour under high travel cost conditions: a stated preference of revealed preference approach[J]. Tourism Management, 2014, 43: 105-118.

[12] 张庭伟,GOBSTER P H,胡忆东,等.一个美国华裔城市社区的休闲喜好和开放空间需求[J].国外城市规划,2006,21(4):29-37.

原文作者与期刊:

方家,王德,朱玮,等.基于 SP 法的上海居民郊野公园游憩偏好研究[J].中国园林,2016(4):50-55.

第 22 章　大型节事活动客流特征及预警

22.1　研究背景

随着我国大中城市陆续跨入休闲时代，以及与旅游休闲相关的法律、法规的颁布，休闲生活质量已成为衡量一个城市生活品质的重要部分。为满足城市居民日益增长的需求，节事活动不仅是地方、区域、国家政府和企业吸引游客、创造利润的一种工具[1]，也已成为服务民生的重要项目。近年来，仅上海每年举办的节事活动就在 4 000 场以上[2]。樱花节是促使城市居民体验自然的文化活动，通过人亲近自然的本性（biophilia）释放，能从根本上缓解和改变快节奏的工作带来的城市居民心理焦虑与亚健康状态，从而提高休闲生活品质。上海顾村公园樱花节自 2011 年开幕以来，每年举办一届，2019 年共吸引 165.5 万人次①参加。顾村樱花节吸引的大客流受到广泛的社会关注，客流成为上海宝山区从"工业宝山"向"生态宝山"转型发展的推动力，也引发了公园及上海城市相关管理方如何应对大客流压力、提高樱花节品质和城市居民游憩体验的探索。

22.1.1　目的和意义

历年顾村樱花节统计数据显示，高峰日游客量常保持在 10 万人次，"人比花多"，在带来交通拥堵，如厕、吃饭排队等问题的同时，严重影响游客游憩质量，更存在重大的安全隐患。面对大客流，顾村公园与相关管理部门采取的措施包括：实时监测、预警、限流与限行、分流、游客单向游园、增加应急售票窗口等。这些措施涉及部门多、使用技术手段先进，经过实践检验，在保障游客安全、维护参与秩序等方面显现出一定效果。但传统城市节事活动预警方法主要通过对活动发生地或者周边地区的客流密度进行监控，在客流超出正常数量和聚集模式后才开始报警；此类方法预警时间提前量小、对客流空间聚集程度缺少精细化描述，限制了采用客流疏解措施的启动时间和类型，影响了大客流管理效率。

传统方法的局限性主要是缺少能提供城市节事活动整个行为链条的数据源，使预警"无源可寻"。手机信令数据内涵丰富、样本量大，为研究节事活动引发客流的来源、出行轨迹、聚集特征提供了可能。手机信令数据为研究人的现实空间行为规律建立了大样本与可视化基础，为"精准化"地描述和发现大客流变化的来源与规律提供了数据与依据。深入挖掘数据背后反映的游客行为模式规律，通过高效率的预警方法与技术，"主动预测与调控"大客流的发生，使得从根本上缓解节事管理的大客流压力成为可能。本章运用手机信令数据记录客流行为，揭示了由节事活动引发的游客行为的变化，并应用到大客流预警中。

本章基于上海手机信令数据，通过 2014 年顾村樱花节不同日期客流时空分布特征比对，重点分析樱花节引发大客流的入园高峰时间与持续时间等动态规律，以及节日平日客流来源的空间分布特征及比对；结合地铁 7 号线局部客流变化情况，尝试了对顾村公园大客流进行了预警。需要提醒的是，在选择代表日期时，应尽量避免樱花节之外的因素对游客量带来的影响。

22.1.2 文献综述

城市节事活动的传统研究内容主要包括概念界定、经济效益及绩效规律、运营与管理模式、内容策划等[3]，以及游客或居民对节事活动的参与动机和态度、节事活动的环境影响与评估、与政治的联系、管理研究等[1]。随着我国节事活动在城市中发生频率的增加，以及其对居民生活品质的提升，深入理解和预报拥挤节事活动已成为城市管理者面临的挑战。大数据理念在空间研究领域的推进，产生了将以手机信令数据为代表的大数据方法与技术用于节事研究的可能。

国外学者基于手机信令数据，通过节事活动与游客行为的关联性解析，对节事活动的人流监控、预警进行了探索。例如，卡拉布雷斯等(Calabrese F，et al)对波士顿大都市区发生节事吸引人群进行分析，结合匿名行为轨迹，寻求节事活动及出席人群之间的关系，并聚焦于对其来源区域的分析[4]。费拉里等(Ferrari L，et al)通过对手机移动网络数据的挖掘，分析个人行为的时空规律，推测在城市中发生事件的性质、特征、规律，为事件的管理提供理性依据[5]。阿哈斯等(Ahas R，et al)提出基于手机数据的社会定位方法(social positioning method)监测人流的时空分布，并预测其将用于中心城区与郊区的通勤设施建设、城市空间使用的时间分析、交通与基础设施建设等领域[6]。阿哈斯和斯利姆(Silm)以爱沙尼亚为例，研究其游客时空分布特征，为旅游规划提供定量数据支撑[7-10]。

国内学者已在城市领域基于大数据方法和技术展开城市空间与居民行为的研究。例如，刘瑜等说明了手机数据对规划研究与应用的作用[11]；钮心毅等基于手机信令数据，分析了上海中心城区的人口密度分布，并用于识别城市公共中心的等级和职能类型[12]；王德等基于手机数据，分析和比较了上海不同等级商业中心的消费者数量的空间分布特征，并通过空间统计指标对三个商业中心的等级性进行了空间抽象[13]。我国对城市节事活动引发的人流分析及相关预警研究尚处于初步探索阶段。例如，肖宝仲基于手机信令数据，建立了人流监控管理系统，针对特定区域内的公众手机用户进行实时监测和统计[14]。百度研究院大数据实验室(2015)基于对百度定位数据、搜索数据的挖掘，分析了对上海“12·31”外滩踩踏事故发出预警的可能性。需要借助以手机信令数据等大样本数据的精准化描述，解析城市节事活动引发的客流来源、时空分布、疏散去向等规律，才能使大数据分析成为城市节事活动管理的技术支撑，并在大客流预警中起到一定的作用[15]。

文献研究显示：从手机数据识别出居民的活动特征，并进行用地类型划分和评价的研究较多，但对特定事件对城市空间影响的研究较少。特定事件由于涵盖信息量大，很难从信息角度准确把握、还原和追踪事件发展中产生的信息。传统研究在非完全信息的背景下，常通过观察、访谈、问卷形式，采集小样本数据开展研究。手机信令数据的研究提供了传统数据与大样本数据结合的可能，并用全息视角，对事件发生的前后行为进行跟踪和拓展，对整个事件发生的过程进行全面剖析。传统研究中能提供事件发生的整个行为链条的数据源不足，鲜见此类型定量研究。

22.2 研究数据与方法

22.2.1 研究数据

本章采用的手机信令数据是一种典型的大数据，它通过数量庞大的基站连续不断地追踪手机用户的位置、状态等信息，实现对居民活动比较全面完整的记录。与传统数据和其他大数据相比，手机信令数据的突出价值在于其近似全样本性、全时性，以及借助定位基站而附带的空间信息，因此在分析极其复杂的居民行为时最契合需求。使用的主要是2014年上半年某两周共14 d，包括4个休息日和10个工作日的上海移动用户的手机信令数据，数据为匿名形式，每当手机与基站进行通信连接时，基站会进行记录，产生一条信令数据记录。每条信令数据包含用户ID、时间戳、基站位置编号、事件类型（如接打电话、接发短信、位置更新）等信息，本章使用的数据日均记录到上海1 600万～1 800万个不同的手机识别号（约占2014年上海2 415万常住人口的70%），日均信令记录总数约6亿～8亿条。为避免周末与工作日客流固有的明显差异对樱花节特征大客流的影响，本章选择樱花节召开前一个周六与召开后第一个周六作为研究日期，为体现这两个日期分别处于樱花节召开之前和召开中的时段，简称为“平日”和“节日”。研究首先针对每一个用户，选择一天内0:00～6:00的所有记录点中，与其他记录点的距离和最小的点作为识别出的当天的居住地，其次对识别出10个工作日的用户居住地重复距离和最小的方法选出其稳定居住地，对于多天识别出的居住地之间差异过大的用户，认为其没有稳定居住地。另外利用9:00～17:00的记录和同样的流程识别出用户的稳定居住地。最后得出在具有稳定工作和居住地的用户数量，占同年上海常住人口的31.0%，这部分用户可以认为是上海的稳定住户。为识别出顾村公园的游客，从全部记录中筛选出被顾村公园周边基站记录到的用户数，从中剔除居住地在顾村公园附近的用户和多天被记录到的用户，得到的结果即认为是顾村公园游客数。按照同样的筛选标准，可得出代表日节日与平日的顾村公园游客数；其中，节日识别用户总量占当天实际在园人数的45.4%（表22-1）。

表22-1 手机信令数据样本情况

数据范围	人群	数量（万人）	样本比率
全市	手机信令数据识别出的具有稳定居住和就业地用户（分子）	751.997 5	31.0%
	2014年年末上海常住人口（分母）	2 425.68	
顾村公园	手机信令数据识别出的有地理坐标的节日开园时段顾村公园游客数（分子）	5.811 6	45.4%
	节日顾村公园实际在园人数（分母）	12.8	

资料来源：2014年年末上海常住人口数来自《2014年上海市国民经济和社会发展统计公报》和新闻报道：顾村公园12.8万人涌入看樱花，预计今天车流仍将饱和。http://sh.eastday.com/m/20140323/u1a7993354.html。

22.2.2　研究方法与框架

手机信令数据具备数据量大、涵盖个体样本时空信息，但大多缺少个人属性的特征，且作为“未来智慧城市建设十分有力的工具”[16]，其数据筛选和研究方法具备一定的特殊性。本章遵循“大部分可靠，允许混杂，应通过定性验证”的数据筛选原则，通过选取顾村及周边为研究区域，根据相关阈值的设置提取数据。基于顾村公园样本的 ID 信息与地理位置，进行粗筛选。首先，通过数据清洗、研究范围选定、适合研究目的的数据的两次筛选，通过多次阈值的选取和定性判断，提高节前节后参与节庆活动样本的合理性。此阶段内阈值的选择十分关键，应根据不同城市居民行为的时空规律性，提取出相应时段识别标准，用试错法，根据提取出来的数据反映空间和时间规律，并用居民出现的反映在空间中的、符合常理的行为特征进行检验，从而反过来校正阈值确定的适宜性。其次，根据筛选后数据显示出的时空规律性，采用传统的空间手段进行描述，结合 2010 年“六普”数据等特征进行解释。研究过程中使用的技术工具为 MySQL、Python、GIS、Matlab、SPSS、Stata。

具体顾村游客用户数据筛选步骤：第一，选择顾村公园周边 51 个基站中有记录的样本；第二，选择第一步结果中 24:00～5:00 时段手机处于静默状态的样本；第三，选择第二步结果中有地理信息记录的样本，再继续进行精细筛选；第四，排除第三步中静默时间段在 51 个基站范围内的样本；第五，选择第四步中在 6:00～18:00，即顾村公园开园时间段中有记录，且停留超过 60 min 的样本。为弥补手机信令数据不含个人社会属性的缺陷，通过 GIS 软件中空间连接工具将筛选后的数据与“六普”人口数据相关联，以人口普查区为单位，体现以各普查区的人群所具备的职业、年龄等信息，非个体计量。手机信令数据在对个体行为轨迹记录上存在时间与空间上的局限性。例如：对于不同用户，记录时间间隔不一，且普遍为 1～2 h；使用基站位置表示用户位置，在空间上会有一定的偏移，从几百米（市区）到数千米（郊区）不等。因此，适合进行城市手机信令数据研究的空间研究尺度通常局限在街道及以上范围。本章筛选的数据，可支撑由顾村樱花节引发的大客流变化的空间范围与数据精度。

22.2.3　研究框架

本章围绕顾村樱花节节日与平日客流的差异，从特征描述、原因探索、预警应用三个方面研究了大客流动态变化规律，并基于规律对大客流预警应用进行了尝试。大客流特征主要体现在节日与平日入园、在园时间分布差异性、客流来源地空间分布规律中。从樱花节导致的特征小区居民出游率变化，以及游客行为类型的改变方面初步探索了引发差异的原因。预警应用主要分为三个阶段：根据预警的准确性和提前性，选择预警站点和时段；找出标志站点时段与大客流的比例关系；在对大客流进行预测的基础上制定黄色、橙色、红色三级预警方案。

22.3　节日与平日入园、在园人数的时间分布规律

基于数据筛选阈值选取的反复试验，以及与现实现象描述的可靠性判断，可提取出节

前节中连续两周在园、入园、出园的样本数。筛选出来的顾村公园周边基站的记录中，游客在当天的第一条记录的时间作为入园时间，最后一条记录的时间作为出园时间，中间时间为在园状态。样本随时间变化的趋势为：节日比平日客流增幅达66.03%；开幕后工作日客流增幅不大，甚至出现周二与周五客流减少的现象。基于提取后数据反映的趋势，与实际客流的增减规律倾向一致，符合三届樱花节体现的总体规律：工作日游客约3万人次，开幕后节假日"大客流"可达18万人次/日以上[②]；下雨天气对游客量影响较大[③]。根据以上定性判断，从一定程度上验证了提取出数据样本的可取性。

提取的样本显示的两周内样本总量增减规律与实际客流的增减规律一致：节日比平日客流大；下雨天平日客流量小，小于非下雨天平日客流。根据样本和实际客流数量增减显示的规律性，可定性判断出样本数据的代表性。

基于手机信令数据的时间属性，可逐小时读取开园时间段内(6:00～18:00)入园与在园人数增减的规律：平日与节日均出现人流迅速增加的高峰时段，平日为8:00～11:00，节日为8:00～10:00；平日与节日的大客流入园峰值持续时间不同，前者比后者向后延长了1 h，可能与赏花人数增多、远距离出行人群所需交通时间增加相关(图22-1)。

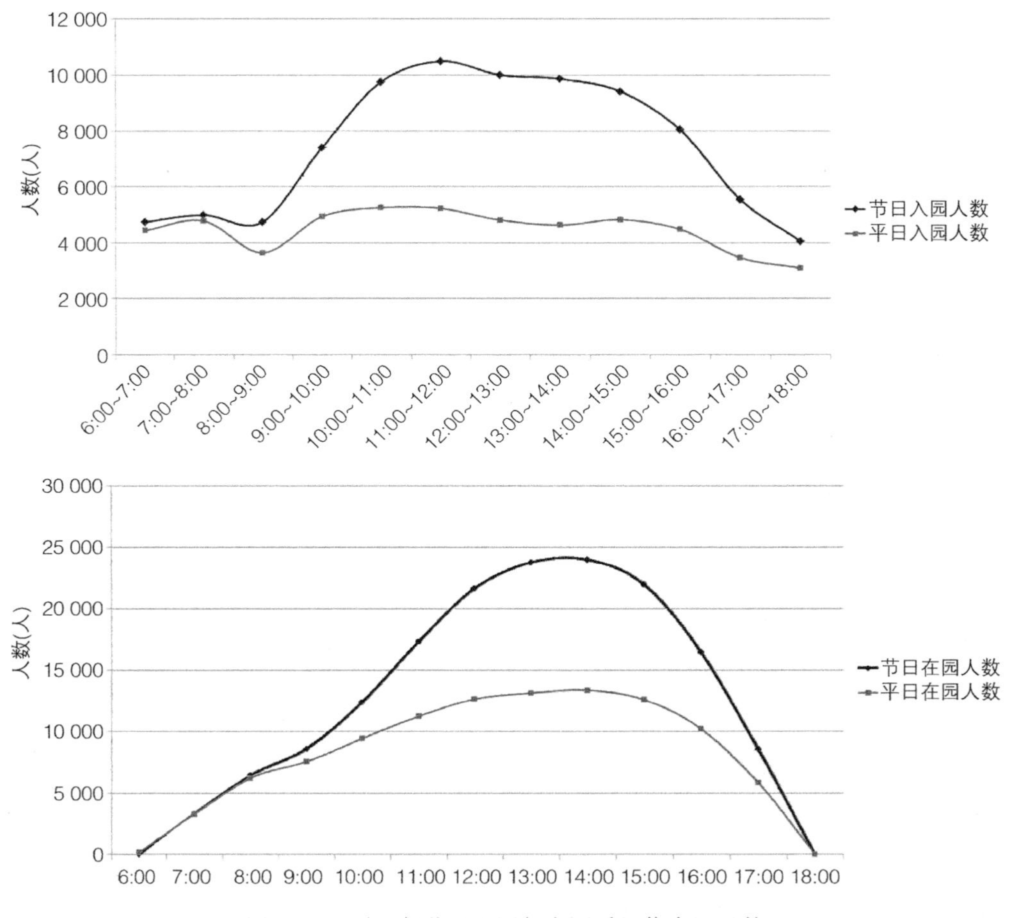

图22-1　平日与节日入园与在园手机信令记录数

相关标准中，有游客产生“从不拥挤到拥挤”感受、以人/hm^2 为单位的人口密度指标值，作为“从不拥挤到拥挤”的人口密度界限。用此人口密度指标值，乘以顾村公园面积，能计算出可能给游客产生“拥挤感受”的相应在园游客人数。参考相关拥挤感受的人口密度指标[17]，按照 122 人/hm^2 为“从不拥挤到拥挤”感受的分界标准④计算，顾村公园一期为 180 hm^2，得出顾村公园可能产生拥挤感受的在园人数为 22 016 人。节日实际游园人数为 128 000 人，产生拥挤感受的在园人数占实际游园人数的 17.2%。基于此比例关系，将识别出的顾村公园游客手机信令用户数 58 116 条，乘以 17.2%，可推算出当手机信令样本达到 9 996 条时，顾村公园中的参观者将可能产生拥挤感受。平日拥挤时间约为 10:00～16:00，保持 6 h；节日拥挤时间约为 9:30～17:00，保持 7.5 h，比平日增加 1.5 h(图 22-1)。

22.4　节日与平日客流来源地空间特征

客流来源地总体格局呈“锥形”，该形态并未因节日发生明显改变；沿南北延伸的地铁线，有向市区方向蔓延的态势。

平日客源地分布如图 22-2 所示，向城市中心方向沿地铁 7 号线、1 号线、3 号线、10 号线、9 号线的延展趋势较为明显，主要集中在：地铁 7 号线美兰湖站至昌平路站；1 号线从宝安公路站至上海火车站；3 号线从友谊路站至宝山路站；10 号线海伦路站至老西门站；9 号线陆家浜路站至肇嘉浜路站。在紧邻 1 号线蔓延带的西部，形成蔓延部分的集中区域，北至南翔、南达莘庄、东抵金沙江路；在五角场、大连路、中原路沿线，出现另一区域。在嘉定北、罗泾镇、宝虹家园；南部耀华路上南地区等居住区密集地区，有热点分布。

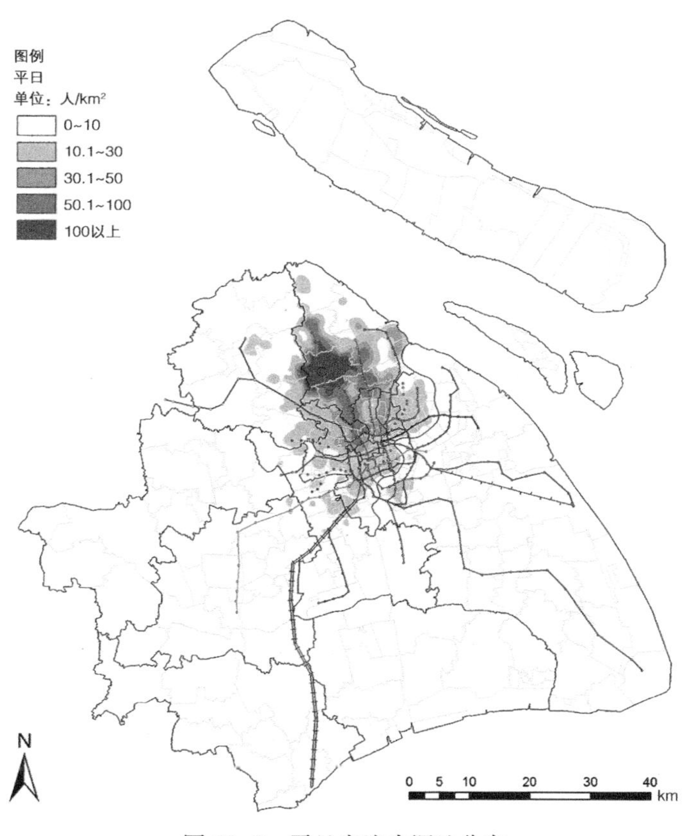

图 22-2　平日客流来源地分布

节日客源地分布如图 22-3 所示，在保持开幕日总体空间格局的基础上，变更在于：出现了“激发区”，例如，西部片区向南蔓延至东川路；耀华路上南地区热点向北拓展至陆家嘴、南扩至东方体育中心；新增热点分布在外高桥保税区、巨峰路、申江路、张江、沈社公路、松江大学城、泗泾、劳动村区域。用节日客源地分布范围减去平日分布范围，如图 22-4 所示，能辨析出节日比平日增加的客流来源地。增加客流的空间来源地分布特征是：沿地铁 7 号线、1 号线、3 号线为主要方向，沿市中心方向延伸；在居住区密集的区域，以地铁 4 号线镇坪路至宝山路沿线为代表的区域，居住区密集，人数增加最多。

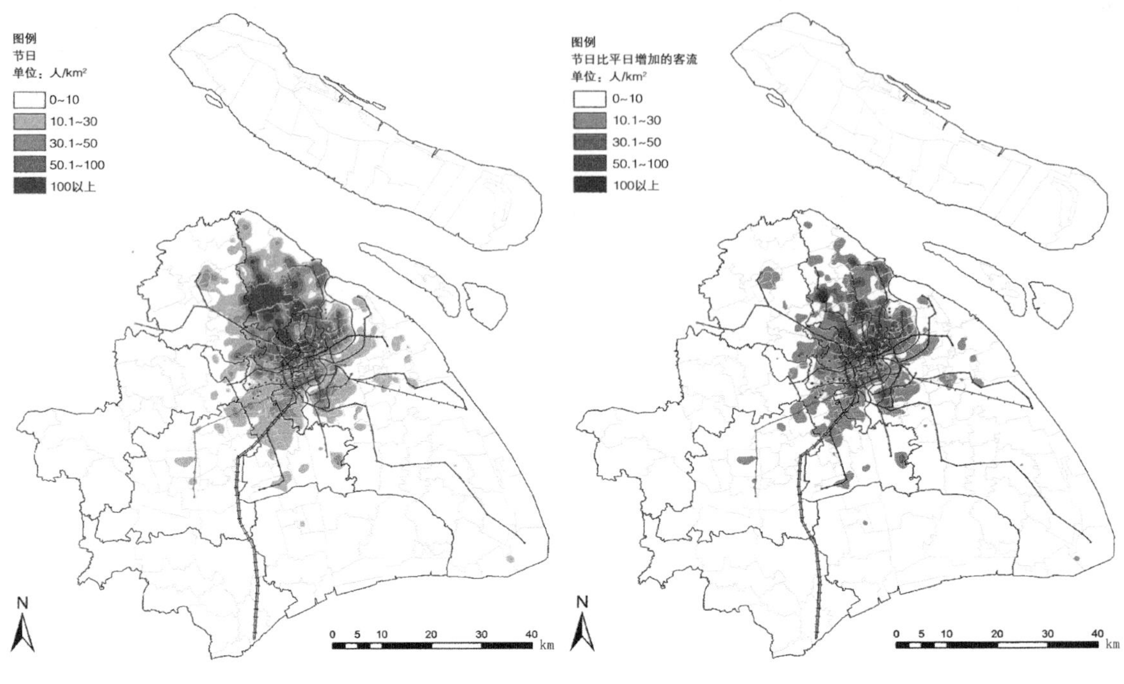

图 22-3　节日客流来源地分布　　图 22-4　节日比平日增加的客流的来源地分布

从客流增加的空间范围来看，樱花节的开幕，激发了地铁出行便利且居住人数密集地区游客的游憩需求。

22.5　节日与平日的出游意愿与行为类型差异

22.5.1　节日与平日的出游意愿差异

通过节后比节前增加的各人口统计小区中的出游率[⑤]变化，可从一定程度上反映相应空间单元中居民出游意愿的变化情况。通过对 2010 年“六普”的统计单元——5 432 个统计小区节日出游率比对，增加的小区有 4 804 个，高达 88.43％。位居前三的统计小区分别为宝山区先锋二村，增加26.18％；浦东新区乳山一村居委会，增加 10.17％；虹口区永成居委会，增加8.08％（图 22-5）。

22.5.2　樱花节引发的节日游憩行为变化

根据对节日参加顾村樱花节游客行为的识别和对相同样本平日行为的追踪，可发现樱花节样本对参与者游憩行为的影响。在节日去过顾村公园的共 89 016 条信令数据记录中，平日可捕捉到信令样本数据 51 000 条。通过对上海居民周末经常出现的主要空间——商圈、公园、居所附近进行搜索，可追踪出 51 000 条中的 21 271 条记录，占可获取数据记录的 41.7%。以“样本平日 10:00～15:00 是否出现在商圈、公园以及居住区 1 500 m[6] 范围内”为识别标准，得出结论：样本平日去过商圈的有 4 624 条，去过公园的有 2 047 条，在家附近的有 14 600 条。从游客出现的以上三种空间类型特征，可推测其行为类型：在平日，即樱花节开幕前一周的周末，样本在公园中，常开展以跑步、赏花、锻炼为代表的主动型户外游憩行为；在居住区 1 500 m 范围内，常进行日常购物、聚会、居家放松等被动型游憩行为，占可识别样本数的 68.64%；在商圈中，常进行购物、就餐、室内娱乐等被动型游憩行为，占可识别样本数的 21.74%；根据以上活动发生地点推测的相关行为类型来看，若将在居住区1 500 m范围内与在商圈发生的两类被动游憩行为百分比相加，可得知：樱花节的开幕，使 90.38%的人从周末的居家放松、购物为代表的被动型游憩行为，转变为主动接近自然的主动型户外游憩行为(表 22-2)。

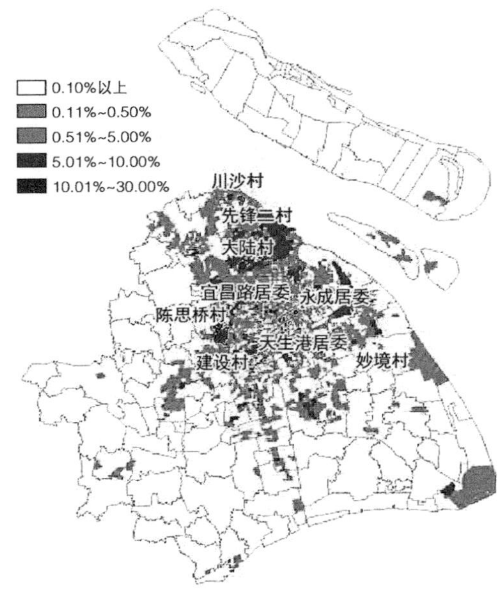

图 22-5　节日出游率增加的空间统计单元

表 22-2　平日与节日游客行为变化

时段	空间类型	主要搜索位置	行为推测	样本数	该类型占可识别样本的百分比
平日	商圈	南京东路、五角场、虹口龙之梦、大宁国际、静安寺、徐家汇、淮海中路	购物就餐 室内娱乐	4 624	21.74%
	公园	徐家汇公园、人民公园、复兴公园、淮海公园、大宁灵石公园、闸北公园、延中绿地	跑步、散步 赏花、锻炼	2 047	9.62%
	居住区	居住区附近 1 500 m 范围内	购物聚会 居家放松	14 600	68.64%
节日	公园	顾村公园	参加樱花节	21 271	100%

22.6　基于节日与平日客流差异的大客流预警探索

上海地铁 7 号线由于设置了顾村公园站点，在樱花节期间，成为名副其实的“赏樱专列”[7]。从 2012 年第二届顾村樱花节开始，基于樱花节期间的赏花大客流，会引发顾村公园站产生大客流的现象，园方与地铁管理方建立了客流通报联动机制[8]。2016 年顾村樱花节期间，地铁 7 号线还将通过重点监测镇坪路、常熟路、静安寺等换乘枢纽站，以及公园周边的祁华路、顾村公园站客流变化，在早高峰观众集中前往、晚高峰集中离园时，找准时机加开备用列车，并调整运营方案，以及时疏散客流⑨。从顾村公园和地铁方共同应对大客流的管理措施中可以看出：樱花节引发的大客流与地铁7号线站点客流有关联性；但当前管理措施仅停留在定性判断这种关联性上，通过相关站点客流和入园出园游客流的预报，调整地铁运能。本章基于入园客流与地铁站客流的这种关联性，通过手机信令采集到的这两类客流的数量，将关联性量化。并试图基于地铁站平日与节日客流的差异，通过量化后的关联性，预测入园客流总量，当客流达到相应数量时，进行不同级别的预警。

手机信令数据6:00～18:00顾村公园基站记录数共89 016条，其中，当天乘坐过地铁7号线的记录共采集到18 450条，占6:00～18:00出现在顾村公园基站记录数的20.73%；由于节日识别的6:00～18:00出现在顾村公园的记录数用户总量，占当天实际在园人数的45.4%，可推算当天乘坐过地铁7号线的记录数，占实际在园人数的9.4%。以7号线中的手机信令数据进行预警有一定的代表性。

基于以上思路，本章将顾村公园的大客流预警分为三个阶段：第一，选择预测节日顾村公园在园人数的站点和时段(以下简称“标志时站”)；第二，明确标志时站手机信令数据(节日比平日的)增率与顾村公园在园人数(节日比平日的)增率的关系；第三，基于节日顾村公园在园人数预测的预警方案制定。三个阶段具体做法如下。

22.6.1 从预警准确度出发选择预测节日顾村公园在园人数的站点和时段

根据地铁7号线沿线基站的记录，可识别节日与平日地铁7号线各站点增加的手机信令总量(以下简称总量)，以及顾村指向(去过顾村公园)的手机信令数量(以下简称指向量)。预测站点的指向量是顾村游客手机信令数据总量的组成部分，其在节日的增量，应有一定的标志性，即发生的节日和平日的差异相对其他站点和时段更加明显，才具备预测价值；因此，选择节日比平日增量最明显的站点作为预警站点，以及节日比平日增加的总量与顾村指向增加量最为相似的站点，便于用总量取代增量进行预警。

由于地铁手机基站仅能识别站点总量，从可操作性上来看，应选择总量增量与指向增量最为相似的标志站点和时段。

基于以上两个选择原则，可选择镇坪路站作为标志站点。预警时段则选择新增手机信令数最多，且最早显现乘客量与顾村公园指向乘客量的相似规律的时段，即9:00～9:30。

22.6.2 明确标志时站手机信令记录增加率与顾村公园实际在园人数增加率的比例关系

镇坪路站9:00～9:30标志时站手机信令记录增加率(A1)；静安寺站7:00～7:30标志时站手机信令记录用户数增加率(A2)与顾村实际在园人数增加率(C)之间，并不存在直接的比例关系；但可以通过两者与顾村手机信令数记录用户数增加率(B)的相应比例关系获取。

A1与B比例关系的获取过程为：节日读取数据502条，平日418条，节日比平日增加的可读取的手机信令用户记录数为84条，占平日的20.1%。节日全天顾村公园在园手机信令读取记录为89 016，比平日53 610增加了35 401条，增率为66.03%，两个增长率的比值为 1∶3。同理，A2 节日比平日增加的可读取的手机信令用户记录数占平日的 47.2%；增长率比值约为 1∶1.4。

B 与 C 比例关系的获取过程为：节日全天在园实际人数为 128 000 人次，根据报道推测，若假设平日在园实际人数为 50 000 人次，则可计算出其增幅为 60.9%，与手机信令记录的增幅相似。实际人数与信令数据记录样本数的相近增率比例关系为 1∶1。

基于以上结果，可认为 A1 与 C 的比例关系为 1∶3，A2 与 C 的比例关系为 1∶1.4。

22.6.3　基于节日顾村公园在园人数预测的预警方案制定

依据标志时站手机信令记录增加率，通过以上得出的比例关系，可对顾村公园实际在园人数增加率进行预测，当预测顾村实际人数增加率达到一定数量时，向园方发出当日可能出现游客人数的不同级别预警。本章将预警级别依据游客增加率由低到高，设置黄色、橙色、红色三个级别的预警（表 22-3）。

表 22-3　基于顾村公园游客量预测的黄、橙、红三级预警设置

准确度高预警时站				
节日比平日镇坪路站 9:00～9:30 手机信令记录		预测节日比平日顾村公园游客		预警级别
增率	增量（人）	增率	增量（万人）	
18.67%	78	56%	7.8	黄色
30.67%	128	92%	9.6	橙色
85.1%	356	255.2%	17.76	红色
提前量大预警时站				
节日比平日静安寺站 7:00～7:30 手机信令记录		预测节日比平日顾村公园游客		预警级别
增率	增量（人）	增率	增量（万人）	
40%	49	56%	7.8	黄色
65.7%	80	92%	9.6	橙色
182.29%	223	255.2%	17.76	红色

黄色预警，即对“游憩体验质量下降”情况的预警。选择 9:00～9:30 静安寺站为预警时站，15 日该时站记录数为 418 人；当标志时站的手机信令记录数节日比平日增加 18.67%，即增加 78 人时，可预测顾村公园内人数增加率为 56%；人数达 7.8 万人。顾村公园内的人流密度达到 433 人/hm^2，可能使游客体验质量受游客密度的影响。发出黄色预警后，园方准备实施发布通告、园内单向游览等措施。根据节日比平日地铁站增加的客流量，预测节日园内可能增加的游客量。为制定大客流管理措施争取时间上的提前量，便于提前安排相应大客流管理措施，例如：发布通告、增派人力、入口限流、人流引导等，提升大客流疏散效率，保证游园安全。

橙色预警，即对“可能发生危险”情况的预警。当标志时站的手机信令记录数节日比平日增加 30.67%，即增加 128 人时，可预测顾村公园内人数增加率为 92%；人数达 9.6 万人。根据顾村公园瞬时最大承载量为 12 万人次的规定，当客流量达到瞬时最大承载量的 80%[10]，即标志时站发布橙色预警时，即准备实施限流等措施。

红色预警，即对"承载已达极限"情况的预警。当标志时站的手机信令记录数节日比平日增加 85.1%，即增加 356 人时，可预测顾村公园内人数增加率为 255.2%；人数达 17.76 万人。按照《景区最大承载量核定工作导则》(LB/T 034—2014)的要求，根据上海公布的第一批试点 A 级旅游景区最大承载量，顾村公园日极限承载值为 17.76 万人，即发布红色预警时，准备实施严格限流，疏散等应急措施(表 22-3)。

上文已强调了预警的准确性，选择了增量总量最大，且总量与指向量最相似的站点和时段进行预警，但预警时间提前量有所损失。在预警的实际操作中，对大客流到园时间预测提前量越长，对园方应急措施越有利。在适当损失预警准确性，优先考虑预警时间提前量的基础上。基于静安寺站 7:00～7:30 节日比平日的客流总量，以及顾村指向客流量差别最明显，即选择地铁 7 号线静安寺站 7:00～7:30 作为预警标志时站。

根据相同程序，选择 7:00 静安寺站点为标志时站，节日比平日增加的可读取的手机信令记录为 58 条，占平日的 47%；节日全天顾村公园在园手机信令读取记录比平日的增率为 66.03%；两个增长率的比值约为 1∶1.5。

可得出的预警方案为：选择 7:00～7:30 静安寺站为预警时站，15 日该时站记录数为 123 人；当该时站手机信令记录增率 40%，即增加 49 人时，园方发出黄色预警；增率 65.7%，即增加 80 人时，进行橙色预警；增率 182.29%，即增加 223 人时，发出红色预警。

22.7 结语

在大客流时间分布规律中，本章对客流出现的入园高峰点及峰值持续时间的变化进行了描述。在分析大客流的空间分布规律中发现：节日客流虽然剧增，但分布总体结构未发生明显改变。从客流增加的空间基本规律来看，樱花节的开幕，激发了地铁出行便利且居住人数密集地区的人的赏花需求。从数据体现的樱花节对居民出游意愿的分析可见，节日出游率增加的空间统计单元有 4 804 个，占总数的 88.43%。通过对节日去过顾村公园居民平日空间的追踪与行为推测发现，顾村樱花节使客流中 90.38%人从被动型室内游憩行为转化为主动型户外游憩行为。以预警准确性为目标，可选取地铁 7 号线镇坪路站点 9:00～9:30 作为标志时站，进行预警尝试：当标志时站的手机信令记录数节日比平日增加 18.67%，即增加 78 人时，可预测顾村公园内人数增加率为 56%，发出黄色预警(达 7.8 万人)。当标志时站的手机信令记录数节日比平日增加 30.67%，即增加 128 人时，可预测顾村公园内人数增加率为 92%，发出橙色预警(达 9.6 万人)。当节日读取手机信令数据记录比平日增加 85.1%时，即增加 356 人时，即可发出顾村公园红色预警(游客量高达 17.76 万人)。若以预警提前量为目标，损失部分准确性，则可得出的预警方案为：7:00～7:30 静安寺站为预警时站，当该时站手机信令记录增率 40%时，园方发出黄色预警；增率 65.7%时，发出橙色预警；增率 182.29%时，发出红色预警。

本章仅是对手机信令数据在城市节事活动分析及管理应用方向的一些尝试。进行多来源实测数据测算，如使用公园精细化实测游客量数据、地铁 IC 卡数据等进行辅助，将能进一步提高数据的可信度。此外，数据由于缺少个体属性，显现出个体时空行为规律分析，当前仅限于表象的描述；对产生此现象的深层原因，如：出行动机、选择偏好等行为的决定性因素，还需依靠问卷、访谈等调查方法，结合小数据进行深入研究。结合本章中的初步分析，可选择问题最显著、现象最突出的代表性区域，进一步探索产生现象的内在动因，得出更深入的解析，对建立的空间分布规律进行精细化描述和验证，才能与节事活动规划与管理的现实需求挂钩，并得到合理应用。

注释：

① 根据中国新闻网 2019 年九届樱花节游客量报道统计。

② 参见：2015 年上海樱花节顾村公园举办，樱花林木栈道将限流[EB/OL].http://www.mnw.cn/ news/ent/xx/872626.html。

③ 2014 年樱花节节后周二、周五，由于中小雨天气的影响，游客量下降。

④ 由于中国城市公园产生拥挤感相关指标的缺失，选择加拿大相关标准作为计算依据；"10 000 人" 作为"从拥挤到挤"的分界线，仅作为实验性探索。

⑤ 原为出行人数占普查区常住人口的百分比。本章指去顾村公园的可识别手机信令样本数量占分区汇总后每普查区的样本总数百分比。

⑥ 将居民步行 30 min、每分钟平均行走 50 m、约 1 500 m 的活动范围定义为研究对象的"附近"区域。

⑦ 上海地铁 7 号线，由于设置顾村公园站点，在樱花节期间乘坐 7 号线抵达顾村公园赏花的游客量很大，被游客称为"赏樱专列"。

⑧ 参见：7 号线顾村公园站"樱花节"首日客流平稳[EB/ OL].http://shanghai.xinmin.cn/12 钮心毅，丁亮，宋小冬.基于手机数据识别上海中心城的城msrx/2012/03/31/14258402.html。

⑨ 参见：60 多个品种、1100 亩、1.2 万株！上海樱花节周五开启[EB/OL].http:// news.163com/16/0316/21/BIAE6GOL00014AED.html。

⑩ "顾村公园有关负责人介绍，樱花节期间，顾村公园的日最大承载量为 20 万人次，瞬时最大承载量为 12 万人次，当客流量达到瞬时最大承载量的 80%时，即 9.6 万人次，会采取限流措施。"（http://sh.bendibao.com/news/201539/125843.shtm）

参考文献：

[1] MAIR J，WHITFORD M. An exploration of events research：topics，themes and emerging trends[J]. International Journal of Event and Festival Management，2013，4(1)：6-30.

[2] 关于《上海市大型群众性活动安全管理办法（草案）》征询公众意见的公告[EB/OL][2014-9-15] http://shzw.eastday.com/shzw/G/20140915/u1ai136393.html

[3] 余青，吴必虎，廉华，等.中国节事活动开发与管理研究综述[J].人文地理，2005(6)：56-59.

[4] CALABRESE F，PEREIRA F C，LORENZO G D，et al. The geography of taste：analyzing cell-phone mobility and social events[M]//FLOR É EN P，KR Ü GER A，SPASOJEVIC M. Pervasive 2010，LNCS 6030，2010：22-37.

[5] FERRARI L，MAMEI M，COLONNA M. Discovering events in the city via mobile network analysis [J]. Journal of Ambient Intelligence and Humanized Computing，2014，5(3)：265-277.

[6] AHAS R, MARK Ü. Location based services—new challenges for planning and public administration? [J]. Futures, 2005, 37(6): 547-561.

[7] AHAS R, AASA A, SILM S, et al. Mobile positioning in space-time behavior studies: social positioning method experiments in Estonia[J]. Cartography and Geographic Information Science, 2007, 34(4): 259-273.

[8] AHAS R, AASA A, MARK Ü, et al. Seasonal tourism spaces in Estonia: case study with mobile positioning data[J]. Tourism Management, 2007, 28(3): 898-910.

[9] AHAS R, AASA A, ROOSE A, et al. Evaluating passive mobile positioning data for tourism surveys: an Estonian case study[J]. Tourism Management, 2008, 29(3): 469-486.

[10] AHAS R, AASA A, SILM S, et al. Daily rhythms of suburban commuters' movements in the Tallinn metropolitan area: case study with mobile positioning data[J]. Transportation Research Part C: Emerging Technologies, 2010, 18(1): 45-54.

[11] 刘瑜,肖昱,高松,等.基于位置感知设备的人类移动研究综述[J].地理与地理信息科学,2011(4):8-13.

[12] 钮心毅,丁亮,宋小冬.基于手机数据识别上海中心城的城市空间结构[J].城市规划学刊,2014(6):61-67.

[13] 王德,王灿,谢栋灿,等.基于手机信令数据的上海市不同等级商业中心商圈的比较[J].城市规划学刊,2015(3):51-61.

[14] 肖宝仲,基于信令分析的智慧城市人流监控管理研究[D].北京:北京化工大学,2013.

[15] 大数据智能分析:外滩踩踏事故背后.[EB/OL][2015-1-20]http://mp.weixin.qq.com/s? __biz=MzA4MjE5NjAzMg==&mid=203256801&idx=1&sn=aa536f5832ebe39cfcf4e99ce1328dd1&scene=5#rd

[16] VIKTOR MAYER-SCHONBERGER, KENNETH CUKIER. Big data: a revolution that will transform how we live, work, and think[M]. New Delhi: John Murray, An Hachette UK Company, 2013.

[17] 曼纽尔·鲍德-博拉,弗雷德·劳森.旅游与游憩规划设计手册[M].唐子颖,吴必虎,等译.北京:中国建筑工业出版社,2004.

原文作者与期刊:

方家,王德,谢栋灿,等.上海顾村公园樱花节大客流特征及预警研究:基于手机信令数据的探索[J].城市规划,2016(6):43-51.

第23章 大型足球赛事球迷来场行为

23.1 引言

近些年,我国的足球职业联赛风生水起,在很多城市有着很大的号召力和影响力,同时也促进着球迷群体的进一步壮大。球迷的诞生是足球运动发展的必然产物,球迷行为所带来的一系列积极的、消极的影响早已成为足球运动重要的一部分,而当这样的球迷行为越来越壮大的时候,便成为一个社会问题被政府、体育机构甚至全社会所关注,这类人群到底具有什么样的特征,他们对于体育赛事的作用,他们对于城市的发展的利与弊,都是各类专家学者所面临的也是感兴趣的课题。作为城市规划角度的研究者,更加关注的是足球赛事所产生的球迷这个群体在城市这样的空间中所具有的一些空间特征或是行为特征,以及这些特征与城市的规划发展之间存在着什么样的联系,其核心在于对于这样一个群体能够有一个全面又细致的分析了解。本章借助大数据,通过分析多场球赛识别出来的球迷分布出行特征,希望发掘出这类人群的空间行为特征,以此来为城市重大事件的管控、城市体育设施的规划选址等问题提供一些参考。

国内对于城市重大事件与城市的关系的研究主要侧重于公共政策方面,如研究重大事件对城市规划学科发展的意义及启示,认为城市重大事件对城市规划学科的发展具有重要的指导意义,需要提高重视[1,2],或是通过构建影响城市空间发展的要素与城市空间结构的关系来解释城市空间结构的演变机制[3,4],利用手机数据来研究大事件的文献几乎没有。

对于球迷这个群体的研究,更多的是从文献阅读与现场调研的角度来研究球迷行为与城市发展之间的关系,如有运用文献资料法、观察法、访谈法、逻辑分析法等方法对我国足球球迷行为进行理论研究,并从社会学理论知识的角度出发对我国的球迷行为加以分析[5,6];已有通过对相关文献的梳理总结,对国内外消费行为理论以及球迷消费行为的研究现状进行深入探讨[7]等,并没有通过数据对于球迷的行为直接进行客观研究的文献,缺少对于球迷这一特殊群体更加直观具体的行为特征研究。此外,行为地理学的研究作为中国城市地理学的重要领域,在国内已有近20年的发展,当前已有国内学者对这些研究成果作了理论和方法上的总结。柴彦威等[8,9]通过对中国时空间行为研究理论和方法发展历程的梳理,总结了中国城市时空间行为研究的主要特色,将其概括为从行为角度解释中国城市社会转型,强调转型期中国城市空间与居民个体行为之间的互动关系,关注热点问题并探索时间应用。秦萧等[10]将传统的城市时空间行为研究方法分为定量分析和质性分析两类,研究方法包括描述性统计、因子分析、聚类分析、回归分析等统计分析方法和时空棱柱或路径、叙述性偏好、结构方程模型等数学模型以及观察法、访谈法等。这些研究的重点更多集中在居民时空行为的研究上,且研究方法多以日志调查、问卷发放为主,有一定的局限性。另外,对于特定人群的研究也渐渐引起重视。如周洁等[11]对于老年人的时空行为研究,通过对国内相关文献的梳理,从空间行为的视角对老年人日常行为相关研究进行评述,聚焦中国老年人日常生活的3类主体行为及行为特征、影响机制等。陆林等[12]通过对珠三角都市圈主要客源地旅行社官网旅游线路报价数据,研究了该地区发展较为成熟的旅游者空间行为模式及目的地类型等。这些都表明研究者们正在逐渐地关注某些特定人群的时空间行为研究。

近些年大数据的兴起给相应的研究带来了契机,大数据使人们得以更好地观察微观个体的社会空间中的人和城市活动空间中的设施和项目,也成为城市规划学科的一个新的关注重点。如国外学者利用通话记录量话务量、社交开放数据等分析用户的空间分布以及城市活动强度的时空特征[13-16]。国内有研究者基于微博数据来分析居民的夜间活动的时空分布[17],利用公交IC卡数据来分析居民的通勤行为[18]等分析个体行为,也有基于手机信令数据来识别上海城市空间结构以及划定通勤区等分析城市空间结构[19, 20];另有学者基于手机信令数据,通过对上海市不同等级商业中心消费者来源分布的分析,进行了商圈辐射范围特征的比较[21],从而通过居民的时空行为来进一步研究其对于城市商业体的影响。可见目前大数据在城市规划中的研究内容非常丰富,热度非常高。

总体来说,随着城市社会生活的不断丰富和发展,城市的大型活动在城市发展中的地位会日益重要,大型活动的参与人群的空间行为特征也越来越受到研究者的重视和关注。而目前通过手机数据来具体研究活动人群的空间行为特征的相关文献还较少,因此,本章拟利用手机信令数据来分析球迷群体的分布、活动特征,希望能够利用大数据的优势,更全面具体地研究球迷这个特殊的群体的空间行为特征,进而为今后探究球迷行为与城市空间结构、城市设施规划的联系提供参考。

本章的创新性主要在于利用手机大数据对于球迷群体空间行为特征的识别。首先,传统调查方法由于人力物力的原因无法大规模的覆盖球迷这个群体,而手机信令数据能够利用一定的规则将特定人群进行大规模的识别。其次,传统研究方法无法跟踪较多人群的长时间活动轨迹,而手机信令数据在识别出特定人群后能够持续跟踪他们的时空行为轨迹,这是相较于传统方法的重要创新点与突破点。当然,手机信令数据对个体行为的研究方法相较于传统行为研究方法也具有一定的劣势,主要集中为个体属性较少,人群的识别准确性有一定的误差等,但总的来说,利用手机信令大数据对于球迷的空间行为特征进行识别研究是一次极具创新性的尝试,能够为传统个体行为的研究提供一个新的方法与视角。

23.2 研究对象、数据与方法

23.2.1 研究对象

本章选取2014年3月15日19:45～21:30,虹口足球场上海申花对杭州绿城,3月16日

16:00～17:45，上海体育场上海上港对上海申鑫两场足球赛事作为分析对象。上海申花是老牌的上海足球强队，它的主场为虹口足球场，作为上海的传统足球强队，上海申花在上海深受喜爱，拥有着众多而且稳定的球迷群体，而上海上港队得益于近年来强大的资金投入，使它成为中国足坛的新兴球队，虽然建队时间不及申花，但上海上港同样拥有庞大的支持者。选取这两场球赛作为分析对象，既考虑到它们有一定的相似度，能够涵括上海的大部分球迷群体，也希望这样两个新老球队的对比分析能够带来更有价值、更有意思的结论。

23.2.2 研究数据

与传统数据和其他大数据相比，手机信令数据的突出价值在于其近似全样本性、全时性，以及借助定位基站而附带的空间信息，因此在分析个体的行为特征时具有特有的优势，也为筛选特定人群提供了可能。

本章选取 2014 年上半年某两周的手机信令数据，分别采用了其中有球赛和无球赛的周末作对比分析。由于本章希望筛选出来的是球迷群体，而手机信令数据本身只具有加密的 SIM 卡号、空间位置、时间等属性，并没有附带其他任何的个体属性，因此要达到数据筛选目标，需要采用一定的筛选规则。①基站的筛选：球场周边基站较多，平均基站之间距离为 500 m，所选基站都位于球场中，且经过笔者现场实测，所选基站服务范围能够覆盖整个球场。②整体球迷识别：取开赛前半小时到球赛结束后半小时之间在所选基站中有 2 次以上记录且除去工作地以及居住地为所选基站的人群。因为球赛的提前进场与延迟退场时间，所以取比赛前后半小时，个人的居住地工作地已提前识别①，取 2 次以上记录是考虑手机信令数据的自动更新周期为 2 h，所以位于球场中的球迷在比赛期间应该至少有 2 条信令记录。③停留点识别：个人当天轨迹点相邻距离不超过 1 000 m 的点，聚为一个停留点，其中停留时长超过 30 min 的点，被识别为有效的停留点。上述规则主要基于“假设—演绎”逻辑，在实际中误差不可避免，使得研究数据无法绝对命中目标人群，但通过与中超联赛赛季统计上场数据的对比（中超第二轮申花主场上座人数 22 325 人，上港主场上座人数 10 598 人），识别人数可以达到真实上座人数的 30%～40%，根据 2014 年中国移动公司财务报表分析显示 2014 年中国移动的市场占有率为 70%，工信部数据显示 2014 年 3 月我国移动手机普及率为 91%，所以可识别移动用户数大概为真实人数的 60%，由于不可避免的识别误差，此次识别人数占到这部分人数的 60%～70%，所以认为该规则具有较高的可靠性。

筛选结果，即研究的主体数据：虹口足球场球赛识别球迷 7 597 人，上海体育场识别球迷 4 284 人，最后筛选出来的球迷属性主要有居住地坐标，当天的停留点坐标，当天的个人时空轨迹信息。

23.2.3 研究方法

本章采用的研究方法主要是空间分布可视化以及对比分析的方法，以此来探寻球迷群体的出行分布特征，同时为了更好地表示球迷的行为对于城市的影响，也运用了一些常规的统计分析方法。

手机大数据的优点在于近似全样本，且每个点有其所对应的地理坐标，为了合理地利用这一优势，直接的空间分布可视化是最能反映实际情况的方法。由于手机信令数据所提供的空间位置信息是与其连接的附近基站的地理坐标，可能会出现同一坐标点多人重叠的情况，所以在做人群的空间分布时，采用的是一定半径的核密度分散方法，将人群的分布能够更加地接近于真实的人群分布，这样对于整体分布特征的体现也有着非常良好的效果。同时，每个人按照一天的行为轨迹点从早到晚连线所形成的时空轨迹图也是对于个体行为轨迹的独特展示，便于发现其出行的时空特征趋势。

需要说明的是，由于基站的平均间距为 500 m，所以在基站 500 m 范围内的人的时空行为轨迹是无法被捕捉到的，所以本章所说的所有人的时空轨迹都是归结到基站的位置，并不是完全真实的行为轨迹，会有一定的误差，这也是手机信令数据自身的缺陷。本章得出的所有结论都是建立在此误差基础上所得到的，但只要不是在很微观的尺度进行分析，其影响完全可以接受。

对比分析也是本章采用的主要研究方法，研究所选取的两场比赛在主场球队、球场位置、开赛时间等方面都有着重要的比较意义，而为了更好地揭示球迷群体的分布与出行特征，尤其是这些特征对城市所产生的影响，两场球赛的比较分析更利于得出相应的结论，而在当前数据解释的球迷行为特征较少的情况下，两场球赛的比较分析也是一个相互假设验证的过程，这样的一个过程也能够增加结论的可信度与准确性。

最后，常规的统计分析同样必不可少，球迷进入商业体的人数分时段统计、球迷根据途中停留次数的分类统计以及不同球赛球迷的平均出发时间等都是衡量球迷与城市关系的重要指标。

23.3 球迷的分布特征

23.3.1 球迷常住地分布特征

按上述数据处理方法识别出的虹口足球赛球迷人数为 7 597 人，根据他们的常住地分布做核密度分布图，如图 23-1 左，图中颜色越深表示分布人数越多。可以看出，虹口足球赛球迷的常住地分布区域几乎涵盖了整个上海市域，整个中心城区的密度都保持较高水平，说明大部分球迷集中分布于中心城区以及相邻的近郊地区，进一步对其做圈层分析，结果如图 23-1 右，这里所说的中心城区指外环线以内区域，近郊区指外环线以外沿线区域，具体为北至 A30 绕城高速，西至 G15 沈海高速，南至 S32 申嘉湖高速，东至沿海所围区域，远郊区指上海市域除中心城区、近郊以外区域(图 23-2)。

核心圈层区域为区域内球迷人数覆盖总球迷人数的 50%，每平方千米大于 8.7 人；次级圈层为区域内球迷人数覆盖总球迷人数的 70%，每平方千米大于 4.4 人；边缘圈层为区域内球迷人数覆盖总球迷人数的 90%，每平方千米大于 1.1 人，分布的整体形态呈现以虹口足球场为中心，向外随距离逐渐衰减的特征，且核心圈层为球场周边相当大的一片区域。

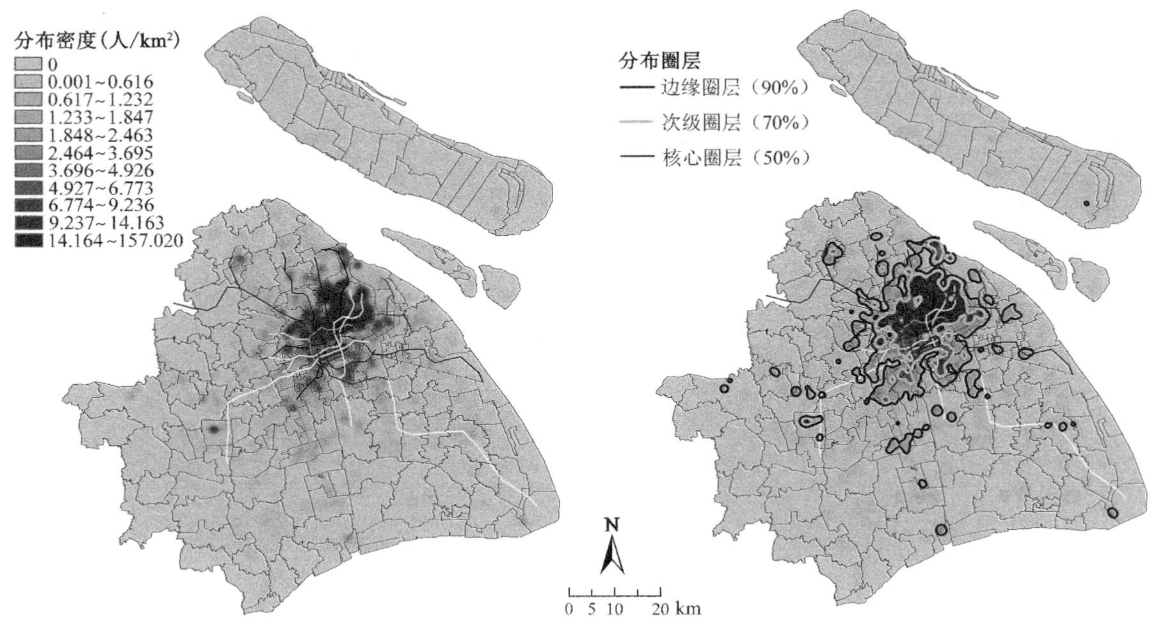

图 23-1　虹口足球场足球赛球迷常住地分布密度(左)及分布圈层(右)

上海体育场球赛识别球迷人数为 4 284人,根据他们的常住地分布作核密度分布图(图 23-3 左)可以看出,其分布区域同样几乎覆盖了整个上海市域,而高密度区主要集中于中心城区与近郊,相较于虹口足球场球赛来说,其远郊分布有所减少。对其进一步作圈层分析,结果如图 23-3 右,核心圈层每平方千米大于 4.4 人;次级圈层每平方千米大于 2.5 人;边缘圈层每平方千米大于 0.8 人,整体的分布形态呈现以上海体育场为中心,向外随距离逐渐衰减的特征,核心圈层为以球场为中心的大片区域,范围比虹口球赛大。

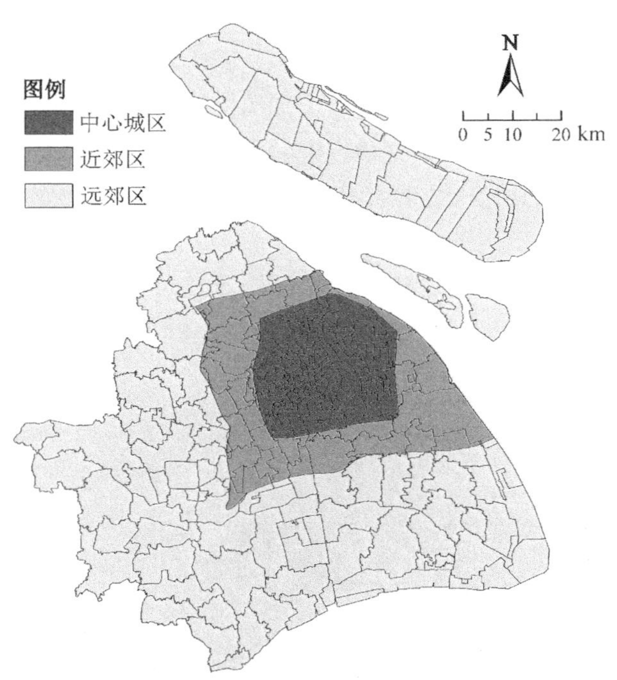

图 23-2　中心城、近郊、远郊区域划分

两者相比较可以看出,球赛球迷的常住地分布区域都涵盖整个上海市域,核心圈层都集中于中心城区,都是以球场为中心向外发散分布,但上体球赛球迷的分布核心圈层范围更大,次级圈层的范围也更大,说明上体球赛球迷的分布中心与外围的差距更小,而虹口球赛球迷的分布则更为集聚。

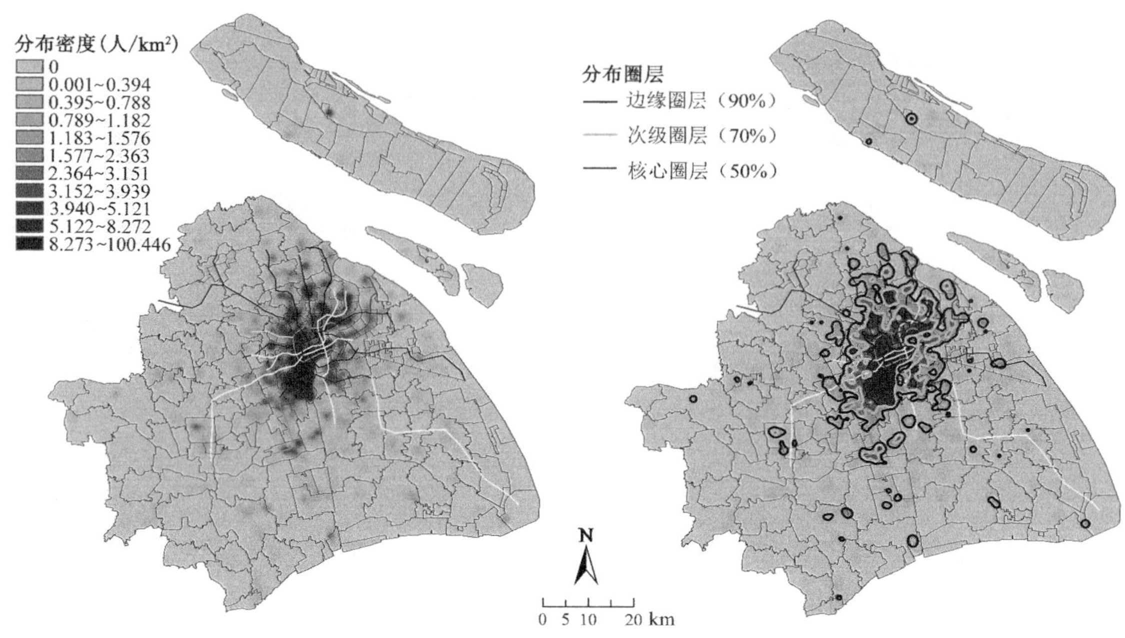

图 23-3 上海体育场足球赛球迷常住地分布密度(左)及分布圈层(右)

23.3.2 球迷占比分布特征

不同地区球迷占总人数的比例也是衡量球迷分布的一个重要指标,这反映的是不同地区人群受球赛的影响程度的分布,本章采用"六普"数据,计算各个街道球迷人数占常住人口数的比值,结果如图 23-4。可以看出,两幅图的整体分布形态都呈现出一种以球场为中

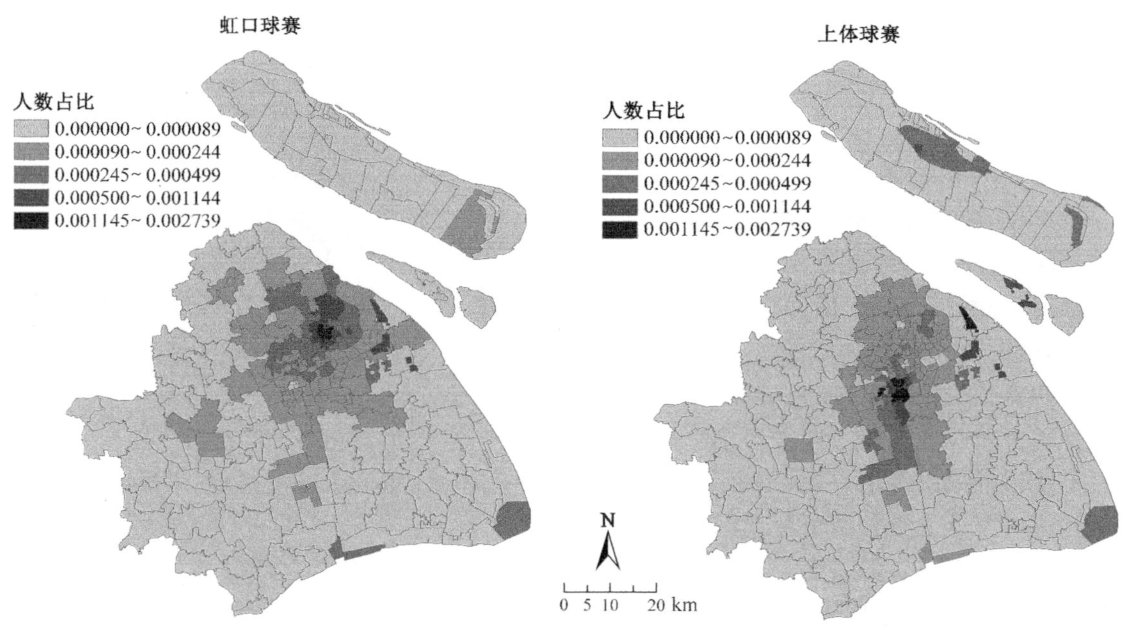

图 23-4 两场球赛球迷分街道占常住人口比例

心，向外逐渐衰减的圈层结构特征，球场的存在对周边居民向球迷转化具有一定的促进作用，且虹口球赛的整体影响范围以及核心影响范围都要比上体球赛大，说明传统老牌强队的球迷群体基础更加深厚，其球赛的影响力更大。还可以看出，外高桥保税区、金桥出口加工区等区域在两幅图中都是高值区，说明这些地区的球迷群体较为稳定，球迷基础较好。

总体来说，球迷的占比分布特征更加印证了球迷常住地分布的圈层结构特征，以球场为中心的距离衰减效果得到体现，同时虹口球赛球迷的分布更广，影响范围更大，与上海申花老牌传统足球强队的形象相符，有更好的球迷基础。

23.4　球迷的活动特征

23.4.1　球迷时空轨迹特征

手机信令数据的最大优势在于它的近似全样本、全时性，因此在研究球迷的活动特征时，首先考虑到的是每个人一天的时间-空间轨迹，将手机信令数据按照个人进行分组，一个人的所有记录按照 0 点～24 点的顺序整理排列，以经纬度为 X、Y 坐标，以时间(换算成从 0 点开始计时的秒数）为 Z 坐标，即可形成一个人的时空轨迹三维折线，这样的三维折线能够反映一个人或是一群人一天的活动趋势特征，对于发现其基本活动规律有着重要作用。将虹口球迷与上体球迷按照远郊、近郊、中心城区三个区域分类后分别生成各自的时空轨迹图，结果见图 23-5，可以看出，各个群体时空轨迹的总体形态都呈现出沙漏状，轨迹线在球赛开始前一段时间开始向球场位置集聚，在球赛开始时到球赛结束轨迹点集中于球场区域，在球赛结束后一段时间又由球场向周边发散，这样一个先集聚后发散的过程反映了球迷当天活动的最基本的特征。而从地域划分的角度来看，从图中折线向里倾斜的角度能够看出，距离球场越远的球迷，其出发时间越早，也就是观赛活动在其当天的时间安排中所占比重越大，中心城区的球迷基本上一天中其他的活动并没有受到太多的影响。而通过对于图中轨迹拐点密集段的观察和归纳，可以看到远郊、近郊、中心城区的球迷的出发时间依次缩短，而且上体球赛球迷的出发时间普遍要比虹口球赛球迷的出发时间要早，这与上体球赛是下午开赛的事实相符合。

除此之外，为了更好地验证图中所观察出的结果，本章对相应的数据进行了统计分析，得出结果见表 23-1，可以看出，上体球迷的平均离家时间要早于虹口球迷，与观察结果一致，且上体球迷的途中时间要比虹口球迷短大约 2 h，可能的推测是晚上举行的球赛对于球迷的当天活动会有更大的影响。

表 23-1　球迷离家时间统计表

球场	开赛时间	识别球迷人数(人)	家离球场平均距离(m)	平均离家时间
虹口足球场	19:45	7 597	9 212	13:16(距离开赛 6.5 h)
上海体育场	16:00	4 284	9 769	11:11(距离开赛 4.8 h)

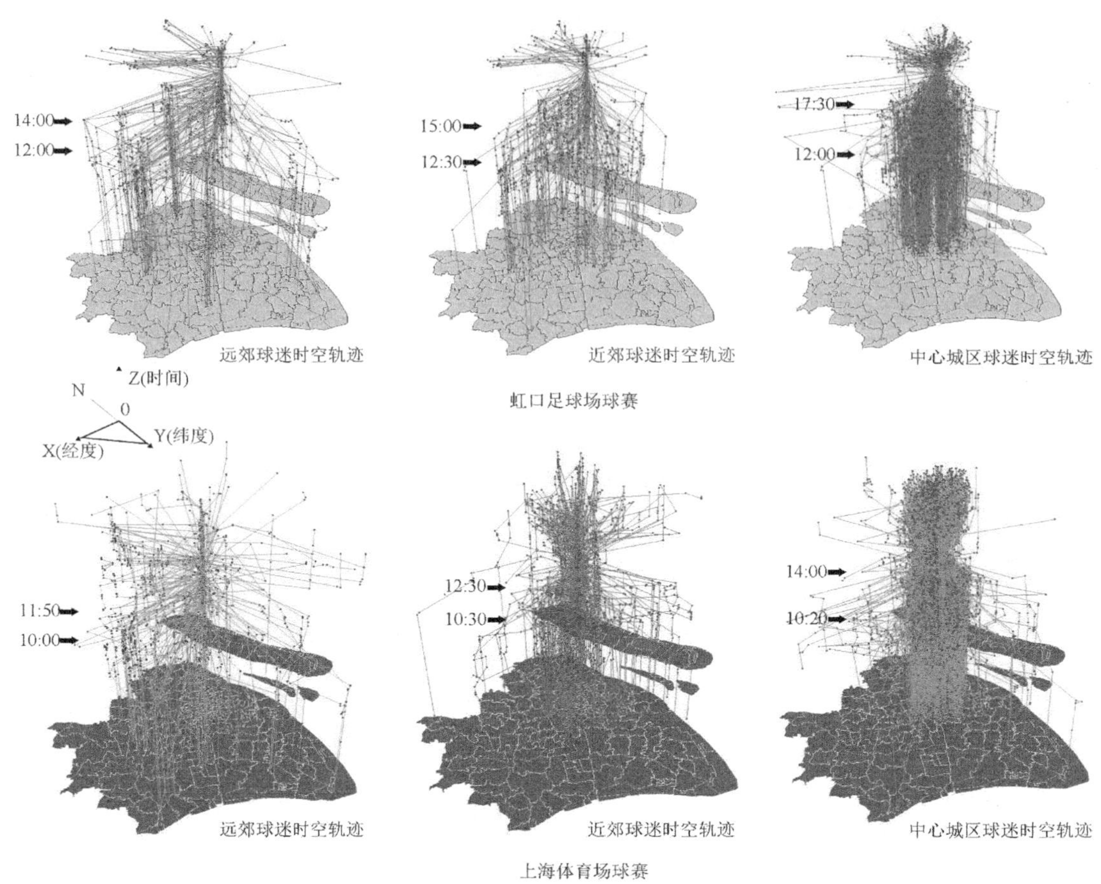

图 23-5　两场球赛远郊、近郊、中心城区球迷时空轨迹

23.4.2　球迷停留点特征分析

停留点的识别方法前文已提过，由于两场球赛的球迷轨迹特征较为相似，且从停留点分析的详细度考虑，选取在虹口足球场举行的球赛作为停留点特征的分析对象，以此来探究球迷停留点的主要特征。首先对于虹口球赛球迷在当天 7:00 至 23:00 的轨迹点进行停留点识别，共识别出 2 212 个停留点，如图 23-6 左所示，总体分布特征为中心城区分布较多，近郊及远郊分布逐渐减少。除此之外，识别出球迷的总停留次数为 10 396 次，以停留次数绘制核密度图，得到虹口球迷在途中的活动量分布图，如图 23-6 右所示，可以看出，停留活动量主要分布于球场周边区域，同时在球场周边一定范围内的商业中心也有高值区，说明球迷的活动主要以球场及相隔不远的商业中心为主。

为了进一步了解球迷停留点的特征，以便更好地了解球迷在观赛途中的活动特征，本章分别选取了 9:00～11:00、13:00～15:00、赛前 17:00～19:00、赛后 22:00～23:00 四个时段绘制相对应的停留点分布核密度图，结果如图 23-7 所示，停留点的时空变化依旧是一个从分散到集聚，再由集聚走向分散的过程，说明球迷在观赛途中的停留点变化基本与时空轨迹所显示的趋势特征一致。

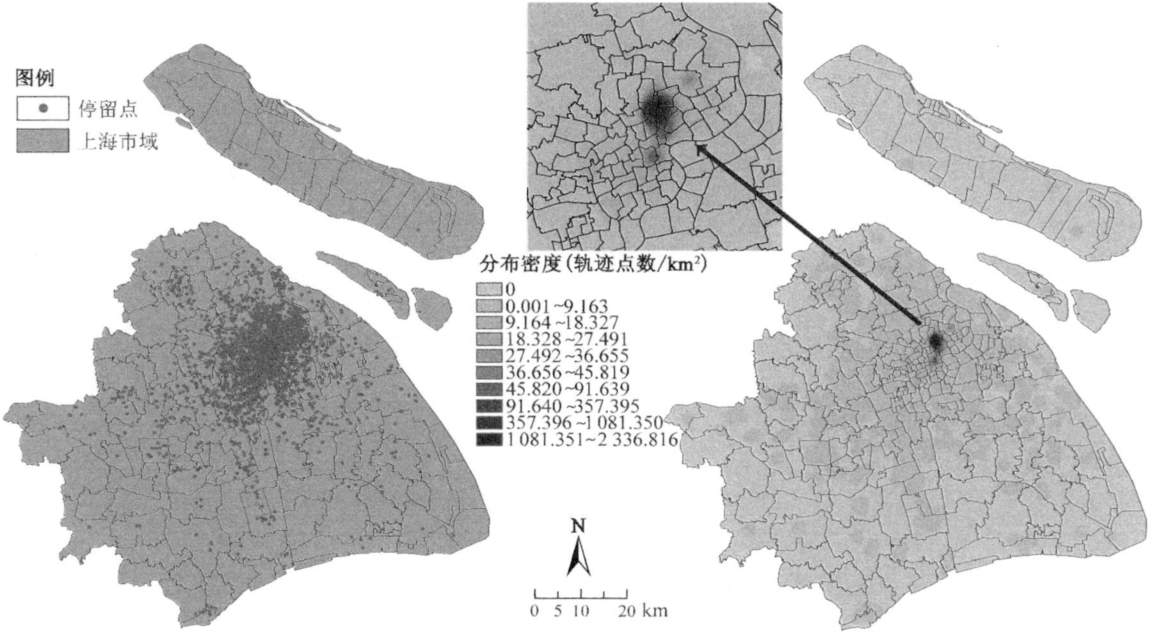

图 23-6　虹口球迷停留点分布图(左)和停留活动量分布图(右)

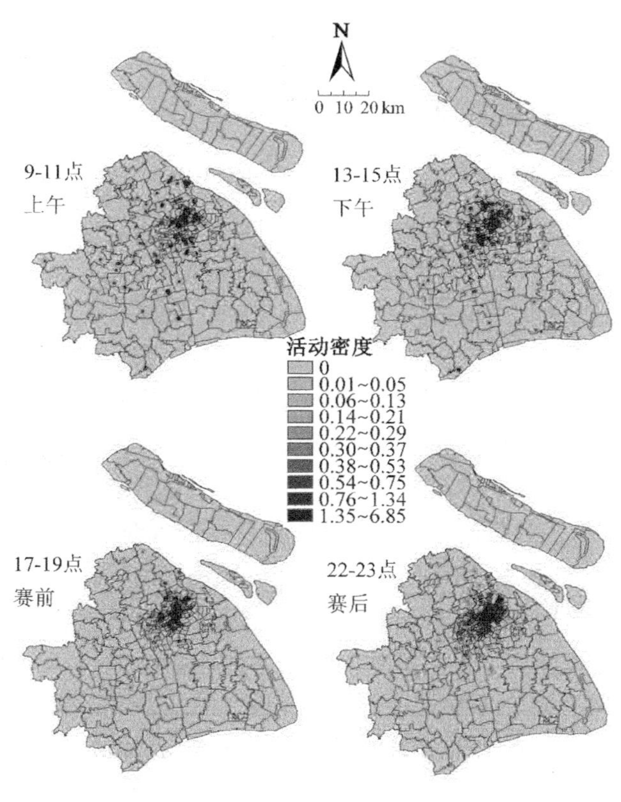

图 23-7　停留点分时段分布图

同时，每个球迷究竟在途中停留了多少次，他们到球场的过程中是否是由多次停留活动所构成，这不仅对了解球迷群体的活动特征有作用，同时也能够反映球迷观赛行为对于城市的影响作用。

因此，将球迷按照识别出来的停留次数进行分类统计，结果见表 23-2。可以看出，大部分球迷的停留次数只有 1 次或者 2 次，而停留 5 次以上的球迷几乎没有，这说明大部分的球迷目的较为明确，直奔球场且途中停留较少。停留次数越少的球迷平均的出发时间越晚，而在途中停留次数越多的人，出发时间则越早，这也符合一般活动行为特征。

表 23-2　球迷停留次数统计表

停留次数	人数	平均出发时间
1	3 697	17:13
2	1 984	12:55
3	522	11:30
4	112	10:45
5	23	10:18
6	2	9:40
7	1	9:15

23.5　球迷活动对于周边商业体的影响

球迷活动对于球场周边的商业体有一定的需求，也就说明球迷活动对于球场周边商业体有着或多或少的影响。作为城市中的一类特定人群，球迷群体的活动往往随着大型足球赛事的举行而活跃起来。利用手机信令数据分析球迷的活动对于球场周边商业体的影响，反映出球迷群体的消费行为特征的同时，一定程度上也反映球迷群体空间行为与城市设施之间的关系。

以识别出的球迷为基础对象，将在商业体内部基站捕捉到 2 次以上(含 2 次)记录的人群认为是进入过该商业体的消费或被服务人群。而对于两场球赛的商业体分析对象，分别为虹口龙之梦和徐家汇中心。以此识别出虹口球赛球迷在当天进入过虹口龙之梦的人数有 1 451 人，占总识别球迷人数的 19%，将球迷人数及进入时间分别进行分时段统计，结果如图 23-8(上)所示，可以看出，16:00 到 18:00 出现第一波增长，为下午吃饭时间，19:00 增长停止，球赛结束后，21:30 到 22:00 出现第二波增长，可以看出球迷进入龙之梦的时间和人数出现了两波高峰，推测为下午饭活动以及赛后的庆祝活动。而球迷的活动对于龙之梦营业的促进作用，按照当天实际参加球赛的总球迷人数 22 000 人计算，当天进入龙之梦的实际人数为 4 180 人，按数据所得人均停留 30 min 计算，总停留时间为 2 090 h，根据数据识别出该时段龙之梦的总顾客数为 8 900 人，则在龙之梦停留的球迷人数占该时段总顾客数的 47%，以此作为球迷消费行为对于虹口龙之梦商业中心影响的一个估值。

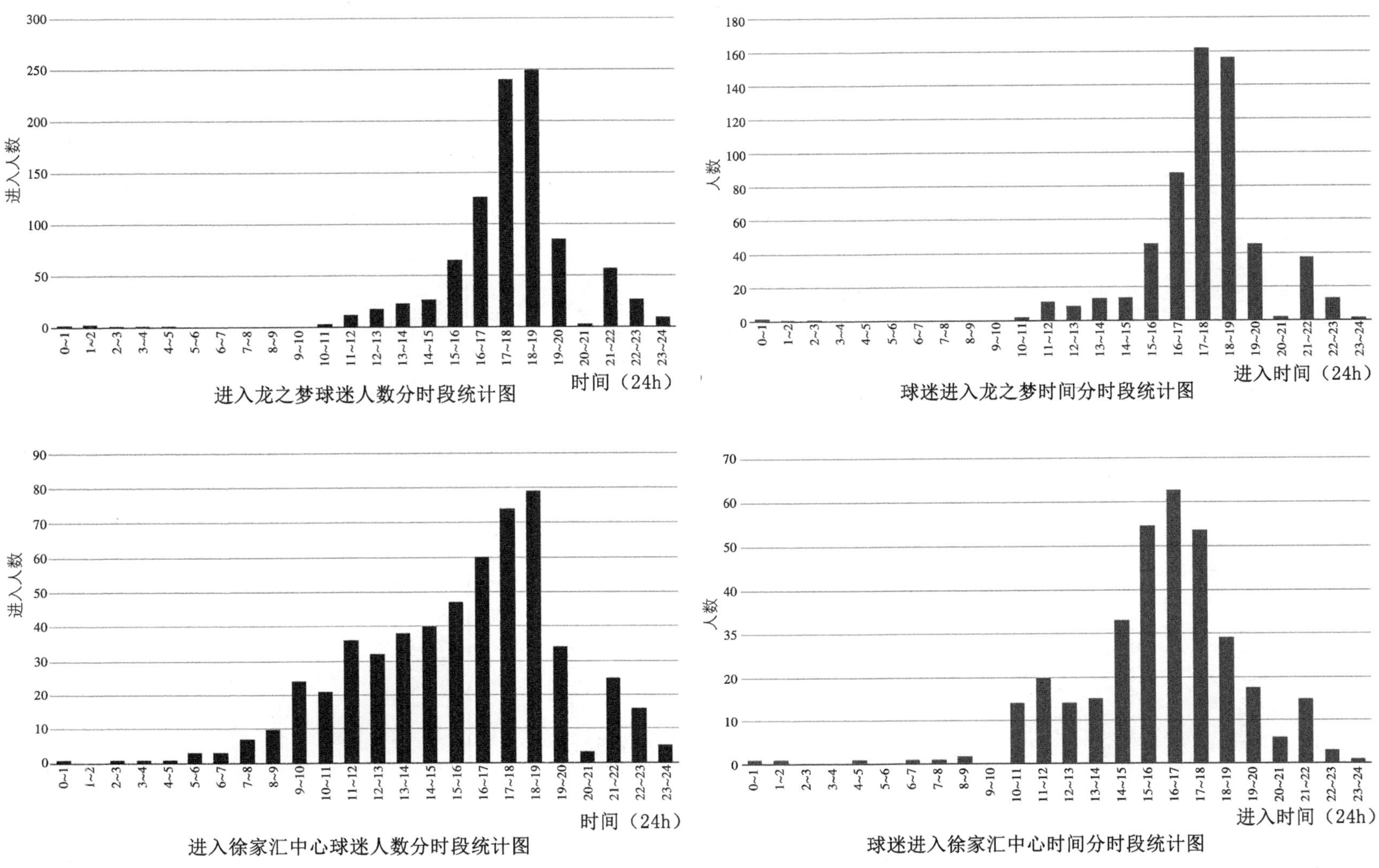

图 23-8　各时段龙之梦内虹口球迷停留人数与新进入球迷人数统计图(上)和各时段徐家汇中心内上体球迷停留人数与新进入球迷人数统计图(下)

同样，参加上体球赛的球迷中，通过识别得出进入过徐家汇中心的球迷人数为 351 人，占总球迷人数的 8%，将球迷人数以及进入时间分别进行分时段统计，结果如图 23-8(下)所示，可以看出，从 9:20 开始，10:00 到 12:00 的中午饭时间出现了第一波增长，增长的趋势持续至 16:00，下午饭时间开始了第二波高增长，球赛开始时停止增长，球赛结束后，21:30 到 22:00 出现第三波增长，其基本规律与虹口球赛相同，可能是由于开赛时间在下午，所以多出了午饭的增长期。上体球迷对于徐家汇中心的营业促进作用计算过程为，按当天实际总球迷人数为 10 000 来计算，进入徐家汇中心的球迷人数为 800 人，按数据所得人均停留 30 min 计算，总停留时间为 400 h，根据数据识别出该时段徐家汇中心的总顾客数约为 20 000 人，则在徐家汇中心停留的球迷人数的占该时段总顾客数的 4%。

以商业中心停留的球迷数量占同时段商业中心的总顾客数的比重来做比较，上体球赛球迷对于徐家汇中心的促进作用弱于虹口球赛球迷对于虹口龙之梦的促进作用，为了能够更好地比较两场球赛球迷行为对于周边商业体的影响，作为进一步分析球赛与城市的设施规划的相互关系的基础，本章将两个球场的相关信息制成表格(表 23-3)，可以看出，虹口足球场距离龙之梦的距离远远小于上海体育场距离徐家汇中心的距离，虽然两场球赛所识别的球迷人数也存在差距，且开赛时间也不同，但是相较于球场与商业体之间距离的差距来说，这两个因素都可以忽略不计，因此如果将球迷进入商业体人数占同时段顾客数的比重作为影响效果的衡量标准，由于基站间的平均距离为 500 m，而虹口龙之梦与虹口足球场之间的距离为 150 m，根据识别进入商场球迷的规则，会有一部分并没有进入商业体消费的球迷被错误识别，进而导致计算出的进入龙之梦的球迷占同时段顾客数的比重有估大的可能，徐家汇中心距离上海体育场 2 000 m，不存在上述问题。因此可以得出以下结论：(1)球迷的消费行为对球场周边商业设施的影响与球场到商业设施的距离存在一定的联系。(2)球赛的影响力以及商业设施的等级不同，球迷的消费行为对于周边商业设施的促进作用也有所不同。

表 23-3　两场球赛相关信息汇总表

球场	开赛时间	识别球迷人数(人)	家离球场平均距离(m)	对周边商业设施的影响(占同时段总顾客数的比重)	到周边商业设施的距离(m)
虹口足球场	19：45	7 597	9 212	47%	150
上海体育场	16：00	4 284	9 769	4%	2 000

概括来说，当两个球场的地理位置与球赛影响力等因素相差并不大的情况下，商业设施的等级及商业设施与球场之间的距离可能是影响球迷与商业设施之间相互关系的两个主要因素。

23.6　结语

本章通过对手机信令数据的分析，研究了两场球赛所识别出来的球迷群体的分布特征、活动特征以及其消费行为对于球场周边商业体的影响，较为全面地探究了球迷群体这个特殊群体的空间行为特征。对于球迷的空间行为有了更深的了解，也为探究球迷群体的行为与城市空间之间的关系打下了一定的基础，能够为城市未来的规划发展提供一些参考。

首先，所选两场球赛的球迷的空间行为呈现出了一定的差异性。传统老牌强队球迷群体的分布区域更加扩散，影响力更大，且晚上开赛的球赛相较于下午开赛的球赛来说，球迷的观球行为活动在其一天中所占比重会更大，也容易带动更多其他的活动。这反映出球赛主场球队的影响力以及球队的球迷基础对于球赛观赛球迷的行为特征影响有所区别，究其原因可以认为是球队的文化、对于自身球迷的影响程度会决定球迷的观赛行为在其当天活动安排中的重要程度，不但反映在了球迷的空间分布上，也体现在球迷在当天比赛前后的活动安排上。

其次，研究发现球迷的分布涵盖市域、呈现圈层结构，不同区域的球迷有其各自的特征。由于比赛的场地都位于中心城区，所以球迷的分布结构往往与城市的空间结构有较大的关联性，上海是一个单中心城市，人口的分布呈现圈层分布的结构，而球迷的分布正好反映了这个特点，这也证明了球迷这个群体的普遍性，涵盖社会的各个阶层。而不同区域的球迷行为由于城市交通、距离球场远近等因素往往会有一定的差别。

再次，在时空活动特征方面，研究发现球迷的活动轨迹整体呈现为集聚到分散再到集聚的过程；球迷的出发时间与球赛开始时间相关，且大部分球迷的出行目的较为明确，途中停留次数较少。这反映出球迷这个群体具有与其他大型活动人群类似的活动轨迹特征，在赛前以及赛后会对赛场周边区域的交通造成极大的负担与压力，甚至由于球迷群体的观赛的专业性，其赛前赛后的集会活动会带来比其他大型活动更大的交通以及治安压力，这也就要求球场周边需要提供更加广阔的区域来提供应对方法。

最后，通过对比发现，球迷对于球场周边一定距离范围内的商业体有影响。球迷在球场周边商业体的消费行为更多集中在饮食需求上，而球场周边商业体距离球场的远近可能会影响球迷是否去该商业体进行消费，所以无论从球场周边的设施服务水平考虑，还是从球迷群体的消费行为对于商业体的带动作用考虑，球场周边较近距离内都应该有一定规模商业中心，这也是球迷的消费行为带给城市设施规划的一点参考与启示。

受限于获得的数据的时间区间，本章仅仅选取了两场球赛进行分析，虽说可以基本代表上海足球球迷这个较为稳定的群体，但毕竟为两个个案，其反映出的相关规律无法得到充分的验证。同样，球迷群体的分布与活动特征还有很多表现角度，而本章选取的角度有限，只能试图基本反映出球迷这个特定人群分布活动的基本特征与基本趋势。更应该强调的是，手机信令数据自身仍然存在着诸多的问题，比如数据的精度上依旧存在缺陷，空间误差不可避免；此外，筛选数据的机制方法其准确度无法做到完全可靠，还需要更多的尝试来验证。这些都会造成最后结论的偏差，但是对于最后结论的基本脉络与核心特征影响并不大，而且利用手机信令数据来对特定人群的微观行为进行分析本身就是方法上的一种创新，时空轨迹的构建等也是将传统的行为研究方法与新数据结合的新尝试，这些都能反映出最后结论的研究意义。

本章在利用手机大数据研究特定人群的空间行为特征上做出了一些尝试，虽说具体的规划应用结论上仍有缺陷，但也从行为地理学的角度在特定人群与商业体关系、大型事件的监测预警等方面提供了一定的应用拓展空间与研究价值。希望能够进一步改进研究的方法，提高数据清洗筛选的精度，将城市特定人群的行为特征与城市的发展规划之间的关系探究得更为准确详细。并通过对特定人群时空行为特征的总结，为球迷聚集乃至大型人群聚集事件提供监测预警的方法，从而将研究的应用价值最大化。

注释：

① 具体识别方法及结果可见：钟炜菁，王德，谢栋灿，等.上海市人口分布与空间活动的动态特征研究：基于手机信令数据的探索[J].地理研究，2017，36(5)：972-984.

参考文献：

[1] 吴志强.重大事件对城市规划学科发展的意义及启示[J].城市规划学刊，2008(6)：16-19.

[2] 吴志强.重大事件：机遇和创新[J].城市规划，2008(12)：9-11.

[3] 渠涛，张理茜，武占云.不同历史时期特殊事件影响下的城市空间结构演变研究：以天津市为例[J].地理科学，2014，34(6)：656-663.

[4] 王春雷.重大事件对城市空间结构的影响：研究进展与管理对策[J].人文地理，2012，27(5)：13-19.

[5] 孙杰.我国足球球迷行为的社会学特征研究[D].武汉：武汉体育学院，2013.

[6] 阮伟.体育赛事与城市发展关系研究[D].北京：北京体育大学，2012.

[7] 肖淑红，蒲皓舟，付群.国内外消费行为理论及球迷消费行为研究综述[J].西安体育学院学报，2015，32(4)：385-390，434.

[8] 柴彦威，塔娜.中国时空间行为研究进展[J].地理科学进展，2013，32(9)：1362-1373.

[9] 柴彦威，塔娜.中国行为地理学研究近期进展[J].干旱区地理，2011，34(1)：1-11.

[10] 秦萧，甄峰，熊丽芳，等.大数据时代城市时空间行为研究方法[J].地理科学进展，2013，32(9)：1352-1361.

[11] 周洁，柴彦威.中国老年人空间行为研究进展[J].地理科学进展，2013，32(5)：722-732.

[12] 陆林，汤云云.珠江三角洲都市圈国内旅游者空间行为模式研究[J].地理科学，2014，34(1)：10-18.

[13] GIRARDIN F, CALABRESE F, FIORE F D, et al. Digital foot printing: uncovering tourists with user-generated content[J]. Pervasive Computing, IEEE, 2008, 7(4): 36-43.

[14] LI L, GOODCHILD M F, XU B. Spatial, temporal, and socioeconomic patterns in the use of Twitter and Flickr[J]. Cartography and Geographic Information Science, 2013, 40(2): 61-77.

[15] RATTI C, PULSELLI R M, WILLIAMS S, et al. Mobile landscapes: using location data from cell phones for urban analysis[J]. Environment and Planning B: Planning and Design, 2006, 33(5): 727-748.

[16] SEVTSUK A, RATTI C. Does urban mobility have a daily routine? Learning from the aggregrate data of mobile networks[J]. Journal of Urban Technology, 2010, 17(1): 41-60.

[17] 陈宏飞，李君轶，秦超，等.基于微博的西安市居民夜间活动时空分布研究[J].人文地理，2015，30(3)：57-63.

[18] 龙瀛，张宇，崔承印.利用公交刷卡数据分析北京职住关系和通勤出行[J].地理学报，2012，67(10)：1339-1352.

[19] 钮心毅，丁亮，宋小冬.基于手机数据识别上海中心城的城市空间结构[J].城市规划学刊，2014(6)：

61-67.

[20] 丁亮，钮心毅，宋小冬.利用手机数据识别上海中心城的通勤区[J].城市规划，2015(9)：100-106.

[21] 王德，王灿，谢栋灿，等.基于手机信令数据的上海市不同等级商业中心商圈的比较：以南京东路、五角场、鞍山路为例[J].城市规划学刊，2015(3)：50-60.

原文作者与期刊：

申卓，王德.基于手机信令数据的大型足球赛事球迷当日空间行为特征研究[J].人文地理，2018(3)：34-43.

第24章 上海市典型住宅区生活空间结构模式

24.1 引言

《上海市城市总体规划(2017—2035年)》[1]为实现“城市,让生活更美好”的发展蓝图,要求更加关注城市功能与空间品质,创造优良人居环境;提出培育多中心公共活动体系,构建宜居、宜业、宜学、宜游的社区服务圈。2016年上海市规土局出台《上海市15分钟社区生活圈规划导则(试行)》政策,上海市成为国内生活圈规划的先行城市。在愈发关注生活品质的政策背景下,研究人们在城市中的活动,特别是生活性活动,以及生活空间,能够为规划建设奠定基础。

本章针对的生活性活动是指居民日常生活中购物、用餐、娱乐等非通勤性质的家外活动,对个人来说,所有生活性活动涉及的目的地的集合是其生活空间;对住宅区来说,将居民个人的生活空间叠加,所形成的便是住宅区居民的生活空间。现有研究对于生活性活动以及生活空间尚未有明确且统一的界定,对非通勤活动及其空间的专门研究少之又少。柴彦威[2]、王兴中[3]定义了日常生活空间及生活活动,内涵存在差异但都包含了通勤活动,将工作与生活一同进行研究;相关的概念还包括休闲活动、娱乐活动及休闲空间、娱乐空间等,都是本章所界定的生活性活动的一个部分。本章研究在一定程度上弥补了日常活动中非通勤活动及其空间的针对性研究,能够引发对人们的生活性活动进行全面、深度的探讨。

传统的活动研究大多采用问卷调查数据,研究成果较为成熟且丰富,如:张艳等[4]、舍费尔德(Schonfelder)等[5]、兰宗敏等[6]、傅行行等[7]使用活动日志数据,塔娜等[8]、申悦等[9]、周素红等[10]则利用GPS数据与市民活动日志相结合,充分分析活动的时空间特征。然而现有研究结论较多集中在建模分析影响因子以及将空间变化映射到社会经济发展背景上,如:吴承照[11]发现门槛距离和服务地的等级规模扩散影响居民的户外游憩行为;潘海啸等[12]认为,动迁居民与原居住地间的固有联系影响其活动的时空间特征;伊索-阿霍拉(Iso-Ahola)[13]发现人们在生命早期会不断尝试新的活动,生命后期则倾向稳定的休闲活动模式。总体而言,受制于调查数据的获取难度,传统研究的样本量较小,研究大多针对个体或特定区域、群体进行分析,无法涵盖城市中不同区域的生活空间,亦无法进行空间异质性的探讨和分类。同时,研究内容方面,以描述现象、分析成因为主,结合实际空间的结构模式的讨论较少。

随着新数据、新技术的不断运用,以手机信令数据为代表的大数据在覆盖率和数据量上有着小数据无可比拟的优势,为居民活动研究提供新契机,如:王波等[14]利用新浪微博签到数据分别对南京、深圳的城市活动空间特征进行研究；王德等[15,16]利用手机信令数据，进行住宅区层面的居民活动研究，为社区生活圈规划提供支撑的同时，居民通勤行为和就业空间领域也有了一定的成果。本章将利用手机信令数据，突破传统数据样本量的限制，研究城市各个区域的生活空间，并通过横向对比，探讨生活空间的差异性，归纳总结所有生活空间模式。

然而，无论是使用新数据还是传统数据，从行为学角度出发，探讨活动空间的结构模式的研究都较少，且研究结论大多未经系统性的梳理。柴彦威[17,18]的研究是少有的突破，其基于人的行为活动，构建不同内涵生活圈的结构概念模型。目前已有的活动空间的结构模式研究主要基于社会地理学和城市地理学。王兴中[3]、王立[19]基于社会地理学，关注物质空间和社会效应，刻画城市生活空间结构，研究结论相对抽象，与规划应用存在一定距离。从城市地理学角度出发的研究占比较高，杨俊宴[20]、吴承照[21]分别探讨了城市中心区、城市游憩系统的空间结构模式，但其基于城市建成环境和城市功能出发，重点关注物质空间形态、功能结构，与人、与活动联系较小。总体而言，从行为学角度出发的生活空间结构模式研究，能够同时满足以人为本和规划应用的要求，但目前阶段仍存在较大缺口，本章将进行一定程度的填补。

生活空间有着边界、范围、集聚区、通道等结构特征，也就是人们活动的范围以及最常去的场所，这是规划中较为关注的问题。上海市作为超大城市，住宅区规划建设伴随着社会经济发展不断演进，社会阶层分异和空间机会的竞争导致了住宅区区位的不同品质、周边配套设施和活动场所的差异，从而造成住宅区居民活动的差异性，塑造出多样化的生活空间[22]。阶层区位竞争也使具有相似的社会属性的居民集聚于同一住宅区，具有特定的建成环境，生活空间也趋于一致。鉴于住宅区间的差异性以及住宅区内部的一致性，以住宅区为单位，研究生活空间的结构及其模式，是相对合理的研究尺度。但现有的研究，大多集中在居民个体微观尺度及城市整体宏观尺度，对于住宅区尺度的生活空间研究甚少。柴彦威等[23]认为现有社区生活圈的研究缺乏行为需求视角的理论框架，在融合居民时空行为轨迹数据进行分析方面存在数据和技术瓶颈。本章将基于住宅区层面，利用手机信令数据高覆盖率的优势，将城市大数据变成住宅区样本数据，找到上海市所有符合条件的住宅区案例，研究其结构模式。

本章利用以手机信令数据为主，问卷调查数据为辅的研究数据，选取 253 个典型住宅区作为研究样本，探究上海市典型住宅区的生活空间的结构模式。所关注的结构，是融合了城市地理学和行为地理学的空间结构，相较已有研究，对结构要素进行分解，分析生活性活动的范围和边界，主要集聚区和通道的特征，并通过不同住宅区之间的对比，更进一步地分析生活空间之间的差异，对其进行分类和总结，为城市空间的规划建设提供新的思路。

24.2　研究思路及数据

24.2.1　研究思路

本章以手机信令数据所识别的职住地和生活空间为主、问卷调查数据所反映的居民个体活动属性为辅，对上海市典型住宅区的生活空间结构进行研究。

首先，利用手机信令数据对上海全市用户进行工作地和就业地的识别，得到具有稳定工作地和居住地的上海居民样本。在此基础上，考虑住宅区内识别到的居民规模、住宅区区位及类型等因素，对上海市住宅区进行筛选，选定研究样本。其次，通过提取各样本住宅区内居民的信令数据，界定其生活性活动的时空位置，分析每个住宅区的活动特征，并总结生活空间结构。生活空间结构主要包含活动的范围及边界、集聚区及通道，其中，活动的范围及边界，主要考虑核心区域和稳定区域的特征，并根据其形态特征进行分类。根据活动时空位置探索住宅区居民最常去的场所，即生活空间的集聚区和通道，分析其普遍规律。综合考虑结构要素间的空间关系、影响强弱等，对住宅区的生活空间结构进行总结和分类，归纳典型结构模式，并对影响因素及形成机制进行探讨。在此过程中，使用问卷调查数据加以补充说明，界定手机信令数据分析中的一些关键参数。

在方法和数据方面需要说明的是，考虑到周末与工作日行为上的差异，工作日居民活动中通勤占比较大，生活性活动信息较少，活动时间也受工作时间限制；而周末活动中通勤活动比重较小，大部分以生活性活动为主，故本章使用周末数据进行研究。选取手机信令数据周末数据，经过平均，消除偶然性后，作为本章研究数据。

24.2.2 研究数据

本章使用的手机信令数据为 2014 年上半年某两周上海移动通信 2G 用户的手机信令数据①。

问卷调查数据方面，使用上海市综合交通调查数据和 2017 年上海市居民日常活动与行为调查数据。前者侧重于交通出行，主要包含个人情况和出行情况，出行情况包括出行的时间、起止点、目的、交通工具、费用和同行人数等。后者则侧重活动本身的研究，抽样调查了上海市郊区 10 个镇 58 个住宅区的居民，数据内容主要包含个人情况、惯常活动地点和活动日志，活动日志详细记录了出行目的、活动地点等信息。

24.2.3 数据处理

在对手机信令数据进行预处理后，识别上海全市用户的工作地、居住地，以此来确定各住宅区对应的居民，主要采取时空间聚类法。针对每一个用户当天 20:00 至次日 6:00 时间段的所有信令记录，将与所有记录平均距离最小的坐标作为当天的居住地坐标，重复操作得到 14 d 可能的居住地点集；同时，利用当天 9:00～18:00 的记录和同样的流程识别出用户 10 个工作日可能的工作地点集。为保证用户为上海市常住人口，拥有稳定的居住场所，通常认为两周内出现等于或少于 4 天的人口为流动人口，故居住地点集内坐标数量至少为 5 个，少于 5 个的用户剔除；工作地点集采用同样的方法。针对用户的居住地与就业地点集，再次计算各点集中点与其他点的平均距离，平均距离最小的点为其稳定居住地与工作地。数据共识别出约 1 371 万个具有稳定居住地和工作地的用户，样本量约为上海市“六普”常住人口的 57%，在街道层面与“六普”常住人口数据的皮尔逊相关系数为 0.910，且在 0.01 水平上显著相关。

居民的生活性活动以其在某地(除居住地、工作地)停留超过 20 min 为标准,即如在同一位置产生连续手机信令记录,第一条与最后一条的时间间隔大于 20 min,认为该活动为一次生活性活动,该位置为其活动地点,第一条信令记录的时间为活动开始时间,最后一条为活动结束时间。

24.2.4　样本选择

为了保证住宅区样本能够覆盖上海市不同区位,反映不同类型住宅区情况,同时与上海全市住宅区特征保持一致,在样本选取过程中,基于空间分布、住宅区类型以及与轨道交通站点距离 3 个因素进行筛选(表 24-1)。由于近远郊地理空间较大,建设、交通条件差异显著,而住宅区分布却不足三成,为能充分反映其特征,适当增加了采样的比例。

表 24-1　住宅区样本选择参考因素及其分类

参考因素	分类
空间分布	内环内、内环—外环、郊区新城、其他地区
距地铁站距离	小于 1.5 km,1.5～3 km,大于 3 km
住宅区类型	历史性住区(2 类)、普通居民楼、保障性住房、商品房、别墅

同时,为了保证所选住宅区内部具有相似的居民社会经济属性和建成环境,各住宅区所识别到的居民规模又能够满足分析需求,本章基于如下标准进行筛选:(1)住宅区的面积需达到 1 km^2 以上,其内部及周边相对均质;(2)选择住宅区内部中心位置且数据记录量最大的一个基站,对识别到的居住地在该基站位置的用户进行统计,用户总量大于 300 人时符合条件,以这些用户来代表该住宅区的居民。此举能够最大限度地保证这些用户确实是住在该住宅区的,且能够保证数据的规模。

图 24-1　上海 253 个住宅区样本分布

基于上述标准筛选后,在上海市范围内共选取了 253 个住宅区(图 24-1),其中:中心城区共 123 个,郊区新城 31 个,其他地区 99 个;与轨道交通站点距离小于 1.5 km 的住宅区 158 个,1.5～3 km 范围内的 49 个,大于 3 km 的 46 个。各住宅区类型占比基本符合全市比例,普通居民楼 134 个,商品房 69 个,保障性住房 8 个,别墅 36 个,历史性住区 6 个,其中历史性住宅中 4 个为房屋质量较好,价格较高,具有历史保护价值的住宅区。

24.3 生活空间的结构要素

根据活动本身以及大数据分析呈现出的特征，提炼出结构要素，包括活动的边界与范围、活动的集聚区及通道，其中活动的集聚区及通道还包含若干活动的节点。

24.3.1 活动的边界及范围

活动的边界是指人们生活性活动能够到达的地方，不同住宅区差异较大，其围合的面积就是活动的范围。根据活动强度的不同，能够进一步划分出活动的核心区域及稳定区域，核心区域为活动高度集聚的区域，稳定区域为承载住宅区的绝大多数活动的区域。住宅区所有活动的边界及范围很广，相比而言，核心区域及稳定区域更受关注，更具有研究的价值，故重点研究核心区域、稳定区域的边界、面积及形态。

24.3.1.1 核心区域及稳定区域的阈值界定

（1）核心区域

核心区域可理解为住宅区活动比例为 x 的面积最小的集聚区域，亦可理解为在该区域进行的活动与其他区域的活动在频次上存在较为明显的断层。由于后者较难以统一的标准在 253 个住宅区样本中实现，也可能并不存在明显的断层，现实意义相对较弱；而前者则以活动比例为标准，在易于操作的同时，也能够满足以统一标准在 253 个住宅区样本中进行比较。因此，需要界定核心区域的活动比例 x。

在通常情况下，住宅区居民的基本生活活动包括买菜、就医、散步和日常事务等生活需求，易就近高频活动，较少分散进行；而其他活动，例如休闲购物、电影、聚餐、观光等则在空间上相对分散。核心区域为活动高度集聚的区域，可以理解为其承载的大部分活动为基本生活活动。本章将基本生活活动占所有生活性活动的比例作为划定核心区域的阈值 x。

根据“上海市居民出行调查表”中对活动类型的分类，其中对“日常生活”类的活动定义为日常生活购物、散步、办事、加油、邮寄、取款等日常事务，与本章认为的基本生活活动相吻合，故直接计算“日常生活”类活动占所有生活性活动的比重，约为 54%。

对“上海市居民日常活动与出行调查（2017 年）”中细分活动类型进行筛选（表 24-2），将日常事务中的个人护理、看病就医、去银行、邮局，家庭事务中的买菜，娱乐休闲中的体育锻炼直接纳入基本生活活动。同时，个人事务中的用餐以及购物（非食材）中的实体商店购物相对较难分辨，直接将其剔除过于草率，故选取这些活动中近距离（1.5 km 内）、短时间停留（1 h 内）的活动，将其纳入基本生活活动中。经计算，基本活动占比约 46%。

表 24-2 日常活动调查（2017 年）中的基本生活活动

活动大类	活动细分
个人事务	睡眠、用餐、个人护理、看病就医、去银行/邮局等
家庭事务	买菜、陪伴孩子、照顾孩子、照顾其他家人、接送孩子、接送其他家人

（续表）

活动大类	活动细分
购物（非食材）	实体商店购物、网上购物
娱乐休闲	看书/电视/电影、体育锻炼、观光旅游、个人网上休闲娱乐
社交活动	联络活动（上网/电话）、探亲访友、接待亲朋、参加宴会/宴席
其他	其他上述活动外的活动

注：加下划线部分表示直接纳入基本生活活动；斜体表示选取其中近距离（1.5 km 内）、短时间（1 h 内）的活动纳入基本生活活动；其他则不纳入基本生活活动。

综合上述 2 份问卷调查数据的结果，认为基本生活活动的比例约为 50%。因此，定义包含住宅区居民 50%活动的面积最小的区域，为住宅区活动的核心区域。

（2）稳定区域

对于活动的稳定区域的界定，则在剔除偶发性活动的基础上进行，经过多次比较和尝试，发现以 80%为阈值，能够较好地表现活动的相对稳定的范围。因此，界定包含住宅区居民 80%活动的面积最小的区域，为活动的稳定区域。

24.3.1.2　核心区域及稳定区域计算结果

在住宅区活动空间分布核密度图的基础上，利用 ArcGIS 制作 50 m×50 m 的网格，并提取各渔网栅格的值，即该栅格内所进行的活动频次。将这些值由大到小排序，并逐个累加，当累加的达到总和的 50%时，记录此时累加的数值。以该数值绘制核密度图的等值线，即可得到活动的核心区域的边界，稳定区域的计算方法同理。对核心区域和稳定区域边界内的栅格数量进行统计，便可计算出面积（图 24-2）。核心区域的面积从 3 km^2 到 60 km^2 不等，大部分集中在 10～30 km^2，而稳定区域的面积则在 40～400 km^2，与核心区域差距较大。以鞍山新村为例，其核心区域及稳定区域的边界如图 24-3 所示，核心区域面积为 19.24 km^2，稳定区域面积为 139.4 km^2。

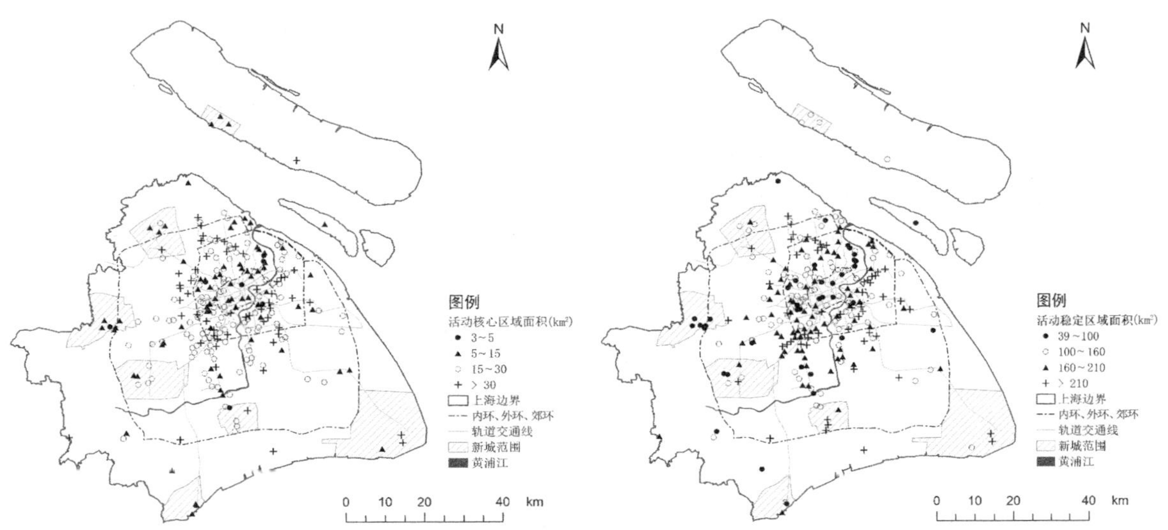

图 24-2　活动核心区域（左）和稳定区域面积（右）（单位：km^2）

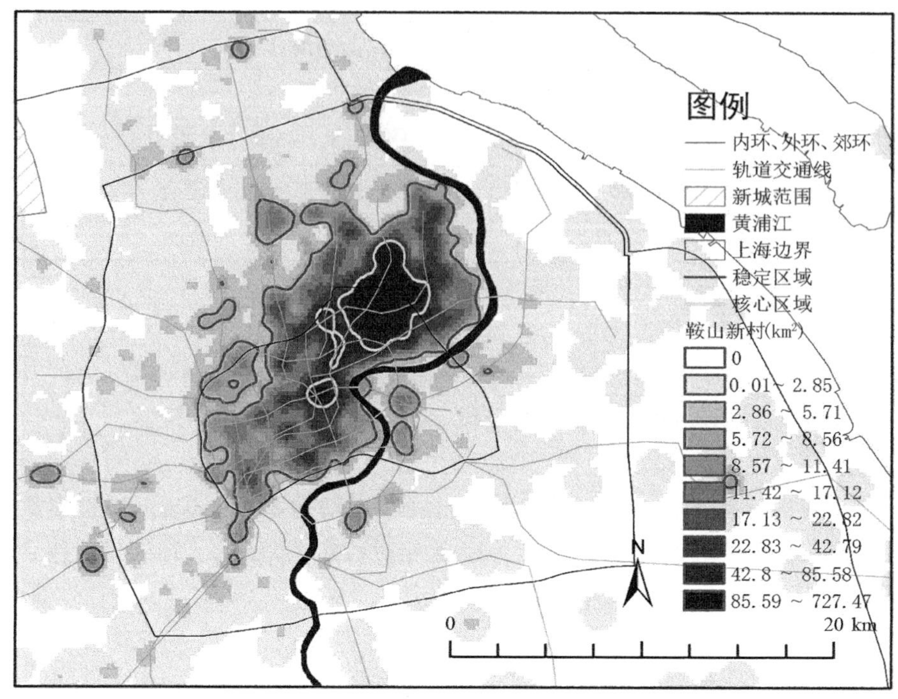

图 24-3 鞍山新村的核心区域及稳定区域边界

24.3.2 活动的集聚区及通道

活动的集聚区可被认为是活动的主要场所，其大多数位于核心区域内；活动的通道指向主要的交通路径；活动的节点则是相对更小的空间单元。

24.3.2.1 集聚区及通道案例分析

以鞍山新村为例，将核密度分布图对应到实体空间（图 24-4），其活动的集聚区为城市中心人民广场、五角场以及住宅区周边等地区；而通道，主要为地铁 8 号线、10 号线，除了将居民活动疏散到其他集聚区外，站点附近例如虹口足球场等往往也是设施相对集中的地区，也会吸引一部分的活动；诸如住宅区周边集聚区内的紫荆广场、旭辉广场以及轨道交通通道内的曲阳、虹口足球场等则属于活动的节点。

鞍山新村与五角场副中心距离较近，与主中心人民广场相距不超过 10 km，较主中心而言，副中心的吸引较弱，同时多条轨道交通发挥了较大的作用，居民沿线活动占比较高，活动连绵蔓延。在人民广场以及五角场的影响及轨道交通的作用下，叠加活动的边界及区域，形成了如图 24-5 所示的结构。可以发现，类似鞍山新村区位的住宅区，与高等级设施距离较近，加之便利的交通，能够轻松获得高等级的服务，生活空间的品质较高，其活动结构相对较好。

通过对多个案例的分析，初步归纳出以下特点：①集聚区多为城市的主、副中心及住宅区周边，通道多为轨道交通站点沿线；②当住宅区周边存在多个城市副中心时，居民主要前

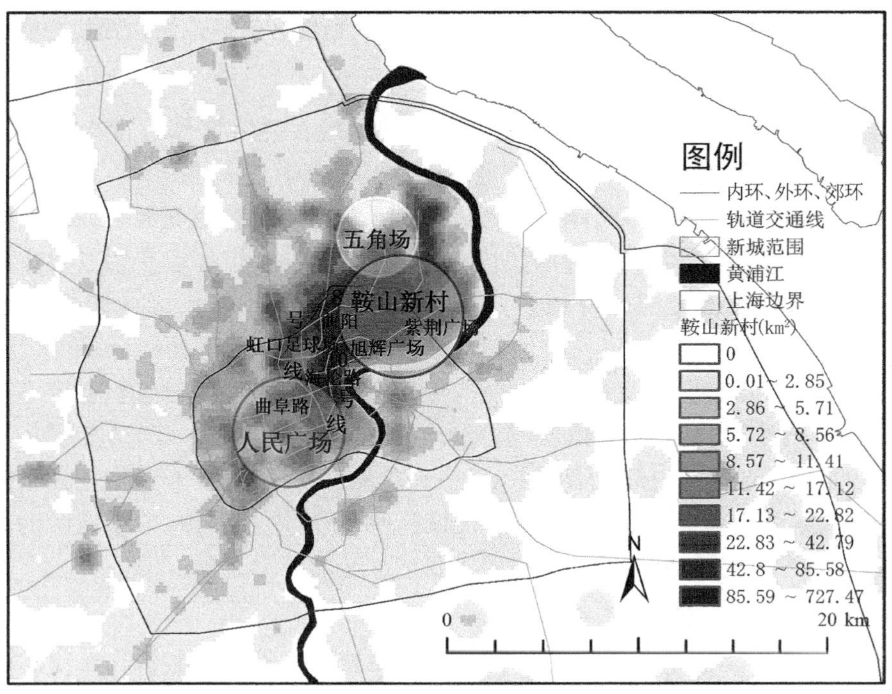

图 24-4　鞍山新村生活空间核密度—实体空间对应图

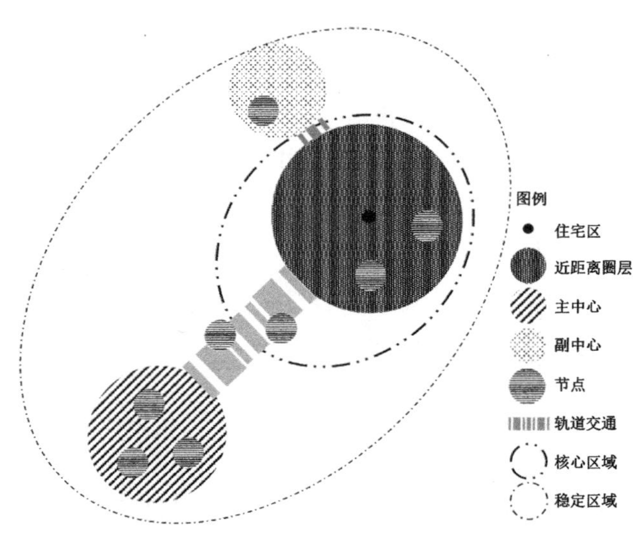

图 24-5　鞍山新村生活空间结构

往距离最近的副中心活动；③活动的节点绝大多数位于集聚区和通道内，但住宅区间差异非常大，较难得到概括性结论，在后续 253 个样本研究中，不再深入探讨；④即使不同住宅区有相同的集聚区、通道，当住宅区与集聚区、通道的空间关系不同时，生活空间结构也存在差异。

对上述特点的总结可为归纳 253 个住宅区样本的集聚区及通道结构提供思路。

24.3.2.2 潜在集聚区及通道的选取

根据上文分析，可以认为活动的集聚区及通道出现在住宅区周边、中心城区、郊区新城、其他建设相对成熟的地区以及轨道交通沿线中。值得注意的是，中心城区是相对较大的地理概念，可根据其功能的不同，细分出多个潜在集聚区；而轨道交通沿线成为活动的集聚位置，不仅在于便捷的公共交通为居民出行带来便利，也在于邻近其站点往往是城市开发的重点地区，随着轨道交通向外放射，城市建成区也轴向蔓延，因此建设成熟度相对较高。

为了能够相对客观地选取上海全市住宅区潜在的活动集聚区和通道，在全市范围内使用统一的标准，以便归纳和总结。依据《上海市城市总体规划（2017—2035 年）》中对市域公共活动中心的规划，选择其中的城市主中心（中央活动区）、城市副中心，加上住宅区周边作为潜在的集聚区，以轨道交通沿线为潜在的通道。实际运用过程中，中心城区的城市副中心，以街道为单位，而到了郊区新城，则按照主要建成区的范围为界。

24.3.2.3 集聚区及通道的确定

选取了潜在集聚区及通道的具体范围后，使用手机信令数据计算各住宅区在这些地区的活动占比情况，能够发现以下普遍规律：

（1）住宅区周边是必然的集聚区，且其占比普遍较高；

（2）轨道交通沿线 500 m 范围内的活动占比多数大于 5%，但住宅区间占比差距较大；

（3）主中心的活动占比多数大于 5%，占比情况适中；

（4）约一半的住宅区在副中心的活动占比大于 5%，但活动占比普遍较低。绝大多数住宅区居民仅选择距离最近的副中心进行活动，仅有少数住宅区居民会前往 2 个副中心。

基于上述分析，认为住宅区的普遍集聚区为住宅区近距离圈层、主中心及一个副中心，通道为轨道交通沿线，当其活动占比大于 5%时，可以确定为集聚区或通道。根据各要素的空间关系，能够得到 253 个住宅区各自的集聚区及通道结构。

24.4 生活空间的结构模式类型

24.4.1 活动边界及区域的分类

通过对 253 个住宅区的核心区域、稳定区域进行可视化，其特征能够概括为两点：首先，绝大多数住宅区的核心区域都位于住宅区周边，生活性活动有近距离圈层高频活动的特点；其次，根据稳定区域的形态特征，能够根据其差异性将住宅区生活空间形态归纳为 4 种典型的类型，分别为单中心、带状、蝌蚪形和多中心（图 24-6）。

从形状上说，除单中心形态的核心区域在稳定区域的正中，居民生活性活动由住宅区向四周扩散外，其他形态的核心区域与稳定区域均存在偏移。带状形态的稳定区域稍有偏移，连绵延伸，指向市中心；蝌蚪形形态更为明显，稳定区域沿轨道交通线路向市中心延伸；

而多中心的稳定区域不具有连续性，主要分布在中心城区、郊区新城及其他建设较为成熟区域。

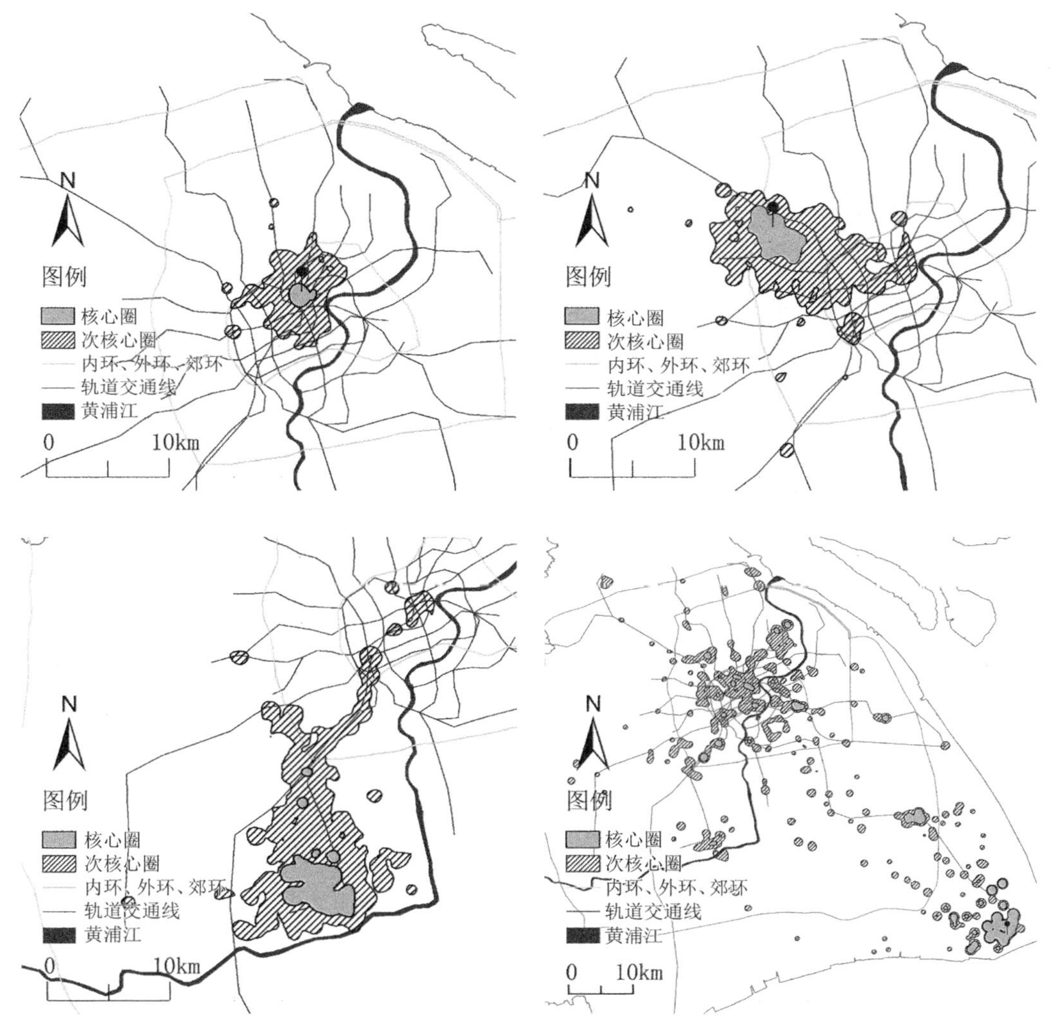

图 24-6　单中心、带状、蝌蚪形及多中心的核心区域和稳定区域

从面积上说，面积大小代表着集聚程度，单中心的核心区域面积最小，多在 15 km^2 以下，带状次之，蝌蚪形再次，多中心面积最大；稳定区域面积特征相同。

由此可见，单中心住宅区的居民生活空间最为集约，交通方式选择相对灵活；蝌蚪形住宅区相对集约，但在“长尾”处进行活动时，需要依赖汽车、轨道交通等交通方式；带状住宅区，向心活动趋势明显，需要依赖交通工具，但交通成本不高；而多中心住宅区，居民活动相对分散，交通工具选择也较为多样，交通成本较高。一般认为在交通出行上，单中心最为便利，蝌蚪形及带状次之，多中心最为不便；但就设施和服务水平而言，需进一步比较。各类的主要活动场所及特征为如表 24-3 所示。

表 24-3　活动的边界及范围分类总结

分类	主要活动场所	特征
单中心	住宅区周边	高度集聚、近距离
带状	住宅区周边、轨道交通沿线、中心城区	连绵向心、中远距离
蝌蚪形	住宅区周边、轨道交通沿线、中心城区	相对集聚、向心长尾、中远距离
多中心	住宅区周边、中心城区、郊区新城、其他建设成熟地区	多点集聚、间断性、长距离

在空间分布上，如图 24-7 所示，单中心形态集中分布于城市中心内环内区域以及郊区新城；中心城区内的单中心形态外围为带状圈层，主要在内环及外环之间；蝌蚪形圈层在带状圈层的外围，位于外环外侧，空间上临近轨道交通末端站点；而多中心形态则广泛分布在其他郊区。

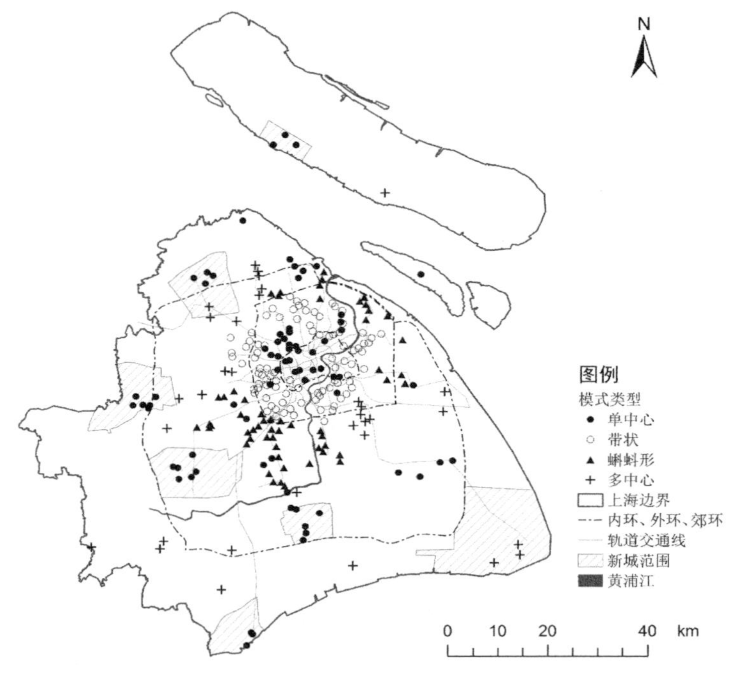

图 24-7　生活空间形态分类空间分布

24.4.2　活动集聚区及通道的分类

各住宅区在其集聚区和通道的活动存在差异，使用活动占比来进行表述(图 24-8)。

随着住宅区与主中心距离的增大，主中心活动占比减少，主中心呈现圈层影响的特征，影响范围在半径 25 km 内。主中心活动占比与住宅区活动空间形态具有关联性，占比大于 30％时，基本对应单中心形态，其中，占比大于 50％时，与内环以内的单中心高度吻合；占比在 10％～30％时，基本对应带状形态，5％～10％段则多数对应蝌蚪形，也存在少量带状及多中心形态。

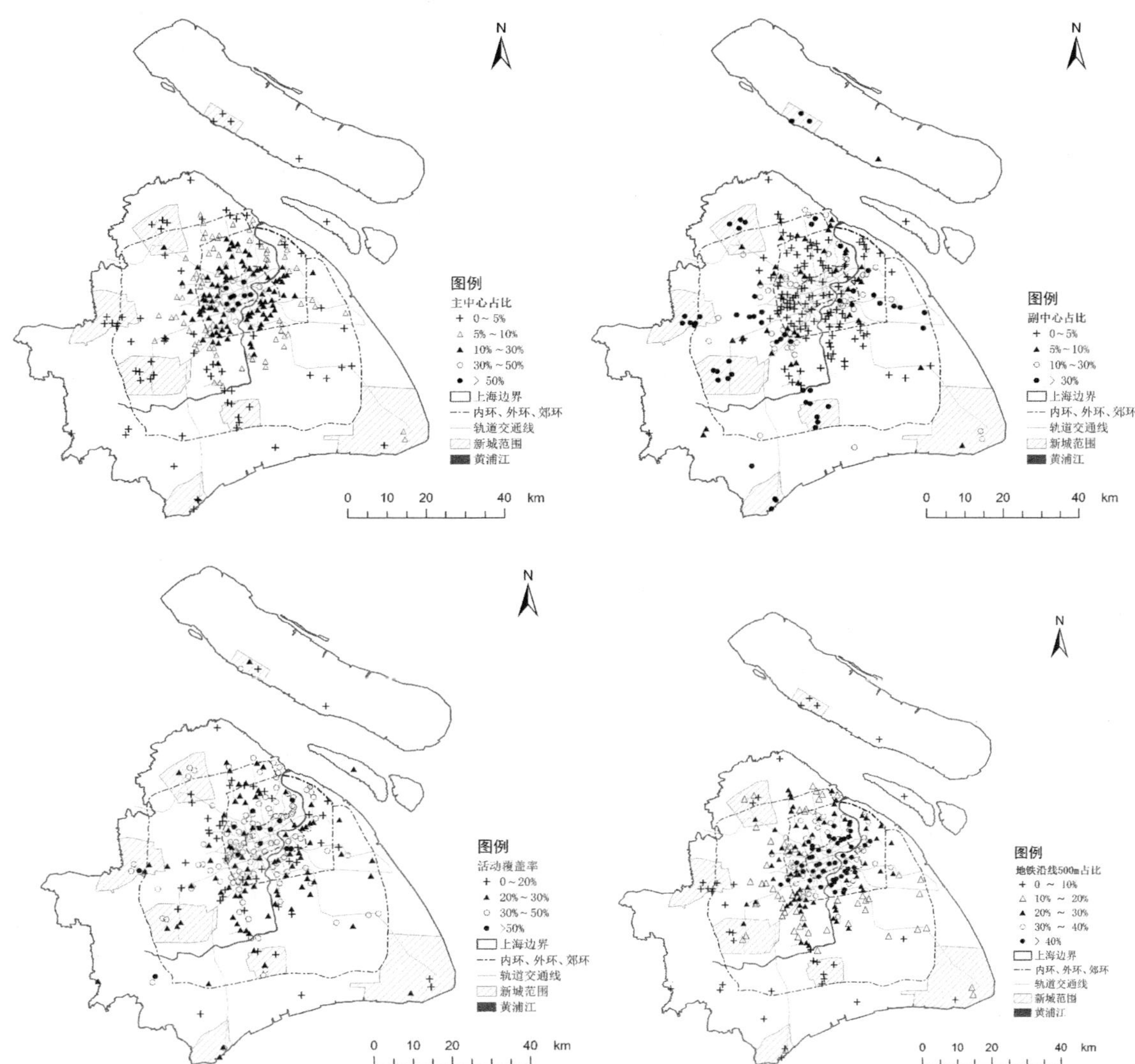

图 24-8　各住宅区在主中心、副中心、近距离圈层、地铁沿线 500 m 范围内的活动占比分布

副中心同样呈现圈层影响的特征，但随距离衰减明显快于主中心，影响半径在 10 km 内。郊区新城住宅区在副中心的活动占比大于 30%，中心城区副中心附近的住宅区则在 10%～30%。

近距离圈层的活动占比普遍偏高，绝大多数住宅区的活动占比超过 20%，可以认为在正常情况下，近距离圈层始终是一个高影响集聚区。

随着住宅区与轨道交通站点以及主中心距离的增大，轨道交通沿线的活动占比不断减小，在站点半径 3 km 范围内产生影响。

根据不同中心的活动占比的特征，判断住宅区主要受影响的区域，将其结构分为 4 大类：住宅区近距离圈层、主中心、副中心以及多种因素复杂作用下的生活空间结构。在此基础上，以主中心活动占比 50%、30%、10%、5%为界，副中心活动占比 30%、10%、5%为界来探讨主中心、副中心作为活动集聚区时，其不同影响程度的组合关系所反映的生活空间的结构，从而对 4 大类生活空间的结构进一步细分。由于近距离圈层活动占比普遍较高，而轨道交通不为主要影响，故不再对其比例进行分类探讨。在此基础上，综合考虑要素之间的空间关系以及活动区域与边界的形态，对活动的结构进行分类。由于考虑的要素相对复杂，特别是各住宅区区位特征的独特性，较难通过量化指标加以准确描述，故采用归纳总结而非数理模型的方式加以分类。

24.4.3 生活空间结构模式

24.4.3.1 结构的类型

根据住宅区主要受影响区域，探讨生活空间的结构分类。分类过程中还考虑了要素间的空间关系以及活动区域与边界的形态。以主中心、副中心不同的活动占比情况为界，将 4 大类结构细分，得到表 24-4 所示的 15 种差异化的结构。

表 24-4　住宅区生活空间结构及其属性

大类	细分小类	结构	区位特征	主中心	副中心	对应形态	数量
近距离圈层主要作用	孤立型	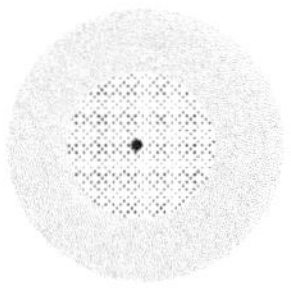	郊区 非新城	无影响 <5% 极远距离	无影响 <5% 远距离	单中心	6
	主中心弱影响型①	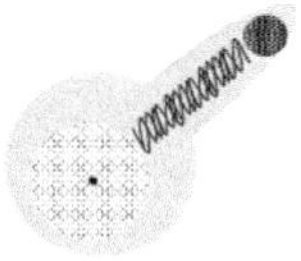	近外环	弱吸引 5%～10% 中距离	无影响 <5% 远距离	蝌蚪形	14
	主中心弱影响型②	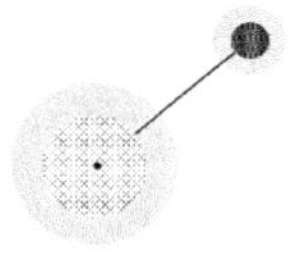	近外环 无地铁线	弱吸引 5%～10% 中距离	无影响 <5% 远距离	多中心	9
	双弱影响型①		外环外 交末端	弱吸引 5%～10% 中距离	弱吸引 5%～10% 近距离	蝌蚪形	18
	双弱影响型②	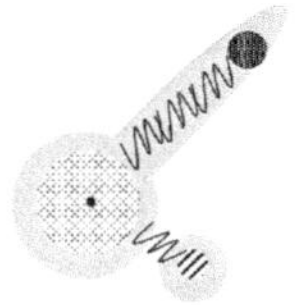	外环外 2 条地铁线	弱吸引 5%～10% 中距离	弱吸引 5%～10% 中距离	多中心	5
主中心主要作用	主中心型	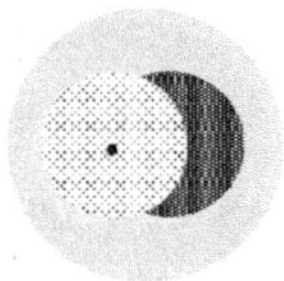	内环内	极强吸引 >50% 重合	无影响 <5% 近距离	单中心	8

（续表）

大类	细分小类	结构	区位特征	主中心	副中心	对应形态	数量
主中心主要作用	主中心强影响型①	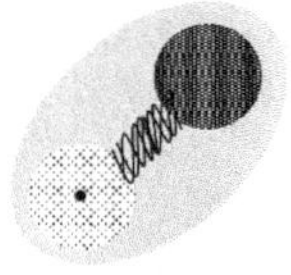	外环内	较强吸引 10%～50% 近距离	无影响 <5% 近距离	带状	49
	主中心强影响型②	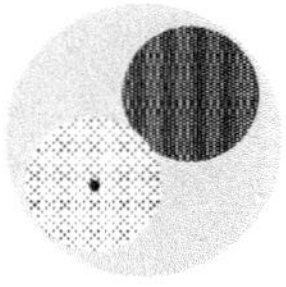	外环内	较强吸引 10%～50% 极近距离	无影响 <5% 近距离	单中心	10
副中心主要作用	新城型	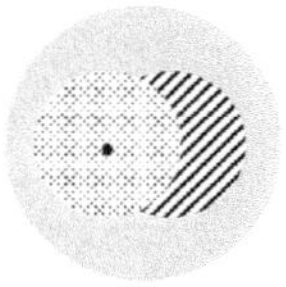	郊区 新城	无影响 <5% 极远距离	强吸引 >30% 重合	单中心	39
	中强影响型	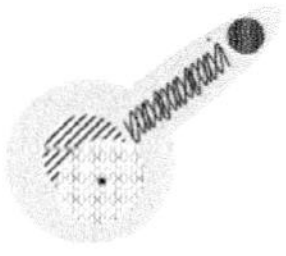	近外环	中吸引 5%～30% 中距离	强吸引 >30% 重合	蝌蚪形	24
多因素复杂作用	副中心中影响型		郊区 非新城	无影响 <5% 远距离	中吸引 5%～30% 中距离	多中心	16
	双中影响型①	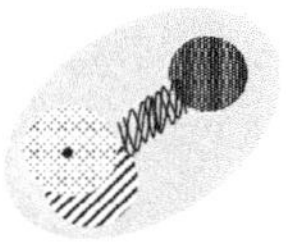	外环内	中吸引 5%～30% 近距离	中吸引 10%～30% 重合	带状	14
	双中影响型②		外环内真如	中吸引 5%～30% 极近距离	中吸引 10%～30% 重合	带状	11
	双中影响型③	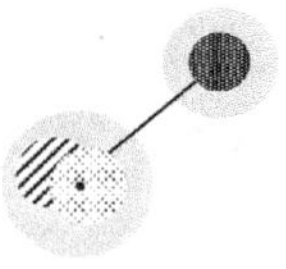	南汇 新城	中吸引 5%～30% 极远距离	中吸引 10%～30% 重合	多中心	3
	中弱影响型	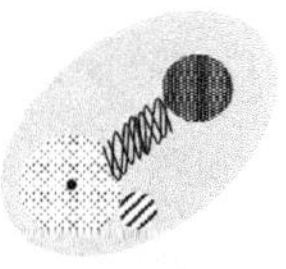	外环内	中等吸引 10%～30% 近距离	弱吸引 5%～10% 近距离	带状	27

注：●住宅区　主中心　副中心　近距离圈层　稳定区域　地铁沿线

24.4.3.2 结构的空间分布及影响因素

15 种结构的分布如图 24-9 所示。分析发现，主中心能级较高，服务范围较广，其活动占比随着距离的变化衰减较慢，而副中心相对而言服务范围有所局限，随距离变化衰减较快，不同区位的住宅区所受到的主、副中心的辐射强度不同，其活动空间结构不同。而轨道交通则是在此基础上产生一定的影响。外环以内的区域的住宅区主要受到主中心的影响或多重影响，而其他区域的住宅区则受副中心的影响相对较多。住宅区的区位是生活空间结构最主要的影响因素。

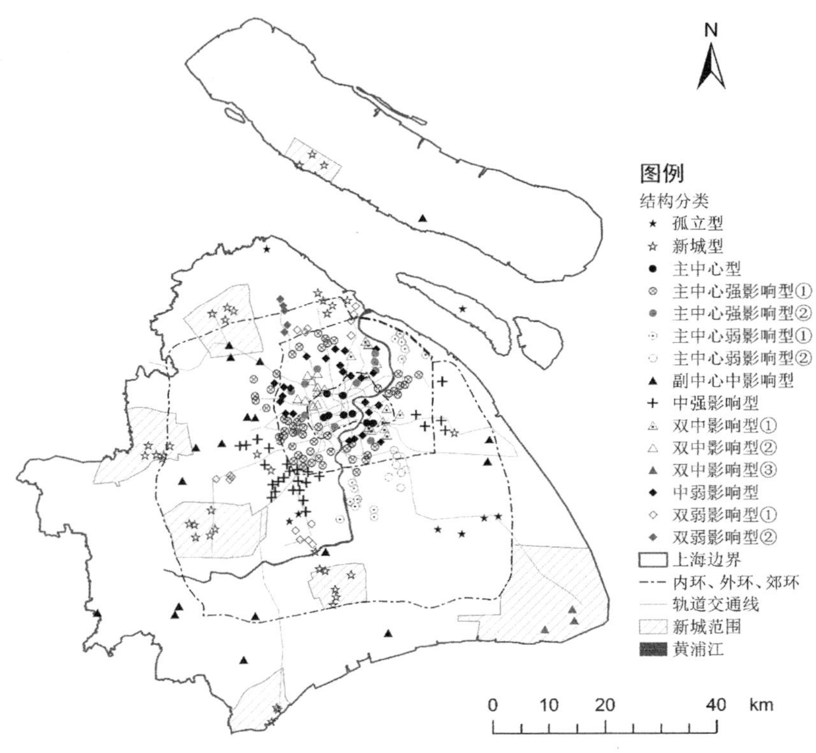

图 24-9 住宅区生活空间的 15 种结构的分布

从居民结构来看，老龄人口在历史住区以及以工人新村为代表的普通居民楼内居住的比例较高，换言之，中心城区的住宅区更偏老龄化。有研究表明，老龄人口受身体因素以及日常需求的影响，较年轻人而言，其活动在更小的范围内进行[13]。在人群活动特征以及中心城区与郊区差异化的设施密度共同作用下，中心城区的住宅区生活空间结构表现出更为集聚的结构特点。

从住宅区类型来看，在相同的城市中心以及轨道交通外部条件下，不同类型的住宅区的活动空间会存在差异。例如，如果住宅区与其他地区存在一些固有联系，其生活活动空间就会覆盖这个地区。陈湾小区和鸿宝新村同样位于奉贤新城附近位置，鸿宝新村住宅区的活动空间围绕其住宅区近距离圈层展开，而陈湾小区的活动则在与住宅区有一定距离的奉贤新城集聚，住宅区近距离圈层几乎没有活动。造成这种现象的原因为，陈湾小区为建设不久的拆迁安置住宅区，其居民拆迁前的住所位于奉贤新城内。由于住宅区建设时间不长，其自身的配套设施尚不能跟进，加之与原住所距离不远，居民仍依照原有的生活习惯进行活动，故而形成陈湾小区与普遍情况不同的生活性活动空间。

24.4.3.3 结构评价及政策建议

在所有的结构中，主中心强影响型①占比最多，新城型、中强影响型、中弱影响型次之。其中主中心强影响型①、中强影响型以及中弱影响型在交通以及获得较高等级服务方面有着较高的优势，评价总体较好；新城型为郊区新城内的住宅区，其与主中心相对割裂，但总体上来说居民的生活能够得到较好的保障。结构类型为孤立型、副中心中影响型以及双中影响型③的住宅区交通及获得较高等级服务劣势明显，这些住宅区与主、副中心均存在一定的距离，且住宅区近距离圈层自身建设水平并不高，交通条件相对较差，总体而言生活性活动在高成本与低要求中博弈。

研究发现，通过规划和政策的手段，部分结构类型之间可以转换。例如主中心弱影响型②通过轨道交通的建设可以转化为主中心弱影响型①型，交通及服务水平均能够得到提升；双中影响型③通过加快对南汇新城基本生活设施以及公共服务空间的建设投入，可转化为新城型结构。同时，有些结构是可以避免的，例如孤立型、副中心中影响型、双中影响型等劣势明显的住宅区。

因此在规划过程中，建议加强对以下方面的关注，以构建更为宜居的生活环境，实现人居环境的高品质目标。对于主城高密度区域，应合理规划轨道交通线路，实现轨道交通全覆盖，近期缺乏轨道交通布局的地区，应加强公共交通的协调和供给；对于郊区新城的住宅区，应根据居民需求的迫切性合理安排分期建设计划，从基本生活需求入手，逐步完善基础服务设施及公共服务空间建设；同时，住宅区郊区化应该走集约式发展的道路，尽量避免在郊区分散建设住宅区，减少底层、低密度住宅区的规划，将居住、购物、休闲等整合建设，构建完善、便利、现代的郊区生活空间。城市住宅区的区位选择应当充分发挥市场的基础作用，在充分了解居民需求与偏好的基础上，通过交通条件的改善、其他公共物品的有效供给等措施提升不同住宅区空间各自的区位优势，实现住宅区空间区域结构优化。

24.5 结语

本章选取上海市 253 个典型住宅区，以手机信令数据为主、问卷调查数据为辅，对生活空间的范围和边界、主要集聚区和通道进行分析。使用核心区域和稳定区域来描述生活空间的范围和边界，发现绝大多数住宅区的活动核心区域都位于住宅区周边，生活性活动有近距离圈层高频活动的特点，稳定区域的形态可归纳为单中心、带状、蝌蚪形和多中心 4 类。同时，判定住宅区近距离圈层，城市主中心、城市副中心为活动的主要集聚区，呈现圈层影响的特征；轨道交通沿线为生活空间的通道。根据范围和边界、主要集聚区和通道的不同特征，以住宅区活动主要受影响的区域进行划分，将结构模式分为 4 个大类，并根据受主中心、副中心不同影响程度的组合关系对该 4 类结构模式进行细分，归纳得出 15 个小类的结构模式。总的来说，住宅区的区位为生活空间结构的主要影响因素，居民结构等为次要影响因素。

在研究内容上，弥补了现有研究对生活空间结构的缺失；在研究方法上，使用大、小数据相结合的方式探讨活动的区域及边界问题。但也存在一定的不足，小数据反映了上海整体个人的行为活动情况，而各居住区的群体会有行为活动的差异，运用整体活动统计值分析各住宅区存在数据不完全对应的问题；同时，对影响因素及结构的形成机制的探讨不够充分及深入，未能系统性地进行梳理。希望在今后的研究中，能够进一步探索大小数据结合的方法，构建影响因素的数理模型，完善形成机制的分析。

参考文献：

[1] 上海市规划和自然资源局.《上海市城市总体规划(2017—2035年)》的创新实践[J].城乡规划，2019(1)：94-105.

[2] 柴彦威.城市空间[M].北京：科学出版社，1999.

[3] 王兴中.中国城市生活空间结构研究[M].北京：科学出版社，2004.

[4] 张艳，柴彦威.生活活动空间的郊区化研究[J].地理科学进展，2013，32(12)：1723-1731.

[5] SCHÖNFELDER S, AXHAUSEN K W. Activity spaces: measures of social exclusion[J] Transport Policy, 2003, 10(4): 273-286.

[6] 兰宗敏，冯健.城中村流动人口日常活动时空间结构：基于北京若干典型城中村的调查[J].地理科学，2012，32(4)：409-417.

[7] 傅行行，申悦.面向社区生活圈构建的郊区居民社区依赖性研究：以上海市为例[J].地理科学进展，2019，38(6)：818-828.

[8] 塔娜，柴彦威，关美宝.北京郊区居民日常生活方式的行为测度与空间—行为互动[J].地理学报，2015，70(8)：1271-1280.

[9] 申悦，柴彦威.基于GPS数据的北京市郊区巨型社区居民日常活动空间[J].地理学报.2013，68(4)：506-516.

[10] 周素红，邓丽芳.基于T-GIS的广州市居民日常活动时空关系[J].地理学报，2010，65(12)：1454-1463.

[11] 吴承照.游憩效用与城市居民户外游憩分布行为[J].同济大学学报(自然科学版)，1999，27(6)：718-722.

[12] 潘海啸，王晓博，DAY J.动迁居民的出行特征及其对社会分异和宜居水平的影响[J].城市规划学刊，2010(6)：61-67.

[13] ISO-AHOLA S. The social psychology of leisure and recreation[M]. Dubuque, USA: William C. Brown Publishers, 1980.

[14] 王波，甄峰，张浩.基于签到数据的城市活动时空间动态变化及区划研究[J].地理科学.2015，35(2)：151-160.

[15] 王德，傅英姿.手机信令数据助力上海市社区生活圈规划[J].上海城市规划，2019(6)：23-29.

[16] 王德，李丹，傅英姿.基于手机信令数据的上海市不同住宅区居民就业空间研究[J].地理学报，2020，75(8)：1585-1602.

[17] 柴彦威.以单位为基础的中国城市内部生活空间结构：兰州市的实证研究[J].地理研究，1996，15(1)：30-38.

[18] 柴彦威，张雪，孙道胜.基于时空间行为的城市生活圈规划研究：以北京市为例[J].城市规划学刊，2015(3)：61-69.

[19] 王立，王兴中.城市社区生活空间结构之解构及其质量重构[J].地理科学，2011，31(1)：22-28.

[20] 杨俊宴.亚洲城市中心区空间结构的四阶原型与演替机制研究[J].城市规划学刊,2016(2):18-27.
[21] 吴承照.城市旅游的空间单元与空间结构[J].城市规划学刊,2005(3):82-87.
[22] 张侃侃.城市社区体系空间形成机制下的空间结构可获性研究：以太原市坞城街道办事处辖区为例[D].西安:西北大学,2012.
[23] 柴彦威,李春江,张艳.社区生活圈的新时间地理学研究框架[J].地理科学进展,2020,39(12):1961-1971.

原文作者与期刊：

傅英姿,王德.上海市典型住宅区生活空间结构模式研究[J].地理科学进展,2021,40(4):565-579.

附录：上海空间行为调查年表

2001 年　第一次南京路商业中心消费者行为调查
2001 年　控江路—鞍山路社区商业中心消费者行为调查
2001 年　第一次华师大三村、鞍山四村、曲阳新村、兰高小区消费者行为调查
2003 年　第二次南京路商业中心消费者行为调查
2003 年　新天地消费者行为调查
2006 年　上海世博会参观者行为虚拟调查
2007 年　第三次南京路商业中心消费者行为调查
2008 年　第二次华师大三村、鞍山四村、曲阳新村、兰高小区消费者行为调查
2008 年　虹锦社区流动人口消费行为、公共设施使用行为调查
2009 年　闵行区公共自行车使用行为调查
2010 年　上海世博会参观者行为调查
2010 年　第一次五角场副中心消费者行为调查
2010 年　近郊莘庄地区居民消费行为调查
2011 年　第一次居住环境偏好调查
2011 年　近郊顾村大型社区通勤行为调查
2012 年　可步行性调查
2012 年　自行车骑行路径选择调查
2013 年　松江新城居民消费行为、公共设施使用行为调查
2013 年　休闲步行行为调查
2013 年　老年居民的养老机构选择行为调查
2014 年　郊野公园使用行为虚拟调查
2014 年　五角场万达商业综合体消费者行为调查
2015 年　第二次居住环境偏好调查
2015 年　大宁商业广场消费者行为调查
2016 年　网购行为调查
2019 年　上海迪士尼游客园外消费行为调查
2019 年　健身行为调查
2020 年　第四次南京路消费者行为调查
2021 年　第二次五角场副中心消费者行为调查
2022 年　手机使用行为调查